소음진동학

김재용 · 이병찬 · 이출재 · 이규성

화수목

머리말

최근 환경분야 전체 민원 6만여 건 중 생활소음민원이 34,390건 차지하고 있다. 현대사회의 발전과 더불어 생활소음과 공장진동에 대한 인식이 무엇보다도 중요시되고 있다. 대기오염 · 물오염 · 토양 오염 등 눈에 보이고 그 결과가 너무도 뚜렷한 부분이 있는가 하면, 소음 · 진동과 같은 일시적이고 국한적인 공해문제도 있다.

모든 인간은 쾌적하고 조용한 환경에서 살 권리가 있다. 이에 따라 소음 · 진동 공해는 어쩌면 매일 겪어야 하는 가장 직접적인 건강관리와 민감한 부분이라고 말할 수 있다.

21세기의 지구촌 식구들은 맑고 깨끗한 생활환경 속에서, 쾌적한 삶을 누리기 위하여 정온한 분위기있는 곳으로 이사가길 원한다. 왜냐하면 소음 · 진동은 대기 · 물 · 토양 · 해양의 오염 발생과는 달리 인체의 감각에 쉽게 정신적으로나 재산적인 피해를 느낄 수 있기 때문이다. 따라서 하루 속히 공장 · 건설 · 교통 · 항공기 · 생활 소음과 진동의 발생원과 주거지역을 엄격히 관리해야 한다. 그리고 자동차 · 건설장비 · 항공기 등의 저소음기계류 개발과 방음 · 방진시설의 연구에 투자가 활발히 전개 되어야만 하겠다. 앞으로 우리는 최대한 소음 · 진동이 없는 생활 환경의 정온 분위기를 유지하려면 환경친화적인 생산과 녹색산업 구조로 전환되어야 한다.

마지막으로 선배제현들의 아낌없는 지도편달을 부탁드리며, 본서의 출간위해 도와주신 환경부 동료, 제자들과 환경보전협회, 도서출판 화수목과 편집부 직원 여러분께 감사드립니다.

차 례

◪ 부록

제1부

소음 · 진동 개론

제1장

소음 · 진동 환경정책

1.1 소음 · 진동 환경계획

1. 소음 · 진동 친환경정책

(1) 생활환경문화

국제사회는 유엔을 중심으로 경제와 환경이 상생하면서 우리의 지속가능한 발전을 시키는 사회건설이 원하는 미래(The Future We Want)라고 생각하는 추세이다.

환경은 자연환경, 생활환경, 사회 · 경제환경으로 분류되지만 한국의 환경정책기본법에서는 자연환경과 생활환경만을 말하고 있다. 환경영향평가법에서는 소음 · 진동은 생활환경분야이면서 환경정책의 수립과 계획할 때에 소음 · 진동의 환경영향을 고려하도록 하고 있다.

자연환경은 지하와 해양을 포함한 지표, 지상의 모든 생물과 이들을 둘러싸고 있는 비생물적인 것을 포함한 자연의 생태계이다. 그리고 생활환경은 소음 · 진동 등 인간의 일상생활과 관계되는 환경이다.

소음 · 진동공해는 사업활동과 그 밖의 사람 활동에 따른 소음 · 진동에 의해 사람의 건강이나 생태계에 피해를 주는 상태를 말한다. 인간은 누구나 건강하고 쾌적한 환경과 조용한 생활 환경에서 건전하고 지속적인 개발을 영위하고자 한다. 그래서 지구촌 식구들은 누구나 환경을 보전하고 기후변화를 방지해 건강한 생활환경 문화를 창조하여 소음·진동공해가 없는 깨끗하고 맑으며, 정온한 환경상태를 유지와 조성하기 위한 환경친화적인 행동실천이 필요하다.

[그림 1.1] **소음과 풍악놀이 문화**

(2) 소음공해문제

소음·진동피해의 한 예인 항공기소음은 한 국가에 한정되지 않고 국경을 초월하여 다른 국가와 지구전체 규모로 까지 환경생태계에 미치게 되자 '항공기공해'로 까지 심각화되고 있다. 특히 공해문제의 배경에는 1835년 이후 산업혁명에 의해 계속된 공업화와 개발 위주의 경제성장과 인구증가, 공업화, 여기에 수요를 촉발시킨 소비생활의 편리성, 쾌적성 추구 등의 사회생활이 있다. 그리고 한국은 도시화와 국토난개발로 환경공해와 선진국 진입을 목표로 한 급속한 공업화로 인해 생활환경을 악화시켰다.

특히 항공기 소음문제는 다른 환경문제에 비해 피해와 영향이 즉시 나타나면서 광역피해로 문제가 발생되면 해결에 엄청난 피해보상액이 소요된다. 그리고 항공기 소음공해의 해결을 위해서는 각 국가의 개별적인 대응노력으로 선진국과 개도국이 공동참여하는 국제석인 협조체제의 형성이 불가피해졌다. 최근 기후 변화를 일으키는 지구환경문제가 환경보전과 경제개발을 동시에 조화시키면서 환경학적으로 건전하고 지속가능한 경제성장을 달성하려고 국제적으로 활발하게 진행되고 있다. 따라서 항공기의 소음·진동문제도 한 국가만의 노력으로 해결할 수가 없다.

① 환경학적으로 건전하고 지속가능한 개발계획

'70년대의 환경은 경제개발에 대립되는 개념으로만 인식되었으나, '72년의 로마그룹 보고서에서 「성장의 한계」 내용을 통해 지구 차원에서 환경문제의 중요성을 새롭게 알려졌다. UN에서도 인간환경선언과 행동계획 등이 채택되었고, '73년의 오일쇼

크(oil shock) 등으로 지구환경문제 무드가 조성되기 시작했다.

'80년대에서는 UN환경특별위원회(UNCED)가 발족되고 '87년 보고서에서는 '지속가능한 개발'이라는 중요한 개념이 공식적으로 사용되었다. 이 보고서를 토대로 '88년 UN총회에서는 환경학적으로 건전하고 지속가능한 개발의 개념이 UN, 각국 정부, 민간기관, 조직 등의 중심적인 원칙과 결의안을 채택했다.

'지속가능한 개발'의 의미로 가장 널리 알려진 것으로는 Brundtland Report의 개념정의로 '현세대의 욕구를 충족시키면서도, 미래세대의 욕구충족 능력을 저해하지 않는 개발'로서 지속가능한 개발은 인간 중심적으로 세대간 협력이라는 개념에 기초를 둔 내용이다.

따라서 '지속가능한 개발'은 '92년 유엔환경 개발회의를 통해 여러 현안을 관철시키며 미래세대를 위한 개념으로 중요한 역할을 하였지만, 이를 계속해 나아가기 위해서는 많은 비용이 소요되어도 세부적인 실현계획(Agenda)을 지속적으로 실천하자고 했다.

[그림 1.2] **국제회의장**

② 소음과 진동 환경정책의 향후 추진계획

한국은 국민들의 급속한 생활수준 향상과 도시화로 교통량이 많아지면서 생활환경의 질이 크게 나빠졌다. 그리고 소음과 진동의 공해문제에 따른 민원이 제일 많아지면서 크게 이슈가 되었다. 특히 공동주택의 층간 소음문제는 심각한 사회문제로 대두되었다.

소음과 진동의 환경문제 해결은 대기나 물, 토양, 악취 등 처럼 오염물질이 있어 발생원에서 사업자가 환경공학적으로 제어기술을 통해 처리할 수 있지만 소음과 진동은 소리 에너지이기 때문에 오염물질이 없다.

그래서 소음과 진동은 도시계획을 하거나 도로체계 등을 구축할 때에 발생소음을 적절하게 저감할 수가 있도록 환경정책을 수립해야 한다. 그리고 최근 항공기소음, 철도소음, 공장소음 뿐만 아니라 이동전화소음, 아파트층간소음, 운동경기소음 등에 모든 국민들이 많이 노출되고 있어 피해가 크다. 특히 도시에 거주하고 있는 국민들은 복합적인 소음과 진동에 시달리고 있어 더욱더 정온한 생활환경 보전을 위해서 현장 체감성 최상가용기술(BACT; Best Available Control Technology)의 개발이 필요하다. 따라서 전세계적으로 소음과 진동 환경정책은 생활현장에서 발생된 민원문제와 피해분쟁 현황을 통계적인 분석 토대로 소음도와 진동도를 제어할 수 있어야 한다. 그리고 소음 · 진동환경 관리체계 구축, 친환경 건설, 그리고 소음 · 진동의 발생원에서는 저감개선 방안을 추진해야 한다. 또한 대도시는 종합적인 소음 · 공해정책 기본계획수립, 환경영향평가 강화, 친환경 소음 · 진동 정책기반 등을 마련해야 한다.

(3) 소음과 진동 환경정책(Noise and Vibration Environmental Policy)

소음 · 진동 환경정책은 소음과 진동의 환경문제를 해결하거나 환경정책 기본법상의 소음 · 진동 환경기준 목표를 달성하기 위한 정부의 행동계획이다. 그래서 환경정책은 공공환경 문제를 해결하거나 환경정책 기본법에 따른 소음 · 진동의 환경기준 목표를 달성하기 위해 정부가 결정할 행동방향이다.

소음과 진동의 환경정책은 국민들이 생활수준이 높아지면서 여러 가지 다양한 인간활동 뿐만 아니라 동 · 식물 건강과 생태계교란을 일으키고 있다. 그러므로 친환경적인 저소음과 저진동의 장비나 건축공법 등의 기술개발 구축으로 소음 · 진동 인프라의 지속적인 발전과 실질적으로 조용하고 쾌적한 생활환경의 질적 개선이 추진되어야 한다.

사업추진은 건설 공사시에 소음과 진동이 발생되어 자연과 생활의 환경에 영향을 미칠 수가 있다. 그래서 소음과 진동의 환경정책은 미리 지속적으로 환경피해를 예방할 뿐만 아니라 소음공해와 진동공해의 환경민원 문제해결을 위한 아주 중요시되는 환경부 등의 정부공공 정책이다. 최근 들어 전 세계적으로 현대인들은 누구나 쾌적한 자연환경속에서 조용한 생활환경을 하고 질병 없이 건강뿐만 아니라 행복한 삶을 안전하게 유지하길 원하고 있다.

그러므로 정부는 소음 · 진동의 친환경정책(Friendly Environment Policy)의 수립을 위해 환경계획(Environment Plan)과 건전한 환경추진(Soundly Environment Program)이 필요하다. 따라서 소음과 진동의 친환경 정책수단은 소음과 진동의 환경영향평가를 실시하기 위해 영향조사, 예측분석과 건강영향평가를 실시해야 한다. 소음과 진동의 측정망(TMS; Telemetering System)과 지능형 관제센터(Smart Grid Center)등의 환경정보망을 구축해 실시간 환경상태를 국민들에게 널리 홍보해 실시간 생활공감형 서비스의 행정체계가 필요하다.

[그림 1.3] **깊은 산속 정온 환경**

선진국들은 소음과 진동의 사전예방 환경정책 도입, 친환경 생산공정설비 기술개발, 저소음과 저진동형 친환경 제품설계와 기계에서 발생되는 환경영향 저감정책을 추진해 나가고 있다. 한국도 소음·진동의 친환경정책이 현재의 환경문제를 최소화하고 개선을 통해 국가의가 추구하는 목표에 부합하고 미래에 좀더 정온한 생활환경 유지에 기여하고 환경학적으로 건전하고 지속가능한 발전(ESSD; Environmental Sound and Sustainable Development)달성에 기여하는 친환경계획 추진이 진행되고 있다. 그러므로 소음과 진동의 친환경정책은 장차 국가와 국제적인 지속가능 발전계획과 친환경정책에 부합되면서 녹색성장 등의 합리적인 통합관리계획이어야 한다. 또한 환경문제가 아주 복합적이긴 하지만 가장 과학적이고 합리적인 빠른 대처와 함께 최선의 해결과 대안방안을 마련해 나가야 한다.

① 소음·진동 친환경정책 분류

소음과 진동의 친환경정책 원칙은 다양한 종류의 소음과 진동을 선택하며 적용과 평가를 통해서 환경정책기본법상의 소음·진동 환경기준과 소음·진동관리법에 따른 공장 배출 허용기준이나 건설·생활 관리기준을 만족할 수 있는 정책수단으로 아주 중요한 중추적인 역할을 한다.

㉠ 소음·진동 환경정책의 대원칙일 경우

환경정책의 대원칙은 순환원칙과 지속성원칙이 있는데 이들은 거시적인 환경정책을 위한 적용기준이 되고 있다. 그러면 순환원칙은 생산제품의 원료 채취부터 생산과정, 소비과정에서 발생된 소음과 진동을 최소화하면서 이들의 소음과 진동을 저감시키기 위해 폐자원을 재생원료로 재이용(reuse)과 재활용(recycling)하도록 하는 순환형 친환경정책이다. 또한 지속성원칙은 재생불가능한 비가역적인 물질의 사용을 억제하고 에너지소비가 적으면서 환경영향이 적은 원료를 이용한 제품 설계로 지속가능 개발을 위한 소음 · 진동 환경정책이다.

ⓛ 소음 · 진동 환경정책 예방원칙일 경우

환경정책 예방원칙은 위험방지원칙, 위험예측원칙과 위험대비원칙이 있다. 소음 · 진동 환경영향 상태가 현재보다 악화되는 것을 예방하면서 정온한 생활환경을 유지하기 위한 환경기준 목표달성에 필요한 소음 · 진동 환경정책이다.

ⓐ 소음 · 진동 위험방지원칙은 생활환경 피해발생 위험이 100% 있으면 정부가 방지를 위해서 개입해야 한다는 소음 · 진동 환경정책이다.

ⓑ 소음 · 진동 위험예측원칙은 앞으로 생활환경 피해발생의 가능성이 커서 소음 · 진동관리법 등으로 대응이 불가능할 때에 정부가 개입해야 한다는 소음 · 진동 환경정책이다.

ⓒ 소음 · 진동 위험대비원칙은 현재 생활환경 피해를 일으키는 도시의 기존도로 대신에 우회도로를 신설해야 한다는 소음 · 진동 환경정책이다.

ⓒ 소음 · 진동 환경정책 실천원칙일 경우

ⓐ 환경정책 실천원칙은 미시적 환경정책 해석과 적용을 하는데 필요한 기준으로, 예를 들면 배출부과금제도, 환경세 등이 있다.

ⓑ 오염자부담원칙은 가장 유용한 환경정책의 실천으로서 환경피해 원인자가 전부 원상복구비용, 피해보상비용과 환경영향 저감비용 등을 부담한다.

ⓔ 지속가능개발 이행의 경제유인 환경정책일 경우

ⓐ 환경학적으로 지속가능개발(ESSD)은 현재 세대들의 필요한 생활환경 조건에 대한 충족을 만족시킬 뿐만 아니라 장차 태어날 미래 세대들을 위한 필요조건으로 예측과 분석을 통해 환경 영향이 없으면서 발전할 수 있는 소음 · 진동 환경정책이다.

ⓑ 소음 · 진동위한 환경지속가능 개발의 경제유인환경정책에는 총비용원칙, 비용효과원칙, 재산권원칙, 정보원칙과 지속가능원칙이 있다.

i) 총비용원칙은 모든 제품이 자연으로부터 원료를 채취해서 제조된 환경재이기 때문에 원상복구비용과 피해보상비용의 전액을 환경재 사용자가 지불해야하는 환경정책이다. 예를 들면 폐자원을 이용한 친환경 제품의 비용은 싸지만 자연환경에서 원료를 채취한 환경파괴 제품의 비용은 소음과 진동을 일으켜서 엄청나게 비싸져야 한다.

ii) 비용효과원칙은 자원 낭비와 에너지를 줄이고 친환경정책 우선순위로 추진하는 소음과 진동의 저감을 위한 저소음형과 저진동형의 녹색성장 장비개발 환경정책이다.

iii) 재산권원칙은 친환경재를 개인사업자나 NGO(Non-Government Organizaton) 등에 재산권을 부여해 이익발생을 높이는 일자리창출형 환경정책이다.

iv) 정보원칙은 무공해 농산물(green product), 저탄소제품(low carbon product), 환경마크제품(eco-mark), 저에너지제품(low energy product), 저소음제품(low noise product) 등의 소비자 참여를 유도하는 녹색성장 환경정책이다.

v) 지속가능발전원칙은 녹색성장, 일자리창출, 생활환경개선 등이 적정하게 유지되면서 환경복지 증대로 환경영향도 없어 건강하고 행복한 삶을 증대시키는 미래환경정책이다.

㉤ 소음 · 진동 친환경 정책기술일 경우

소음과 진동은 친환경 정책의 기술바탕에 따른 배출허용기준(TBEL; Technology Base Effluent Limit)의 목표달성이며, 사업장에서 소음 · 진동 배출시설에 발생되는 소음과 진동을 현재까지의 최고기술인 BACT, BPCT, BMP, BDS를 적용해서 저감했을 경우에 달성할 수 있는 목표값(goal level)이다.

ⓐ BACT(Best Available Contorl Technology)는 최대가용제어 기술로서 소음과 진동의 방지기술중 소음공해나 진동공해를 감소시키는 최고활용 가능한 기술이다.

ⓑ BPCT(Best Practice Control Technology)는 최고실용제어 기술로서 소음과 진동의 배출 사업장에서 저비용과 고효율로 운영할 수 있는 최고 유용가능한 기술이다.

ⓒ BMP(Best Management Practice)는 최고경영실천 기법으로 소음과 진동의 배출사업장에 최대한 저소음이나 저진동의 생산설비와 건설장비 등으로 소음공해와 진동공해를 최소화시키는 운영방법이다.

ⓓ BDS(Best Design Standard)는 최고설계 기준으로서 사업계획이나 공장, 공사현장 등의 설계기준과 공사시방서에 의해 소음과 진동을 저감시키는 방지시설의 계획 방법이다.

ⓑ 환경정책기본법의 등가소음도 환경기준값(Equivalent Level; Leq dB(A))

ⓐ 일반지역일 경우

단위 : Leq dB(A)

구분	(가)지역 녹지지역 등	(나)지역 생산관리지역 등	(다)지역 준공업 · 상업지역	(라)지역 준공업지역
낮 (06 : 00 ~ 22 : 00)	50 이하	55 이하	65 이하	70 이하
밤 (22 : 00 ~ 나음날 06 : 00)	40 이하	45 이하	55 이하	65 이하

비고 : 환경기준값은 항공기소음, 철도소음, 건설소음에는 적용안됨.

ⓑ 도로변지역일 경우

단위 : Leq dB(A)

구분	(가, 나)지역 녹지 · 지역관리지역	(다)지역 준공업 · 상업지역	(라)지역 전용공업 · 계획관리지역
낮 (06 : 00 ~ 22 : 00)	65 이하	70 이하	75 이하
밤 (22 : 00 ~ 다음날 06 : 00)	55 이하	60 이하	70 이하

ⓒ 항공기소음영향도(WECPNL) 기준값

항공기소음영향도(WECPNL; Weighted Equivalent Continuous Perceived Noise Level)는 국제민간항공기구에서 만든 단위이며, 여러 대의 항공기 이륙과 착륙에 따른 장기간 연속 폭로된 항공기 소음평가영향도로서 1971년부터 적용하고 있다. 그리고 항공기 소음도별 등급은 〈표 1.1〉처럼 가에서 마까지 5등급이며, 항공기소음한도는 WECPNL값으로 공항인근지역일 경우에 90이며, 그밖의 피해지역은 75이다.

〈표 1.1〉 항공기 소음등급별 적용대상 지역

WECPNL	등급	적용대상지역
70 미만	가	주거지역, 관광휴양지역, 학교지역, 병원지역, 자연환경보전지역
70 ~ 75	나	건물방음시설 설치된 학교지역, 병원지역, 주거지역
75 ~ 80	다	상업지역, 준공업지역, 운동경기장지역
80 ~ 90	라	공업지역, 소음공해사업장, 농업지역, 주차장지역, 창고지역
90 이상	마	공항전용지역, 공항운용시설

㉦ 소음 · 진동관리법의 관리기준값

ⓐ 생활소음일 경우

단위 : dB(A)

<table>
<tr><th>구분</th><th colspan="3">종류</th><th>아침
(05~08)</th><th>낮
(08~18)</th><th>저녁
(18~22)</th><th>밤
(22~05)</th></tr>
<tr><td rowspan="7">1. 주거지역, 녹지지역, 관리지역 중 취락 지구, 주거개발진흥지구, 관광 · 휴양개발진흥지구
2. 자연환경보전지역
3. 학교, 병원, 공공도서관</td><td rowspan="7">생활
소음</td><td rowspan="2">확성기
소음</td><td>옥외설치</td><td>60 이하</td><td>65 이하</td><td>60 이하</td><td>60 이하</td></tr>
<tr><td>옥내에서
옥외방사</td><td>50 이하</td><td>55 이하</td><td>50 이하</td><td>45 이하</td></tr>
<tr><td colspan="2">공장</td><td>50 이하</td><td>55 이하</td><td>50 이하</td><td>45 이하</td></tr>
<tr><td colspan="2">사업장 동일건물</td><td>45 이하</td><td>50 이하</td><td>45 이하</td><td>40 이하</td></tr>
<tr><td colspan="2">기타 사업장</td><td>60 이하</td><td>65 이하</td><td>60 이하</td><td>55 이하</td></tr>
<tr><td colspan="2">공사장</td><td>60 이하</td><td>65 이하</td><td>60 이하</td><td>50 이하</td></tr>
<tr><td rowspan="7">그 밖의 지역</td><td rowspan="7">생활
소음</td><td rowspan="2">확성기
소음</td><td>옥외설치</td><td>65 이하</td><td>70 이하</td><td>65 이하</td><td>60 이하</td></tr>
<tr><td>옥내에서
옥외방사</td><td>60 이하</td><td>65 이하</td><td>60 이하</td><td>55 이하</td></tr>
<tr><td colspan="2">공장</td><td>60 이하</td><td>65 이하</td><td>60 이하</td><td>55 이하</td></tr>
<tr><td colspan="2">동일건물 사업장</td><td>50 이하</td><td>55 이하</td><td>50 이하</td><td>50 이하</td></tr>
<tr><td colspan="2">기타 사업장</td><td>60 이하</td><td>65 이하</td><td>60 이하</td><td>55 이하</td></tr>
<tr><td colspan="2">공사장</td><td>65 이하</td><td>70 이하</td><td>65 이하</td><td>50 이하</td></tr>
</table>

비고 : 공사장소음은 주간의 소음발생작업 시간이 1일 3시간 미만은 규제기준값에 +10dB, 3시간~6시간은 +5dB 가산

ⓑ 생활진동일 경우

단위 : dB(V)

구분	주간 (06 : 00~ 22 : 00)	야간 (22 : 00~ 다음날 06 : 00)
1. 주거지역, 녹지지역, 관리지역 중 취락지구와 주거개발진흥지구, 관광 · 휴양개발진흥지구 2. 자연환경보전지역 3. 학교, 종합병원, 공공도서관	65 이하	60 이하
그 밖의 지역	70 이하	65 이하

비고 : 생활진동의 주간에 발생시간이 1일 2시간 이하면 +10dB, 2시간~4시간 이하면 규제기준값에 +5dB 가산

② 평가항목검토

환경영향평가(EIA; Environment Impact Assessment)시 소음과 진동평가항목의 검토내용은 다음과 같다.

㉠ 검토내용일 경우

ⓐ 소음발생원의 조사와 저감을 위한 거리 이격, 완충 녹지조성, 방음벽 설치 등의 대책을 마련해야 한다.

ⓑ 소음과 진동을 고려해 시간대별로 시공방안을 계획해야 한다.

ⓒ 암(岩 : 바위)반 발파시 소음과 진동을 예측해서 저감방안을 세워야 한다.

ⓓ 이동발생원의 항공기, 자동차, 전철, 선박, 헬리콥터 등의 소음도와 일시적인 소음과 진동의 저감방안을 계획해야 한다.

ⓔ 공장설비에 따른 고정발생원의 배치계획을 세워야 한다.

㉡ 사업계획시 입지 타당성 검토의 소음 · 진동항목 고려사항일 경우

ⓐ 소음과 진동의 환경기준(환경정책기본법) 유지나 달성을 위한 환경목표 설정과 이를 이행하기 위한 단계별 추진 전략이 적정하게 반영되었는지를 검토한다.

ⓑ 국가에서 시행하는 소음과 진동의 환경계획과 시책이 국가환경 종합계획, 환경비젼21 등과 개발사업의 입지에 따른 영향으로 생활환경이 악화되어 생활환경 피해가 발생될 우려가 있는지를 검토한다.

ⓒ 개발지역 입지로 생활환경이 악화되어 환경피해 발생의 우려와 정온 생활환경 유지곤란 등을 검토한다.

[그림 1.4] **조용한 생활환경**

㉢ 소음과 진동의 평가항목 선정할 경우

ⓐ 선정사유는 공사시 투입장비와 발파시에 발생되는 소음을 검토하고 운영시는 도로교통 소음발생과 사업장의 건설소음 발생을 점검하기 위해서이다.

ⓑ 평가방법은 공사시에 투입되는 장비와 폭약사용으로 발생되는 소음과 진동을 예측해서 대책을 수립하고, 사업지구내 차량소음과 건설소음의 예측후 저감대책을 수립한다.

㉣ 소음과 진동의 생활환경에 미치는 영향예측할 경우

ⓐ 낮에 주거지역 공사 시에는 낮에 소음피해 조사지점 5개를 선정해서 공사장의 소음도와 진동도를 측정한 결과를 생활소음 관리기준 65dB(A) 이하와 생활진동규제 70dB(V)를 만족하는지에 대해서 제시한다.

ⓑ 운영시에는 공장가동시에 주변지역의 백색음(암소음)인 자연발생소음을 고려해서 공장소음의 전체적인 영향을 예측 후 제시한다.

㉤ 소음과 진동의 공사중과 사후관리방안일 경우

ⓐ 공사시는 소음과 진동의 발생현황과 저감시설관리, 민원발생 등을 분기 1회씩 현지 조사한다.

㉥ 산업단지 개발사업시 불가피한 소음과 진동의 영향특성일 경우

ⓐ 공사시는 장비가동에 따른 공사장의 소음도와 진동도를 예측한다.

ⓑ 운영시는 통행차량에 따른 교통소음도를 예측한다.

③ 소음과 진동의 평가범위

㉠ 평가범위 내용

ⓐ 소음과 진동의 발생원일 경우

i) 소음은 건설장비, 발파, 도로, 철도, 공항, 공장, 군사격장의 발생원에 따라 유형별로 정량적인 평가범위, 설정방안 기준을 제시한다.

ii) 진동은 건설장비, 발파와 철도의 정량적인 평가범위의 설정방안에 대한 기준을 제시한다.

ⓑ 소음과 진동의 평가범위 설정할 경우

i) 평가범위 내용설정에 가정(assumption)도 포함시킨다.

ii) 평가범위의 설정기준, 계산방법, 설정한계와 설정사례도 제시한다.

ⓒ 소음과 진동의 평가범위 설정 한계일 경우

[그림 1.5] **도로소음과 교통소음**

i) 환경영향평가 협의단계 이어서 한계적인 정보는 각종 가정조건을 적용해서 예측모델(simulation model) 결과이기 때문에 실제의 평가범위와 차이가 생길 수도 있다.

ii) 향후 개발계획에 대한 환경영향 평가과정은 사업특성, 입지여건, 지역특성과 환경현황을 종합적으로 고려해서 평가범위를 설정해야 한다.

㉡ 교통소음일 경우

공항, 철도, 도로의 교통시설에 의한 교통소음으로 폭로시 많은 국민들이 신체적으로나 정신적으로 건강피해를 받고 있다. 이러한 소음 · 진동 공해를 해결하기 위해서 건강위해성 평가를 실시하고 있다. 따라서 교통소음에 의한 수면방해, 대화방해를 평가하기 위해서는 많은 측정자료와 설문조사를 바탕으로 작성된 소음지표별 불쾌감이나 소음 · 진동의 노출과 반응의 예측결과에 따른 수면방해 호소비율의 상관성 있는 소음 · 진동 건강영향 예측모델이 있어야 한다.

㉢ 철도소음 권고기준일 경우

ⓐ 철도소음 피해를 사전에 예방하기 위해서 철도차량 제작시 적용되는 소음권고 기준을 제정해서 객차, 화물차, 고속철도 차량의 주행소음과 자동차의 공회전(idling)소음을 저감시킨다.

ⓑ 철도소음은 철도주변에 거주하는 주민이 높은 철도소음 노출로 발생된 소음피해여서 민원이 많다.

〈표 1.2〉 **교통소음과 진동의 한도값(소음 · 진동관리법)**

<table>
<tr><th rowspan="2">대상지역</th><th colspan="2">주간(06:00~22:00)</th><th colspan="2">야간(22:00~다음날 06:00)</th></tr>
<tr><th>도로</th><th>철도</th><th>도로</th><th>철도</th></tr>
<tr><td rowspan="2">1. 주거지역, 녹지지역, 자연환경보전지역
2. 관리지역 중 취락지구 · 주거개발진흥지구, 관광 · 휴양개발진흥지구
3. 학교, 병원, 공공도서관
4. 업소규모 100명 이상의 노인의료복지시설, 영유아보육시설의 부지 경계선으로부터 50m 이내지역</td><td>68
Leq dB(A)</td><td>70
Leq dB(A)</td><td>58
Leq dB(A)</td><td>60
Leq dB(A)</td></tr>
<tr><td>65
dB(V) 이하</td><td>65
dB(V) 이하</td><td>60
dB(V) 이하</td><td>60
dB(V) 이하</td></tr>
<tr><td rowspan="2">1. 상업지역, 공업지역, 농림지역, 생산관리지역
2. 관리지역 중 산업 · 유통개발진흥지구
3. 미고시지역</td><td>73
Leq dB(A)</td><td>63
Leq dB(A)</td><td>75
Leq dB(A)</td><td>65
Leq dB(A)</td></tr>
<tr><td>70
dB(V)</td><td>65
dB(V)</td><td>70
dB(V)</td><td>65
dB(V)</td></tr>
</table>

㉣ 하수처리장 전략환경영향평가서 초안의 소음 · 진동 영향예측

ⓐ 영향예측의 공사시와 운영시로 구분한다.

i) 공사시에는 환경목표 기준값을 준수해야 하며, 환경정책기본법상 소음환경기준은 주거시설 65dB(A) 이하와 축사시설 60dB(A) 이하이다. 그리고 진동환경기준은 주거시설 65dB(V)와 축사시설 55dB(V) 이하이다.

ii) 건설장비 투입시는 소음과 진동의 영향을 고려해서 환경목표값의 기준을 파악해 제시한다.

iii) 운영시는 지하구조물이어서 소음과 진동의 영향은 운영시만 적용한다.

[그림 1.6] **하수처리장(소음 · 진동 발생원)**

ⓑ 소음 · 진동의 저감방안일 경우

i) 일반적으로 소음과 진동의 저감대책은 저소음과 저진동의 장비사용, 야간작업 금지, 공사하기 전에 인근 주민들에게 공지해야 한다.

ii) 소음 · 진동관리법의 규정을 준수한다.

iii) 공사주변에 소음피해가 큰 위치에 높이 5m와 길이 25m 이상의 간이방음벽을 설치한다(∵ 방음벽길이＝높이×5배＝5m×5＝25m).

iv) 건설장비를 분산투입하고 무소음 암반굴착기 등을 사용하며, 건설완료공사시 저진동의 롤러사용, 이동식 간이 방음벽을 설치한다.

④ 소음과 진동의 평가범위 설정방법(건설장비)

㉠ 가정방법(Assumption Method)일 경우

ⓐ 소음예측시 음압도(SPL; Sound Pressure Level)의 산정방법은 다음의 거

리(r)감소식을 적용한다.

$$SPL\ [dB] = PWL - 20\log r - 11 \quad \cdots\cdots\cdots (1-1)$$

여기서, PWL(Power Level)은 건설장비의 소음출력값(dB(A))이다.

i) 소음원관련된 토지와 대기의 흡음효과는 제외한다.

ii) 모든 건설장비가 한 지점에서 동시에 발생하는 것으로 가정한다.

iii) 진동(Vibration) 예측시 지반특성 관련 감소계수는 일정하게 적용한다.

ⓑ 설정기준일 경우

i) 소음·진동관리법에 의한 생활소음이나 진동의 규제기준을 설정한다.

ii) 중앙환경분쟁조정위원회의 연구보고서와 법원의 판례를 적용한다.

ⓒ 건설현장 장비의 소음과 진동의 계산은 다음식을 적용한다.

i) 공사장 건설장비의 소음도계산 : SPL [dB(A)]=10log 0.1PWL … (1-2)

ii) 공사장 건설장비의 진동도계산 : VL [dB(V)]=10log 0.1L ……… (1-3)

여기서, PWL은 소음출력값(power level)이고 L은 진동출력값이다.

[그림 1.7] **친환경건설**

ⓓ 평가범위 예측한계일 경우

i) 소음과 진동의 예측결과는 가정을 포함해서 개별지역의 지형현황과 지반 특성 등의 고유성을 고려하지 않으면 실제로 측정값과 서로 다를 수가 있다.

ⓔ 평가범위의 설정사례

i) 건설공사시 굴삭기, 불도저, 덤프트럭 등을 사용할 때에 기계장비 이름과 사용대수별 가동상태를 공회전(idling)과 작업으로 나타내서 일반적으로

발생원에서 7.5m와 15m의 거리별로 소음파워값(PWL; Power Level)의 소음도를 측정한다.

㉡ 도로포장확장공사 전략환경영향평가시 소음과 진동평가항목의 평가방법일 경우

ⓐ 공사시는 공사장의 소음도와 진동도를 예측한다.

ⓑ 합성소음도의 산출이론, 점음원으로 부터의 거리감소이론, 지반진동도와 거리감소이론을 이용한다.

ⓒ 운영시는 한국환경과학원의 예측이론식(Ⅰ식, Ⅱ식 참조)을 통해 도로교통소음을 예측한다.

2. 소음관리정책

(1) 최근 중요 소음문제

① 생활소음일 경우

㉠ 발생원이 이동 소음원과 고정 발생원으로 혼재된 아주 다양하고 소음 종류도 주택가의 건설작업 소음, 아파트 층간소음, 소규모 공장의 생산기계 소음, 오토바이 소음 등으로 급격하게 증가되고 있다.

㉡ 환경부는 국민들의 생활수준향상으로 정온한 생활환경에 대한 욕구가 크게 증가해 매년 약 5% 정도의 소음민원이 증가되고 있다. 그리고 환경 분야의 전체 민원 중에서 제일 많은 34.3% 정도가 생활 소음이라고 발표했다.

㉢ 환경부는 소음·진동관리법에 의해 확성, 소규모공장, 공사장, 공동주택 등에서 발생하는 소음이 규제기준을 초과시에는 반드시 소음방지시설의 설치, 작업시간의 조정 등의 저감대책을 강구하고 있다.

㉣ 환경부는 사회문제가 되고 있는 공동주택의 층간소음 관리기준을 국토교통부와 공동으로 2014년 6월에 제정하고 층간소음분쟁의 민생고충 해소를 기술 지원하고 있다(부록 XV참조).

㉤ 생활소음의 통합적인 관리 위한 생활소음 줄이기 종합대책을 수립해서 국민건강보호 위하여 정온한 환경조성으로 체계적인 소음·진동관리 시스템을 추진중에 있다.

㉥ 공사장에는 사전 예방적인 소음관리 위하여 소음 측정기기를 설치하고, 소음지도를 작성해서 국민에게 공개하는 서비스를 위하여 국가정보시스템(www.noseinfo.or.kr)을 구축했다.

ⓢ 특별자치도지사, 시장, 군수와 구청장은 주민의 정온한 생활환경을 유지하기 위하여 사업장과 공장 등에서 발생되는 소음관리기준을 정해서 관리할 수 있다.

[그림 1.8] **학교소음**

ⓞ 소음 · 진동 관리법에 따른 생활 소음 기준, 아침(05:00~07:00), 주간(07:00~18:00), 저녁(18:00~22:00)과 밤(22:00~다음날 05:00) 값은 다음 표 1.3과 같다.

ⓐ 주거지역, 녹지지역, 관리지역 중 취락지구, 주거개발 진흥지구, 관광 · 휴양개발진흥지구, 자연환경지역, 그 밖의 지역에 있는 학교, 병원, 공공도서관일 경우

〈표 1.3〉 **소음환경 기준값**

구분	아침	주간	저녁	야간
옥외설치 확성기	60 이하	65 이하	60 이하	60 이하
옥내설치 확성기	50 이하	55 이하	50 이하	45 이하
공장	50 이하	55 이하	50 이하	45 이하
동일건물 사업장	45 이하	50 이하	45 이하	40 이하
독립건물 사업장	50 이하	55 이하	50 이하	45 이하
공사장	60 이하	65 이하	60 이하	50 이하

ⓑ 상기 지역을 제외한 그 밖의 지역일 경우

구분	아침	주간	저녁	야간
옥외설치 확성기	65 이하	70 이하	65 이하	60 이하
옥내설치 확성기	60 이하	65 이하	60 이하	55 이하
공장	60 이하	65 이하	60 이하	55 이하
동일건물 사업장	50 이하	55 이하	50 이하	45 이하
독립건물 사업장	60 이하	65 이하	60 이하	55 이하
공사장	65 이하	70 이하	65 이하	50 이하

ⓒ 공사장 소음관리기준은 주간에 사전신고의 특정공사 대상기계와 장비일 경우 항타기, 항발기, 항타항발기, 천공기, 브레이커, 굴삭기, 발전기, 로데, 압쇄기, 다짐기계, 콘크리트 절단기와 콘크리트 펌프의 사용 작업시간이 1일 3시간 이하이면 +10dB(A), 3시간에서 6시간이면 +5dB(A)를 규제 기준값에 보정해야 한다.

[그림 1.9] **건설소음**

ⓓ 광산사업장 경우에 발파소음은 주간(07:00~18:00)에만 생활소음 규제값에 +10dB(A)를 보정해야 한다.

ⓔ 공사장 규제관리 중 주거지역과 종합병원, 학교, 공공도서관의 부지경계선으로부터 직선거리 50m 이내의 지역은 공휴일에 작업 시 −5dB(A)를 규제기준값에서 보정해야 한다.

ⓕ 방음벽시설은 삽입손실에 따라 최소 7dB(A) 이상되어야 하고, 높이는 3m 이상이어야 한다.

ⓩ 생활소음이 주민에게 미치는 영향을 다음과 같다.

ⓐ 수면장애일 경우에 병원 40dB(A)에서 44dB(A) 이상, 주택지역 55dB(A) 이상과 상업지역 55dB(A)에서 59dB(A) 이상이다.

ⓑ 신체영향일 경우에 65dB(A)에서 69dB(A) 이상이다.

ⓒ 대화장애일 경우에 강의 방해시 50dB(A)에서 54dB(A) 이상, TV청취곤란시 50dB(A)에서 54dB(A) 이상이다.

ⓓ 독서장애일 경우에 수업방해시 55dB(A) 이상과 공부방해시 50dB(A)에서 54dB(A) 이상이다.

ⓔ 정서방해일 경우에 병원 45dB(A)에서 49dB(A) 이상, 주택지역 45dB(A) 이상, 학교 45dB(A)에서 49dB(A) 이상, 제도실 55dB(A) 이상과 상업지역 55dB(A) 이상이다.

ⓩ 생활소음이 인체의 생리적 장해와 심리적 장해를 판정하기는 아주 어렵다.

ⓐ 불쾌감은 시끄럽고 마음이 불안하며, 화가 날 정도로 주의력을 산만하게 만든다.

ⓑ 수면장해는 소음도가 35dB(A)가 되면 30dB(A)보다 잠드는 시간이 20% 늦어지면서 잠을 깨는 시간도 10% 빨라져 피로를 일으킨다.

ⓒ 대화장애는 주파수 300Hz에서 3,000Hz 소음이 45dB(A)일때 음폐효과(masking effect)로 상대방의 대화내용을 정확하게 80% 명료도가 떨어져서 파악할 수가 없게 된다.

ⓓ 생리기능영향은 50dB(A)에서 55dB(A) 이상으로 되어 소음 있으면 크게 자율 신경계와 내분비계의 영향으로 위에서 타액과 위액의 분비로 소화기능저하, 혈압상승, 호흡수 억제, 맥박수 증가, 신진대사 증가 등을 일으킨다.

ⓔ 청력장해는 주파수 3,000Hz 이상의 강한 소음에 폭로되면 청력 손실되고, 160dB(A) 이상이면 청소골 날원창이 안으로 밀려 들어가서 내이의 임파액을 감염시켜 뇌막염을 일으킨다. 그리고 소음성 난청은 초기에 3,000Hz에서 6,000Hz의 소음에 의해서 청력장해가 나타나다가 점차 심해져서 3,000Hz 이하와 6,000Hz 이상까지 청력손실을 일으킬 수 있다. 일반적으로 C5-dip 현상은 4,000Hz 부근의 소음성 청력 손실을 말한다.

〈표 1.4〉 **소음이 생리적 현상에 미치는 영향** 단위 : dB(A)

소음도	40	50	55	60	70	80	85	90	95	100
동물 영향	쥐의 심박동 증가	토끼의 심박동 증가	토끼의 뇌파 반응	쥐의 심박동 증가	고양이의 뇌파 반응	토끼의 혈압 상승	개의 심박동 증가	쥐의 백혈구 증가	개의 위액 감소	사산율 증가

[그림 1.10] **정온한 주거지역**

② 도로교통소음일 경우

㉠ 발생원이 교통엔진기관에서의 자동차, 헬리곱터, 고속전철, 지하철, 오토바이, 선박, 비행기, 발동기, 경운기 등의 이동 소음원을 통해 발생소음도가 높다. 이동시 도로나 선로의 주변에 소음피해가 많다.

㉡ 최근 대도시에서는 인구증가와 함께 도시화와 산업과, 고속도로 확장 등으로 자동차 보유대수가 증대되어 도로교통소음의 영향이 농어촌까지 확대되었다.

㉢ 환경부는 소음피해가 예상되는 교통소음 관리지역으로 지정해서 속도제한, 우회명령 등의 조치를 취하고 있다.

㉣ 제작자동차는 가속주행소음, 배기소음과 경직소음의 배출허용기준으로 규제하며, 그리고 운행자동차일 경우에는 배기소음과 경적소음의 배출 허용기준으로 규제하고 있다.

㉤ 환경부는 8개 도시에 소음지도 작성사업을 GIS(지리정보시스템 : Geographic Information System)과 연계한 통합리더 추진해 측정자료를 국민에게 공개하는 서비스를 실시한다.

[그림 1.11] **철도교통소음**

㉥ 특별시장, 광역시장, 특별자치도지사 또는 시장 · 군수는 주민의 정온한 생활환경을 유지하기 위하여 교통기관으로부터 발생되는 소음을 관리할 필요가 인정되는 지역인 주거지역, 상업지역, 녹지지역, 준공업지역과 관리지역 중 취락지구, 관광 · 휴양개발진흥지구, 종합병원 주변지역, 공공도서관 주변지역, 학교 주변지역, 노인의료 복지시설 중 입소규모 100명 이상의 노인의료 복지시설과 보육시설 중 입소규모 100명 이상인 보육시설의 주변지역을 교통소음 관리지역으로 지정할 수 있다.

ⓢ 도로교통 소음 한도(주간 06:00~22:00, 야간 22:00~다음날 06:00)값은 다음과 같다.

ⓐ 주거지역, 녹지지역, 관리지역 중 취락지구, 주거개발진흥지구, 관광·휴양개발 진흥지구, 학교·병원·공공도서관·입소규모 100명 이상의 노인의료복지시설·영육아 보육시설의 부지경계선으로부터 50m이내 지역일 경우는 등가소음도 한도가 주간에 68Leq dB(A)이고 야간에는 58Leq dB(A)이다.

ⓑ 상업지역, 공업지역, 농림지역, 생산관리지역과 관리지역 중 산업·유통개발진흥지구, 미고시지역일 경우는 등가소음 한도가 주간에 73Leq dB(A)와 야간에 63Leq dB(A)이다.

ⓞ 철도교통 소음한도(주간 06:00~22:00, 야간 22:00~다음날 06:00) 값은 다음과 같다.

ⓐ 주거지역, 녹지지역, 자연환경 보전지역과 관리지역 중 취락지구, 주거개발진흥지구 및 관광·휴양개발 진흥지구, 학교·병원·공공도서관 및 입소규모 100명 이사의 노인의료 복지시설·영유아 보육시설의 부지경계선으로부터 100m이내 지역일 경우에는 등가소음도 한도가 주간에 70Leq dB(A)와 야간 60Leq dB(A)이다.

ⓑ 상업지역, 공업지역, 농림지역, 생산관리 및 관리지역 중 산업·유통개발진흥지구, 미고시지역을 경우에는 등가소음도 한도가 75Leq dB(A)와 야간 65Leq dB(A)이다.

[그림 1.12] **증기열차소음**

ⓩ 도로소음은 부분적으로 속도를 제한하자는 등의 다음과 같은 소음저감 방안을 강구해야 한다.

ⓐ 운송차량의 과적재를 금지한다.

ⓑ 진입도로의 교통체계를 잘 정리해야 한다.

ⓒ 도로와 정온시설의 사이에 녹지공간이나 방음벽을 설치한다.

ⓓ 민가 인근 지역을 통과 시에 경적사용금지나 과속방지턱을 설치한다.

③ 항공기 소음일 경우

㉠ 발생원은 항공기가 이동 소음원으로 공항에 이륙과 착륙시에 발생 소음도가 아주 높아서 공항주변의 소음피해지역으로 아주 넓고, 그리고 피해자도 많아서 주요한 소음환경문제가 되고 있다.

㉡ 환경부와 국토교통부는 항공기 소음한도를 설정해서 소음피해지역의 지원 등과 군용항공기지, 국내외선 공항도 항공기 소음대책을 수립하도록 했다.

㉢ 항공기 소음은 크게 엔진의 추진계 소음과 비행기 동체의 공기 동력학적 소음으로 분류되며, 저항공기 소음 개발이라고 하면 저소음 엔진개발 연구를 말한다.

㉣ 환경부장관은 항공기소음이 공항 인근 지역일 경우에 항공기 소음 한도값으로 항공기 소음 영향도는 90WECPNL과 그 밖의 지역일 경우에 75WECPNL이다. 다만, 공항주변의 생활환경이 손상될 경우는 환경부장관이 국토교통부 장관에게 항공기 소음의 감소와 피해방지를 위한 조치를 할 수가 있다.

㉤ 국제민간 항공기구에서 만든 WECPNL(Weighted Equivalent Continuous Perceived Noise Level)은 항공기 소음단위로서 항공기 소음영향도로서 항공기 이착륙시 최고소음도와 항공기 통과횟수로 산출한다.

[그림 1.13] **항공기 이륙소음**

㉥ 국토교통부의 공항소음방지와 소음대책지역의 지원에 관한 법률에 따른 공항주변의 제1종 구역, 제2종 구역과 제3종 구역으로 WECPNL에 따라 주민피해 대책은 항공기 소음한도에 따라 지원한다.

ⓐ 공항인근 지역의 제1종 구역은 항공기 소음영향도가 95WECPNL 이상이며,

그리고 제2종 구역은 90WECPNL에서 95WECPNL이다.

ⓑ 그 밖의 지역의 제3종 구역은 항공기 소음영향도가 75WECPNL에서 90WECPNL 이다.

④ 공장소음일 경우

㉠ 발생원은 고정 소음원으로 공장 내외부에 설치된 기계, 기구 등이며, 소음원이 주거지역에 인접되어 있을시 공장이전이 없다면 지속적으로 소음피해가 발생된다.

㉡ 환경부는 산업단지, 전용 공업단지, 일반 공업지역 등의 공장에 대해서는 배출시설 허가대상에서 제외시키고 관할 자치단체장의 고유업무로 전환시켰다.

㉢ 소음·진동규제법에 따른 정온이 필요한 공동주택, 학교, 공공도서관, 종합병원, 노인 전문병원과 보육시설의 부지경계선으로부터 50m 이내 지역에서 배출시설 설치에 대해서만 허가제로 하고 나머지는 신고제로 전환시켰다.

ⓐ 공장소음 배출 허용기준, 낮(06:00~18:00), 저녁(18:00~22:00), 밤(22:00~06:00) 값은 다음과 같다.

i) 가 지역일 경우

도시지역 중 전용주거지역, 녹지지역, 관리지역 중 취락지구, 개발진흥지구, 관광·휴양 개발 진흥지구, 그리고 자연환경 보전지역 중 수산자원 보호구역 외의 지역은 낮 50dB(A)이하, 저녁 45dB(A)이하와 밤 40dB(A)이하이다.

ii) 나 지역일 경우

도시지역 중 일반주거지역과 준주거지역은 낮 55dB(A)이하, 저녁 50dB(A)이하와 밤45dB(A)이하이다.

iii) 다 지역일 경우

농림지역, 자연환경 보전지역 중 수산자원 보호구역과 관리지역 중 가 지역과 라 지역에서 세외된 그 밖의 지역은 낮 60dB(A)이하, 저녁 55dB(A)이하와 밤 50dB(A)이하이다.

iv) 라 지역일 경우

도시지역 중 상업지역, 준공업지역과 관리지역 중 산업개발 진흥지구는 낮 65dB(A)이하, 저녁 60dB(A)이하와 밤 55dB(A)이하이다.

v) 마 지역일 경우

도시지역 중 일반 공업지역과 전용 공업지역, 그리고 산업단지는 낮 70dB(A)이하, 저녁 65dB(A)이하와 밤 60dB(A)이하이다.

ⓑ 시간대별 공장소음 배출허용 기준의 보정값은 다음과 같다.

i) 충격소음일 경우에는 상기 소음배출 허용기준값에서 −5dB(A)를 보정해야 한다.

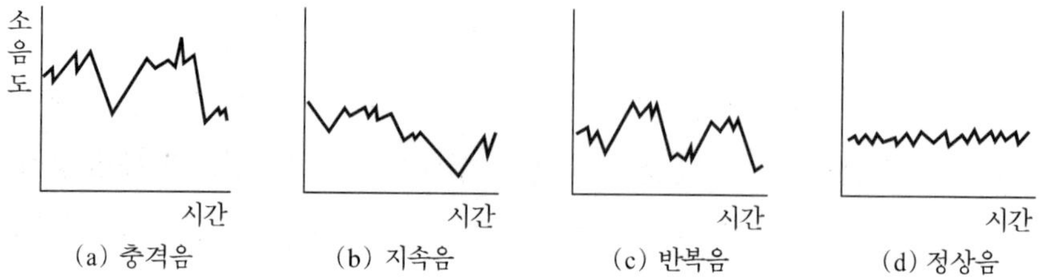

[그림 1.14] **각종 발생소음 형태**

ii) 관련 시간대의 낮 8시간, 저녁 4시간과 밤 2시간에 대한 측정소음 발생시간의 백분율이 12.5% 미만이면 +15dB(A), 12.5%에서 25%이면 +10dB(A), 25%에서 50%이면 +5dB(A)를 상기 배출허용 기준값에 보정해야 한다.

iii) 상가의 정온이 필요한 의료법의 종합병원, 초·중등교육법과 고등교육법의 학교, 도서관법의 공공도서관, 노인복지법의 노인 전문병원 중 입소규모가 100이상의 보육시설인 정온시설은 부지경계선에서 50m 이내의 지역에 대해 해당 정온시설의 가 지역 공장소음 배출허용기준값을 적용한다.

[그림 1.15] **공장소음**

ⓒ 공장소음의 저감방안은 다음과 같다.

i) 일반사항은 인접 지역에 소음공해 발생을 방지하고 작업장의 소음환경을 개선한다.

ii) 권장사항은 입지계획과 배치계획할 때에 인접지역이 주거지역, 병원, 도서관, 학교 등의 정온을 요하는 건물이 있으면 작업 동을 부지의 중앙에 집약시켜야 한다.

iii) 작업소음은 소음도가 낮은 기계를 구입하고, 최대한 차음상자를 설치한다.

ⓓ 공장소음의 설비대책은 다음과 같다.

i) 환기계통은 소음 허용기준값이 낮은 작업실은 기계실로부터 멀리 배치하며, 덕트에 흡음재처리와 감음장치인 댐퍼(damper)와 캔버스(canvas) 등을 설치해 소음을 차단시킨다.

ii) 기계실은 수음실과 최대한 멀리 떨어져 배치하고 덕트(duct) 내부에서 공기흐름과 마찰하는 부분은 유선으로 처리하고 흡음재를 설치해 전달소음감소와 흡음셀을 설치한다.

iii) 고체 전파소음방지는 기계와 건물 구조체의 사이에 방진고무나 방진스프링을 설치해 차단하고, 공기 전파소음방지는 차음상자로 밀폐시켜야 한다.

[그림 1.16] **산업단지조성 건설현장**

⑤ 건설소음일 경우

토공사, 건축공사와 포장공사에 투입되는 건설장비의 유사 공사장 소음도와 진동도 실측은 장비로부터 15m 떨어진 거리에서의 over-all 소음도를 측정해 작업공종별로 잡비의 합성소음도를 산출하며, 그리고 거리감소 공식을 이용해서 이격거리에 따른 공종별 건설공사의 소음도를 예측한다.

㉠ 24톤 골재를 적재한 덤프트럭을 운전할 경우

ⓐ 소음은 5분 동안에 연속적으로 측정해야 한다. 주로 소음발생은 굴삭한 토사

를 덤프트럭에 적재하는 과정에서 발생하는 변동소음이다.

ⓑ 주소음은 엔진소음과 백로우의 관절이나 토사채취면과의 마찰소음이어서 백로우로부터 15m 정도로 떨어진 지점에서의 마이크로폰 설치해 실측한 평균 등가소음도는 82Leq dB(A)이며, 소음도가 가장 높게 나타낸 대표주파수는 1000Hz이었다.

㉡ 건설작업 중 토공사할 경우

ⓐ 토사의 굴삭과 적재할 때의 변동소음도는 64dB(A)에서 94dB(A)이었으며, 5분 동안 3회에 실시한 평균 등가소음도는 82Leq dB(A)로서 공사장 생활소음 규제 기준값 70dB(A)보다 높았다.

ⓑ 음압도(SPL)가 높게 발생된 장비 부분은 백호우의 관절부위이었고, 엔진은 오히려 낮았다.

ⓒ 백호우의 관절 부분이나 굴착시 토양속의 자갈 등과 부딪칠 때에 1000Hz의 소음이 높게 발생되었다.

ⓓ 토목공사시 합성소음도가 88dB(A)이었다면 65m 떨어진 지점에서는 75dB(A) 정도이다.

〈표 1.5〉 건설장비의 작업시 5분 동안 연속 3회 측정값(단위 : Leq dB(A))

구분	브레이커	크레인	콘크리트 펌프카	아스팔트 피니셔	매캐덤 롤러
용량	버켓 1m^3	35톤	50m	16톤	12톤
평균값	86	73	79	69	67
용도	토목공사	건축공사	건축공사	포장공사	포장공사

〈표 1.6〉 현장 등가 소음도 측정과 주파수 분석(단위 : Leq dB(A))

구분	시간	횟수	시간	등가소음	적합	63	125	250	500	1000	2000	4000
일반	주간(50)	1	09:05	47	○	22	26	29	32	32	34	36
		2	12:05	54	×	23	30	34	35	37	34	52
		3	14:20	44	○	22	28	34	34	35	32	40
		4	16:20	45	○	24	27	30	35	35	36	41
		평균	5분	47	○	23	28	32	34	35	34	42
	야간(40)	1	22:05	44	×	24	31	34	36	38	36	37
		2	24:15	43	×	25	30	33	35	37	35	38
		평균	5분	44	×	25	31	34	36	38	36	38

도로변	주간 (65)	1	09:40	74	×	52	55	63	67	70	68	59
		2	12:35	75	×	51	53	62	68	72	68	60
		3	15:00	75	×	55	62	69	72	68	60	51
		4	16:55	75	×	51	54	63	69	70	59	53
		평균	5분	75	×	52	58	64	69	70	64	56
	야간 (55)	1	12:32	74	×	50	54	62	68	70	67	59
		2	24:53	74	×	51	57	63	67	70	67	59
		평균	5분	74	×	51	56	63	68	70	67	59

ⓔ 건설장비 사용에 따른 공사시 소음영향 사례

환경부의 중앙환경분쟁조정위원회에서 2009년 1월에 환경분쟁사건의 배상액 산정기준에서 등가소음(Leq)이 65dB(A)초과시 피해기간 고려해 금전적으로 배상하고, 소음 · 진동관리법에 따른 생활소음기준 중 공사장의 경우에 주간시간대 65dB(A)를 적용하여서 공사시 각 정온시설인 주거시설과 종합병원, 학교, 공공도서관의 부지경계선부터 직선거리 50m이내의 지역에서는 65dB(A)를 초과하지 않도록 소음관리 목표를 설정해야 한다.

중앙환경분쟁조정위원회 가축피해 배상액 산정기준은 다음과 같다.

i) 가축의 폐사, 유산, 사산, 압사, 부상 등은 LAmax평가방법을 적용해 소음도 60dB(A)와 진동속도(VL) 0.02cm/sec에서 진동은 57dB(V)이다.

ii) 가축의 성장지연, 생산성저하, 산자수 감소, 육질과 생산품질저하도 LA · eq의 평가방법을 적용해서 소음도 60dB(A)와 진동속도(VL) 0.02cm/sec에서 진동도 57dB(V)를 피해인정기준으로 규정하고 있다.

(2) 소음영향저감정책

환경영향평가법에 따른 환경영향(environment impact)은 사업시행에 따라 발생된 자연환경, 생활환경과 사회 · 경제환경에 미치는 직 · 간접적인 변화나 장 · 단기적으로 누적되어 나타나는 유익하고 부정적인 모든 영향이다.

그리고 환경영향평가(EIA; Environment Impact Assessment)는 개발계획이나 개발사업의 수립과 시행할 때에 사업타당성 조사 등의 계획 초기단계부터 주변환경과의 조화 등에 대한 환경에 미치는 모든 환경영향인자를 고려해서 친화적인 국토개발과 건전한 환경보전의 지속가능발전을 증진시키는 검토이다.

여기서 말하는 환경인자는 환경에 미치는 영향요소로서 소음과 진동을 감소시키는 요소이며, 환경영향 감소는 사업시행시 발생되는 소음과 진동에 의한 환경변화 감소와 나쁜 영향을 저감시키는 방안 마련이다. 특히 전략환경영향평가는 환경영향에 미치는 상위 계획수립시 환경보전계획과의 부합여부 확인이나 대안의 설정과 분석을 통해 환경영향인자를 고려해 계획적정성 등을 검토해야 한다.

① 소음과 진동 전문용어

㉠ 소음도는 음압도(dB)에 인간의 감각적인 청감능력을 보정해 소음계(Noise Level Meter)의 청감보정회로(A)를 통해 측정된 시끄러운 정도를 나타낸 정량적인 지시값을 dB(A)로 나타낸다.

㉡ 진동도는 진동계(Vibration Level Meter)의 감각보정회로(V : 수직)을 통해서 측정된 진동가속도값(VAL; Vibration Accelation Level)의 지시값을 dB(V)로 나타낸다.

㉢ 등가소음도(Leq; equivalant noise level)는 자유스럽게 임의 측정시간과 장소에 따라 변화하는 소음도 변동폭이 크게 발생한 변동소음의 총에너지를 같은 시간대의 변동폭인 작은 정상소음의 에너지로 평균해서 얻어진 등가소음도(Leq dB(A))이며, 생활소음과 도로교통소음의 평가에 사용된다.

㉣ 음압도(SPL; Sound Pressure Level)은 음압소음도라고도 하며, 건강한 사람의 감각청감능력으로 최대 가청소음도는 130dB이다.

② 소음과 진동 평가항목의 환경영향평가서 작성규정(환경부 : 2013년)

㉠ 현황일 경우

ⓐ 현황은 조사항목, 조사범위, 조사방법과 조사결과로 나타낸다.

ⓑ 조사항목은 대상사업의 종류, 규모와 지역의 환경적인 특성을 고려해서 소음과 진동이 환경에 미치는 영향을 적절하게 파악할 수 있도록 다음 사항을 고려해서 작성하여야 한다.

i) 장래 계획을 포함한 소음과 진동의 발생원 분포현황을 고려한다.

ii) 종합병원, 학교, 공공도서관, 보육시설, 공동주택의 주변지역과 주거지역 등의 정온시설 분포현황을 고려한다.

iii) 사업시행 따른 소음과 진동의 피해 우려되는 대상지역의 주변 개발계획 현황을 고려한다.

iv) 대상지역의 소음과 진동관련 환경목표기준값을 고려한다.

v) 소음도와 진동도의 현황 측정자료을 고려한다.

ⓒ 조사범위는 조사의 공간적 범위와 시간적 범위로 구분해 제시한다.

i) 공간적 범위는 대상사업의 종류, 규모와 지역의 환경특성 고려해 발생되는 소음과 진동이 환경피해 유발할 수 있는 정온시설이 위치하고 있는 지역까지를 범위로 한다.

ii) 시간적 범위는 소음과 진동의 시간적 변화를 파악할 수 있는 기간으로 한다.

ⓓ 조사방법은 기존자료 조사와 현지조사를 병행하며, 소음 · 진동공정시험 방법을 따른다.

ⓔ 조사결과는 조사지점별이나 조사항목별로 표(Table)와 그림으로 서술한다.

㉡ 사업시행에 따른 환경영향예측일 경우

ⓐ 환경영향예측은 영향의 항목, 범위, 방법, 결과와 평가로 제시한다.

ⓑ 예측항목은 해당사업과 관련해서 유발되는 모든 소음과 진동이 사업지구 내외지역의 정온시설에 미치는 영향으로 한다.

ⓒ 예측범위는 공간적 범위일 경우에 피해가 예상되는 정온시설이 위치한 지역으로 하며, 시간적 범위는 공사시와 운영시로 구분해서 소음과 진동이 최대가 되는 시점을 포함한다.

ⓓ 예측방법은 사업과 공사의 종류나 소음 · 진동 발생원의 특성 등을 고려해서 적정예측식, 적정모델을 사용할 뿐만아니라 유사사례를 참조하는 방법을 이용한다.

ⓔ 예측결과는 영향예측 지점별과 공종별로 분석해서 서술하고, 표(Table)와 그림(Figure)등을 활용해 정리한다.

ⓕ 예측평가는 예측결과를 바탕으로 소음 · 진동공정시험 기준으로 실시해 환경기준값으로 평가하며, 예측결과의 적정성 등에 대해서도 검토한다.

㉢ 저감방안일 경우

저감방안은 평가결과를 바탕으로 사업에 따른 소음과 진동의 영향을 최소화하기 위한 방안을 구체적으로 제시하며, 저감방안 수립후에 소음 · 진동의 영향을 평가한다.

㉣ 사후환경관리 영향조사일 경우

사후환경관리 영향조사는 해당사업 시행이 정온시설에 미치는 소음과 진동의 영향, 저감대책의 적정이행 여부를 확인하고 필요시에 추가적인 대책을 수립할 수가 있도록 조사계획 수립을 한다.

(3) 소음진동 환경영향평가의 항목과 범위 설정

환경영향평가에서 소음과 진동의 조사평가 항목은 생활환경 분야에 속해 있으며, 사업자는 해당사업 시행으로 미칠 수 있는 소음과 진동의 전체적인 영향을 평가해서 적합방안을 제시해야 한다. 그러므로 소음 · 진동평가대상 사업지역의 현황파악 후에 평가항목 검토후 선정하고 평가범위를 결정해야 한다.

[그림 1.17] **생활소음과 공장소음 발생원**

① 소음과 진동의 평가항목

㉠ 현황조사 내용일 경우

ⓐ 소음과 진동 현황은 발생원의 현황과 현지조사, 정온시설 현황을 조사한다.

ⓑ 소음과 진동의 영향예측과 저감방안은 공사시와 운영시로 구분해 환경목표기준, 건설장비 투입시 소음과 진동의 영향과 그 저감대책을 강구한다.

ⓒ 대상사업 시행시 대상지역과 주변지역의 소음과 진동분야의 환경정책기본법상 환경기준과 소음 · 진동발생원을 조사한다. 그리고 배출원별 소음과 진동의 영향권역별 토지이용 상황을 학교, 주거지역, 도로, 공항, 산업단지 등을 조사하고 소음과 진동은 생활소음, 진동규제지역에 해당되는지도 확인한다.

ⓓ 대상사업 지역내에서는 소음과 진동의 환경기준 달성과 유지가능성을 제시하고 사업지구에 인접한 철도, 고속도로, 선박, 항공기, 도로가 있으면 적정거리를 두거나 완충녹지대를 확보한다.

㉡ 소음과 진동의 환경현황 조사 항목일 경우

ⓐ 사업지구의 주변환황과 소음도, 진동도 등을 조사한다.

ⓑ 사업지구의 주변 정온시설 현황 등을 조사한다.

㉢ 사업시행 따른 소음과 진동의 영향예측 평가일 경우

ⓐ 공사시는 건설장비의 가동이나 발파에 의한 소음과 진동의 전체적인 영향 등을 검토한다.

ⓑ 운영시는 공장가동과 차량운행시 발생되는 소음과 진동의 전체적인 영향 등을 검토한다.

㉣ 생활환경 안정성의 소음 · 진동 평가항목 환경인자 설정

ⓐ 예측과 분석기법일 경우

현장측정을 원칙으로 하고 공사시 건설장비 작동에 따른 사업장주변 지역의 소음과 진동을 병행해서 측정한다.

ⓑ 자료와 적용할 경우

건설현장 등의 주파수대역별로 소음도와 진동도를 시간별로 구분해 측정과 측정망자료를 이용하거나, 현장조사와 문헌의 자료도 활용한다.

〈표 1.6〉 **건설공사시 투입장비의 주파수대역별 소음도 측정자료**

단위 : dB(A)

공종	건설장비(용량)	투입대수	120Hz	250Hz	500Hz	1KHz	2KHz	Leq
토목공사	덤프트럼(24톤)	2	55	56	58	60	55	65
	백호우(1m³)	1	66	67	73	77	75	82
	브레이카(1m³)	1	63	67	75	79	83	86
	블도저(25톤)	2	59	65	65	66	68	73
건축공사	크레인(35톤)	1	54	62	66	67	67	73
	레미콘 트럭(6m³)	2	65	70	73	75	72	79
	(펌프카 50m)							
포장공사	아스팔트 피니셔(50m)	1	54	60	64	65	63	69
	(펌프트럭 24톤)		51	59	62	61	56	67
	매캐덤 롤라(12톤)	1						

〈표 1.7〉 **건설공사시 투입장비의 주파수대역별 진동도 측정자료**

단위 : dB(V)

공종	건설장비(용량)	투입대수	120Hz	250Hz	500Hz	1KHz	2KHz	Leq
토목공사	백호우(1m³)	1	28	29	30	33	36	43
	브레이카(1m³)	1	31	36	37	34	35	45
	블도저(25톤)	2	6	12	20	25	25	30
건축공사	콘크리트 펌프카(50m)	1	5	8	9	35	45	47
	크레인(35톤)	1	6	12	20	25	25	30
포장공사	아스팔트 피니셔(50m)	1	34	55	53	49	44	59
	매캐덤 롤라(12톤)	1	29	45	45	37	35	50

[그림 1.17] **정온한 주택**

제2장

소음 · 진동공학

2.1 소음 · 진동 개론

1. 소음 · 진동 기초이론

(1) 소음 · 진동관리

① 소음일 경우

㉠ **공장소음배출시설** : 공장에 설치되는 소음배출시설은 이동소음원(자동차, 기차, 항공기, 오토바이 등)이 아니라 고정소음발생원이다. 고정소음발생원 특성은 한번 설치되면 소음발생원이 없어지지 않는 한 배출시설로부터 발생되는 소음이 인근지역에 지속적으로 피해를 줄 수 있기 때문에 발생원 측면에서만 관리를 강화하면 된다.

공장소음피해는 국지적인 점을 감안하여 1993년에 배출시설의 설치허가 등에 관한 업무를 환경부 장관에서 관할 특별자치도지사, 시장과 군수, 구청장의 고유업무로 권한을 위임했다. 한편, 공업단지 등 그밖의 대통령령으로 정하는 공장에 대해서는 배출시설 설치허가 대상에서 제외하였다. 그리고 2010년 6월부터는 소음 · 진동관리법을 개정하여, 정온을 필요하는 학교, 종합병원, 공공도서관, 공동주택의 주변지역 및 주거지역, 보육시설에 한하여 허가제를 존속시키고 나머지는 신고제로 전환하였다.

공장소음대책을 근본적으로 해결하기 위해서는 토지이용의 적정화를 위한 소음발생원과 주거지역의 분리가 이루어지고 저소음 기계류의 개발과 소음방지 시설의 기술개발 및 투자확충 등도 활발히 이루어지도록 노력하여야 한다.

정온을 필요로 하는 지역에 설치되어 있는 공장에 대해서는 허가를 받고 가동할 수 있도록 하는 한편, 소음·진동 배출허용기준 〈표 2.1〉을 준수하도록 지속적인 지도단속을 강화하고 있다. 특히 민원대상이 되고 있는 주거지역의 공장에 대해 철저한 소음방지 시설을 설치하도록 하는 등 다각적인 대책을 추진하고 있다.

〈표 2.1〉 **공장 소음·진동의 배출허용기준값**

대상지역	공장소음도			공장진동도	
	낮 (06:00~18:00)	저녁 (18:00~24:00)	밤 (24:00~06:00)	낮 (06:00~11:00)	밤 (22:00~06:00)
가. 도시지역 중 전용주거지역, 녹지지역, 관리지역 중 위락지구, 주거개발진흥지구 및 관광·휴양개발진흥지구, 자연환경보전지역 중 수산자원보호구역 외의 지역	50 dB(A) 이하	45 dB(A) 이하	40 dB(A) 이하	60 dB(V) 이하	55 dB(V) 이하
나. 도시지역 중 일반주거지역과 준주거지역	55 dB(A) 이하	50 dB(A) 이하	45 dB(A) 이하	65 dB(V) 이하	60 dB(V) 이하
다. 농림지역, 자연환경보전지역 중 수산자원보호구역, 관리지역 중 가 지역과 라 지역을 제외한 그 밖의 지역	60 dB(A) 이하	55 dB(A) 이하	50 dB(A) 이하	60 dB(V) 이하	60 dB(V) 이하
라. 도시지역 중 상업지역, 준공업지역, 관리지역 중 산업개발진흥지구	65 dB(A) 이하	60 dB(A) 이하	55 dB(A) 이하	70 dB(V) 이하	75 dB(V) 이하
마. 도시지역 중 일반공업지역과 전용공업지역	70 dB(A) 이하	65 dB(A) 이하	60 dB(A) 이하	75 dB(V) 이하	70 dB(V) 이하

㉡ **교통소음** : 교통소음은 그 배출원이 자동차, 기차 등으로 발생소음도가 매우 높을 뿐만 아니라 그 피해지역도 광범위하다. 특히 자동차는 도로망이 확장되고 차량보유 대수가 지속적으로 증가하고 있어 중요한 대도시 소음발생원으로 주목받고 있다.

한국의 도로교통 소음의 경향은 도시의 경우에 상업지역과 공업지역은 물론 주거지역까지 교통소음의 영향권에 있으며, 고속도로 등 각종 도로망의 확장으로 농촌까지 교통소음의 영향권이 확대되고 있는 실정이다.

교통소음 대책은 자동차 및 철도 등 교통량의 지속적인 증가로 교통소음·진동으로 피해가 우려되고 있다. 그래서 교통기관에 의해 발생하는 소음 · 진동을 관리할 필요가 있는 지역은 교통소음 · 진동 관리지역으로 지정하고, 관리지역 내에서는 자동차 경음기의 사용 금지, 속도의 제한, 우회명령 등 필요한 조치를 명할 수 있도록 하였다.

[그림 2.1] **도로교통소음**

또한 자동차 소음을 저감시키기 위하여 철저한 자동차정비와 함께 자동차 제작사로 하여금 제작차의 가속주행소음, 배기소음, 경적소음을 배출허용기준 110dB(V) 이하로 규정해 저소음자동차 개발을 위해 자동차 연구소 설립 및 선진기술을 도입하도록 유도하고 있다.

최근 환경부는 도시별로 소음분포현황과 노출인구를 파악해 소음저감을 위한 소음지도를 작성하고 있다.

ⓒ **생활소음** : 생활소음 발생원은 확성기 소음, 건설공사장 작업소음, 소규모 공장 작업소음과 유흥업소 심야소음 등으로 매우 다양하다.

최근 인구증가와 더불어 도시화, 산업화 등에 따라 생활소음 발생원은 지속적으로 증가하고 있지만 생활수준의 향상에 따라 정온한 생활환경에 대한 욕구가 날로 증대하고 있어 이에 대한 민원해소의 대책이 중요하게 대두되고 있다.

전체환경분야 민원 중 34.3%로 제일 높으며, 전국의 주요 도시별 생활소음 실태는 아래 〈표 2.2〉와 같다.

생활소음 대책은 우리의 생활영역에 다양하게 분포되어 있는 소음발생원에 따른 것으로 어느 분야보다 대민홍보가 필요한 분야이다. 따라서 대도시 지역의 정온한 생활환경을 조성하기 위하여 확성기, 소규모공장 및 건설공사장 등을 규제하고, 규제기준의 초과시 소음방지시설 설치, 작업시간의 조정 등의 소음저감대책을 강구하고 있다. 또한 생활소음 줄이기 종합대책과 통합관리로 정온한 생활환경을 조성하기 위해 공사장 소음기기 설치를 권고하고 있을 뿐만 아니라, 층간소음 분쟁해소를 위해 이웃사이센터도 설치하여 운영중에 있다.

〈표 2.2〉 **주요도시별 환경소음도**

단위 : Leq dB(A)

구분	적용지역	기준		서울	부산	광주	대구	인천	전주	대전	춘천
일반지역	일반주거지역	낮	55	54	57	52	54	56	51	54	55
		밤	45	49	52	46	48	50	45	47	48
대로변지역	전용과 일반주거지역	낮	65	68	67	63	68	67	66	61	67
		밤	55	65	62	58	63	63	62	56	64

㉣ **항공기소음** : 최근 항공기의 운항항로 신설 및 운항회수의 지속적인 증가에 따라 항공기 소음피해는 공항주변지역의 주요한 환경문제로 대두되고 있다.

따라서 환경부에서는 항공기 소음대책 수립을 위한 기초자료 확보를 위해 1989년 11월부터 항공기소음 자동측정망을 설치(김포 11, 제주 7, 김해 6개소)하여 항공기소음도를 상시 측정하고 있다. 1998년에는 대구(6개소), 광주(6개소) 공항까지 그 범위를 확대하여 현재는 14개 공항에서 90개 지점에 항공기 소음자동측정망을 설치 · 상시 측정하고 있다.

항공기소음대책이 요구되는 항공기소음영향도(WECPNL)가 75이며, 현재 공항인근지역기준 90 WECPNL이 넘는 지역은 광주공항 2km 이내, 청주공항은 1km 이내의 지역뿐이다. 항공기소음 자동측정망은 항공기의 항로, 민원발생지역 등을 고려하여 측정지점을 선정하고 24시간 상시 측정함으로써 공항 주변의 소음현황 추세파악 및 항공기 소음대책 수립을 위한 기초자료로 활용되고 있다.

항공기 소음대책은 이륙과 착륙시에 많은 동력이 소요되며, 기기의 운전부하량 변화가 많아 높은 소음이 배출되어 인근지역에 심한 소음피해를 주고 있다. 이에 따라 주민이 상주하는 공항주변지역의 항공기소음 현황을 파악하기 위하여 김포공항 등 국내 주요 국제공항에 항공기소음 자동측정망을 설치하여 지속적으로 항공기 소음도를 측정하고 있다. 또한 그 자료를 국토교통부 등 관계부처에 송부하여 항공소음 정책의 기본자료로 활용하도록 하고 있다.

〈표 2.3〉 **항공기 소음영향도**

단위 : WECPNL

구분	김포	포항	김해	원주	인천	대구	제주	광주	양양	청주	군산	울산	무안	서천
평균	76	72	77	83	63	83	77	87	56	85	84	60	64	74
최고	85	77	84	86	79	88	81	92	61	91	88	62	68	80
최저	57	56	67	69	30	68	60	79	58	70	77	50	58	65

자료 : 환경부

또한 2010년 9월 공항소음방지 및 소음피해지역 지원에 관한 법률을 제정해 항공기소음의 항공기소음영향도(WECPNL)를 24시간 상시측정하고 소음 피해지역에 대하여 관계기관에 통보하고 주택방음시설 등의 필요한 조치를 요청하고 있다. 2012년도 공항별 항공기 소음영향도(WECPNL)는 김포 76, 인천 63, 김해 77, 제주 77, 광주 87, 군산 84, 대구 83, 포항 72, 울산 60이었다.

② 진동일 경우

㉠ **진동관리지역** : 진동은 기계, 기구의 사용으로 인한 강한 흔들림을 말하며, 주로 건물지반을 통하여 건축물에 전파되어 건물 내에 2차 소음을 발생시키고 있다.

진동관리지역의 범위는 주거지역, 상업지역, 녹지지역, 준공업지역, 취락지구, 관광 · 휴양개발진흥지구, 종합병원주변지역, 학교주변지역, 입소규모 100명 이상의 노인의료복지시설과 영유아보육시설주변지역이다.

㉡ **방진시설** : 소음 · 진동관리법에서는 탄성지지시설 및 방진시설, 방진구 등 시설을 '진동방진시설'로 지정하고 배출시설을 설치하고자 할 때에는 진동방지시설 설치를 의무화하고 있다.

배출시설 설치허가를 받은 진동 배출업소에 대하여는 진동 배출허용기준을 준수하도록 지도 · 단속을 하고, 특히 민원대상이 되고 있는 주택가의 공장에 대하여는 진동방지시설을 설치하도록 하는 등 대책을 강구해 나가고 있다. 더불어 공장, 건설공사장 등의 배출원별로 진동에 대한 관리대책을 제도적으로 더욱 강화하는 한편, 저진동기계와 기구의 개발 및 방진시설에 대한 기술개발도 추진되고 있다.

〈표 2.4〉 **세탁기와 진공청소기의 저소음도기준**

단위 : dB(A)

등급	구분	A	AA	AAA
세탁용량 5kg 이상	세탁기 탈수기	55~59 60~63	52~55 57~60	52 이하 57 이하
0.5kW 이상	진공청소기	73~76	70~73	70 이하

③ 소음 · 진동관리제도

높은 소음 발생하는 기계 중에서 저소음제품에 대한 소음도표시 권고제를 1996년 2월 1일부터 시행하고 있다. 특히 생활주변에서 높은 소음을 발생하는 기계 중 일정기준 이하(표 2.4)의 저소음제품은 소음발생 정도를 표시해 판매하도록 권고하고 있다. 이는 고소음기계의 소비자(사용자)가 저소음제품을 구매할 수 있도록 정보를 제공함으로써 저소음제품의 소비를 증진시키는데 있다. 기계의 제작자에게는 저소음 제품개발을 촉진시켜 궁극적으로 생활소음 발생원을 방지하는 데 있다.

소음도표시 대상기계는 굴삭기, 로우더, 공기압축기, 발전기, 착암기, 압쇄기, 브레이커, 항타기의 8종이다. 소음도 검사는 국립환경과학원에서 담당하고 있다. 소음표시 인증을 받은 건설 기계는 건설공사시 사전 신고하여야 하는 특정 공사의 종류에서 제외시켰다. 환경부는 소음도표시 권고제도의 실효성 확보를 위하여 표시대상의 확대 소음표시 제도의 의무화검토 등에 대하여 다각적인 정책을 추진해 나갈 계획이다.

(2) 소음 · 진동관리법의 용어정의

소음은 기계, 기구, 시설, 그 밖의 물체 사용으로 인하여 발생하는 강한 소음에너지이며, 그리고 진동은 이들의 강한 흔들림이다. 소음 · 진동 방지시설은 이들 소음 · 진동 배출시설로부터 배출되는 소음 · 진동을 제거시키거나 감소시키는 시설이며, 종류를 보면,

① **소음방지시설의 종류** : 소음기, 방음덮개시설, 방음창 및 방음실시설, 방음외피시설, 방음벽시설, 방음터널시설, 방음림 및 방음언덕, 흡음장치 및 시설 등이 있다. 또한 방음시설은 소음배출 시설로부터 발생하는 소음을 감소시키거나 제거하는 시설이다.

② **진동방지시설의 종류** : 탄성지지시설 및 제진시설, 방진구시설, 배관진동 절연장치 및 시설 등이 있다. 또한 방진시설은 진동배출 시설로부터 발생하는 진동을 감소시키거나 제거하는 시설이다.

(3) 소음 · 진동 공정시험방법의 용어정의

① **등가소음도** : 임의의 측정시간 동안에 발생한 변동소음의 총에너지를 동일한 시간 내의 정상소음 에너지로 등가해서 얻어진 소음도이며, Leq dB(A)로 소음단위를 나타낸다.

② **측정소음도** : 소음 · 진동공정 시험방법에서 정해진 측정방법으로 측정한 음압도(dB) 또는 등가소음도(Leq dB(A)) 등이 있다.

③ **암소음도** : 측정소음도의 측정위치에서 대상소음도가 없을 때에 소음 · 진동공정 시험방법에 정해진 측정방법으로 측정한 소음도 및 등가소음도 등이다.

④ **대상소음도** : 측정소음도에 암소음을 보정한 후 얻어진 소음도이다.

∴ 대상소음도＝측정소음도－암소음도

⑤ **평가소음도** : 대상소음도에 충격음, 관련시간대에 대한 측정소음 발생시간의 백분율, 시간별, 지역별 등의 보정값을 보정한 후 얻어진 소음도이다.

⑥ **진동도** : 진동레벨의 수직감각 보정회로를 통해 측정한 진동가속도 레벨의 지시값이며, dB(V)로 진동단위를 표시한다.

⑦ **측정진동도** : 소음 · 진동공정 시험방법에서 정한 측정방법으로 측정한 진동도이다.

⑧ **암진동도** : 측정진동 레벨계의 측정위치에서 대상진동이 없을 때 소음 · 진동공정 시험방법에 정해진 측정방법으로 측정한 진동도이다.

⑨ **대상진동도** : 측정 진동도에 암진동의 영향을 보정한 후 얻어진 진동도이다.

⑩ **평가진동도** : 대상진동도에 관련 시간대 측정진동도에 대한 발생시간의 백분율, 시간별과 지역별 등의 보정값을 보정한 뒤에 얻어진 진동도이다.

2. 소음공해

(1) 소음의 악영향

소리(Sound)는 사람의 귀로 느낄 수 있는 공기(대기) 압력, 즉 음압(sound pressure)의 변화이며, 청각기관의 손상이 오기 전까지는 청력감지가 가능하다. 소음은 고체소음과 기류소음이 있다. 고체소음은 큰북, 징 등의 타악기음, 종소리, 기체의 충격소음 · 마찰소음 · 타격소음 등으로 물체를 진동시키거나 기계적인 가동으로 발생한다. 고체소음은 기계, 물체의 본래 진동으로 발생하는 에너지에 의한 소음인 1차 고체소음과 본래 진동에너지를 지반매체를 통한 2차 고체소음이 있다. 기류소음은 직접 음압 변화에 의한 유체(fluid)의 역학적 원인으로 발생한 음이며 나팔 · 트럼펫, 피리 등에 의한 관악기소음, 폭발음, 경적음 등이다. 기류소음은 난류소음과 맥동소음으로 구분된다. 그리고 송풍기, 배풍기, 헬리콥터, 프로펠러 등의 소리가 난류소음이고, 압축기 · 진공펌프 · 엔진배기음 · 냉장고 · 변압기 등의 소리가 공명소음이다.

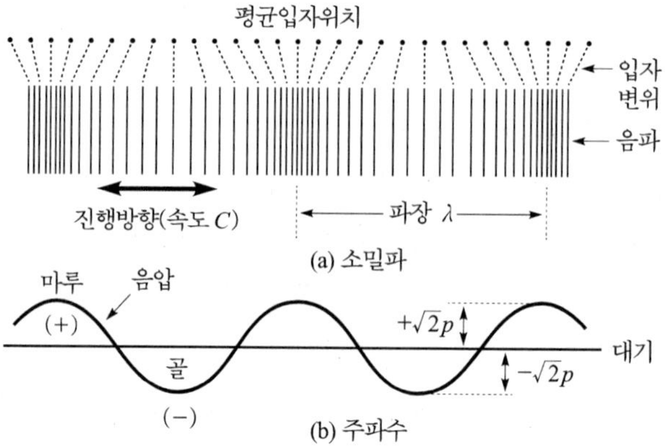

[그림 2.2] **정현음파**

소음(Noise)은 원하지 않는 소리 또는 일상생활에서 피할 수 없어 어쩔 수 없이 들어야 하는 듣기 싫은 소리이다. 소음은 소리와 물리적인 성질이 동일하며, 공기(대기)의 진동에 의해 음파(sound wave)중 가청가능한 주파수만 사람의 귀를 통해 감각적으로 들을 수가 있다. 음파는 공기(대기)등의 매질을 전파하는 압력파인 소밀파의 순음이다. 그리고 음압에 의해 정현음파(正弦音波)로 변화해 공기(대기) 분자들이 진자(振子)처럼 평형위치에서 반복해 아주 작은 변위에 의해 매체 각각의 입자가 파동(wave motion : 매질의 변형운동에 의해 소음에너지 전달)으로 진동하는 세로파(longitudinal wave)도 있다. 음파는 평면파(plane wave), 발산파(diverging wave), 구면파(spherical wave), 진행파(progressive wave)와 정재파(standing wave)가 있다.

소음 · 진동은 물오염과 대기오염처럼 물리적인 개념이 아니라 주관적 · 정신적 · 심리적 · 감각적 · 재산적이기 때문에 인간의 귀로 들을 수 있는 가청가능소리는 소음이 될 가능성이 높다. 진동은 소음처럼 귀 뿐만이 아니라 감지기관이 인간의 몸전체가 될 수 있다.

주로 소음 · 진동의 피해는 불쾌감 때문에 정서적으로 불안정하며, 고혈압 · 현기증 · 환각증상 · 과대망상증을 일으키면서 심장질환과 정신질환을 일으킨다. 소음 · 진동에 의한 vitamin B_1 소모로 피로가 빨리 오며, 정신집중력을 떨어뜨려 사업장에서 작업능률을 떨어뜨린다. 그리고 강한 소음은 일시적인 난청, 영구적인 난청과 노인성 난청을 일으킨다.

(2) 소음저감

① **기류소음**(Gas flow noise)

㉠ **맥동소음** : 주기적인 흡입이나 토출에 의해서 발생하는 항공기 엔진 · 압축기 등의 흡 · 배기소음을 맥동소음이라고 하며, 대책은 토출유속을 저감해서 감소 시킨다.

㉡ **난류소음** : 가스흐름 중 소용돌이에 의해서 발생하는 배관의 굴곡부나 빠른 유속과의 밸브 등에서 발생되는 흐름소음을 난류소음이라고 한다. 대책은 관(duct, pipe 등)의 곡률반경을 줄인다거나 밸브(valve)의 다단화로 감소시킬 수가 있다.

② **고체소음**(Solid noise)

㉠ **동적 발생기구** : 베아링, 톱니바퀴 등의 마찰, 충격 등처럼 기계적인 운동에 의해서 발생하는 소음을 고체소음이라 하며, 대책은 가진력을 억제하고 그리스(grease)를 자주 발라주어야 한다.

㉡ 정적 발생기구 : 기계 프레임(frame)등의 진동에 의해서 발생하며, 대책은 공명 방지, 방사면의 축소, 방진과 제진(damping)으로 처리한다.

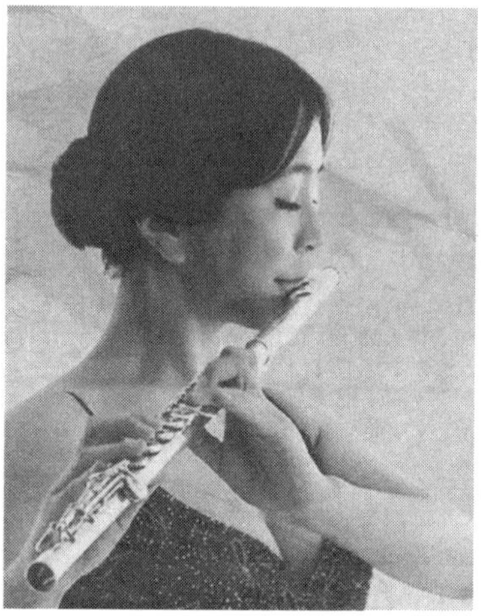

[그림 2.3] **금관악기음**

2.2 소음공해

1. 소음(Noise)발생원

(1) 소음의 특징

소음은 원하지 않는 소리(unwanted sound) 또는 싫어하는 소리이면서, 없는 편이 좋을 정도로 느끼는 소리이다. 소음은 어떻게 보면 사람마다 원하지 않고, 싫어하고, 없는 편이 좋다라고 하는 것은 아주 막연하여서 비과학적이라는 특징을 갖고 있다. 그래서 소음문제의 제일 중요한 점은 소음문제를 해결하는데 있어서 어려움이 많다.

소리 자체는 우리들의 생활 속에서 제거할 수가 없는 것이고, 각종 소리에 대한 정보, 음악 등 의사소통을 할 수 없기 때문에 필요하다. 특히 이들 소리가 특별한 종류의 소음이 아닐지라도 소음공해를 일으킨다. 똑같은 소음이라도 어떨 때에는 필요하다가도 어떤 경우는 필요없게 되기도 하는 등의 시간과 장소, 경우에 따라 판단은 주관적이어서 달라지게 된다. 하지만 매우 중요한 점이라면 소음문제는 다른 환경공해에 비해 감각량이라는 점이 다르고 대기오염과 물오염에 비해 아주 국소적이고 다발적이다.

소음은 불쾌한 소리에너지이지만, 우리들 주변에 있는 소음을 듣는 사람에 따라 소음(noise)도 되고, 쾌적한 소리(music)도 되어 다소 차이가 있을 수가 있다.

항공기소음 등의 특별한 경우를 제외하고는 소음민원은 소음발생원에서 피해자까지의 거리가 700m를 넘는일이 거의 없다. 소음민원은 소음발생자와 인접한 사업자나 주민과의 문제이며, 소음피해는 사람마다 달라 다양하다.

소음문제 특징은 공기(대기)중의 물리적인 변화에 의해서 일어나기 때문에 높은 소음을 소음기(消音器)로 흡수시키면 감소되기 때문에 폐기물 등과 같은 2차 오염물질이 발생되지 않는다.

소음공해에 대한 고통호소는 천차만별하며, 다른 환경오염과 달라서 주로 직접 인간이 감지하기 때문에 주민의 일상생활과 관계가 깊다. 환경문제 불편고발 건수는 대기오염 11.4%, 물오염 8.6%, 소음·진동 34.3%, 악취 12.6%, 지반침하와 토양오염 등이 34.4% 정도이며 점점 소음·진동건수가 증가될 것으로 본다.

소음공해 고통은 소음의 22.8%가 건축·토목공사로 공사장 소음이 제일 많고, 그 밖에도 제조사업장 공장소음이 21.6%, 상점·음식점 확성기소음이 18.5%와 가정생활 층간소음이 37.1% 등의 순서이다.

(2) 소음발생원(Noise source)의 종류

① 소리확산

소음발생원은 자동차소음, 생활소음, 자연소음, 철도소음, 항공기 소음, 공장소음으로 분류된다. 자동차소음은 자동차, 기차 등처럼 교통기관에 의해 발생되며, 그리고 도로상의 사람소리, 물건파는 생활소음도 있다. 생활소음은 상점·사무소 등에서의 소음과 가정소음이다. 자연소음은 귀뚜라미 등의 벌레소리, 참새 등의 새소리, 나뭇잎 흔들리는 소리, 바람소리와 파도소리이다. 생활소음 등에 비해 항공기소음은 피해가 광역적인데, 이는 소음발생원으로부터 소리가 확산하기 때문이다. 그래서 공장지대에서는 공장소음, 공항주변에서는 항공기소음, 철도주변에는 철도소음의 민원이 가장 많다.

② 공장소음발생원

공장소음은 가해자가 공장 배출시설의 사업자라는 점이 확실해서, 민원이 들어와 민원처리시 원인자가 분명히 있다. 하지만 주거지역과 중소기업 공장이 혼재한 재래형 준공업지역에서는 원인자 찾기가 아주 어렵다. 최근 압축경제 성장으로 도시화가 급속 증가해지면서 공장주변에 아파트가 들어서 공장소음 문제가 급증되었다. 공장소음 불평은 주거지역이 제일 많고, 그 밖에 상업지역, 준공업지역, 공업지역의 순서이다. 주로 공장규모는 부지면적 $1000m^2$ 미만의 공장소음이 제일 불평이 많다. 공장내 소음 차폐효과는 건물에 의한 차단, 그 밖에도 건물에 의한 회절, 부지 내에서의 거리감소, 부지 경계선의 방음벽 등에 의한 감소도 있지만 소음발생원인 기계 등의 소음대책이 제일 중요하다.

공장에서 사용되는 기계는 공장의 생산품목 등에 따라 다양하며, 발생하는 소음도 음질, 충격성, 발생지역, 발생빈도, 발생시간 등에 따라 특징이 가지각색이다.

주거혼재지역에서 큰 소음을 발생하는 금속가공기계 등의 특정 기계를 가동하는 공장은 소음 · 진동관리법에 따른 부지경계선상에서의 공장 소음 · 진동 배출허용기준을 준수하도록 규정되어 있다. 소음도가 불규칙하게 큰 폭으로 변동할 때는 90% range 상단값(L_5)을 적용하며, 주기적으로나 간헐적으로 변동해 그 최대값이 일정하지 않은 경우는 최대값(Lmax, dB(A))에 따라 평가받아야 한다.

철골공장건물에 의한 차폐효과는 소음도의 전파상태에 따른 [그림 2.3]처럼 소음감소 효과가 크다. 공장의 각종 기계는 강한 소음을 발생시키게 되면 거리별, 지상으로 부터의 높이에 따라 큰 폭으로 소음감소가 되고 있다.

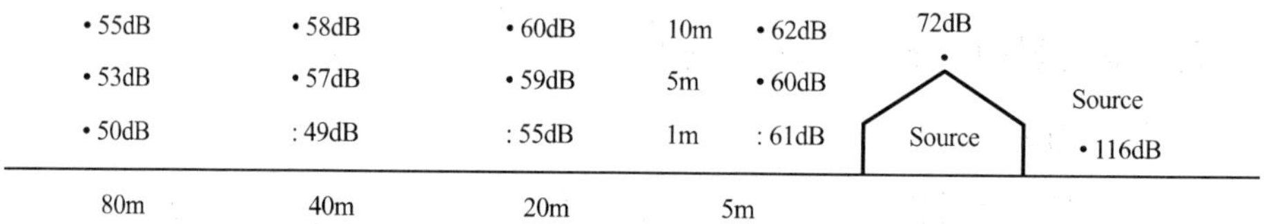

[그림 2.4] **공장으로부터의 수직 · 수평거리에서의 공장건물 차폐효과**

그리고 기계소음도는 소음발생원으로부터 거리 1m 떨어진 지점에서 90dB에서 100dB 이상이 되는 기계가 많다. 이 때문에 공장 내의 소음도가 아주 높을 때가 많으며, 근로자의 청력보호 관점에서 산업안전보건법상 8시간당 85dB 미만이어야만 청력손실을 예방한다. 특히 고음 폭로시 과로근무 제한, 귀마개사용과 정기적으로 청력검사 등을 받아야 한다. 주요 기계별 소음도는 압연기계 92~107dB, 제관기계 103~110dB, 타공기계 80~104dB, 유압프레스 85~114dB, 기계프레스 93~108dB, 절단기 80~95dB, 단조기 85~103dB, 샌드블라스트 75~113dB이다. 그리고 공기압축기 80~105dB, 송풍기 90~110dB, 파쇄기 · 마쇄기 · 체분급기 80~100dB, 직기 80~103dB, 콘크리트 플랜트 95~107dB, 아스팔트 플랜트 100~107dB, 곡물용 제분기 83~102dB, 쇄목기 85~100dB, 초지기 75~100dB, 인쇄기계 80~98dB, 사출성형기 85~95dB와 주형조형기 95~103dB이다.

③ 건설소음발생원

건설공사장에서의 토목작업이나 건물 등의 건설작업시 강한 소음을 발생하는 기계가 사용될 때가 있다. 주요한 건설공사용 기계들이 소음원로부터 30m 떨어진 지점에서의 소음도가 〈표 2.5〉이다.

모든 건설기계장비는 장차 저소음형 기계이어야 하며, 항타기계 등의 특정한 기계를 사용하는 건설작업은 특정 건설작업이어서 부지경계선상에서 85dB정도로 낮추어야 한다. 소음도값이 불규칙하거나 큰 폭으로 변할 때는 90% range의 상단값(L_5)을 적용해 평가해야 한다. 그리고 주기적으로나 간헐적으로 변동해서 그 변동값이 일정치 않으면 최대값으로 평가한다. 이 때문에 작업공정마다 사용하는 기계소음도의 예측, 저소음형 기계의 유무와 대체공법, 시간제한, 시간대를 연구해서 높이 3m정도의 밀폐성이 높은 임시방음벽으로 경계선을 둘러싸는 등 각종 대책이 필요할 때가 많다.

건설소음은 어떤 일정한 기간에만 발생되는 일시성 소음이며, 일반적으로 부지경계선에 인접한 민가일 경우는 민원이 발생하기가 쉽다. 또한 철도나 간선도로 등 낮에 통행을 방해하지 않기 위해 야간작업을 해야 할 경우도 있다.

그래서 야간건설작업시 작업시간을 엄수해야 하며, 공정계획시 여유를 두고 저소음형 기계나 공법을 적극적으로 도입해야 한다.

[그림 2.5] **건설공사장소음**

④ 도로교통소음발생원

도로교통소음은 자동차 소음이라고도 하며, 매년 자동차 대수가 증가해 자동차소음은 증가되고 있다.

〈표 2.5〉 건설공사용기계의 소음도

구분	종류	소음도(dB)
정지 공사용	불도저 트럭쇼블 크럼셸 백호우 파워쇼블 덤프트럭	65~69 72~78 65~75 68~73 64~65 77~80
기초 공사용	디젤 해머 드롭 해머 아스오카 아스드릴 진동식 항타기 베노드 볼링기계 스크류 드릴	90~108 88~98 75~83 72~82 74~80 78~83 51
콘크리트 공사용	콘크리트 믹사차 콘크리트 덤프차	55~77 67~74
철골 공사용	임팩트렌지 철골용접 철골항타(해머) 그라인다	78 44~52 82~86 74~80
동력기계	발전기 가압식 압축기(스크류식) (로타리식)	78~81 74~80 73~86

도로에 가까운 지점에서 소음도의 1일 변화는 야간시 교통량이 감소하기 때문에 L_{95}인 90% range 하단값과 L_{50}인 중앙값이며, 주간에 비해 너무 낮다. 따라서 야간의 자동차 통행량은 감소해도 자동차 1대당 소음도는 주간과 동일하여서 L_5인 90% range 상단값이나 Leq인 등가소음도로 나타낸 소음도의 저하는 거의 없다.

자동차에 의한 도로교통 소음도는 교통량, 대형차 혼입율 등의 차종구성, 엔진형식에 따라 디젤차, 휘발유차, 연식(年式) 등의 차량요인이나 속도 및 가속도 등의 주행요인에 따라 다르기 때문에 각각의 요인과 소음도 등의 관계는 복잡하다. 비교적 새로운 형식의 자동차 속도는 80km/hr 주행시 차종별 power level (PWL : A특성보정)의 소음에너지평균값(dB)이며, 대형차는 승용차에 비해 7dB 정도가 높다. 일반적으로 자동차 소음의 평균 PWL은 주행속도의 상용대수(log)에 비례해서 증가하며, 주행속도 60km/hr에서 120km/hr 범위일 때 큰 차이가 있다. 차종별 및 주행속도별로 평균적인 24시간의 소음도 변화는 [그림 2.5]와 같다.

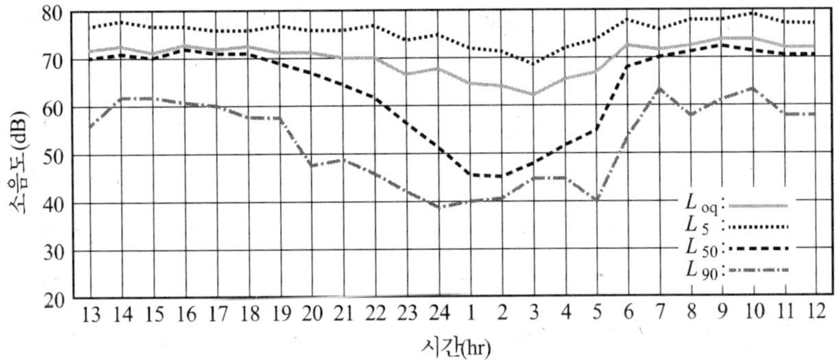

[그림 2.6] **도로교통소음도 1일변화(도로변지점과 지상 5m 떨어진 지점)**

⑤ 항공기소음발생원

항공기소음은 강한 기류소음으로서 창공에서 발생하기 때문에 그 피해도 광범위하다. 항공기는 여객기, 화물수송기, 군용기, 헬리콥터 등이나 민간공항이나 특수 비행장에 의한 발착(發着)하는 항공기 종류에 따라 프로펠라기, 이제트기, 헬리콥타로 구분한다. 그리고 엔진종류에 따라 터보 프로브(turbo probe), 터보 이젝트(turbo eject), 터보 팬(turbo fan)으로 분류한다. 특히 발착횟수나 비행경로 등의 운행형태는 다양하다. 최근 민간공항은 발착횟수가 1일 10회에서 300회 정도이며, 헬리콥터 설치수도 증가하고 있다.

제트(jet)여객기는 PWL(소음출력값)이 140dB에서 150dB 이상의 항공기 종류도 있으나 민간공항에서는 저소음 신형엔진인 터보 팬(turbo fan)을 탑재한 기종 도입이 추진되고 있다.

〈표 2.6〉 **항공기 소음 특성**

아음속시 주파수 특성		초음속
항공기 접근	고주파수(2kHz에서 최대)	소닉붐(sonic boom)이 발생 형태에 따라 정상상태와 비정싱싱태로 구분할 수 있으며, 마하수와 비례하여 증가한다. 거리와 고도가 감소하면 급격히 상승한다.
상공 통과	저주파수(500Hz에서 증기, 3.15kHz에서 Fan 배기소음)	
통과후	저주파수	

항공기소음은 비행횟수나 운행형태 등의 악영향에 따라 이들을 줄여 공항주변의 소음 피해 범위가 축소되어야만 한다. 제트여객기일 경우 이륙경로직하의 세로방향 소음도는 활주로로부터 1km 떨어진 지점에서 90dB이 넘으며, 5km 지점에는 85dB 정도이나 비행경로의 가로방향은 확산이 적어 1km 지점에서 75dB에서 85dB 정도이다. 제트소음은 중주파수와 저주파수 성분이 많아 넓은 지역의 소음임에는 틀림

없지만 착륙시에는 고주파수성분이 증가하는데, 이는 송풍기회전수가 크게 지배한다.

군용기에 의한 소음은 일시적인 기간에 집중해 발생하며, 운행형태가 민간공항에 비해 크게 다르다. 소음의 PWL은 제트전투기 등은 제트여객기에 비해 아주 높아 170dB정도이다. 군용기는 After burner사용에 따른 소음이 증가하며, 프로펠라기 소음은 저주파수성분이 많은 독특한 소음이나 착륙시에는 터빈 회전소음이 높은 주파수성분이 주력으로 된다. 소음도는 제트 여객기보다 약 10dB 정도가 낮고, 헬리콥타소음은 로타 회전소음이 주에너지원이어서 500Hz부근의 특유한 소음이다. 비행고도가 비교적 낮은 점이 군용기소음의 특징이며, 소음도는 Slow peak값으로 고도 약 40m일 때 85dB에서 95dB, 고도가 150m일 때는 65dB에서 90dB이다.

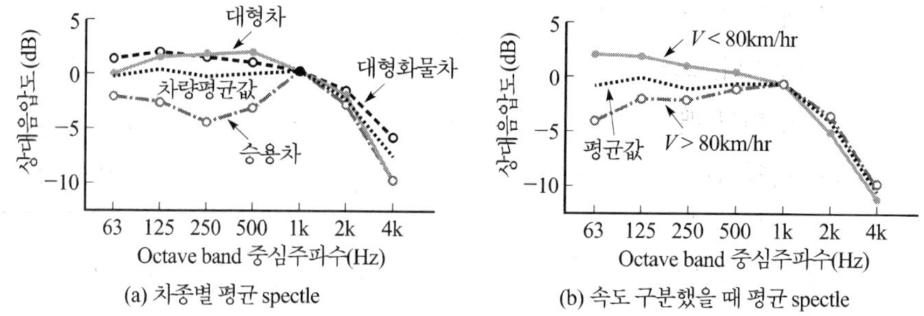

[그림 2.7] **차종별 · 속도별 자동차소음도**

국제민간공항기구가 개발한 항공기소음 영향도는 지역유형에 따라 공항주변 90 WECPNL, 그밖의 지역은 75 WECPNL이다.

항공기소음에너지 평균값은 (식2−1)과 식(2−2)로 구한다.

$$WECPNL = \overline{\mathrm{dB}} + 10\log N - 27 \quad \cdots\cdots\cdots (2-1)$$

여기서, $\overline{\mathrm{dB}}$: 1일 소음도의 slow peak평균값(dB)

여기서 N은 시간대별 항공기대수이며, 그리고 N_1은 AM 7시에서 PM 7시, N_2는 AM 7시에서 PM 10시와 N_3는 AM 10시에서 PM 7시일 때에 다음식으로 구한다)

$$N = N_1 + 3N_2 + 10N_3 \quad \cdots\cdots\cdots (2-2)$$

항공기 소음영향도(WECPNL)는 1일 평균 10대 이하의 소규모 비행장에 대한 환경보전위한 민간항공기소음한도의 잠정지침이었다.

일반적으로 저속주행시 엔진소음의 기여는 높지만 고속주행시는 타이어소음의 기여가 높고 고주파수성분이 증가한다. 이 밖에도 배기소음, 송풍기소음 등이 있고, 오토바이는 Muffler개조 등으로 배기소음이 문제가 되는 경우도 있다.

자동차 종류에 따라 정상적인 주행소음, 가속 주행소음, 근접 배기소음의 허용한도가 신종 제작자동차와 현행 운용차에 소음 배출허용기준을 규정하고 있다.

도로교통소음은 발생원에서 어느 자동차 소음만을 규정하는 것도 아니고 교통량의 제한, 도로주변의 정비로 방음벽이나 완충녹지대의 설치 등이 필요하다. 그리고 전기자동차 개발 등의 종합적인 대책도 필요하다. 신설된 고속도로 등의 고가다리가 신설될 경우 교통량의 증가에 따라 신규 소음지역이 되기 마련이다. 그러므로 신규 도로계획시 충분한 사전 소음영향평가가 필요하다.

⑥ 철도소음발생원

지하철, 전동차 등의 궤도차량에 의한 소음이 철도소음이다. 주요 철도소음 발생원은 차바퀴와 레일의 마찰, 충격, 레일의 연결 부분이나 포인트에서의 충격, 괘도수, 철교와 고가다리 등의 소음이다. 평탄한 장소를 주행하는 재래형 기차의 소음도는 근접 철로궤도 중심으로 5m 떨어진 거리에서 83dB에서 90dB(slow peak) 정도이다. 그리고 철로 연결부분을 통과시 5dB 정도가 높아지며, 철교 바로 밑 부분에서는 90dB에서 100dB 정도이지만 기차의 경적소리는 20m 떨어진 거리에서 110dB 이상이다. 고속전철은 고속주행시 공기역학소음, 고주파수 성분이 증가해

[그림 2.8] **전철소음**

재래식 철도소음에 비하면 음질이 다르다. 그래서 고속전철은 slow peak의 평균으로 70dB에서 75dB 정도이다. 철도 소음은 그 발생이 간헐적이어서 철도차량의 종류가 다양하면서, 철도발생 소음의 소음도, 발생빈도, 지속시간 등이 노선에 따라 조금씩 차이가 있다.

⑦ 이웃간 소음발생원

소음발생원이 주차와 관련된 자동차나 오토바이의 공회전(idling)소음, 상점 · 음식점 · 심야영업점인 노래방 등의 음악 소음, 오락장의 소음, 이동판매 차량의 확성기소음, 선거홍보차량의 소음, 집단의 시위음, 고양이 · 개 · 닭 등의 소음, 잉꼬 · 구관조 등의 소음, 어린이들의 소음, 학교 · 사찰 · 학원의 소음, 피아노 · 드럼 등의 소음, 주택의 층간소음, 세탁소음과 청소기, 화장실의 소음 등이다. 이처럼 이들 소음발생원은 다양하며, 각각의 지역과 생활에 밀착한 소음이다. 이웃간 소음은 소음종류, 소음도, 발생시간, 발생빈도, 음질 등이 다르며, 소음불평은 50dB 이하의 소음도다. 심야영업이나 노래방의 소음이나 확성기의 소음은 지방자치단체의 규제해 생활소음관리기준값으로 소음을 저감하고 있다.

[그림 2.9] 이웃간 생활소음

2.3 진동공해

1. 진동(Vibration)발생원

(1) 진동공해특징

진동은 원하지 않는 강한 흔들림이며, 그리고 진동공해는 사업활동에 의해 발생하는 지반진동이 집에 전파되어 집안에 있는 사람이 진동을 직접 느낄 수도 있다. 또한 창문유리가 흔들리는 소리 등으로 느끼는 간접적인 감지방법도 있다. 그래서 진동은 감각적인 불평도 생기게 된다.

건설공사시 사용하는 항타기 등으로 생긴 큰 진동이 발생할 경우, 벽, 타일 등에 금을 생기게 하거나 물건을 넘어지게 하는 등의 물리적인 피해도 일으킨다.

일반적으로 진동도 주관적인 성격을 갖고 있는데 진동자체가 오염이나 대기의 오염물질인 경우처럼 인체에 악영향을 미치게 하는 것과는 달리 공사장 진동피해가 아주 많다. 하지만 진동 공해문제는 복잡하고 국소적이며, 진동은 지반 등을 통해 전파하기 때문에 거리감소가 대단히 큰 특징이 있다. 그리고 진동은 날씨의 기상조건에 지배되거나 발생원장소가 이동하는 일도 없어 좋지만 고정발생원이어서 인접 공장 주변의 주민들의 불평이 아주 많다.

① 공장진동

진동발생원 중에서 불평 신고수가 가장 많은 민원이 공장진동(40%정도)과 건설작업 진동(25%정도)이다. 이러한 민원건수로 볼 때 공장진동은 주로 공장배치가 주택가와 혼재하고 있기 때문이다. 최근 도시화로 주거지역이 공장과 인접하면서 더욱 증가되고 있다. 공장진동 발생원은 주로 기계류이며, 그 중에서도 프레스(press) 기계이고, 그 다음은 단조기이다. 진동도는 단조기로부터 거리 5m 떨어진 지점에서 81dB로 가장 높고, 주형단조기는 77dB로 그 다음이지만 저진동기계 개발로 점차 기계 진동도가 감소되고 있다.

공장진동은 공장의 설계, 기계배치 계획으로 단계별 진동방지를 도모할 수가 있어 기존 기계설비도 과감한 대책강구로서 정온한 진동환경 유지에 노력해야만 한다.

〈표 2.7〉 **공장기계류의 진동도**

단위 : dB

진동발생기계류	진동발생원으로부터 다음 측정거리에서의 진동도			
	5m	10m	20m	30m
액압 press	58~68	54~64	60	57
기계 press	56~68	51~65	62	61
절단기	64	60	57	55
단조기	77~81	73~78	75	73
와이어포밍기	64	52	40	32
압축기	55~64	49~61	58	56
왕복식 압축기	55	49	–	–
회전식 압축기	48	42	–	–
파쇄기	67	62	58	56
마쇄기	64	54	–	–
분체분급기	67	64	62	–
직기	55~71	45~67	63	61
콘크리트블록기	69	62	58	52
드럼방카	71	67	63	60
인쇄기계	65	61	–	–
합성수지사출기	57~61	52~57	53	51
주형조형기	77	72	66	63
고무, 비닐용롤기	61	56	–	–

② 공장진동관련 주요 용어는 다음과 같다.

㉠ 단진동운동은 정현함수형태(sine, cosine)를 나타내는 아주 간단한 진동형태로 운동하는 회전기계 등이 있다. 회전기계처럼 정현진동시 진동 속도의 최대진폭은 진동가속도의 실효값보다 0.7배 크다.

㉡ 진동진폭은 진동세기를 나타내는데 이용되며, 속도(cm/sec)진폭, 가속도(cm/sec^2)진폭과 변위(cm) 진폭이 있다.

㉢ 진동주파수는 1초동안 어떤 물체가 흔들리는 움직임(cycle/sec)으로 진동수라고도 하며, 대상진동수는 1Hz에서 90Hz, 단단한 지반의 고유진동수는 1.4Hz에서 7Hz이고 인체감지진동수는 0.1Hz에서 500Hz이다. 주기는 물체의 반복되는 시간(sec)이다.

㉣ 진동도는 진동계의 수직감각보정회로(V : Vertical) 통해 측정한 진동가속도값(VAL)의 지시값으로 dB(V)로 표시한다.

㉤ 평가진동도는 측정진동도에서 측정위치에서 암진동영향을 보정한 후의 대상값을 보정한 후에 얻어진 진동도이다.

(2) 진동발생원의 종류

① 건설작업진동발생원

건설작업은 대형기계를 사용하여 소음과 진동을 발생시키면서 공사를 진행하기 때문에 번화가에서 고층빌딩이나 고속도로 공사시 불평이 많다. 일반적으로 기계류는 주로 충격 에너지를 직접 이용하기 때문에 진동발생이 많으며, 건축현장에서 제일 많고 그 중에서도 토목현장이 주진동 발생원이 된다. 공사진동은 야간공사시 주민들이 수면을 방해받아 불평이 많다.

공사현장으로부터 10m 이내 지점에서는 작업시 휴식과 수면에 방해우려가 있다. 건설공사시 작업시간을 단축한다면 인근주민의 생활환경에 장기공사가 되어 불편하겠지만 야간시간대 진동에 의한 불평을 크게 감소시킬 대책이 수립되어야만 해소된다.

〈표 2.8〉 **건설기계류의 진동도**

단위 : dB

진동발생기계류	진동발생원으로부터 다음 측정거리에서의 진동도			
	5m	10m	20m	30m
디젤파일함마	84	73~78	67~72	63~68
진동파일드라이바	80	73~74	66~70	61~63
유압함마	89	74	70	61
드롭함마	84	69~76	64~67	62
강구파괴기	79	69	60	52
포장아스팔트파쇄기	77	72	68	62
프레카	71	61	50	40

② 도로교통진동발생원

최근 지하철과 자동차의 통행량이 크게 증가되면서 진동공해에 대한 심각성이 증가되고 있다. 그리고 도로교통 진동에 가장 관계가 깊은 것은 교통량이다. 자동차는 대기오염의 주범이면서 소음과 진동도 무시할 수 없기에 장차 친환경자동차의 보급이 필요하다. 자동차 중 차종에 따라 진동도가 달라지는데 특히 대형화물차량의 주행시 진동도가 [그림 2.9]처럼 제일 높다.

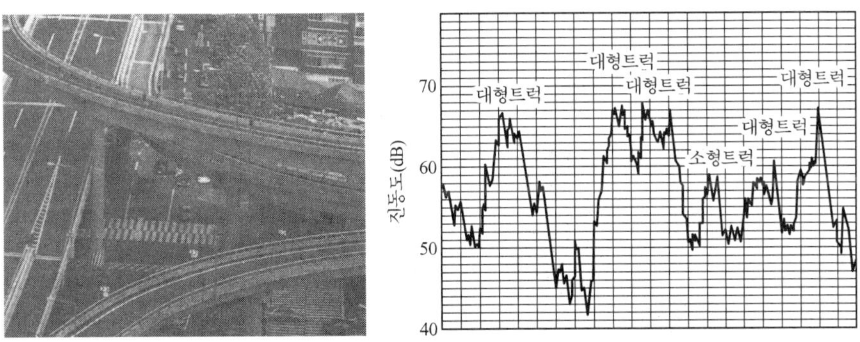

[그림 2.10] **도로교통진동도**

자동차의 주행속도도 진동도에 기여를 하며, 주행속도가 빠를수록 진동도가 높아져서 주행속도가 10km/hr당 2dB에서 3dB 정도로 증가된다. 도로에서 거리가 멀어질수록 진동도도 감소하는데 도로에서 70dB 범위인 진동도일 경우라면 도로에서 50m 떨어진 곳이 50dB 이하가 된다. 그리고 차선별 거리감소는 1차선당 약 3dB정도가 증가된다.

도로의 노면상태도 진동도와 관계가 있는데 도로면상태가 나쁠수록 진동이 높아지나 도로면보수가 되면 약 5dB에서 10dB의 감소가 된다. 따라서 진동도는 도로의 포장공사를 실시할수록 저감되는 경향을 갖고 있다. 도로교통 진동은 교통량규제를 병행하면서 도로개량을 실시하면 크게 감소할 수가 있다.

③ 고속전철진동발생원

[그림 2.11] **고속철도진동**

고속으로 주행한 고속전철은 괘도위를 차바퀴로 주행에서 소음, 진동이 공해문제화되고 있다. 진동 지속시간은 200km/hr시 16량 편성시 7초 동안 진동도의 peak값을 나타내며, 240km/hr로 12량 편성시 전차도 5.4초 동안 진동도의 peak값을 나타낸다.

[그림 2.12] **자동차공기진동**

고속전철은 고가다리쪽이 주택이나 점포구간보다 진동도를 높게 나타내는 열차속도와 진동도와 상관성을 갖고 있다. 그래서 고속전철의 진동대책은 레일의 중량화, 방진 슬라브의 채용, 레일의 삭정(削正), 바라스트 매트(balast mat)의 설치 등이 실시되면 크게 감소된다.

④ 저주파공기진동발생원

귀에 들리지 않는 저주파수 공기진동소음이 인체에 미치는 악영향있다는 연구가 진행되고 있다. 특히 저주파 공기진동음은 초저주파음(infra frequency sound) 또는 저주파소음(low frequency noise)이라고도 한다. 주로 100Hz 전후의 낮은 주파수 범위의 가청소음을 포함한 저주파공기 진동이 공해가 되고 있다.

저주파공기 진동의 발생원은 압축기, 송풍기, 엔진, 펌프, 진동체(mesh), conveyor, 발파, cupola, 냉각탑, 자동차, 항공기, 선박, 지하철, 발파, 댐방류, 지진, 전파, 천둥, 바람, 폭포수, 폭죽, 화산폭발, 유도탄폭발, 가스폭발, 화재, 로켓발사 등처럼 다양하다.

2.4 소음 · 진동 배출시설

1. 소음·진동관리법의 배출시설 특성

(1) 압축기

① 개요

터어빈, 피스톤, 송풍기 등에 의하여 기체나 액체를 가압과 감압(진공)하는 기계이다. 일반적으로 공기기계에서는 게이지 압력이 $1kgf/cm^2$($10m\ H_2O$) 이상인 기계이며, 저압의 공기를 고압으로 높여 일시에 배출시키므로 소음이 발생한다.

② 종류

작동 원리별로는 왕복압축기나 회전압축기와 같은 용적형과 원심압축기가 있으며, 축류압축기와 같은 터보형이 있다.

㉠ **왕복압축기** : 흡입밸브(valve)와 송출밸브(valve)가 장치한 실린더(cylinder) 속에서 피스톤(piston)을 왕복 운동시킴으로써 기체를 흡입하고, 이것으로 송출하는 기계이다. 그리고 치수와 중량이 크고 피스톤의 왕복운동에 의하여 진동이

발생되기도 한다. 실린더의 배치형식에 따라 주로 횡형·입형·반성형·대향형 등으로 분류된다.

㉡ **회전압축기** : 케이싱(casing) 속에 내장된 로터의 회전에 의하여 로터(rotor)와 케이싱 사이에 기기를 피복해서 이것을 압축하여 고압축으로 송출하는 기계로서 경량이면서 소형으로 설치면적을 적게 차지한다. 루츠(roots)압축기, 나사(screw)압축기, 임펠러(impeller)압축기 등으로 분류된다.

㉢ **원심압축기** : 케이싱(casing) 안에 장치된 회전자의 회전에 의하여 기체에 주어진 원심력을 이용하여 기체를 압축하는 기계로 레디얼, 터보, 압축기, 다익 압축기로 분류된다.

㉣ **축류압축기** : 로터(Rotor)에 설비된 날개와 날개 사이에 놓인 여러개의 날개조합으로 배열되어 있는 흡입구에서의 날개 앞까지의 증속구간에서의 에너지 증속구간, 날개 뒤의 확대기(diffuser)에서 출구까지의 감속구간으로 되어 있는 기계이다. 1단당 압력비는 1.2배 정도이므로 고압을 얻기 위해서는 다단장치를 하여 고속회전을 시킨다.

③ 적용범위

제빙기, 냉동기, 공조기, 냉방기(aircone), 압축기(compressor), 항온항습기 등에 부착되어 있는 압축기는 허가대상이 된다. 소음배출 시설로서의 1대당 동력규모는 10마력 이상이어야 한다.

(2) 송풍기(Fan, blower)

① 개요

공기기계로서 압축기와 명확한 구분은 어려우나 주로 날개(impeller)등을 돌려서 인공적으로 바람을 만드는 기계이다. 그리고 냉각·송기(급기)·환기(배기)·연소로 및 용융로 등의 송풍·공기수송 등으로 사용되는 압력 $1kgf/cm^2$($10m\ H_2O$) 이하의 기계이다. 공기압을 $1mH_2O$ 이하로 송출하는 송풍기(fan)와 $1mH_2O$에서 $10mH_2O$ 범위로 송출하는 blower가 있다.

② 종류

작동원리별로는 터보형과 용적형이 있다.

㉠ **전류식 송풍기** : 회전차가 회전함으로써 발생하는 날개의 장력에 의하여 에너지를 얻는다. 저압으로 다량의 송기량이 요구될 때, 원심송풍기보다 소음이 크고 설계시 고압과 저풍량에서는 효율이 떨어지는 단점이 있다. 통풍관이 없는 프로펠

러 송풍기(propeller fan), 통풍관부착 전류 송풍기, 전류 송풍기(fan) 등이 있다.

㉡ **원심송풍기** : 케이싱 안에 장치된 회전차의 회전에 의하여 기체에 주어진 원심력을 이용하여 기체를 압송하는 기계이다. 원심송풍기는 다익 팬, 래디얼 팬, 터보 팬, 한정부하 팬, 플로펠러형 팬 등으로 분류된다. 흡입구에 따라 편흡입 송풍기, 양흡입 송풍기 등으로 분류되며, 또는 단수에 따라 분류되기도 한다. 단수에 의한 분류의 특징은 단수에 의한 풍량은 변하지 않지만 풍압은 단수에 비례하여 증가한다.

③ 적용범위

냉각탑(cooling tower), 보일러용 팬(boiler fan), 배기 팬(fan), 브로와(blower) · 공조기 · 정화조 팬, 에어콘 · 온풍기 팬, 환풍기, 항온항습기, 급배기 팬, 냉각기 팬 등으로 분류된다. 소요배출 시설로서의 1대당 동력규모는 10마력(馬力) 이상이다.

(3) 단조기

① 개요

단조기는 해머(hammer) 낙하체의 '운동에너지'를 이용하여 철강, 구리, 알루미늄, 비철금속류를 가열시키거나 냉각상태에서 자유 단조, 형 단조를 하는 작업시 사용된다. 이때 재료를 재결정 온도 이상에서 작업하는 것을 열간 단조, 재결정 온도 이하에서는 냉각 단조, 열간 단조와 중간상태에서 작업하는 것을 온간 단조이다. 단조작업은 주로 자동차, 선박, 그 밖의 기계부품을 생산하는 공장에 많이 설치되어 있으며, 생산성을 고려해서 많은 단조기가 설치되어 있다.

단조기 소음은 해머자체의 소음과 진동도 있지만 가열로, 공기압축기, 송풍기, 절단기 등이 함께 설치되어 있고, 재료의 운반 등에서도 소음이 발생하고 있다. 단조의 목적은 외부 에너지를 이용해 재료를 압축하여 재류의 일부 또는 전체의 높이를 줄임과 동시에 옆으로 퍼지게 하는 등으로 형상을 성형한다. 그리고 하나의 대형 수지(resin)에 대한 결정(結晶)을 파악하여 이를 미세화하고, 재료내의 기포를 압착하거나 균질화하고 물리적 및 기계적 성질을 개선한다. 허가시 주의사항은 프레스를 사용재료에 따라 단조기로 해석할 때도 있다.

② 종류

작동원리별로는 기계식, 기압식, 액압식 등으로 분류한다.

㉠ **수압프레스** : 실린더 내의 피스톤(piston)에 고압수를 작용시켜 비교적 느린 속도로 가압하면서 소재를 단조하는 기계로 중량은 보통 200톤에서 20,000톤까

지 있으나 대형은 80,000톤에 이르는 기계도 있다.

ⓛ **크랭크프레스**(crank case) : 크랭크기구로 성형을 붙인 구동구조가 비교적 간단하고 분(分)당 행정수(行程數)가 많고 부속설비가 필요없어 다량 생산용 단조기이다.

ⓒ **너클죠인트프레스** : 나사기구를 이용하여 램(ram)의 상하운동으로 자유단조, 형단조를 할 수 있는 토털프레스이다. 환봉소재 일부나 전체를 축방향으로 압축·단조하여 지름을 크게 하는 가공법으로 취급할 수 있는 소재의 최대 지름은 1m에서 8m 범위이다.

ⓔ **로타리스 웨이징기** : 환봉이나 사각봉 또는 관 등인 소재의 단면적을 줄여서 축방향으로 늘리는 단조가공법의 기계이다. 그리고 회전하는 해머 위에 소재를 놓고 유성롤러(rollor)가 해머(hammer) 위에 닿을 때 소재가 중심을 향하여 눌려 중앙에 삽입된 소재를 단조하고 이를 떠났을 때 다이스는 원심력으로 열리는 것을 반복시켜 작업되는 기계이다.

ⓜ **단조롤기** : 여러 가지 형태의 홈을 가진 2개의 회전롤 사이에 소재를 넣고 파여진 롤(roll) 형상을 소재에 각인하는 등 비교적 단순한 봉형태의 단조에 사용되는 기계이다.

ⓑ **다이나팍기** : 고압가스를 사용하여 해머머리의 속도를 매우 빠르게 작동시켜 단조하는 기계로 전체의 중량을 아주 작게 할 수 있다. 보통 드롭해머로는 여러번 타격을 필요하는 기계도 1회의 타격으로 단조가 완료되며, 소재의 접촉시간이 크게 단축되므로 가열소재의 열이 빼앗기지 않는다. 소재가 냉각되는 동안에 보통의 형단조로 불가능한 형상도 쉽게 가공할 수 있다. 특히 얇은 판이나 미세한 부분이 잘 성형된다.

ⓢ **드롭해머** : 벨트(belt), 로프 등으로 고정시킨 해머를 서로 반대방향으로 회전하는 롤러(rollor) 사이에 끼우고 양쪽의 마찰로 판을 상·하 이동시키는 권상기를 이용하여 일정한 높이에서 낙하시켜 강력한 타격력으로 형단조 작업시 사용되는 기계이다.

ⓞ **에어해머** : 압축공기를 공급하여서 피스톤로드 하부에 부착된 추를 상·하 운동시켜 가공물에 강한 타격력을 주어 단조작업하는 기계이다.

ⓩ **판드롭해머** : 형단조기에 사용되고 있으며, 보통램의 중량은 100kg에서 3,500kg이며, 그리고 소요동력으로 보통램 중량 50kg에 대하여 약 1마력 타격력 조절시 낙하높이로 의존한다.

㉧ 더블스웨이지해머 : 상방의 램이 낙하하면서 동시에 하방의 앤빌이 상승하여 서로 상하로부터 타격을 가하는 것으로 보통해머에 비해 전체 중량의 33%정도 적다.

㉨ 그 밖에도 크리어링 해트매스기 등이 있다.

③ 적용범위

에어해머, 헷타기, 목립기 등으로 분류된다. 소음배출 시설로서의 1대당 동력규모는 10마력 이상이다. 기압식인 경우에는 낙하해머의 무게가 500kg 이상이며, 진동배출 시설로서의 1대당 동력규모는 30마력 이상이어야 한다.

(4) 금속절단기

① 개요

작업시 잇날, 끌, 톱 등으로 목재, 섬유, 가죽, 고무, 비닐, 종이, 그 밖에도 이와 유사한 자재의 금속자재를 단조나 절단하는 기계이다. 단조와 프레스작업(단조나 프레스에 의한 절단은 단조기 또는 프레스로 본다)에 의하지 않는 기계는 절삭형 및 비절삭형으로 금속절단기로 분류한다.

② 종류

샤링기, 펀칭기, 톱 기계류 등이 있다.

③ 적용범위

재단기, 직선기, 샤링기, 펀칭기, 기계톱 등은 절단기로 보아야 하며, 소음배출 시설로서의 1대당 동력규모는 10마력 이상이어야 한다.

(5) 프레스

① 개요

소재 위에 강한 압력을 가하여 가공하는 기계의 충격에 의해서 재료를 가공하는 단조기와 차이가 있다. 프레스는 오목볼록(凹凸)형의 금형 등 위에 재료를 올려놓고 위에서 세게 눌러 목적하는 모양을 만들거나, 구멍뚫기, 절단하기, 휘어굽히기, 휘어감기 등에 사용된다. 프레스 가공방법에는 절단(타발, 타공, 노칭, 연변 전단, 전단, 완성 전단), 성형작업(굽힘, 비틀기, 인장, 비이딩, 사이밍, 커얼링, 스피닝, 딥 드로잉 등), 압축작업(압인, 엠보싱, 버어니싱, 스웨이징)등이 있다. 프레스의 소음은 기어(gear)와 fly wheel에 의한 연속소음과 가공시에 클라치 작동에 의해서 기어가 물리는 충격소음으로 구성된다. 프레스 용량에 따라서 다르지만 일반적으로 소음은 사용하는 재료와 가동속도에 따라서 크게 구분된다.

② 종류

㉠ 액압 프레스(hydraulic press) : 판재 또는 봉재의 소성가공에 사용하는 프레스로서 유압이나 수압 등의 액압을 이용해서 작동되는 기계이다.

㉡ 기계 프레스 : 크랭크 프레스, 마찰 프레스, 크랭크레스 프레스, 업셋(upset)프레스, 넉클죠인트 프레스, 트리핑 프레스 등으로 구분한다.

㉢ 적용범위 : 접착기, 동력프레스, 파워프레스, 펀칭기, 유압프레스, 정제기, 타정기, 엑기셍기, 파이프벤더, 전조반 등은 프레스로 해석하여 허가해야 한다. 소음배출 시설로서의 1대당 동력규모는 유압식인 경우 30마력 이상이고, 유압식 이외의 경우에는 10마력 이상이며 진동배출 시설로서의 1대당 동력규모는 20마력 이상(유압식제외)이다. 다만, 유압식 절곡기는 배출시설에서 제외시켰다.

(6) 탈사기

① 개요

유체의 분사나 원심력(강한 금속입자 또는 모래)을 이용하여 주물표면에 붙어있는 모래나 스케일을 제거하여 표면을 깨끗하게 하는 기계이다.

② 종류

㉠ 숏트 블래스터(shot blaster) : 고속으로 회전하는 임펠러로 강립(shot : 단단한 금속입자)을 주물표면에 투사하여 탈사하는 기계이다. 이때 강립의 종류는 입상이나 봉상이며, 속도는 약 60m/sec에서 70m/sec이다.

㉡ 하이드로 블래스터(hydro blaster) : 고압수를 노즐로부터 사출시켜 붙어있는 모래 등을 제거 및 청소하는 기계이다. 이때 고압수의 압력은 75기압에서 100기압이다.

㉢ 샌드 블래스터(sand blaster) : 모래를 2기압에서 5기압의 공기로 물체의 표면에 분사시켜 주물표면의 고착물을 제거하는 기계이다.

㉣ 탐블러(Tumbler) : 주재료 등을 원통 속에 가공할 주물과 함께 철립(鐵粒) 등을 넣어 매분 40rpm에서 60rpm으로 회전시켜 표면처리를 하는 방법으로 0.5시간에서 2시간이면 완전 청소가 가능하고 작은 주물에 적당하다.

③ 적용범위

숏블래스터, 탐블러 등으로 허가되고 있는 기계가 탈사기이며, 소음배출 시설로서의 1대당 동력규모는 10마력 이상이어야 한다.

(7) 분쇄기(파쇄기 및 마쇄기 포함)

① 개요

분쇄기(마쇄기 등)는 토석, 광물이나 곡물 등을 잘게 부수는 기계로 보통 가공된 물질의 크기가 1mm 이하이다. 파쇄기는 보통 가공재료의 크기가 20mm에서 300mm인 경우를 조쇄, 6mm에서 10mm일 경우 건설현장에서는 콘크리트용 골재의 재생시에 이용되는 등 파쇄기의 사용범위는 넓다. 마쇄기(grinding miller)는 광산, 화학공업, 시멘트공업에서 원료를 미세하게 하기 위하 작업에서 이용되고 있다. 공정상 기계체(screen)와 분급기(classifier)도 동시에 설치되어 있어 소음을 일으키고 있다.

② 종류

블레이크형 조크라샤, 자이레트리 크라샤, 저속형 크러셔, 기어레이스형 크러셔, 해머크러셔, 라이트형 싱글로라 크러셔, 헤비형 크러셔, 임팩트 크러셔, 시몬스콘식 크러셔 등이 있다.

③ 적용범위

토석, 광물 또는 곡물 등 고체를 분쇄(파쇄 및 마쇄포함)하는 기계이며, 조쇄기(粗碎機), 미분쇄기, 초미분쇄기, 크라샤 등이 있다. 소음배출 시설로서의 1대당 동력규모는 10마력 이상이고, 진동배출 시설로서의 1대당 동력규모는 30마력 이상이어야 한다.

(8) 변속기

① 개요

변속기는 회전의 속도를 조절하는 기구로서 다른 기계의 부속이나 일부분으로서 역할을 한다. 종류로는 원판과 요체철의 사이에 생기는 마찰력을 이용하여 운동을 전달하는 벨트 전동기구와 벨트(belt) 대신에 체인(chain)을 사용하는 체인 전동기구로 분류된다. 마철전동기구, 캠기구, 치차기구도 있다.

② 종류

㉠ **벨트 전동기구** : 평벨트에 의한 전동이 대표적이며, 이 밖에도 오픈벨트, 크로스벨트(close velt) 등으로 구분한다.

㉡ **벨트 변속기구** : 평행한 두 축에 지름이 다른 3개 이상의 플리(pulley)를 1체로

한 플리를 사용한 단차에 의한 변속기구, 원뿔형의 플리를 평행한 두 축에서 서로 반대방향으로 배치한다. 풀리에 걸어 놓은 벨트(belt)의 위치를 이동시킴으로써 회전수를 연속적으로 변화시켜 회전운동을 전달할 수 있는 무단변속 기구가 있다.

ⓒ **V벨트 전동기구** : 단면이 사다리꼴인 고무제품의 V벨트를 두 축에 결합되어 있는 V형 풀리(pulley)에 걸어 회전운동을 전달하는 기구를 V벨트 전동기구라고 한다.

ⓔ **로프 전동기구** : 축간의 거리가 멀 때(10m 이상) 다수의 로프를 병렬로 걸어 높은 운동에너지를 전달할 때 사용한다.

ⓜ **체인 동력기구** : 확실한 속도비를 구할 수 있으며, 롤체인, 사일런스 체인(silence chain)을 사용한다.

③ 적용범위

변속기, 감속기, 등선기, 콘베어 등이 있으며, 소음배출 시설로서의 1대당 동력규모는 30마력 이상이어야 한다.

(9) 기계체

① 개요

토석, 주물과 곡물 등을 체가름(mesh screening)하는 기계로 분쇄기, 제분기 등으로 독립사용되는 기계이다.

② 종류

ⓐ **진동체** : 체면 또는 체틀을 진동시키는 구조이다.

ⓑ **기타** : 가동봉체, 회전체(트로멜), 선회체, 요동체, 충격체 등이 있다.

ⓒ **적용범위** : 선별기, 스크린, 분급기 등의 기계이며, 소음배출 시설로서의 1대당 동력규모는 10마력 이상이어야 한다.

(10) 원심분리기

① 개요

회전원심력(원통회전)을 이용하여 고체와 액체, 또는 비중이 서로 다른 액체를 분리시키는 기계이다.

② 적용범위

탈수, 여과, 분리 등에 사용되는 원심분리기는 소음배출 시설로서의 1대당 동력규모는 10마력 이상이어야 한다.

(11) 혼합기(Mixer)

① 개요

두 종류 이상의 고체(분체를 포함한다)와 액체를 혼합하거나 고체와 액체의 혼합, 두 종류 이상의 고체, 반고체, 분체 등을 미세 분쇄, 혼합하거나 혼합만을 하는 기계와 반죽하는 기계이다.

② 종류

㉠ 혼연기(bunbary mixer) : 20rpm에서 40rpm으로 회전하는 특수 롤러가 약간의 회전차를 갖고 반대 방향으로 회전하면서 반죽하는 기계로 고무나 합성수지 등의 혼합에 사용된다.

㉡ 혼합기

ⓐ 혼합의식 : screw, 리본, 칼날회전차 등의 혼합날개를 회전시켜 분쇄와 혼합하는 기계이다.

ⓑ 배럴(barrel)식 : 배럴을 회전시켜 혼합하는 기계이다.

㉢ 교반기 : 주로 액상의 물질을 휘저어 섞는 기계이다.

③ 적용범위

혼연기, 토련기, 배합기, 혼합기, 교반기, 혼사기(주물), 종이제조시설의 펄퍼·비이터·라파이너·조르단 등 혼합기계이다. 소음배출 시설로서의 1대당 동력규모는 50마력 이상이며, 콘크리트 플랜트 및 아스팔트의 혼합기는 20마력 이상이어야 한다. '콘크리트'는 시멘트, 물, 산골재, 굵은골재 및 필요에 따라 첨가하는 혼합재료를 구성재료로 하여 만든 기계이다. 자갈을 혼합하지 아니하고 시멘트, 모래 및 물만을 혼합하는 벽돌공장의 혼합기는 콘크리트 플랜트의 혼합기에 해당되지 않으며, 1대당 동력규모는 50마력 이상으로 한다.

(12) 공작기계

① 개요

경도(硬度)가 높은 공구를 사용하여 공작물에서 칩(chip)을 깎아내어 희망하는 제품을 만드는 기계이다. 작업방식에 따라 공작물을 이동하고 공구가 정지 또는 이동하는 방식, 공작물이 고정되고 공구가 이동하는 방식 및 공작물과 공구가 움직이는 방식 등이 있다.

② 종류

㉠ 선삭 : 고속선반, 보통선반, 탁상선반, 공구선반, 특수선반, 터렛선반, 자동선반, 범용선반, NC, CNC선반이 있다.

㉡ 드릴링기 : 이동식, 직립식, 탁상식, 래디얼식, 조합식, 다축식, 다두식, 삼공식 등이 있다.

㉢ 밀링기

ⓐ 사용목적에 따른 분류 : 범용형, 생산형, 특수형 밀링기가 있다.

ⓑ 테이블지지구조에 따른 분류 : 니이형, 베드형, 플레이너형 밀링기가 있다.

ⓒ 주축방향에 따른 분류 : 수평형, 수직형, 만능형 밀링기가 있다.

ⓓ 용도에 따른 분류 : 공구형, 형조각형, 나사형 밀링기 등이 있다.

㉣ 평삭

ⓐ 세이퍼(형삭기) : 수평식(보통형, 만능형), 직립식(슬로터, 키이시이터), 치차 절삭용 세이퍼 등이다.

ⓑ 플레이너(평삭기) : 쌍주식, 단주식, 피트형, 에지형 등이다.

㉤ 기타

ⓐ 기어절삭기는 호빙기, 피니언커더, 브로우칭기 등이다.

ⓑ 태핑기는 나사가공이다.

ⓒ 참퍼링기는 모서리 깎기 등이다.

ⓓ 연삭기, 자동제어 공장기계, 소오잉 머신 등이 있다.

③ 적용범위

선반, 밀링, 세이퍼, 호빙기, 스리터, 드릴링머신, 볼반, 보링기, 태핑기, 플레이너, 시밍기, 가링기, 벤취레니스, 볼트 및 너트 제조기, 참퍼링기 등은 공작기계로 해석해야 한다. 소음배출 시설로서의 1대당 동력규모는 50마력 이상이어야 한다.

(13) 제분기

① 개요

제분기는 대부분 '롤'이 부착되어 있는 기계이며, '롤'이 금속, 고무, 합성수지 등으로 되어 있는 것이 보통이다. 롤식 외에도 충격식 제분기가 있으나 비능률적이어서 최근에는 거의 사용하지 않고 있다. 제분기 이밖에 곡물처리기계, 가공기계도 혼합 설치되어 있다.

② 종류

회전식, 롤러식, 판식 등이 있다.

③ 적용범위

소음배출 시설로서의 1대당 동력규모는 20마력 이상이다.

(14) 제재기

① 개요

목재가공 기계의 일부로 목재를 판재나 각재 등으로 제작하는 기계이다. 다른 어느 기계류보다도 사용하는 재료의 종류와 가공방법에 따라 소음특성이 크게 변한다. 즉, 제재용 목재의 종류와 크기 등에 따라 제재기의 음향특성이 달라진다. 일반적으로 사용되고 있는 제재기의 동력은 작으나 사용할 때 고주파음을 배출하고 진동은 비교적 적은 것이 특징이다.

② 종류

㉠ **띠톱기계** : 프레임(frame)에 부착된 보통 상 · 하 또는 좌 · 우 2개의 톱니바퀴에 띠톱(endress saw)을 걸고 한쪽 톱니바퀴를 구동시키는 기계이다. 주로 목재의 가로켜기, 세로켜기 등의 가공을 하는 기계로서 공작물을 수동 또는 자동으로 이송한다.

㉡ **둥근톱기계** : 원형판에 톱날이 있어 여러 가지 공작물을 절삭하는 제작기계이며, 공작물을 수동 또는 자동으로 이송하며 작업하는 기계이다.

㉢ **왕복톱기계** : 왕복운동을 하는 곧은 날의 긴톱으로 목재를 절삭하는 제작기계이다.

㉣ **체인톱기계** : 체인(chain)톱으로 목재를 절삭 · 절단하는 기계이다.

(15) 목재가공기계

① 개요

제작기계, 목공기계, 합판제조기계, 제조기계, 특수가공기계 등이 개별 또는 혼합 설치된 목재가공용 기계이다.

② 종류

㉠ 제작기계 : 띠톱, 둥근톱, 목재이송장치 등이 있으며, 제작기계는 목재가공기계에 포함시키지 않아야 한다.

㉡ 목공기계 : 전기대패, 각정기계, 조각기계 등이 있다.

㉢ 합판제조기계 : 베니어레이스(로타리레이스), 슬라이서, 스프라이서, 스프레이더 등이 있다.

㉣ 펄프기계 : 박피기(드림 파커, 나이프 파커, 수압 파커), 치퍼(chiper), 쇄목기 등이 있으며, 목재를 분쇄하는 기계는 목재가공시설에 포함 안 된다.

㉣ 기타 기계 : 벨트센더, 드런센더 등이 있다.

③ 적용범위

분쇄기, 제작기 등은 목재가공기계에 포함시키지 않으며, 소음배출 시설로서의 1대당 동력규모는 20마력 이상이다. 진동배출 시설로서의 1대당 동력규모는 30마력 이상이어야 한다.

(16) 인쇄기계

① 개요

인쇄시설은 크게 인쇄기계와 부수기기인 조판 및 제판기계(인쇄판), 제책기계 등의 기계이다. 인쇄기계는 지류, 수지류 등에 잉크와 인쇄판으로 문자나 도형 등을 문질러 박아 복제하는 기계를 인쇄기계라고 한다. 그리고 인쇄기에 작용하는 압력 구조별로 구분하면 평압식, 원압식, 윤전식으로 분류된다. 또한, 사용하는 인쇄판의 형식으로 나누면 평판, 볼록판, 오목판 등이 있다. 인쇄를 하는 과정에서 많이 쓰이는 공정상의 기계를 보면, 인쇄기 이밖에 재단기, 접지기, 정합기, 책철기(사철기, 무사철기, 철사기 등) 등이 있고, 이상의 기계에서도 부적절한 소음을 배출한다.

② 종류(작동원리별)에 따라 분류함

㉠ 평압식(활판식) : 인쇄판과 가압장치가 평면으로 된 인쇄기계이다.

㉡ 원압식 : 인쇄판은 평면이고 가압장치가 원통형으로 된 인쇄기계이다.

㉢ 윤전식 : 인쇄판과 가압장치가 원통형으로 된 인쇄기계이다.

③ 적용범위

인쇄시설 중에서 종이절단용 재단기는 소음 · 진동배출 시설로서 제외되었다. 그리고 소음배출 시설로서의 1대당 동력규모는 50마력 이상이며, 활판인쇄기계는 20마력 이상이어야 한다.

(17) 압연기

① 개요

한쌍 이상의 회전롤러 사이에 열판 또는 상온상태의 소재를 통과시켜 단면적 및 두께를 감소시키면서 기계적 성질이 향상된 판재, 형재, 봉재 등을 성형하는 기계이다. 단조나 주조에 비하여 작업속도가 빠르고 생산비가 저렴한 특징을 가지고 있으며, 균일한 단면을 가진 긴 자재를 만드는 데 가장 경제적이다. 압연기를 사용하는 작업과정은 간단하지만 압축과정에서 엄청난 동력이 필요하며, 여러 가지 롤러를 설치하여 단계적으로 작업이 진행된다.

② 종류

압연기를 롤의 수 및 조립형식으로 구별하면 〈표 2.9〉와 같다.

㉠ 2단 압연기 : 가장 오래된 형식이며, 박판, 소형재, 판재용의 압연기로 사용되며, 재료는 1왕복에 대하여 왕로(往路)에만 가압연되고 귀로(歸路)에는 가압되지 않는다.

㉡ 가역 2단 압연기 : 2단 압연기의 불편을 제거하기 위하여 롤러에 역전(逆轉)을 주어 정·역방향으로 회전할 수 있게 하였다. 재료통과 때마다 상부롤러가 조금씩 내려가게 해서 연속압연이 가능하고 소형재압연에 적합한 기계이다.

〈표 2.9〉 롤의 수와 조립형식에 의한 압연기

형식	구조	용도	형식	구조	용도
2단식	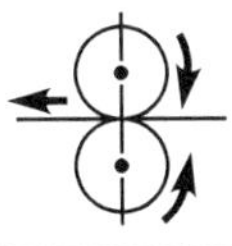	소형식 박판	6단계 (클라스터)	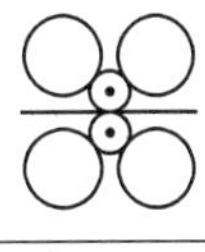	대판
가역 2단계	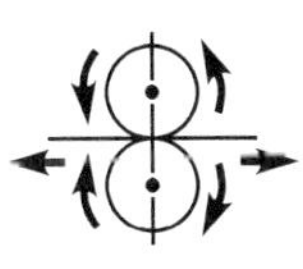	대형재 분 괴 두꺼운 판	센쥐미어형	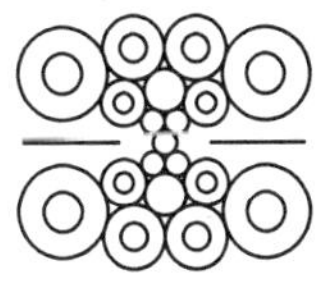	경질대 판박 냉압
3단식	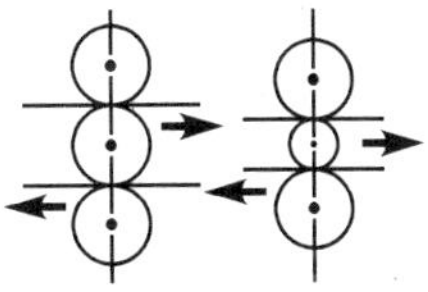	대형재 분 괴 중 판 다중판	만능형	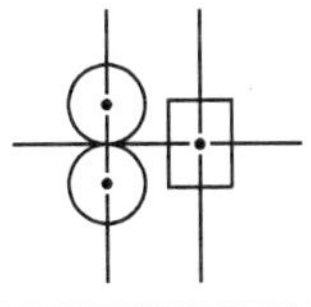	형재
4단식	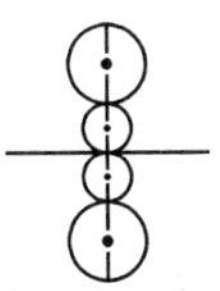	대 판 박 판 냉 압	유니템퍼형	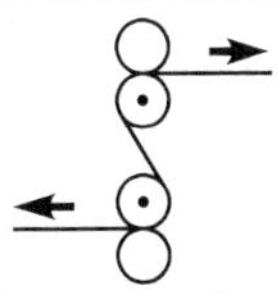	조질냉압

㉢ 3단 압연기 : 2단 압연기의 상부에 롤을 더 둔 것이며, 서로 이웃하는 각 롤에 서로 반대방행의 회전을 주고 있다. 틸팅 테이블(tilting table)이나 리프팅 테이블(lifting table)의 병용으로 롤(roll)을 역전시키지 않고도 왕복 모두 가공할 수 있어 대형재료의 취급이 편리하다. 붕괴 압연기로부터 선재, 소형재료 등의 경량제품에 까지 채용되고 있다.

㉣ 4단 압연기 : 지름이 작은 한 쌍의 작업롤을 구동하고 그 이하에 큰 지지롤을 두어 작업롤의 만곡 적용해서 소음을 억제한다. 열판압연에도 사용되나, 박판용의 냉간압연기로서 가장 보편적인 압연기는 표면이 깨끗한 판을 얻을 수 있다.

㉤ steckel 4단 압연기 : 보통 압연기에서와 같이 롤(roll)이 구동하는 것이 아니고 롤이 대형판에 장력을 줌으로써 롤을 구동하는 일반압연기이다.

㉥ C.P.M 4단 압연기 : 특징은 경질재에도 이용되며, steckel 압연기와 가역 4단 압연기의 장점을 따서 지지롤을 구동하여 롤을 전방 및 후방장력을 주어서 압연한다.

㉦ 6단 압연기 : 특징은 대판의 냉간압연용이며, 최소 가공두께는 고탄소강이나 스테인레스강 0.1mm, 황동(黃銅)이나 강 0.02m(20mm)이다.

㉧ 로인식 12단 압연기 : 특징은 작업 롤러(roller)의 지름 10mm 정도까지 있으며, 경질의 합금강판도 두께 0.01mm까지 냉간압연이 가능하다.

㉨ 센쥐미어 20단 압연기 : 특징은 아주 얇은 스테인레스 강판, 규소강판 기타 경질의 고급대강의 냉강압연에 적합하다.

㉩ 만능형 압연기 : 특징은 이 압연기의 응용으로 I 형강, H형강, 홈형강 레일들의 형재나 관재의 압연에도 널리 사용된다.

㉪ 플레니타리 압연기 : 특징은 1회의 통과로 90% 이상의 큰 압하율이 가능하며, 열판 압연에서는 원료덩어리(ingot)을 이 기계에 1회만 통과시켜도 대형 판의 제조가 가능하다.

③ 적용범위

배출업소에서 사용되고 있는 명칭인 레벨기, 초지압연기, 롤러, 절곡압연기, 판곡롤러, 각선기, 합판기, 파이프벤더, 고무롤러혼합기 등 원리가 유사한 기계·기구 및 시설은 압연기이다. 소음배출 시설로서의 1대당 동력규모는 50마력 이상이어야 한다.

(18) 도정시설

① 개요

도정시설은 사용곡물의 종류에 따라 크기와 구조가 다르지만, 본질적으로는 두 개의 롤러 사이의 마찰에 의하여 곡물의 껍질을 벗기는 기계이다. 도정시설에서 또 하나의 특징은 기계들이 연속적으로 설치되어 가동한다. 즉, 첫 번째 기계를 통과하는 방식으로 연속으로 가공시 설치된 기계수에 따라 7분도와 8분도의 쌀을 생산한다.

많이 도정기들이 이용하는 방법으로서 단일 전동기에 의하여 개개의 기계를 벨트로 연결, 가동할 수 있고 기계마다 독립된 전동기를 설치히여 가동할 수도 있다. 일단 도정작업이 시작되면 여러 개의 기계가 동시에 가동되면서 차례로 도정해야 하기 때문에 소음이 높은 편이다.

② 종류

도정기, 정미기, 정맥기, 압맥기가 있다.

③ 적용범위

도정기, 정미기, 정맥기, 정미맥기, 압맥기, 압편기 등은 도정시설이다. 소음 · 진동 배출 시설로서 1대당 동력규모는 30마력 이상이고, 도시계획법 제17조의 규정에 의한 주거지역, 녹지지역, 상업지역 안에 있는 시설에 한하여 허가대상이 된다.

(19) 성형기(압출 · 사출포함)

① 개요

소재의 열가소성을 이용하여 압축, 사출, 압출, 주형, 적출 등의 방법으로 관, 봉, 형재, 피복, 쉬트, 필름 등을 생식하는 기계이다.

② 종류

합성수지 가공기계, 압축성형기, 사출성형기, 횡형사출성형기, 보통형 압축성형기 등이 있다.

③ 적용범위

압출기, 압출성형기, 성형기, 사출기, 재생기, 동복선기, 종이컵제조기, 왕겨탄제조기 등은 성형기이다. 소음배출 시설로서 1대당 동력규모는 50마력 이상이고, 진동배출 시설로서의 1대당 동력규모는 50마력 이상이어야 한다.

(20) 주조기계(다이케스팅기 포함)

① 개요

용융금속을 주형에 가압하여 주입하거나 회전주형 등에 자연주입시켜 냉각·응고시켜 제품(주물)을 만드는 일련의 기계이다.

② 종류

㉠ 사형 주조기

㉡ 특수 주조기

ⓐ 원심 주조기 : 300rpm에서 3,000rpm으로 회전하는 원통주형(사형, 금형으로 된)을 용융금속(용탕)을 주입해서 원심력에 의하여 밀착·응고시켜 원통주물을 생산하는 기계로서 수직식과 수평식이 있다.

ⓑ die casting : 용융금속을 금형에 고압으로 압입이나 응고시켜 주조하는 기계(비철금속에 사용됨)이다.

③ 적용범위

소음배출 시설로서의 1대당 동력규모는 30마력 이상이어야 한다.

(21) 콘크리트관 및 파일의 제조기계

① 개요

콘크리트를 형틀에 주입하여 원심력으로 관이나 파일을 성형하는 기계이다.

② 적용범위

소음배출 시설로서의 1대당 동력규모는 20마력 이상이어야 한다.

(22) 펌프(Pump)

① 개요

액체에 에너지를 주어서 저압부로 부터 고압부로 이송시키는 기계이다. 터보형은 1마력에서 300마력 이상으로 동력분포가 다양하지만 왕복동식은 주로 동력규모가 큰 75마력 이상이다. 10마력 이하의 왕복동식은 부란자 펌프라고도 한다. 또한 용기내의 압력을 대기압 이하로 감압하는 기계를 진공펌프(vacuum pump)라고 한다.

② 종류

㉠ 일반펌프

ⓐ 터보형

i) 원심식 : turbine식, volute(vortex식도 있음)식이 있다.

ii) **축류**(propeller) : 가동 플로펠라식, 고정 플로펠라식이 있다.

iii) 사류식은 원심력과 축류식이 있다.

ⓑ 용적형은 왕복식, 회전식이 있다.

ⓒ **재생펌프**(나사형의 회전차) : 마찰식, vortex식, wesco식이 있다.

ⓓ **특수형** : 제트펌프(venturi형식), 기포펌프(압축공기를 저압부에서 공기 이송하는 형식)이 있다.

ⓛ **진공펌프**

ⓐ **왕복동형** : 압축기의 왕복동식과 같은 원리이다.

ⓑ **회전형**

i) **roots식 펌프** : 압축기의 roots식과 같은 원리이다.

ii) **액봉식 펌프** : casing내에 물을 적당히 넣고 회전차를 편심회전시키는 형식이 있다.

iii) **유회전식 펌프** : 편심회전하는 rotor와 casing 내의 습동부에 유막을 두는 형식이 있다.

③ 적용범위

소음배출 시설로서의 1대당 동력규모는 20마력 이상이다. 도시계획 제17조의 규정에 의한 주거지역, 녹지지역, 상업지역 안에 있는 시설에 한하여 허가대상이다. 다만, 소방법 제42조의 규정에 의한 소화전을 제외한다.

(23) 금속가공용 인발기

① 개요

테이퍼구멍을 가진 다이(die)에 통과시킨 금속재료를 잡아당겨 단면재나 선재 등을 만드는 기계이다.

② 적용범위

봉재를 뽑는 인발기, 선재를 뽑는 습식신선기 및 합사·연사기를 포함한다. 신선기로부터 철사를 꼬는 기계인 연승기(연선기)와 연합기, 세선기는 금속용 인발기로 해석하여 허가한다.

소음배출 시설로서의 1대당 동력규모는 30마력 이상이어야 한다.

(24) 초지기

① 개요

초지(초망) → 압착(rollor) → 건조 → 권취의 과정으로 종이를 만드는 기계이다.

② 적용범위

소음배출 시설로서의 1대당 동력규모는 30마력 이상이어야 한다.

(25) 연탄제조용 윤전기

① 개요

연탄제조시설은 대부분 간단한 시설인 무연탄분쇄기와 성형 윤전기, 연탄제조용 윤전기로 구성되어 있다.

② 적용범위

무연탄 분쇄기는 해머(hammer)식과 죠(jaw)식이 많고 동력은 30HP 정도이다. 연탄제조용 윤전기에서 단탄식(1회 1개생산), 쌍탄식(1회 2개생산), 삼탄식(1회 3개생산)이 있고 동력규모는 약 15HP에서 50HP 범위이다. 소음배출 시설로서의 1대당 동력규모는 10마력 이상이며, 진동배출 시설로서의 1대당 동력규모는 50마력 이상이어야 한다.

(26) 공업용재봉기

① 개요

공업용 재봉기는 가정용에 비하여 규모가 크며 천, 피혁, 수지 등을 동력을 이용한 재봉기로 바느질하는 기계이다. 가정용의 회전수는 일반적으로 최대가 약 1,300rpm인데 비하여 공업용은 5,000rpm 이상인 것이 특징이다.

② 종류

㉠ **침송식** : 밑톱날로 소재를 이용하여 재봉하는 방식이다.

ⓐ **본봉** : 바늘수에 따라 1개의 침, 2개의 침이 있다.

ⓑ **사절형** : 본봉기능에 실 절단기능 추가된 상태이다.

㉡ **총합송식** : 상 · 하에서 소재를 동시 이송하며 재봉하는 방식이다.

ⓐ **본봉** : 1개의 침기계이다.

ⓑ **post형** : 재봉부위가 평면에서 기둥상태로 돌출된 구조의 것으로 1개의 침, 2개

의 침식이 있다.

㉢ 특수형 : 단추달기, 지그재그, 홀치기(over-lock, inter-lock 등)이 있다.

③ 적용범위

공업용 재봉기는 작업테이블이어서 규모가 대체적으로 크고 동력형이다. 주로 공산품을 생산하며, 하지만 가정용은 규모가 휴대용이며, 전동기식 구동장치가 부착되어 있고, 재봉기의 머리부를 지장 없이 집어 넣을 수 있는 개폐식이 많다. 봉제업소에서 사용되고 있는 오바로크, 인터로크, 단추달기, 지그재그 등의 특종(특수형)도 공업용 재봉기에 포함시켜야 한다. 소음배출 시설로서의 대수기준은 100대 이상이어야 한다.

(27) 시멘트벽돌 및 블록제조기계

① 개요

시멘트(Cement)벽돌 및 블록(block)제조기의 소음은 주로 원료를 투입하는 부분에서의 떨림 등에 의한 소음과 압축할 때 배출되는 유압기의 기계이다. 이러한 제조시설은 대부분 주택가 부근의 공터에서 작업을 하기 때문에 차음시설이 없어 소음도를 더 크게 느끼게 된다. 시멘트벽돌 및 블록 제조기계의 범위는 벽돌과 블록을 찍는 성형시설이다. 시멘트벽돌 및 블록공장에서 유압식 작동원리를 이용하여 블록을 상하 또는 수평이송하는 대차 및 활차 등은 소음배출 시설에서 제외시켜야 한다. 또한 시멘트벽돌 및 블록제조공정 중에 변속기 등의 배출시설에 해당되는 시설이 설치되어 있는 경우에는 배출시설 설치허가를 받아야 한다.

② 적용범위

일반적으로 1대의 유압기나 진동기가 1대의 벽돌 및 블록제조시설에 부착되어 있는데 입축기 및 진동기는 4대가 부착되어 1대의 벽돌이나 블록 제조시설을 성형한다고 해도 1대의 시설로 한다. 소음배출 시설로서의 대수기준은 4대 이상이고, 진동배출 시설로의 대수규모는 4대 이상이어야 한다.

(28) 자동제병기

① 개요

자동제병기는 압축공기를 녹은 유리를 형틀 속에 집어 넣어서 성형을 하는 기계이다. 따라서 제병기의 소음은 크게 압축공기 소음과 기계소음으로 구분한다. 일반적으로 사용되는 압축공기 소음이 기계소음보다 커서 문제이며, 압축기에서도 실제로는 배기소음이 큰 피해를 일으키고 있다.

② 적용범위

자동제병기에 압축공기를 공급하는 콤프레서는 압축기로서 허가를 받아야 한다. 소음배출 시설로서의 대수기준에 1대 이상 설치되면 해당된다.

(29) 제관기계

① 개요

환봉, 대강 등을 이용하여 금속관을 만드는 기계이다.

② 종류

㉠ Seamless형(이음매 없는 제관법)

ⓐ **천관식** : 원추형 회전롤러 사이에 적열 환봉을 넣고 중심에 심봉을 밀어넣어 제관하는 방식(고압관)이다.

ⓑ **압출식** : 비철금속의 제관에 많이 활용된다.

㉡ Seam형 : 강관제관 형식의 하나로 강판을 적정폭으로 절단한 대강(大鋼)을 이용하여 관을 만드는 형식이다.

ⓐ **단접식** : 대강을 1,400℃로 가열, 깔대기형 등을 통과시켜 인발하면서 단접롤러로 이음매를 압착하여 접합(저압관)한다.

ⓑ **용접식** : 대강을 여러 개의 롤러에 통과시켜 관장으로 만들고 이음매를 용접(가스 또는 전기 등)한 후 용접부를 롤러로 단접한다.

③ 적용범위

소음배출 시설로서의 대수기준은 1대 이상이어야 한다.

(30) 자동포장기

① 개요

음식료품 등 생산제품을 캔, 팩, 병, 포대 등에 주입(충전)한 후 압축공기 또는 기계력을 이용하여 자동포장(밀봉 · 타전)하는 기계이다.

② 적용범위

자동포장기 1대의 범위는 생산제품을 캔, 팩, 병, 포대 등에 주입(충전)하는 공정과 밀봉 · 타전공정까지만 해당된다. 맥주나 양조제조업체의 경우 병입공정 및 왕관공정(주주기 및 왕관타전기)까지 해당된다. 소음배출 시설로서의 대수기준은 2대 이상이어야 한다.

(31) 직기

① 개요

날실과 씨실에 의해 제포하는 기계이다. 단, 가로편기(양말, 내의류 편기 등), 세로편기(트리코, 라셸, 밀러, 나이즈편기 등), 레이스편기, 펑치기편기, 양면편기 등의 편기류는 허가대상에서 제외된다.

② 종류

면직기, 견직기, 모직기, 중포직기, 리본직기, 마직기, 타이어 코드직기 등이 있다.

③ 적용범위

준비기계로서 사용되고 있는 반복기, 호부기, 정경기, 관권기 등은 직기에 포함시켜 허가한다. 소음배출 시설로서 대수기준은 10대 이상이어야 한다.

(32) 방적기계

① 개요

방적사를 뽑는 기계이며, 원료조정공정, 정조공정, 실제공정 등으로 분류된다.

② 종류

㉠ **원료조정공정** : 연선기, 혼타면기, 개모기, 건모기, 수세기 등이 있다.

㉡ **정조공정** : 카아드식 금모기, 랩기, 코오머, 연조기, 연전기, 제조기, 시방기, 간방기, 단방기, 연방기, 조방기 등이 있다.

㉢ **실제조공정** : 정방기, 반복기, 합사기, 연사기, 가스소기, 권취기 등이 있다.

③ 적용범위

정조공정 및 실제조공정 한해서 방적기계로 본다. 소음배출 시설로서의 대수기준은 1대 이상이며, 합사공정과 연사공정만 있는 사업장의 경우에는 5대 이상이어야 한다.

(33) 발전기

① 개요

발전기는 가솔린엔진형과 디젤엔진형으로 분류한다. 일반적으로 디젤형을 많이 쓰고 있으며 동력규모는 50kW, 150kW, 200kW, 1,000kW가 보통이다. 발전기는 비상용으로 설치하는 것이 대부분이나 상용으로 설치하는 경우도 있다. 비상용발전기도 허가대상에 포함시키는 것은 당연하다.

② 종류

소음배출 시설로서의 발전기는 120kW 이상이어야 하며 수력발전기는 제외한다.

(34) 연삭(연마)기

① 개요

연삭숫돌을 고속회전시켜 각종 공작물의 표면을 연삭가공하는 기계이다. 종류로는 가공하는 방법에 따라 원통연삭기, 내면연삭기, 평면연삭기, 센터리스연삭기 등이 있다. 사용동력으로는 공구용은 약 2HP 이하, 제품생산 등은 5HP에서 30HP까지의 대형도 있다. 연마기는 다른 소음배출 시설보다 높은 소음을 발생하고 있으며 무부하상태에서도 1m 거리에서 95dB 이상 배출하고 있다.

연삭기와 연마기의 차이는 고속회전을 통하여 피가공물을 가공하는 원리는 같으며, 다만 연마기는 광택(polishing)을 위하여 숫돌 대신에 버핑(bupping, 경질입자, 기름 등을 바름)등을 하는 것이 다르다.

② 종류

㉠ **원동연삭기** : 원주형 공작물의 외부를 연삭하는 기계이다.

㉡ **내면연삭기** : 원주형 공작물의 내면을 연삭하는 기계이다.

㉢ **평면연삭기** : 공작물의 평면을 연삭하는 기계이다.

㉣ **공구연삭기** : 초경합금바이트, 드릴, 밀링커드 등을 연삭하는 기계이다.

㉤ **모방연삭기** : 공작물과 1 : 1의 치수비로 제작된 모형에 따라 전진, 후퇴를 하면서 연삭하는 기계이다.

㉥ **부심연삭기** : 연삭숫돌과 공작물을 이송하는 작용을 하는 조정숫돌 사이에 공작물을 삽입하여 받침판으로 지지하여 공작물의 외주를 연삭하는 기계이다.

㉦ **그 밖의 연삭기** : 나사연삭기, 기어연삭기, 크랭크축연삭기, 롤(roll)연삭기 등이 있다.

㉧ **버핑머신** : 헝겊이나 피혁 등으로 된 버핑바퀴를 고속회전하여 공작물을 가공한다.

㉧ **래핑머신** : 경질입자와 래핑유를 공구와 공작물 사이에 바르고 양쪽 모두에 상대 운동을 주어 표면을 가공한다.

㉨ **액체호오닝** : 적당한 액과 경질입자를 혼합한 것을 공작물 표면에 분사하여 그 면을 다듬는 가공을 한다.

㉩ **전해연삭기** : 연마하려는 공작물을 양극으로하여 전해액 속에 매달아 두고 전류를 통하여 공작물의 표면을 가공한다.

㉪ **배럴(barrel)연마기** : 배럴(용기) 속에 공작물, 컴파운드(compound) 연삭제로 연마석, 규사강립 등을 넣어 회전 또는 진동시켜 광택이나 스케일을 제거하는 기계이다.

③ 적용범위

래핑기, 액체호오닝기, 초음파가공기, 버핑기, 전기디스크 그라인더, 휴대용 전기그라인더, 전공기 그라인더, 고속공기 그라인더, 배럴연마기는 허가대상에서 제외시킨다. 또한, 연삭숫돌 대신 buffing재(헝겊, 피혁, 사포 등)나 rapping재(경질입자, 기름 등)를 사용하는 연마기와 숫돌에 오일, 윤활유, 절삭유제 등을 사용하는 습식연마기(연삭기)는 제외시킨다.

소음배출 시설로서의 기준은 5마력 이상으로서 2대 이상이어야 한다.

(35) 석재절단기

① 개요

절단된 원석을 톱기계(환톱 등)로 켜거나 가공하는 기계이다. 석재가공공정에 사용되는 기계류의 동력규모는 10마력에서 40마력 범위이며, 2kHz 이상의 고주파일수록 가장 높은 소음을 배출한다.

② 적용범위

소음배출 시설로서의 대수기준은 1대 이상이다. 다만, 동력을 사용하는 것은 10마력 이상이어야 한다.

2.5 소음 · 진동공학

1. 소음 · 진동공해 특성

(1) 물리적 특성

소리는 사람의 귀가 감지할 수 있는 공기압력의 변화이며, 청각손상이 오기 전까지는 들을 수가 있다. 소음(Noise)은 일상 생활에서 피할 수 없는 공기의 진동에 의한 음파 중에서 가청가능한 주파수로서 사람이 감각적으로 원하지 않는 소리이다. 따라서 기계 · 기구 · 시설, 그 밖의 물체의 사용으로 인하여 발생하는 강한 소리가 소음이고, 강한 흔들림은 진동이다.

고체소음은 물체의 진동에 의한 기계적 원인으로 발생하는 소음이며, 기류소음은 직접적인 공기의 압력변화에 의한 유체역학적 원인에 의해 발생하는 소음이다.

소음은 물오염과 대기오염처럼 물리적인 것이 아니고 주관적 · 심리적 · 감각적이며, 귀로 들을 수 있는 모든 소리는 소음이 될 가능성이 높다.

진동은 기계문명이 발전화되는 발생초기로부터 문제가 지속적으로 되어 왔으며, 기계진동에 대한 역학적 · 수학적인 면에서만 다루어 왔다. 사회구조가 도시집중과 고도의 경제성장으로 인한 경제의 압축성장에 의해 생산공정, 건설작업, 교통기관의 진동문제가 환경문제로 대두되었다.

인위적으로 진동 발생원으로부터 지반진동을 발생시켜 건물에 대한 재산상의 물적 피해를 주거나 개인의 일상 생활에 피해를 준다.

(2) 음파의 소음 · 진동특성

① 가청주파수(audible frequency)

정상청력을 가진 사람이 귀로 들을 수 있는 가청주파수가 16Hz에서 20,000Hz (20KHz) 범위이다.

② 공명 및 공진(resonance)

진동계의 강제진동은 외부 소음에너지 크기를 일정하게 하고, 주파수를 변화시키면 시스템(system)의 고유진동수 부근에서 변위 · 속도 · 압력 등의 극대값이 되는 현상이다.

③ 데시벨(decibel : dB)

음향의 출력, 소음의 세기 및 음압 등의 양 크기를 비교하는 부차원적 단위로서 어떤 소음발생원의 음향파워가 W일 때, 기준소음출력값(W_0)과의 대수비를 벨(Bell)이라고 하며, 이 대수비에 10을 곱한 값을 데시벨이라고 한다.

$$dB = 10\log\frac{W}{W_0}\,[\text{dB}] \qquad \cdots\cdots\cdots (2\text{-}3)$$

④ 등가소음도

측정기간 동안의 소음레벨 A특성 에너지의 평균값이다.

⑤ 암소음(back ground noise)

어떤 소음을 대상으로 할 경우 그 소음이 아니면서 그 장소에 있는 소음은 대상음에 대한 배경소음 또는 암소음이다.

⑥ 청감보정회로(weighting network)

청감보정회로는 사람이 느끼는 청감과 유사한 모양으로 측정신호를 변화시키는 소음계에 내장시킨 것이다. 설정된 등감곡선으로부터 청감보정곡선을 작성해 A특성 회로는 소음의 세기레벨을 무시하고 청감특성에 대해 보정한 값(부록 II 참조)이며, C특성 회로는 측정신호에 거의 변화를 주지 않는데 이는 모든 주파수 범위에서 상대적으로 안정된 지시값을 나타내기 때문이다.

(3) 음파의 특성

① 반사와 투과

음파는 서로 다른 매질의 경계면에서 일부만 입사하고 나머지는 반사한다. 입사파의 파장에 비해 경계면이 너무 넓으면 회절현상은 일어나지 않는데 비해 음파는 잘 반사한다. 경계면의 굴곡 파장에 비해 작으면 가시광선이 거울에서 반사하는 것을 정반사라고 한다. 반대로 굴곡이 파장보다 크면 난반사되어서, 음파는 확산된다.

㉠ 반사율계산

$$a_r = \frac{I_r}{I_i} \qquad \cdots\cdots\cdots (2\text{-}4)$$

여기서, I_i는 입사파의 세기, I_r는 반사파의 세기이고 a_r는 반사율이다.

㉡ 투과손실계산

$$TL = 10\log\frac{1}{a_t} \qquad \cdots\cdots\cdots (2\text{-}5)$$

여기서, TL는 투과손실이고, a_t는 투과율($a_t = 1 - a_r$)이다.

② 굴절과 회절

하나의 매질 속을 통과한 음파가 다른 매질과의 경계면에 도달하면 일부는 반사하고 일부는 투과해 두 번째 매질로 들어간다. 이 두 개의 매질에서 서로 음속이 다르면 음파의 진행방향은 파면에 직각으로 굴절하여 진행방향을 바꾸어 투과한다.

따라서 음파는 파장이 길수록 매질의 물체가 작을수록 회절이 잘 되며, 물체 뒤에는 소리 그늘(sound shadow)이 잘 생긴다. 음파의 주파수는 파장에 반비례하고, 저주파 소음일수록 고주파 소음보다 회절이 잘 된다.

(4) 소음세기

① 소음세기값(SIL : Sound Intensity Level)

소음은 고체·액체·기체인 매질을 통하는 음파로서 소음의 세기와 주파수로 형성되며, 물리현상에 따른 소음과 인간의 귀로 느끼는 감각적인 소음으로 구분한다. 진동은 현이나 봉, 판 등의 탄성진동과 어떤 물체의 전체적인 진동으로 구분되며, 진동은 항상 소음을 동반한다.

② 주파수

소음은 음파로서 전파되며, 주파수는 정현음파의 1초당 반복횟수를 말하고 단위로 헤르츠(Hertz) 또는 cycle/sec이다.

우리 귀로 들을 수 있는 가청주파수는 16Hz에서 20,000Hz 범위이다. 음악에서는 440Hz인 음이 표준이나 일반 음향학에서는 1,000Hz인 소음을 기준으로 한다.

음속은 음파가 전파하는 속도를 말하며, 음속은 매질의 탄성과 밀도에 관계하는데 탄성이 클수록 음속은 빨라진다. 일반적으로 기온이 20℃일 때 음속은 344m/sec이다. 그리고 기온이 1℃로 높아지면 0.6m/sec씩 빨라진다.

③ 소음세기

사람의 귀로 들을 수 있는 소음의 에너지는 1×10^{-12}Watt이고, 서로 주고받는 대화의 에너지는 1×10^{-7}Watt이기 때문에 각종 소음의 크기를 에너지로 표현하는 데는 아주 불편하다. 따라서 전기공학이나 전자공학에서 사용하는 데시별(decibel : dB) 단위를 사용하는 것이 편리하게 되었다. 데시벨은 소음세기의 기준값(I_0)에 대한 소음발생원의 소음세기 값으로 나눈 값(I_0)에 상용대수를 취해 구한다.

$$\text{소음세기값(dB)} = 10\log\frac{I}{I_0} \quad \cdots\cdots\cdots (2-6)$$

여기서, 소음의 세기 기준값(I_0)은 1×10^{-12}Watt이다.

소음 세기와 1,000Hz인 순음의 어떤 특정한 음악과 똑같은 크기로 대화장애로 들리는 소리를 폰(phon)이라하며, 일본은 폰 단위를 사용한다.

주위에서 발생되고 있는 소음은 그 정도에 따라서 대화에 장애를 주며, 두 개의 소음이 함께 있을 때는 낮은 소음이 높은 소음에 의해 장애를 받는다. 이러한 현상을 소음의 마스킹(masking) 효과라고 한다.

(5) 지진(地震)

지진은 지하에서 여러 형태의 힘이 서로 작용하는 지각운동이다. 지각의 여러 부위가 압박 등의 힘을 받으면 약한 부분이 파괴되기 마련인데 이때 파괴되어 단층이 형성된다. 따라서 지진은 지각변동, 즉 단층운동이 지진발생의 주요 원인이 되고 있다.

지진의 크기는 진도로 나타내는데, 지진의 에너지량에 대응한 수치로서 지진계에 기록된 파동의 최대진폭, 진동주기와 발생지점으로 부터의 거리로 보정해 계산한다. 특히 우리가 몸으로 느끼는 정도를 진도라고 한다. 진도는 지진이 발생했을 때 어떤 장소에서 인간이 느끼는 정도와 물체, 구조물이나 자연에 미치는 악영향의 정도에 따라 정해놓고 있는 상대적인 개념이다. 국제적으로 진도는 지진의 규모를 말하며, 1에서 12등급으로 나누고 있지만 한국은 0도에서 7도까지 8등급으로 구분하고 있다. 예를 들면 지진발생 지점에서의 진도가 지진계에 5로 기록되었을 때 발생지역의 주변은 진도 5정도이나 점점 발생지점에서 멀어질수록 진도가 4에서 0까지 낮아지게 된다.

한국의 지진발생 현황은 1978년에서 1994년까지 총 279회, 연간 평균 16회 정도가 발생되었는데 사람이 감지할 수 없는 정도의 진도 3도 미만이 134회, 사람이 감지할 수 있는 정도의 진도 3이상이 141회와 벽에 금이 생기고 석축파손의 규모인 진도 5이상이 4회가 발생되었다. 최근 미국 LA지진, 일본 고베지진 등 최근 잇달아 세계 각처에서 큰 지진이 발생해 수많은 인명과 재산피해가 발생되고 있다. 따라서 우리는 당황하지 말고 침착하게 화재예방, 안전사고, 응급대피를 해야 한다. 강한 진도는 지속시간이 1분에서 2분을 넘지 않기 때문에 서둘지 말고 지진발생된 곳으로부터 속히 가장 안전한 곳으로 이동해야 한다.

진도가 인체, 자연계, 구조물에 미치는 피해는 〈표 2.10〉과 같다.

〈표 2.10〉 **진도의 특성**

진도	인체영향	자연계 피해	진동도(dB)	구조물피해	비고
0(무감)	느낄 수 없음	–	55 이하	–	지진계에만 기록
1(미진)	민감자만 감지	–	55~65	–	정지된 자만 느낌
2(경진)	다수인 감지	–	65~75	창문 약간 흔들림	모든 사람 느낌
3(약진)	자다깨 놀램	매달린물건 흔들림	75~85	집, 건물, 형광 등 흔들림	물 출렁임
4(중진)	자다깨 밖으로 나감	불안정하게 놓은 물건 넘어짐	85~95	건물 심하게 흔들림	그릇 물 넘침
5(강진)	서 있기 곤란	비석 넘어짐	95~105	벽에 금가고 건물파괴	굴뚝, 축대 파손
6(열진)	도움없이 못걸음	산사태 발생	105~110	땅이 균열 발생	30% 건물 파괴
7(격진)	이성잃음	땅이 갈라짐	110 이상	철로 휘고 건물 완전파괴	지면단층 생김

2004년도 12월에 인도네시아 수마트라섬 앞바다에서 강진 9.3 규모의 인도양 쓰나미사고로 23만명이 희생되었다. 그리고 일본에선 동일본의 원전이 폭파되어 엄청난 피해가 발생되었다(그림 2.12 참조).

[그림 2.13] **강진에 의한 동일본 후쿠시마 원전폭파 현장**

2. 소음저감기술

(1) 소음주파수분석

음파는 고체, 액체, 기체 등의 매질(媒質) 속을 전파하는 강성파이다. 강성체에 진동을 주어질 때 그 내부에 발생해서 강성체의 내부에 전파하는 음파이며, 음파는 종파(P파 : 세로파)와 횡파(S파 : 가로파)가 있다. 최근 소음문제나 소음에 미치는 현상의 대부분을 차지한 공기(대기)속의 소음은 액체와 고체 속의 음파에 국한될 경우가 많다.

음파의 굴절현상이나 투과현상 등은 공기(대기)로부터 물이나 고체로의 음파전달을 고려해야 한다.

특히 액체와 고체 속의 음파거동에 좀더 관심을 가져야 한다. 공기(대기)중의 음파는 Air의 구성입자가 진행방향과 똑같은 방향으로 진동하는 종파(세로파)만 존재한다. 고체 속에서는 횡파(가로파)도 존재하며, 횡파는 구성입자가 음파의 진행방향과 수직방향으로 진동하고 있다. 종파(세로파)는 그 진동형태에 따라 소밀파(疎密波) 등이 있고 매질에 안개 등이 진행방향에 있으면 장애를 일으킨다.

음파나 진동의 현상은 입자인 음파나 진동 등이 주로 압력, 밀도, 속도 등의 음향학적인 현상의 변수이다. 단위 용적에서의 일정한 매체를 통과하는 아주 작게 구분된 음파이어서 하나의 소립자 속에는 진동속도나 진동에 의한 압력변화 등이 일정하게 된다.

[그림 2.14] **철도의 소음과 진동발생**

음파는 매질 속의 탄성파라고 하는 물질현상이며, 소음은 음파에 의한 청각적인 현상과 똑같다. 인간의 귀에 소음으로 들리는 주파수 범위와 소음의 세기, 음압, 음압도는 서로 상관성이 있다.

① **주파수**(Frequency)

주파수는 매질의 소밀이 반복되는 현상이며, 정현음파의 소밀이 1초 사이에 반복되는 횟수이다. 소음의 주파수기호는 f, 단위는 Hertz, 단위기호는 Hz이며, Hz는 매초당 싸이클수(cycle/ sec)이다.

청력이 정상인 젊은 사람들은 16Hz에서 20kHz까지의 주파수범위를 귀로 들을 수가 있다.

인간은 16Hz 보다 1000배까지 20000Hz의 주파수 영역이 가청주파수범위이며,

주파수크기는 저주파일수록 저음이 고주파일수록 고음이 생성된다. 음악(music)은 440Hz의 음을 기준으로 해서 12평균한 음계(악기용 주파수기준)가 사용되지만, 음향학이나 소음공학에서는 1000kHz를 기준으로 한 대수척도이다. 그리고 ISO (국제표준화기구 : International Organization for Standardization)는 옥타브(1/1옥타브라고도 한다), 1/2옥타브, 1/3옥타브의 주파수표시가 적용되나 옥타브(octave)의 중심주파수는 16, 31.5, 63, 125, 250, 500, 1000, 2000, 4000, 8000, 16000 〔Hz〕 이다. 그리고 1/2옥타브는 주로 사용하지 않고 있으나 1/3옥타브 표기는 옥타브와 함께 많이 사용된다. 1/3옥타브는 1/1옥타브의 각 주파수 사이에 2개 주파수가 첨가된 다음과 같은 대수척도이다. 그러므로 1/3옥타브는 16, 20, 25, 31.5, 40, 50, 63, 80, 100, 125, 160, 200, 250, 315, 400, 500, 630, 800, 1000, 1250, 1600, 2000, 2500, 3150, 4000, 5000, 6300, 8000, 10000, 12500, 16000, 20000[Hz]이다.

상기의 주파수는 주파수 분석 시 밑줄 친 주파수가 주파수 분석기에 사용하는 대역 필터(band filter)의 중심주파수이다.

② 파장(波長)

소음이 매질 속으로 전파하는 속도인 음속(c : m/sec)이 온도에 영향을 받아서 변화한다. 음속은 1초 동안에 소음이 전파하는 거리이다. 그리고 매질의 소밀이 1초 동안에 반복횟수가 주파수 f(Hz)이다. 음의 전파속도 c(m/sec)를 주파수 f(cycle/sec=Hertz)로 나누면서 파장 λ(m/cycle)이 되고 파장은 소밀이 반복되는 1cycle 당 길이이다.

$$\lambda[\mathrm{m/sec}] = \frac{c}{f} \qquad \cdots\cdots\cdots (2-7)$$

소음문제는 상온에서 발생되어 공기(대기)속에 소음의 전파속도가 340m/sec 정도이며, 상온에서 소음의 공기(대기)속의 주파수와 파장은 20Hz는 17m, 34Hz는 10m, 50Hz는 6.8m, 100Hz는 10cm, 5000Hz는 68mm, 10000Hz는 34mm와 20000Hz는 17mm이다. 그러므로 상온에서 가청주파수는 16Hz에서 20000Hz이며, 파장은 17m에서 17mm로서 파장도 주파수처럼 최소파장과 최고파장 차이가 1000배 정도이다.

(2) 소음세기

소음의 세기는 소음이 존재하는 공간인 음장(音場)에서 소음의 진행방향에 수직으로 단위면적 $1m^2$당 단위시간 동안 통과하는 음향에너지이며, 소음의 세기기호는 I이고, 단위는 watt/m^2이다. 청력이 정상적인 인간의 가장 민감한 주파수는 3000Hz에서 4000Hz를 귀로 들을 수 있고, 소음의 세기가 제일 약한 소음은 5×10^{-13}watt/m^2정도이며, 그 이상이 되면 귀가 시끄러워 고통을 느끼게 되는데 소음의 세기한계는 1watt/m^2이다.

소음은 어떤 방향으로든지 진행해 가며, 그 방향성을 고려한 소음의 크기를 소음세기라고 한다. 소음세기는 음장에서 한점의 음압순간값이고, 소음이 전파하는 방향 a의 입자속도 순간값인 V_a라고 하면 a방향의 소음세기(I_a)는 다음식으로 구해진다.

$$I_a[\text{watt/m}^2] = \frac{1}{T}\int_0^T p \cdot V_a\, dt \qquad \cdots\cdots\cdots (2\text{-}8)$$

상기 [식 2-8]에서 입자속도 v는 a방향에서의 운동방향의 방향성을 갖는 벡터(vector)량이며, 소음세기는 방향성을 갖는 vector량이다.

[그림 2.15] **교향악단**

① 음압(sound pressure)

공기(대기)속을 전파하는 음파는 공기(대기)의 소밀이 연속해서 가로, 세로로 전파해서 밀(密) 부분에서의 압력이 대기압보다 약간 상승해있고, 소(疎) 부분에서의 압력은 대기압보다 약간 낮아지는 일이 반복된다. 대기압이 아주 조금 압력이 변화하는데 이때의 교류적인 압력변화를 음압이라고 하며, 음압기호는 P이고 음압단위는 (Pa : pascal)이다.

1Pa(Pascal)는 $1m^2$당 1N(Network)의 힘의 압력, 즉 N/m^2이다. 1N은 지구상에서 약 100g의 물체를 들어올리는 데 필요한 힘이다.

〈표 2.11〉 소음의 세기와 SPL(음압도)의 관계

SPL(dB)	0	20	40	60	80	100	120	140
I(w/m²)	10^{-12}	10^{-10}	10^{-8}	10^{-6}	10^{-4}	10^{-2}	1	100
P(Pa)	2×10^{-5}	2×10^{-4}	2×10^{-3}	2×10^{-2}	2×10^{-1}	2	20	200

정상적인 청력을 가진 인간의 귀로 들을 수 있는 음압범위는 2×10^{-5}Pa에서 20Pa이며, 대기 1기압은 약 101300Pa(약 10^5Pa)이며, 음압은 대기압의 1/50억에서 200까지의 아주 작은 압력변동이다. 평면진행파일 경우에 전파방향의 소음세기(I)는 음압실효값(P)과의 사이에 다음식이 성립된다(약 $\rho \cdot c$는 고유음향저항이며, $40kg/m^2 \cdot sec$에서 $400kg/m^2 \cdot sec$이다).

$$I = \frac{P^2}{\rho \cdot c} \text{ 또는 } V = \frac{P}{\rho \cdot c}$$

$$\therefore I = V \cdot \rho \qquad \cdots\cdots\cdots (2\text{–}9)$$

여기서, ρ는 공기(대기)의 밀도(상온일 때 ρ는 $1.2kg/m^3$), c는 소음의 전파속도(340m/sec), P는 음압이고 V는 입자속도이다.

② **음압도**(SPL; Sound Pressure Level)

소음의 강약을 나타내는데 소음의 세기 I(watt/m²)를 사용하며 소음의 세기나 음압의 대수값으로 소음의 강약을 나타내는데 이를 SPL이라고 한다.

$$SPL(Lp) = 10\log\frac{I}{I_0} \text{ [dB]}$$

$$\text{또는 } SPL = 20\log\frac{P}{P_0} \qquad \cdots\cdots\cdots (2\text{–}10)$$

여기서, I_0는 기준 소음의 세기(10^{-12}watt/m²=1pico watt/m²), P_0는 기준음압(2×10^{-5} Pa=2×10^{-5} N/m²), I는 임의 소음 세기(pw/m²)이고, P는 임의 음압(Newton/m²)이다.

문제

I가 10^{-6}w/m^{2}인 소음의 음압도(SPL)을 구하시오.

풀이

$$SPL(L_p) = 10\log\frac{I}{I_0}\ [\text{dB}]$$
$$= 10\left(\log\frac{10^{-6}}{10^{-12}}\right)$$
$$= 10(\log 10^6) = 60 \quad \therefore\ 60\text{dB}$$

답 60dB

③ 음향출력과 음향출력값(PWL)

출력은 단위시간 1초(sec)에 소음발생원이 방사하는 소음의 전체에너지이며, 기호는 P, 단위는 watt(w)이다. 작은 소음발생원(S)에서 음향출력(p : watt)이 자유공간의 방향에 방사할 때 소음발생원중심으로부터 r(m)만큼 떨어진 지점의 소음세기(I)는 반지름 r(m)인 구형의 표면적이 $4\pi \cdot r^2$(m^2)이어서 다음 [식 2-11]으로 구할 수가 있다.

$$I = \frac{P}{4\pi \cdot r^2}\ [\text{watt/m}^2] \quad \cdots\cdots\ (2\text{–}11)$$

만일 자유공간이 아니고 지구나 마루바닥 위처럼 평탄하고 매끄러운 평면상의 반자유공간의 소음발생원일 때 소음발생원에너지는 반구면체이어서 반사된다. 그래서 소음세기(I)는 [식 2-12]로 구해진다.

$$I = \frac{P}{2\pi \cdot r^2}\ [\text{watt/m}^2] \quad \cdots\cdots\ (2\text{–}12)$$

출력 P(watt)의 소음발생원에 대한 기준소음출력($P_0 = 10^{-12}$watt)이어서 출력 대수척도의 음향출력값을 Power Level(PWL)이라고 한다.

$$PWL = 10\log\frac{P}{P_0}\ [\text{dB}] \quad \cdots\cdots\ (2\text{–}13)$$

〈표 2.12〉 소음출력과 소음출력값(PWL)관계

P(watt)	10^{-12}	10^{-10}	10^{-8}	10^{-6}	10^{-4}	10^{-2}	1	10	100	1000
PWL(dB)	0	20	40	60	80	100	120	130	140	150

④ PWL과 SPL(음압도)

국제적으로 사용되는 소음출력값(PWL)과 음압도(SPL)는 소음도와 주파수보정 특성에 의해 보통소음계와 정밀소음계의 주파수보정 A특성을 사용해서 그 지시값으로 나타낸다(dB(A)). 국제적으로 A특성 음압값이 일반적으로 사용되며, 주로 PWL_A, SPL_A로 나타낸다.

㉠ PWL과 SPL일 경우

$$PWL[\text{dB}] = 10\log\frac{P}{P_0} \qquad \cdots\cdots (2-14)$$

$$SPL[\text{dB}] = 10\log\frac{I}{I_0} = 20\log\frac{P}{P_0} \qquad \cdots\cdots (2-15)$$

$$\therefore SPL = 2PWL$$

㉡ 점음원의 자유공간일 경우

$$10\log\frac{I}{10^{-12}} = 10\log\frac{P}{10^{-12}} - 20\log r - 10\log 4\pi \qquad \cdots\cdots (2-16)$$

$$\therefore SPL_A[\text{dB}] = PWL_A - 20\log(r) - 11$$

㉢ 반자유공간일 경우

$$SPL_A[\text{dB}] = PWL_A - 20\log(r) - 8 \qquad \cdots\cdots (2-17)$$

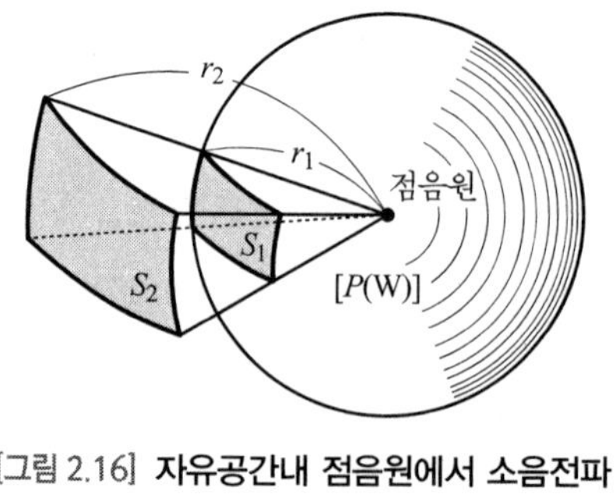

[그림 2.16] 자유공간내 점음원에서 소음전파

〈표 2.13〉 주파수대역별 PWL과 PWL_A의 상관성

주파수(Hz)	31.5	63	125	250	500	1000	2000
PWL_A(dB)	$PWL-39.4$	$PWL-26.2$	$PWL-16.1$	$PWL-8.6$	$PWL-3.2$	PWL	$PWL+1.2$

(2) 소음세기(Sound Loudness) 분석

소음의 세기는 사람들의 주관적인 느낌이며, 소음평가시 제일 중요한 양이다.

Stevens박사는 주파수가 1000Hz에서의 음압도(SPL; Sound Pressure Level) 40dB의 소음세기를 1 sone(기호 : s)이라고 했다. 정상적인 청력을 가진 인간이라면 소음이 1 sone에서 2 sone으로 들렸다면 소음세기는 2배로 높아진다.

복합음일 때 1/1 octave 또는 1/3 octave 대역폭 분석기로서 주파수를 분석해서 옥타브대역별 음압도를 산출하면 각 대역별 소음지수(loudness index)가 된다.

이 loudness index에 의한 sone(손)의 환산식은 다음과 같다.

① 1/1 octave일 경우의 소음세기 산출

$$S = S_m + 0.3\left\{\sum_{i=1}^{p}(S_i - S_m)\right\} \quad \cdots\cdots (2-18)$$

② 1/3 octave일 경우의 소음세기 산출

$$S = S_m + 0.15\left\{\sum_{i=1}^{a}(S_i - S_m)\right\} \quad \cdots\cdots (2-19)$$

여기서, S_i는 i번재의 주파수 대역의 sone값이고, S_m은 각 sone값 중 최대(maximum) 값이다.

③ 소음세기(S)와 소음세기값(SIL)

1kHz의 순음 40phon을 1 sone이라고 하며, phon은 인간의 감각적인 소음세기(sound loudness)를 말하며, 소음이 100Hz의 순음일 때 소음세기값(sound loudness level)로서 기호는 SIL_L, 단위는 phon으로 나타낸다.

$$S[\text{sone}] = \frac{2(SIL_L - 40)}{10} \quad \cdots\cdots (2-20)$$

④ 소음세기값(SIL; Sound Intensity Level)

소음세기는 Weber와 Fether의 법칙에 따르며 인간의 청각기관에 자극하는 감각

량변화는 대수적으로 나타낼 수가 있다.

$$SIL[\text{phon}] = k(\log I) \qquad \cdots\cdots (2-21)$$

여기서, 인간의 귀로 가청할 수 있는 최소의 기준소음세기(I_0)는 10^{-12}watt/m^{2}에서, 최고 가청소음세기는 10watt/m^{2}이다. 그리고 k는 비례상수이며, k=1일 경우의 Bell(B)단위로는 0에서 13까지 모두 14단계로 표현되어 너무 단조로운바 좀 더 구체화시키기 위해서 k=10으로 표현하여 dB(decibell)로 표기하여 0dB에서 130dB까지 140단계화 하였다.

$$SIL[\text{dB}] = k\left\{\log\left(\frac{I}{I_0}\right)\right\}$$
$$= 10\left\{\log\left(\frac{I}{I_0}\right)\right\} \qquad \cdots\cdots (2-22)$$

⑤ 음압도(SPL; Sound Pressure Level)

음압(sound pressure)은 소음의 에너지에 의해서 매질마다 아주 적은 압력변화가 생기는데 이 압력변화부분이며, 기호는 P와 단위는 Pa(pascal : Newton/m^2)로 나타낸다. 소음세기(SI : Sound Intensity)는 소음의 진행방향에 수직한 단위면적 1m^{2}를 단위시간에 통과하는 소음에너지인 rayls(kg/m^2 · sec)로서 watt를 말하며, 기호는 I와 단위는 watt/m^{2}이다.

$$I = \rho \cdot V$$
$$= \frac{P^2}{\rho \cdot c}\ [\text{watt/m}^2] \qquad \cdots\cdots (2-23)$$

$$SPL[\text{dB}] = 20\left\{\log\left(\frac{P}{P_0}\right)\right\} \quad \therefore\ SPL = 2PWL \qquad \cdots\cdots (2-24)$$

여기서, 정상적인 청력을 가진 인간의 최소 음압실효값(P_0)은 2×10^{-5}[N/m^2]이며, p는 대상 소음의 음압실효값으로 최대 가청가능한계일 때 P값은 60[N/m^2]로서 SPL은 130dB정도이다. 그리고 S는 표면적(m^2) 값이다.

$$SPL = SIL = 10\left\{\log\left(\frac{P}{P_0}\right)^2\right\} = 20\left\{\log\left(\frac{P}{P_0}\right)\right\}$$
$$SPL[\text{dB}] = PWL - 10(\log S) \qquad \cdots\cdots (2-25)$$

여기서, PWL은 sound power level(소음출력값)로써 기준소음출력(W_0)가 10^{-12}watt

일 때 다음 식으로 구할 수 있다.

$$PWL[\text{dB}] = 10\ \left\{\log\left(\frac{W}{W_0}\right)\right\}$$
$$= 10\ \left\{\log\left(\frac{I \cdot S}{I_0}\right)\right\}$$
$$= 10\ \left\{\log\left(\frac{I}{I_0}\right)\right\}\ + 10(\log S) \qquad \cdots\cdots (2\text{–}26)$$

특히 소음발생원의 소음세기가 PWL이라면 그 소음세기가 대기속에서 음압으로 변화해 인간의 청각기관에 전달감지된 SIL과 SPL은 동일하게 들리나 이를 소음계로 측정시는 소음계의 청감보정회로 단자가 Lin 또는 Flat에 위치해서 측정한 값이다. 대개 SPL은 소음계로 측정시 청감보정회로를 통과하지 않고 측정한다.

⑥ 무지향성 선음원(line source)일 경우 음압도(SPL) 산출

㉠ 자유공간(공간이나 구면파)일 때

소음계로 SPL을 측정하면 소음발생원의 음향출력값(PWL)을 산출할 수가 있다.

$$SPL[\text{dB}] = PWL - 10\ \{\log(\pi \cdot r)\}$$
$$= PWL - 10(\log r) - 8 \qquad \cdots\cdots (2\text{–}27)$$

㉡ 반자유공간(반사율이 1인 바닥위에 있거나 반구면파)일 때

$$SPL[\text{dB}] = PWL - 10\ \{\log(\pi \cdot r)\}$$
$$= PWL - 10(\log r) - 5 \qquad \cdots\cdots (2\text{–}28)$$

⑦ 무지향성 점음원(point source)일 경우 음압도(SPL) 산출

㉠ 자유공간에 점음원이 있을 때

$$SPL[\text{dB}] = PWL - 10\ \{\log(4\pi \cdot r^2)\}$$
$$= PWL - 20(\log r) - 11 \qquad \cdots\cdots (2\text{–}29)$$

㉡ 반자유공간에 점음원 있을 때

$$SPL[\text{dB}] = PWL - 10\ \{\log(2\pi \cdot r^2)\}$$
$$= PWL - 20(\log r) - 8 \qquad \cdots\cdots (2\text{–}30)$$

⑧ 소음발생원으로 발생되는 음향출력(W) 산출

소음발생원은 점음원, 선음원과 면음원이 있는데, 소음출력은 이들 소음발생원으

로부터 단위시간당 발생되는 총소음에너지이며, 기호는 W이고 단위는 watt이다.

$$W[\text{watt}] = I \cdot S \quad \cdots\cdots (2-31)$$

여기서, I는 가청 소음세기(watt/m^2)이며, S는 표면적(m^2)이다.

㉠ 소음발생원이 선음원일 경우 음향출력(W) 계산

ⓐ 자유공간에 선음원이 있을 때

$$W[\text{watt}] = 2\pi \cdot r^2 \cdot I \quad \cdots\cdots (2-32)$$

ⓑ 반자유공간에 선음원이 있을 때

$$W[\text{watt}] = \pi \cdot r \cdot I \quad \cdots\cdots (2-33)$$

㉡ 음발생원이 점음원일 경우 음향출력(W) 계산

ⓐ 자유공간에 점음원 있을 때

$$W[\text{watt}] = 4\pi \cdot r^2 \cdot I \quad \cdots\cdots (2-34)$$

ⓑ 반자유공간에 점음원이 있을 때

$$W[\text{watt}] = 2\pi \cdot r^2 \cdot I \quad \cdots\cdots (2-35)$$

⑨ 소음지향성(sound directivity)

소음의 지향성은 소음발생원인 점음원이 임의의 방향으로 방출하는 데 있어서 소음의 지향도를 지향계수라고 하며, 자유공간일 때 지향계수는 1, 벽면 위는 지향계수가 2, 양벽과 면 만나는 모서리는 지향계수가 4이고 세 벽면이 만나는 구석은 지향계수가 8이다.

일반적으로 소음발생원의 앞쪽보다 뒤쪽의 음압도가 낮은데 이는 소리의 지향성 때문이다. 지향계수(directivity factor; D_f)는 다음 [식 2-36]으로 구해진다.

$$D_f = \frac{1}{\log}\left(\frac{SPLr - \overline{SPL}}{10}\right) \quad \cdots\cdots (2-36)$$

〈표 2.14〉 무지향성 점음원위치에 따른 지향지수

조건	자유공간	평면 위	두면 접한 모서리	세면 접한 구석
지향계수	1	2	4	8
에너지밀도	1배	2배	4배	8배
지향지수(dB)	0	+3	+6	+9

여기서, SPL_r은 점음원으로부터 반지름 r(m) 떨어진 지점의 대상 음압도이고, $\overline{SPL}$는 점음원에서 반지름 r(m) 떨어진 구형(球形) 표면상의 여러 지점에서 측정된 SPL의 평균값이다.

한편 지향지수(directivity index; DI)는 다음 [식 2-37]으로 구해진다.

$$DI = SPL_r - \overline{SPL} \ [\text{dB}]$$
$$= 10\log(D_f) \quad \cdots\cdots (2-37)$$

⑩ 소음(dB) 계산

소음계산시 음압이나 소음세기를 상용대수(log)로 나타낸 음압값의 기호는 SPL이 사용되며, 단위는 dB이다. n개의 소음발생원이 있는 공장에서 1개씩 운전할 때 어느 지점에 있는 음압이 각각 전체로 동시에 운전할 때의 음압도계산은 다음 [식 2-38]로 구할 수가 있다.

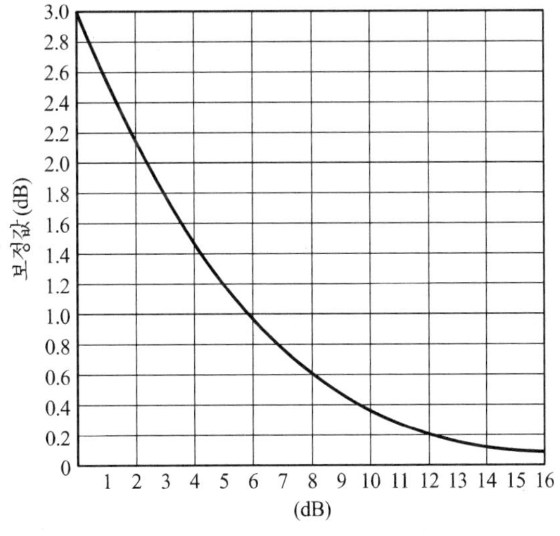

[그림 2.17] L_1과 L_2 합의 보정값

$$L_1 = SPL_1 = 10\log\frac{I_1}{I_0} \ [\text{dB}]$$

$$L_2 = SPL_2 = 10\log\frac{I_2}{I_0} \ [\text{dB}]$$

$$L_n = SPL_n = 10\log\frac{I_n}{I_0} \ [\text{dB}]$$

$$L = 10\log\frac{I_1 + I_2 + \cdots + I_n}{I_0}$$

$$= 10\log(10^{L_1/10} + 10^{L_2/10} + \cdots + 10^{L_n/10}) \quad \cdots\cdots (2-38)$$

문제

두 대의 기계의 소음도가 각각 80dB, 70dB일 때 이를 동시 가동시 소음합을 구하시오.

풀이

$L = 10\{\log(10^{80/10} + 10^{70/10})\}$

$= 10\log(1.1 \times 108) = 10\log1.1 + 80 = 80.4 \quad \therefore$ 약 80dB

답 약 80dB

참고 보정값 Table에 의한 계산

소음도가 L_1(dB), L_2(dB)인 소음값 계산은 $L_1 \geq L_2$일 때 보정값은 다음 표 2.15와 같다.

문제

어느 공장에서 기계소음도를 측정했더니 75, 68, 70, 78, 76[dB]이었을 때 소음도를 구하시오.

풀이

① 78−76=2 → 보정값 2.1 ∴ 78+2.1=80.1

② 80.1−75=5.1(약 5) → 보정값 1.2 ∴ 80.1+1.2=81.3

③ 81.3−70=11.3(약 11) → 보정값 0.3 ∴ 81.3+0.3=81.6

④ 81.6−68=13.6(약 14) → 보정값 0.2 ∴81.6+0.2=81.8

답 약 82dB

〈표 2.15〉 dB값에 따른 보정값

단위 : dB

L_1-L_2	0	1	2	3	4	5	6	7	8	9	10	11	12	13	14	15
레벨증가	3	2.5	2.1	1.8	1.5	1.2	1.0	0.8	0.6	0.5	0.4	0.3	0.3	0.2	0.2	0.1
암산값	3		2			1					0					

참고 소음의 평균dB 계산

$\overline{SPL} = \overline{L} = 10\log\left(\frac{1}{n}\right)\left(\frac{I_1 + I_2 + \cdots + I_n}{I_0}\right)$

$= L - 10(\log n)$[dB]

여기서, $\overline{SPL}$, $\overline{L}$은 평균음압도이고, L은 대상 소음의 음압도이며, n은 기계대수이다.

문제

어느 두 대의 기계소음도가 70dB, 80dB일 때의 산술 평균소음도를 구하시오

풀이

① $L=10\ \{\log(10^{70/10}+10^{80/10})\}\ =80.4[\mathrm{dB}]$

② $\overline{L}=L-10(\log n)$

$=80.4-10(\log 2)\fallingdotseq 77.4[\mathrm{dB}]$ ∴ 약 77dB

③ 산술평균소음도 $L=\dfrac{80+70}{2}=75[\mathrm{dB}]$

$\therefore\ SPL=\overline{SPL}+10(\log n)$

$=75+10(\log 2)=78[\mathrm{dB}]$

답 약 77dB

참고 두소음의 차 dB 계산

$$\Delta L=10\ \left\{\log\left(\frac{I_1-I_2}{I_0}\right)\right\}$$

$$=10\log(10^{L_{1/10}}-10^{L_{2/10}})[\mathrm{dB}]$$

∴ 78dB

문제

어느 공장 내에서 L_1=80dB, L_2=70dB인 소음이 발생될 때 두음의 차를 구하시오.

풀이

① $\Delta L=10\ \{\log(10^{80/10}-10^{70/10})\}$

$=10\ \{\log(9\times 10^7)\}$

$=10(\log 9)+70=79.5$

답 약 80dB

3. 진동저감기술

(1) 진동주파수분석

벽시계의 추나 해수면의 파도를 보고 있노라면 어느 점이나 장소의 운동은 안정한 평형을 유지한 중심으로 시간과 함께 반복됨을 알 수가 있다. 진동현상은 벽시계의 추처럼 일정한 시간간격을 두고 원위치로 되돌아가며, 이 반복된 시간간격을 두고 흔들림

의 크기도 불규칙적으로 진동하는데 다종다양하다.

진동공해 문제로 되는 진동현상은 공장, 사업장에서의 기계의 운전이나 작업, 건설공사시 작업, 자동차나 전차의 주행에 따라 발생한 강한 흔들림이 지반을 따라 전달되어 집안에 있는 사람에게 감각적으로 느껴지게 한다. 또는 '달달달'하는 소음으로 들리게도 하며, 물건이 흔들리는 것을 시각적으로 보여지게 해서 불쾌감이나 불안감(不安感)을 갖게 만들기도 한다.

진동현상은 정지된 위치에 있는 기계나 지반의 평형점(平衡点)을 이동시켜서 갈라지게 하는 힘을 가해 구조물이나 지반에 나타나는 운동이다.

인간을 둘러싸고 있는 삼라만상(森羅萬象)이 평형점을 갖고 안정해 있는데 이 평형이 붕괴될 경우에는 항상 안정한 위치로 되돌아가려는 힘이 작용하는 운동을 하기 때문에 진동현상이 나타난다.

① 정현진동(正弦振動)

정현진동은 하나의 에너지량(y), 진동량이 어떤 시간을 지나갈 때마다 일정한 값이 되는데 이 양의 변화가 진동이다. 진동의 평균값이나 기준값보다도 큰 상태와 작은 상태를 상호반복해서 변화한다. 일반적으로 시간에 따라 변화하며, 일정한 시간마다 동일한 값을 반복하는 진동을 주기진동(周期振動)이라 하고, 임의 시간에 그 크기를 알 수 없는 진동을 불규칙 진동이라고 한다. 따라서 진동량(y)은 다음 식들로 나타낼 수가 있다.

㉠ 주기진동일 경우

$$y = f(t) = f(t + n \cdot T) \qquad \cdots\cdots (2\text{–}39)$$

여기서, t는 시간, n과 T는 정수이며, 시간별 정현진동을 단(單)진동이라고 한다.

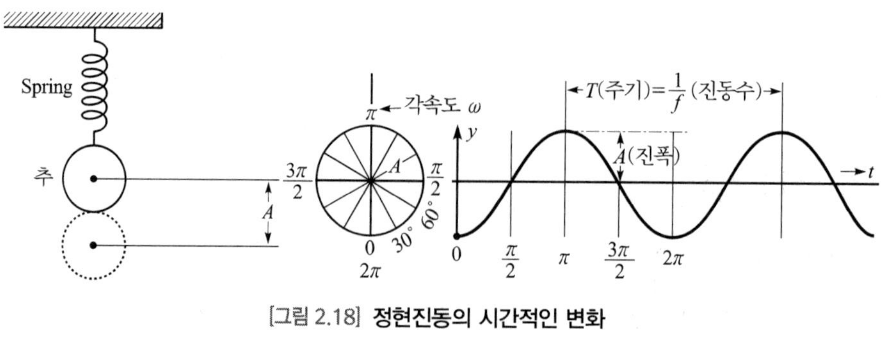

[그림 2.18] 정현진동의 시간적인 변화

㉡ 정현진동일 경우

$$y = A\sin(w \cdot t + \phi) \quad \cdots\cdots (2-40)$$

여기서 y는 시간(t)과 함께 시시각각으로 변화하는 정현 진동도이고, A는 진폭, w는 각(角)진동수, ϕ는 위상각(位相角)이다. 예를들면 스프링(spring)에 연결된 작은 추의 운동이나 반지름 A인 원둘레로 하는 일정한 각속도(w)를 돌고 있는 질점(質点)의 투영 시간경과에 따른 진도의 진동수, 즉 주파수는 f(Hz)이다.

$$T = \frac{1}{f} \quad \cdots\cdots (2-41)$$

그러므로 10Hz인 주파수는 0.1sec이며, 1주기(T)에 2π(여기서 π는 180°)각을 회전시켜 $2\pi / T = 2\pi \cdot f = w$이고 w를 진동수 또는 각주파수라고 한다.

$\cos\theta = \sin(\theta\frac{\pi}{2})$이며 [그림 2.15]에서 오른쪽의 파형(波形)은 다음과 같다.

$$\cos w \cdot t = \sin(w \cdot t + \frac{\pi}{2}) \quad \cdots\cdots (2-41a)$$

sin과 cos은 90°($\pi/2$)만큼 위상을 변화시켜서 단일 정현진동파이다. 지반이나 물의 매체 속을 진동이 전파할 경우인 파동(波動)은 어느 순간적인 시간에 있어서 매체의 평형점을 움직이게 하는 상태를 가로축거리(x)라 하면 정현진동도의 시간적인 변화는 [그림 2.16]과 같다.

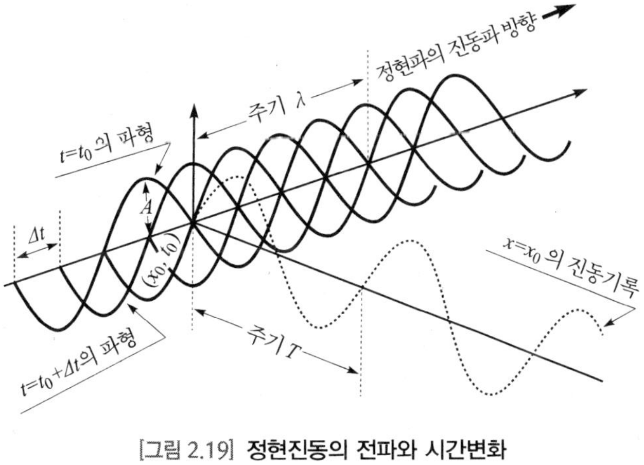

[그림 2.19] 정현진동의 전파와 시간변화

[그림 2.16]처럼 진동량은 파장(λ), 진폭(A)과 가로축거리(x)와의 관계식으로

나타낼 수가 있다.

$$y = A\sin 2\pi(\frac{x}{\lambda}) \qquad \cdots\cdots (2-42)$$

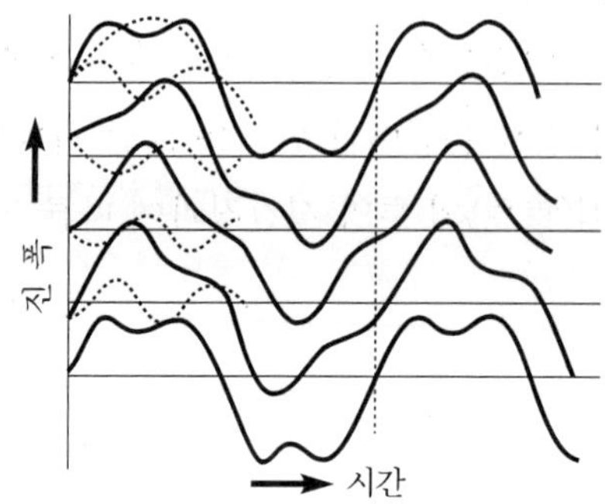

[그림 2.20] 가로파와 제3고주파 위상영향

그리고 x방향에 같은 형의 파형이 겹쳐 그려진 $t = t_0$의 파형이 $t = t_0 + n \cdot \Delta t$시간에 x방향으로 진행된다. 특히 점$(x_0,\ t_0)$으로 나타내면 그 장소의 y변화는 시간(t)이 경과하면서 점선으로 표시한 정현진동이 나타난다. 그러므로 파장(λ), 파동의 전파속도(c : m/sec)와 진동수(f) 사이에는 다음 [식 2-43]이 성립된다.

$$c = f \cdot \lambda$$

$$\therefore\ f = \frac{\lambda}{c} \qquad \cdots\cdots (2-43)$$

일반적으로 음파, 탄성과, 전파 등은 모두 파형현상이며, c는 파동의 매체에 의해 일정한 경우가 많으나 상온에서 공중 음파일 경우의 음속은 약 340m/sec이며, 전파나 광선은 약 3억m/sec이다. 지반(地盤)을 전파한 파동은 진동수에 따라 전파속도가 변하는 경우가 있는데 이를 분산(分散)이라고 한다. 그리고 진동의 파형높이를 진폭(振幅)이라고 한다.

② 복합진동과 주파수

진동현상은 음파이지만, 지면진동할 때에 단일 정현진동이 되는 일은 거의 없다. 악기의 소리나 새의 울음소리 등처럼 단일 정현파음인 순음(純音)이 들리는 일도 있지만 일반적으로 두 개이상의 성분으로 이루어진다. 모두 주기성이 없는 랜덤(random)성의 진동까지 혼합되어 있는데 이를 복합진동(複合振動)이라고 한다.

㉠ 동일주기 갖는 두 개의 정현진동이 겹쳐있는 경우

진폭과 위상이 다른 두 개의 동일한 진동인 y_1, y_2가 겹쳐있는 경우를 알아본다.

$y_1 = A_1 \cos w \cdot t$

$y_2 = A_2 \cos(w \cdot t + \phi)$

$$\therefore y_1 + y_2 = A \cos(w \cdot t + \phi) \qquad \cdots\cdots (2-44)$$

여기서, A와 a는 다음 [식 2-46]으로 구할 수가 있다.

$$A = \sqrt{(A_1^2 + A_2^2) + (2A_1 \cdot A_2 \cdot \cos\phi)} \qquad \cdots\cdots (2-45)$$

$$\tan a = \frac{A \cdot \sin\phi}{A_1 + A_2 \cdot \cos\phi} \qquad \cdots\cdots (2-46)$$

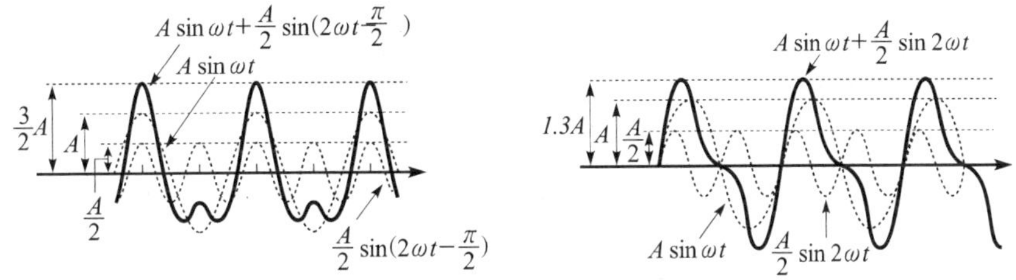

[그림 2.21] **주기, 진폭이 2 : 1인 정현진동의 합성**

㉡ 다른 주기 갖는 정현진동의 합성일 경우

간단한 주기를 갖는 2 : 1의 두 개 정현진동을 합성해 보면 진동폭이 2 : 1이지만 합성하면 진동은 정현진동이 되지 않고 복잡한 진동파형이 됨을 알 수가 있다. 그러나 실제로 합성된 진동은 긴 주기가 반복해서 나타난다. 우리 주변에 있는 진동 중에서 주기진동이라고 관측된 진동도 실제로 정현진동은 아주 적다. 다시 말하면 복잡한 진동의 파형인데 주기(T)를 갖는 주기진동일 경우에 주기관계 $f(t)$는 'Frier' 정의처럼 다음 식들이 성립된다.

$$f(t) = \frac{A_0}{2} + A_1 \cos w \cdot t + A_2 \cos 2w \cdot t + \cdots + A_n \cos n \cdot w \cdot t + \cdots$$

$$+ B_1 \sin w \cdot t + B_2 \sin w \cdot t + \cdots + B_n \sin n \cdot w \cdot t + \cdots \qquad \cdots\cdots (2-47)$$

$$A_0 = \frac{1}{T}\int_0^T f(t)dt \qquad \cdots\cdots (2-48)$$

$$A_n = \frac{2}{T}\int_0^T f(t)\cos n \cdot w \cdot t\,dt \qquad \cdots\cdots (2-48a)$$

$$B_n = \frac{2}{T}\int_0^T f(t)\sin n \cdot w \cdot t\,dt \qquad \cdots\cdots (2-49)$$

여기서, n은 1, 2, 3…이며, $f(t)$는 주기적인 진동에 의한 복잡한 파형이고 1주기(cycle)에서 긴 진동의 진동수를 기준으로 해서 진동수비가 정수배로 될수록 단진동화됨을 알 수 있다. 진동수 성분을 알게 되면 파형이 합성되지 않게 된다.

㉢ 불규칙적인 진동

주기적인 진동은 그 주기성으로 구분되어져서 일정한 시간만큼 경과시켜 관측된다. 그래서 장차 이떤 시점에서 정확히 진동수를 예측할 수는 있으나 진폭과 주기가 불규칙적으로 변동할 때는 확률적으로나 통계적인 평균값을 얻어내는 것 외에 예측방법은 없다. 이러한 진동을 불규칙적인 진동이라고 한다. 실제로 진동공해는 불규칙진동이어서 경과시간에 따라 불규칙하게 data가 얻어지기 때문에 통계적 상관수를 이용한다. 진동의 세기가 시시각각으로 변동할 경우에 순간순간의 값을 제곱해서 시간(t)의 적분값을 제곱평균값(ψ_y^2)이라고 하며, 이 진동세기(ψ_y^2)는 다음 식으로 구할 수 있다.

$$\psi_y^2 = \lim_{T\to\infty} \frac{1}{T}\int_0^t y^2(t)\,dt \qquad \cdots\cdots (2-50)$$

한편, 진동이 주기성이 있으면 산술평균하면 되지만 불규칙진동이면 실제로 주어진 시간의 평균값을 이용한다. 그리고 [식 2-51]과 같이 제곱(a^2)평균한 제곱근(root)의 실효값 rms(root mean square)은 소음파장과 진동에서는 진폭자신으로 나타내는 것보다 실효값을 이용한다.

$$a_{rms} = \sqrt{\frac{1}{T}\int_0^t a^2\,dt} \qquad \cdots\cdots (2-51)$$

(2) 진동도(VL : Vibration Level)

소음은 음이 공기(대기) 속에서의 음압(sound pressure)이 문제가 되어 이를 소음계의 마이크로폰(microphone)을 통해서 음압을 측정하도록 해서 귀로 느끼는 음압을 알게 된다. 하지만 진동은 지진과 비슷한바 변위 진동파형이 문제가 되기 때문에 현재 사용되고 있는 지진계는 변위 파형기기이다. 지진계는 음파를 p파(primary wave : 세로파)와 s파(secondary wave : 가로파)로 분리되며, p파형에서 지진발생원의 방향, 거리 등을 결정하고 지진크기도 측정할 수가 있다. 지진피해 등도 저주파수이고 큰 진폭일 때 변위의 크기가 충돌이나 파괴의 원인이 되면서 대지진(큰 변위 진폭)이 된다. 탄성파는 실제로 p파(소밀파)와 s파(전달파)가 있으며, 표면파는 Rayleigh파와

Love파가 있다.

뉴튼(Newton)역학에서 힘(F)은 질량(m)과 가속도(a)의 곱($F = m \cdot a$)으로 나타내며, 큰 힘에 의한 진동은 자연히 동일한 물체에 큰 가속도로 가해져서 주변에 강한 흔들림이 생긴다. 그래서 진동피해는 힘이 아니고 작업량이면서 에너지이다. 운동에너지는 속도의 제곱에 비례하며 속도가 항상 문제가 되고 있다. 그러므로 진동계측기는 속동측정계이며, 진동은 방향의 변위, 속도, 가속도가 모두 벡타(vector)량이다. 그러나 소음은 공기(대기)속의 압력변화이므로 스칼라(scolar)량이다.

① 변위, 가속과 가속도

지면위에 있는 한 지점의 진동이나 물체 위에 어떤 부분의 진동을 감각적으로 직접 느낄 수 있는 것은 물체의 운동량, 즉 변위이다.

진동의 변위(y)는 진폭(y_0), 진동수(f), 각진동수($w = 2\pi \cdot f$)의 정현진동수라면 [식 2-52]로 구할 수가 있다.

$$y = y_0 \sin w \cdot t \qquad \cdots\cdots (2-52)$$

진동은 속도(v)와 가속도(a)는 다음 [식 2-53]으로 구한다.

$$v = \frac{dy}{dt} = w \cdot y_0 \cos w \cdot t = v_0 \sin\left(w \cdot t + \frac{\pi}{2}\right) \qquad \cdots\cdots (2-53)$$

여기서, 속도진폭(V_0)은 $w \cdot A_0$이며, 위상과 속도는 90°($\pi/2$)만큼이 다름을 알 수가 있다.

$$\begin{aligned} a &= \frac{dv}{dt} = -w^2 \cdot y_0 \sin w \cdot t \\ &= -w \cdot v_0 \sin w \cdot t = a_0 \sin w \cdot t \end{aligned} \qquad \cdots\cdots (2-54)$$

여기서, a_0는 $w \cdot y_0$과 똑같으며, 가속도는 90°만큼만 위상이 바꾸어지나, 가속도는 180°로 역위상되어 '−'부호로 나타내며, a_0는 가속도진폭이 된다. 이처럼 위상, 속도, 가속도의 진폭은 순간값으로 시간과 함께 시시각각으로 변화하여 변위진동 세기를 나타낼 때는 y_0, v_0, a_0의 진폭기호를 사용한다.

일반적으로 10Hz에서 0.01m/sec^{2}의 진동가속도는 진동속도가 약 0.16mm/sec (1.6×10^{-4}m/sec), 변위는 약 2.5μm이다.

② 실효값과 데시벨값

진동에서 단위를 나타낼 때에 변위는 mm, 속도는 mm/sec, 가속도는 mm/sec^{2}이다. 그리고 진도가 2와 3이라고 하면 두 개의 진도크기가 2 : 3으로 1.5배 클 것이라는 의미가 아니라 실제는 약 10dB만큼 높다. 인간의 감각량은 데시벨(decibell : dB)로 나타내고 소음은 상용대수척도이며, 등비급수이고 등차급수이다. dB는 두 개의 power량, 즉 에너지량의 비로서 상용대수의 10배로 정의되며, 파동현상에서는 입자속도 "+"값을 말한다.

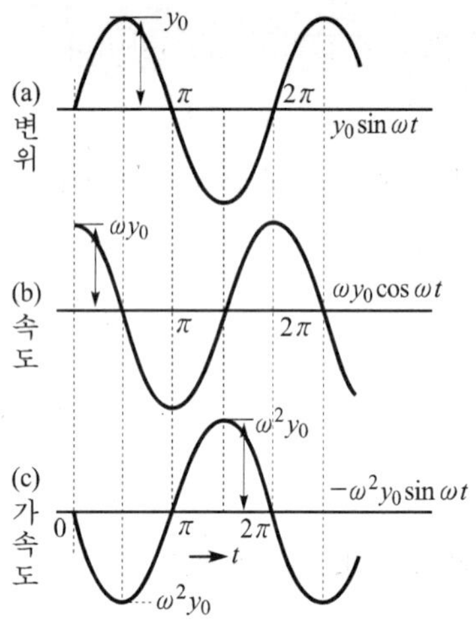

[그림 2.21] **변위, 속도, 가속도의 위상관계**

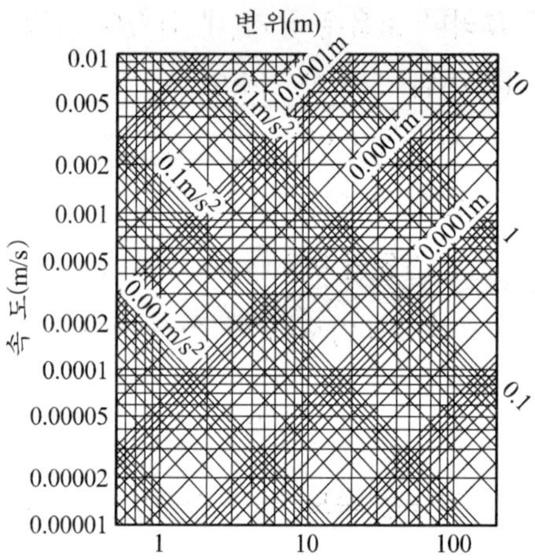

[그림 2.23] **진동량환산**

소음은 입자속도와 음압이 주파수에 관계없이 상호적인 관계가 있기 때문에 음압에 의한 dB로 나타낸다. 진동은 진동속도로서 다른 주파수성분을 가진 복합진동이 많아서 상호적인 위상(位相)관계로 복잡한 파형은 전혀 다르다. 따라서 복잡한 파형의 피크(peak)값을 보면 이 진동이 일정한 값을 직접 나타내는지 알게 된다.

전기에서 교류 전력에서 실효값이 전력전류이며, 진동진폭의 실효값이 진동량으로 이용된다.

$$y_{rms} = \sqrt{\frac{1}{T}\int_0^T y^2 dt} \qquad \cdots\cdots (2-55)$$

여기서, y_{rms}는 실효값이고, y는 순간값이다.

정현진동일 경우에 peak값은 $1/\sqrt{2}$ 이다. 진동세기는 진동진폭의 제곱값에 비례하며, dB로 나타낸다. 이때 진폭은 변위, 속도, 가속도 중 어느 것이라도 좋으나 ISO(국제표준화기구) 등은 진동가속도(VAL)로 dB를 나타내고 있다.

20log(음압실효값)으로 나타낸 값이 dB이다. 진동에서는 진동가속도(VAL 또는 La)에 의한 다음 [식 2-56]으로 구한다.

$$VAL = 20\log\frac{a}{a_0} \qquad \cdots\cdots (2-56)$$

여기서, 가속도 a_0 가속도 기준값으로서 10^{-5} m/sec^{2}이며, VAL는 진동가속도이고 이 값은 진동가속도의 절대값으로 나타낸 물리량이다.

문제

진동가속도 실효값이 1cm/sec^{2}일 때의 진동가속도값을 구하시오.

풀이

$$L_a = 20\log\frac{0.01\text{m/sec}^2}{10^{-5}\text{m/sec}^2} = 20\log 10^3 = 60$$

∴ 60dB

답 60dB

(3) 진동도계산

진동도는 물리량이며, 소음평가시 저주파음에 대한 감각이 둔해지기 때문에 이에 상응하는 주파수보정을 부여한 양을 소음도로 규정하고 있고, 진동도도 진동감각에 대응한 주파수 보정값이다[〈표 2-16〉 참조].

문제

진동도단위는 dB이며, 5Hz의 수직진동의 가속도 실효값이 10^{-5}m/sec일 때 진동감각보정값 고려한 진동가속도 실효값을 구하시오.

풀이

① $L_r = 20\log\frac{10^{-5}}{10^{-5}} = 20[\text{dB}]$

답 20dB

문제

2대의 기계를 별도로 작동시켜서 기계의 진동을 측정했더니 실효값이 2.68×10^{-2}m/sec^{2}과 3.62×10^{-2}m/sec^{2}이었다면 이들 2대를 동시작동시 가속도값을 구하시오.

풀이

① $a = \sqrt{2.68^2 + 3.62^2} \times 10^{-2}$

$\fallingdotseq 4.5 \times 10^{-2}[\text{m/sec}^2]$

② $L_a = 20\log\frac{4.5 \times 10^{-2}}{10^{-5}} \fallingdotseq 73[\text{dB}]$

답 약 73dB

〈표 2.16〉 진동감각보정값(수직진동)

주파수(Hz)	1	2	4	6.3	8	16	31.5	63	90
보정값(dB)	−6	−3	0	0	0	−6	−12	−18	−21

문제

주파수가 2Hz, 8Hz, 31.5Hz인 3개 진동이 수직, 수평의 어느 곳에서도 10^{-2}m/sec^{2}이었을 때 가속도 실효값을 구하시오.

풀이

① $L_a = 20\log\frac{10^{-2}}{10^{-5}} = 60\text{dB}$

② 수직방향에서의 진동감각보정값은 2Hz일 때 −3dB, 8Hz일 때 0dB, 31.5Hz일 때 −12dB이다.

∴ 57dB, 60dB, 48dB이다.

③ 수평방향에서의 진동감각보정값은 2Hz일 때 +3dB, 8Hz일 때 −9dB, 31.5Hz일 때 −21dB이어서 각각 63dB, 51dB, 39dB이다.

암기

- dB계산

$$SPL = L = 10\log\frac{P}{P_0} = 2\log\frac{a}{a_0} = 10\log\left(\frac{a}{a_0}\right)^2$$

- dB의 평균값

$$\overline{L} = 10\log\left\{\left(\frac{1}{n}\right)\left(\frac{P_1+P_2+\cdots+P_n}{P_0}\right)\right\} = L - 10\log n$$

① dB의 합

㉠ 보정값을 이용할 경우

L_1이 L_2 보다 클 경우에 그 차에 따라 보정값은 〈표 2-17〉과 같다.

문제

어느 공장기계 10대의 진동을 측정한 바 80, 77, 81, 74, 77, 77, 83, 65, 77, 60[dB]일 때의 동시가동시 진동합성값을 구하시오.

풀이

① 83−81=2 → 보정값 2.1 ∴ 83+2.1=85.1

② 85.1−80=5.1(반올림 ∴ 5) → 보정값 1.2 ∴ 85.1+1.2=86.7

③ 86.7−77=9.7(∴ 10) → 보정값 0.4 ∴ 86.7+0.4=87.1

④ 87.1−77=10.1(∴ 10) → 보정값 0.4 ∴ 87.1+0.4=87.5

⑤ 87.5−77=10.5(∴ 11) → 보정값 0.3 ∴ 87.5+0.3−87.8

⑥ 87.8−74=13.8(∴ 14) → 보정값 0.2 ∴ 87.8+0.2=88

⑦ 88−65=23 → 보정값 0 ∴ 88

⑧ 88−60=28 → 보정값 0 ∴ 88dB

답 88dB

〈표 2.17〉 $L_1 - L_2$의 진동도 보정값

L_1-L_2	0	1	2	3	4	5	6	7	8	9	10	11	12	13	14
참값	3	2.5	2.1	1.8	1.5	1.2	1	0.8	0.6	0.5	0.4	0.3	0.3	0.2	0.2
개략값	3			2				1					0		

㉡ 계산식을 이용할 경우

$$L = 10\log(10^{L_{1/10}} + 10^{L_{2/10}} + \cdots + 10^{L_{n/10}})$$

여기서, L_1, L_2는 각각 기계진동도이다.

문제

어느 공장기계의 진동을 측정했더니 80, 77, 74, 77, 77, 83, 65, 77, 60[dB]이었을 때의 동시가동시 평균진동도를 구하시오.

풀이

① $L = 10\ \{\log(10^8 + 10^{7.7} + 10^{8.1} + 10^{7.4} + 10^{7.7} + 10^{7.7} + 10^{8.3} + 10^{6.5} + 10^{7.7} + 10^6)\}$

$= 88.17[\mathrm{dB}]$

② $\overline{L} = L - 10\log n$

$= 88.17 - 10\log 10 = 78.17$

∴ 약 78dB

답 약 78dB

② dB의 차

L_1(dB)과 L_2(dB)의 차를 L_3(dB)라고 한다.

$$L_3 = 10\log\left(\frac{P_1 - P_2}{P_0}\right)$$

$$= 10\log(10^{L_{1/10}} - 10^{L_{2/10}})$$

문제

L_1=80dB, L_2=70dB일 때 소음의 합, 평균, 차를 구하시오.

풀이

① 합$= 10\{\log(10^{80/10} + 10^{70/10})\}$

$= 10\{\log(1.1 \times 10^8)\}$

$= 10(\log1.1 + \log10^8)$

$= 10\log1.1 + 80 \fallingdotseq 80.4$

$\therefore$ 약 80dB

② 평균$= L - 10(\log n)$

$= 80.4 - 10(\log2) = 77.4$

$\therefore$ 약 77dB

③ 차$= 10\{\log(10^8 - 10^7)\}$

$= 10\{\log(9 \times 10^7)\}$

$= 10(\log9) + 70 = 79.5$

$\therefore$ 약 80dB

답 합 : 약 80dB, 평균 : 약 77dB, 차 : 약 80dB

〈표 2.18〉 L_1과 L_2(배경진동도)의 차에 의한 보정값

L_1-암진동 L_2의 차	1	2	3	4	5	6	7	8	9	10	11	12
참값	6.85	4.33	3	2.21	1.65	1.26	0.97	0.75	0.59	0.46	0.35	0.3
개략값	–		3	2		1				0		

③ 건설현장에서 바위발파시 음압도와 진동도계산(부록 Ⅲ, Ⅳ 참조)

㉠ 폭풍압(P) 산출식

$$P[\text{dyne/cm}^2] = 186.36\left(\frac{r}{w^{1/3}}\right)^{-1.2}$$

여기서, P는 발파발생원에서 r(m) 떨어진 지점의 폭풍압(dyne/cm^2), r은 발파발생원에서 피해예측지점까지의 거리(m)와 w는 발파용 장입 화약량(kg)이다.

㉡ 음압도(SPL) 산출식

$$SPL[\text{dB}] = 20\log\left(\frac{P}{P_0}\right)$$

여기서, P는 발파발생원에서 r(m) 떨어진 지점의 폭풍압(dyne/cm^2)이고, P_0는 2×10^{-4}(dyne/cm^2)이다.

㉢ 바위 발파시 진동도(VL : Vivration Level) 산출식

$$VL[\text{dB}] = 160\left(\frac{VL}{w^{0.5}}\right)^{-1.6}$$

여기서, V는 진동속도(cm/sec)이고, w는 발파시 1개당 장입 화약량(kg)이다(부록 V 참조).

④ 도로변에서 10m 이상 떨어진 피해지점의 등가소음도(Leq) 산출식

$$Leq[\text{dB(A)}] = 8.55\log\left(\frac{Q\cdot V}{r}\right) + 36.3 + 14.1\log(Ya) + C$$

여기서, Q는 시간당 등가교통량(Q = 소형차 통과대수+10(대형차 통과대수 : 대/차)), V는 평균 자동차 속도(kg/hr), r은 예상 주행 중심선에서 도로 끝까지의 거리와 도로 끝에서 기준 10m까지의 거리(m), Ya는 기준거리 10m에 대한 도로 끝에서 10m 이상 떨어진 예측지점까지의 거리비이고, C는 상수(등가교통량이 15,000 초과시 −2.0, 10,000에서 15,000이면 −1.5, 5,000에서 10,000이면 −1.0, 2,000에서 5,000이면 −0.5와 2,000 이하이면 0이다.

[그림 2.24] 브라질 월드컵경기장

제3장

소음 · 진동이 인체에 미치는 영향

3.1 소음피해

1. 청각기관피해

(1) 귀의 구조

귀는 그 동작원리에 따라 외이, 중이, 내이로 구분되며, 귀의 바깥쪽 부분을 귀바퀴(耳介)라고 하고 소음을 모으는 역할을 한다. 소음이 외이도에 전달되어 약 3,000Hz의 소리를 조금 증폭시켜 고막을 진동한다. 일반적으로 귀의 외이도에서 고막까지의 거리는 약 2.7cm이며, 고막은 둥근 모양으로 단면적이 0.3cm^2에서 0.5cm^2이고 중이(中耳)와 외이(外耳) 사이에 위치하고 있다.

고실 안에는 망치뼈, 모루뼈, 등자뼈를 담고 있으며, 중이는 고실과 목을 연결해 주는 유스이시안관으로 구성되었다. 이 유스이시안관은 중이의 공기압을 조정해 고막의 진동을 쉽게 할 수 있도록 하며, 높은 음압일 때는 중이의 근육이 수축작용을 하기도 한다,

소음은 난원창으로 가는데, 고막을 지나 내이의 달팽이관 내의 액체로 전달되며, 달팽이관내 이개(auricle)에 의하여 수집된 음파는 외이도(extemal acoustic meatus)를 지나 고막(tympanicmembrane)을 진동시키고, 진동된 기계적 에너지는 중이(middle ear)를 가로질러 전달되고, 마침내 등골(stirrup)의 족관(foot plate)을 통해 난원창(oval window)을 진동시킨다.

난원창이 안으로 밀려들어가면 막성(膜性) 갖춘 달팽이관(cochlear) 속에 있는 외임파(perilymph)에 압력이 가해지고, 이 소음에너지는 액파(fluid wave)로 바꾸어져서 전정계(scala vestibuli)에서 시작된 액파는 달팽이관에서 망상구조 모세포작용에 의해 기저막 운동신경을 진동해 신경충동으로 바꾸어진다.

소음의 세기는 이 기저막의 진동에 의한 진폭크기에 비례하여 들을 수 있으며, 소음의 크고 작은 세기는 이 기저막이 자극받는 위치에 따라 판단된다.

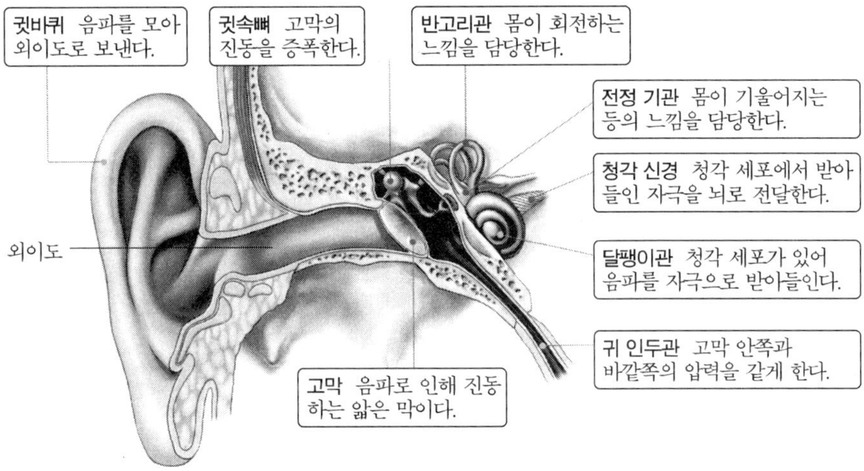

[그림 3.1] **귀의 구조**

(2) 귀에서의 소리전달

귀는 복잡한 구조이어서 외이(外耳)를 이개(耳介)와 외이개로 분류하며, 소음의 음파를 고막(鼓膜)까지 전달하는 장치가 된다. 일반적으로 이개는 귀에 의한 소음 파장보다 작아서 귀 뒤쪽의 음파도 회절해서 외이도(外耳道)로 도달해 소옴의 진후 방항감이 달라지는 일은 적다. 일반적으로 외이도의 길이는 약 25mm의 관(管)이고 고막까지 연결된다. 이개의 일부와 결합해 소음의 공명기 역할도 하는데 이때 공명주파수는 약 3000Hz이다.

고막의 두께는 약 0.1mm, 지름은 약 10mm로 얇은 달팽이 모양을 가진 막(膜)인데 이는 진동막의 특성을 갖고 있다. 귀에서 고막의 내측을 중이(中耳)라고 하며, 공기가 가득차면 부피가 1cm^{3}에서 2cm^3 정도의 고실(鼓室) 속에 이소골(耳小骨)인 망치뼈, 모루뼈와 등자뼈가 있어서 고막의 진동이 내이로 전달하는 장치가 된다, 망치뼈는 고막에 밀착해 있고 등자뼈는 내이(内耳)의 달팽이관(평형감각기능)에 있는 전정창(前

庭窓)과 연결되어 있다.

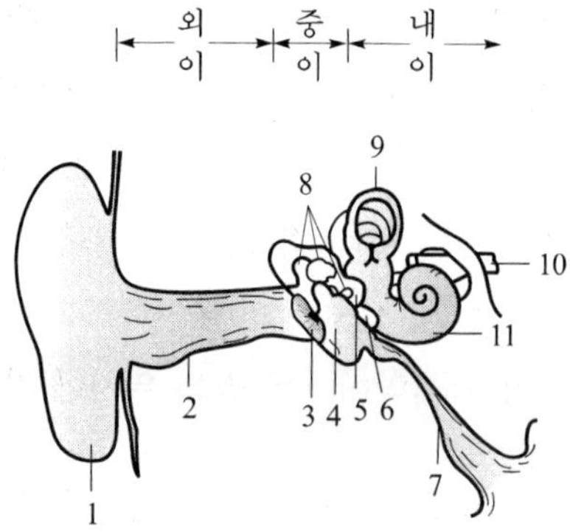

1 : 이 개	5 : 전정창	9 : 평형기
2 : 외이도	6 : 고실	10 : 청신경
3 : 고 막	7 : 이 관	11 : 달팽이관
4 : 고 실	8 : 이소골	

[그림 3.2] **귀의 소리전달**

달팽이관 속은 액체로 채워져 있고, 액체는 음향임피던스(유전율)가 공기의 임피던스보다 아주 커서 만일 공기 속의 소음이 직접 내이로 전파되어도 큰 소음에너지는 대부분 림프액체에서 반사 되어져 내이의 입사(入射)소음 에너지의 0.1%정도만 남는다.

이소골은 고막면적에 받는 공기 속의 소음을 고막보다도 면적이 17분의 1 정도인 전정창으로 전달하면 약 1.3배로 증가한다. 이소골 밑 고막의 진동 압력은 약 20배로 높아지면서 전정창을 진동시켜 고막의 진동능률을 좋게하여 내이로 전달하는 임피던스 연결역할을 하고 있다.

고실은 평상 상태는 외계(外界)와 완전히 차단되고 있지만, 외부의 기압이 변하면 고막 내외의 압력이 동일해지도록 만들어지기 때문에 비행기의 이·착륙 때 처럼이나, 고층 엘리베이터가 빠른 속도로 운행할 때처럼, 그리고 산행을 할 때처럼, 외계와 고실간의 압력차로 자동조절기능을 느낄 수 있게 된다.

외이와 중이는 소음의 전달기관이며, 내이는 소음의 자극에 따라 흥분을 일으키는 감각기관인 수용체이다. 따라서 외이와 중이에 고장이 생겨도 내이로 소음의 자극이 전달되기 때문에 큰 문제는 없지만 내이에 고장이 생기면 소리를 들을 수 없어 귀머거리가 된다.

달팽이관은 3개의 관상다발인데 내부에 기저막이 있고, 길이는 약 35mm, 폭은 전정창 부근에 0.1mm이하로 구성되었다. 달팽이관 부근에서 0.5mm 정도 되는 곳에 구멍이 나있고 기저막 위에는 감각기능을 갖는 코르치기관에서 청신경신호가 발생해 큰

골의 청각영역에 전달하면 소리가 들리게 된다.

고막의 진동이 이소골을 통해 전정창을 진동시키면 달팽이관 속을 따라 전달된 진행음파가 생겨서 기저막을 진동하는데, 이때 진행파가 최대 진폭일 때가 고주파수 소음일 경우이다. 이처럼 소음의 주파수에 따라 기저막의 진폭이 최대로 되는 부분이 달라진다. 소음의 강약은 기저막이 최대 진폭으로 되는 위치에 따라 결정되며, 소음의 진폭은 기저막의 진폭에 따라 결정된다. 코르치기관은 이 변위진폭에 대응한 많은 청신경 신호를 발사하고, 이 청신경신호가 큰골로 전달되며 소음의 강약은 청신경 신호수에 의해서 지배 받는다. 이처럼 청각기관을 통해 들리는 소음세기는 dB(decibel)로 나타내며, 'Weber'와 'Fether' 박사팀은 사람의 감각량, 즉 자극량을 상용대수(logarithm)적으로 나타낸 변화량이라고 했다. 그리고 공기(대기)속에서 T℃의 온도일 때 소음전파속도의 음속(C)은 다음 [식 3-1]으로 산출했다.

$$C = 331.42 + 0.6T\,[\text{m/sec}] \qquad \cdots\cdots\cdots\cdots (3.1)$$

(3) 인간의 가청범위

인간의 가청주파 범위는 16Hz에서 20kHz 범위의 10 octave로서 음압도는 0dB에서 120dB 정도이다. 2,000Hz 이상인 소음을 초음파음(ultra sound)이고, 20Hz 이하의 음을 초저주파음(infra sound)이라고 한다. 인간의 귀가 소음으로 들을 수 있는 것은 기압의 주기적인 변동으로 느낄 수 있거나 구별되게 된다. 가청주파수인 2,000Hz 부근이 되면 중이에 이보다 높은 5,000Hz 정도의 주파수로 소리가 전달되기 때문에 내이에 높은 주파수음까지 들어야 하므로 실제 초음파 때문에 청각기관에 악영향을 받게 된다.

가청 음압도 범위의 하한값을 최소 가청값이라 한다. 1kHz에서는 10^{-12}watt/m^{2}보다 약 4dB 큰 값이고, 3kHz에서 4kHz의 초음파에서는 10^{-12}watt/m^2 이하이다.

인간의 귀로 들을 수 있는 큰 소음과 작은 소음(大小音)은 음파의 진폭, 즉 음압의 세기에 따라 다르며, 높은 소음과 낮은 소음(高低音)은 음파의 주파수에 의해 지배된다. 그리고 인간의 목소리는 100Hz에서 10kHz(10,000Hz)이며, 대화시 또렷하게 들릴 때의 주파수는 200Hz에서 6,000Hz이며, 대화와 소음연구를 할 때는 주로 500Hz에서 2,500Hz의 주파수 범위이다.

병원에서 청력손실 조사는 정상적인 청력을 가진 인간의 최소 가청값과 조사대상자의 최소가청값과의 비를 octave band(옥타브 대역)별 중심 주파수의 500Hz, 1,000Hz, 2,000Hz의 청력손실산출은 [식 3-2]와 같다.

$$평균청력손실 = \frac{a+2b+c}{4}\,[dB] \qquad \cdots\cdots\cdots (3-2)$$

여기서, a는 octave 대역 500Hz에서의 청력손실(dB), b는 octave 대역 1,000Hz에서의 청력손실(dB), c는 octave 대역 2,000Hz에서의 청력손실(dB)이다.

청력손실 조사로 평균 청력손실값이 25dB 이상이 되면 난청이 된다.

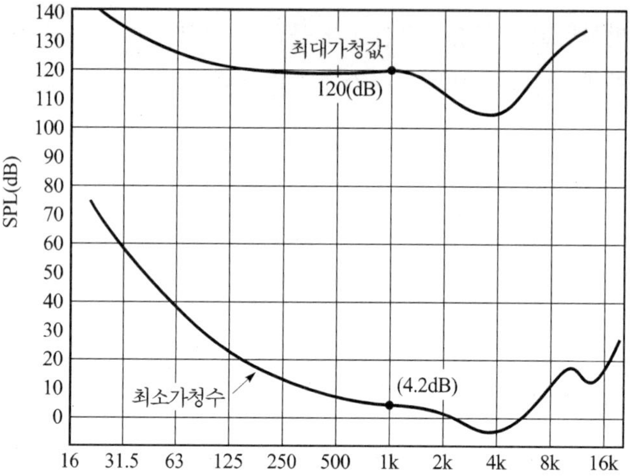

[그림 3.3] **인간의 가청범위주파수**

2. 소음피해종류

(1) 심리적인 악영향

어떤 소음이든지 인간마다 심리적인 영향이 천차만별이다. 하지만 소음은 소음의 세기나 시끄럽거나 요란하거나 번거롭거나 귀찮거나 불쾌하거나 등 다종다양할 수가 있다. 일반적으로 소음의 심리적인 속성은 소음세기에 따른 청감적인 속성과 물리적인 특성이 전체에 대응한 심리적인 속성으로 분류된다. 그래서, 소음의 심리적 영향을 3가지 속성으로 표현하는데 제1속성은 소음세기(loudness)의 음압도와 주파수로 나타내지만 소음의 세기에 대응한 청감적인 감도이다. 제2속성은 물리적 특성으로 인간의 청력을 지배하는 음압도, 주파수, 지속시간, 소음발생 회수, 음색 등을 고려한 소음도(noiseness)이다. 제3속성은 제2속성처럼 소음의 물리적인 특성을 고려한 음압도, 주파수, 지속시간, 발생횟수에 따른 청력, 건강도, 사회적 · 경제적 · 문화적인 요인을 포함해서 제2속성과는 달리 현장과 주민반응까지 참여하는 불평도(annoyance)이다. 즉 불쾌감, 불평, 기분나쁜 정도, 소란도, 시끄러운 정도, 방해정도 등이다. 주로 제1

속성과 제2속성은 실험실에서 실시되고 있다. 제3속성은 현장의 주민참여 반응이기 때문에 주민들의 건강정도나 사회적 · 경제적 · 문화적 요인을 고려한 종합적인 반응에 의한 대책을 수립하기 위하여 실시한다.

소음에 대한 심리적인 악영향이나 소음정도, 불평 등의 정서적 방해는 물론이고 수면방해나 신체적인 악영향 등의 반응에 비교해서 민감도가 높다. 그래서 소음의 지침이나 기준을 수립하거나 정서방해의 주민반응을 반영할 때도 많다. 하지만 민감도와 소음도가 높을수록 반응률이 높게 되며, 공장의 소음발생원마다 주민들의 반응 등이 크게 차이가 있기 때문에 반드시 다양한 소음배출허용기준이 세워져야 한다.

유럽연합(EU)은 아주 불평(very annoyance)하는 주민반응률의 20%에 해당한 소음도를 배출 허용기준으로 규정했고, 40%의 소음을 견딜 수 있는 등가소음도를 채택하였다. 그래서 배출허용등가소음도는 L_{Aeq}로 50dB에서 55dB, 등가소음도는 60dB에서 65dB로 설정했으며, 미국은 낮에 옥외는 L_{Aeq}로 55dB, 실내는 45dB이며, 야간은 각각 10dB을 낮춘 45, 35[dB]로 규정했다. 일반적으로 소음도(L_{dn})는 55dB일 때 아주 불평을 호소하는 주민이 17% 정도로 예측해 설정하고 있다.

주로 소음의 심리적인 악영향은 간접적인 영향이며, 그리고 정서적인 방해로 불안, 초조, 우울, 불쾌감과 정신 산만 등의 정신증상이 일어난다.

(2) 생활에 악영향

① 청취방해

갑자기 헬리콥터가 창공을 통과시 굉음에 의해서 전화통화나 학교수업방해 등 소음에 의한 악영향이 많다. 일반적으로 청취가능한 실내 소음허용값(nosie criteria)은 세계보건기구(WHO : World Health Organization)의하면 강의실, 회의실, 주택 등에서 낮에 L_{Aeq}로 40dB 이하이다. 그리고 주거지역에서의 낮에 청취방해 소음도는 L_{Aeq}로 45dB이하이다.

장소별 소음허용값은 방송 스타디움 25dB, 음악홀 30dB, 병원 · 500석(席) 정도 극장 35dB, 강의실 · 회의실 · 아파트 · 호텔 · 주택 · 소규모 영화관 · 도서관은 40dB, 작은 사무실 45dB, 음식점 · 큰규모 사무실 50dB, 체육관 55dB과 공장 70dB이다. WHO의 소음허용도는 L_{Aeq}로서 낮에 주거지 역시 45dB 이상일 때 청취방해 된다. 일반적으로 대화할 때 음성은 1m떨어진 곳에서 소음도는 56dB 이상이고, 침실에서 수면 방해는 야간시 35dB에서 45dB 이상, 항공기 · 도로교통 소음에 따른 주간 불평도(annoyance)는 55dB 이상이며 직장에서 하루 8시간 근무시 청취방해는 75dB 이상이다.

〈표 3.1〉 소음허용도

장소	방송스튜디오	음악홀	병원	극장·교실·회의실·주택	음식점·사무실	체육관
dB	25	30	35	40	50	55

② 수면방해

수면방해는 직접적으로 건강에 관련되기 때문에 소음 악영향 중에서도 가장 중요하다. 소음도와 수면방해는 도로소음이 있는 야간에 옥외 L_{50}이 50dB에서 55dB일 때 20% 정도가 수면에 지장이 있다라고 불평을 하고 있다. 그리고 옥내 소음도가 40dB 이하라면 수면에 방해를 받지 않는 조사에서 40% 정도이었다는 자료가 있다. 그러므로 40dB 이하로 소음도가 침실에서 유지되어야만 수면을 방해받지 않는다.

일반적으로 야간에 교통량이 감소해서 소음도 감소되기 때문에 L_{50}보다 L_5나 L_{Aeq}쪽이 수면방해와 상관성이 높다. 수면방해는 수면의 깊이를 뇌파 등에 의해 객관적으로 측정할 수가 없다. 그래서 소음도에 따른 수면심도(숙면)변화는 소음 없는 0dB 일 때 수면심도를 2.5라면 백색잡음이 40dB시 2.2, 공장소음이 40dB시 2.25, 55dB시 2.1, 도로소음이 40dB시 2.0, 55dB시 1.95, 열차소음이 50dB시 1.85, 60dB시 2.05, 제트기소음이 50dB시 2.0, 60dB시 1.9이다. 그리고 연속음과 간헐음이 뇌파에 악영향을 주는 소음도는 야간에 수면 방해를 주는 정도의 소음도인 40dB 이상이다.

일반적으로 수면방해는 남자보다 여자가, 젊은 사람보다 노인층이 피해가 많이 일어난다. 숙면을 위한 야간시 소음환경 기준값은 옥내일 경우 L_{50}로서 40dB 이하이다. 유럽연합(EU)은 수면확보를 위한 지침에서 옥내일 경우 L_{Aeq}로서 32dB, 세계보건기구(WHO)는 실내 소음허용도를 L_{Aeq}로 35dB을 제시해 놓고 있다. 특히 환자의 안정이나 요양을 확보하기 위한 소음도는 수면을 방해하는 소음도보다 5dB 정도가 낮아야 하며, 가정 내에서의 휴양이나 휴식을 취할 때는 수면방해 소음도보다 5dB 높아도 된다.

③ 생활방해

소음에 의한 생활방해는 청취방해, 수면방해, 독서방해, 휴양방해, 정신집중을 요하는 작업방해 등이다. 생활시 각종 소음의 영향 중 주로 수면방해와 청취방해이며, 사람의 감수성에 따라 크게 피해도가 달라진다. 정신작업 능률에 미치는 소음영향은 경험, 작업종류, 정신집중도 등에 의해 크게 지배받는다.

[그림 3.4] **독서생활에 소음피해**

일반적으로 생활방해는 남자보다는 여자가 감수성이 높고, 육체작업보다는 정신작업이 더 방해를 받는다. 단순 반복적인 작업은 음악이 있으면 작업의 단조로움으로 오히려 도움이 되어 작업능률이 향상된다. 중간 정도의 작업시도 소음의 세기에 따라 적당한 음악이나 자연의 음 등을 배경(back ground) 음악으로 사용하면 오히려 도움이 된다.

특히 기억, 사고력, 판단을 필요로 하는 고도의 지적 작업시는 소음의 악영향을 받기가 쉽다. 학교에서 공부하는 경우도 수학문제풀이, 국어독해, 영어단어암기, 사회과목의 외우기시간은 소음의 영향을 많이 받게 된다.

학교 강의실에서 수업방해를 느낄 수 있는 L_{50}은 50dB 이상이다. 그래서 교육부의 학교보건기준은 창문을 닫은 상태에서 L_{50}이 50dB 이하이며, 창문을 열어놓은 상태에서 L_{50}이 55dB 이하이다. 소음에 의한 수업방해는 정신적 피해뿐 아니라 청취방해도 크다.

④ 신체적인 악영향

소음피해 중에는 머리가 무겁고 가슴이 뛰며, 위장상태가 나빠지고 혈압상승 등의 피해가 모두 신체적인 영향이다. 인간의 신체적인 악영향은 혈관수축, 혈압상승, 침

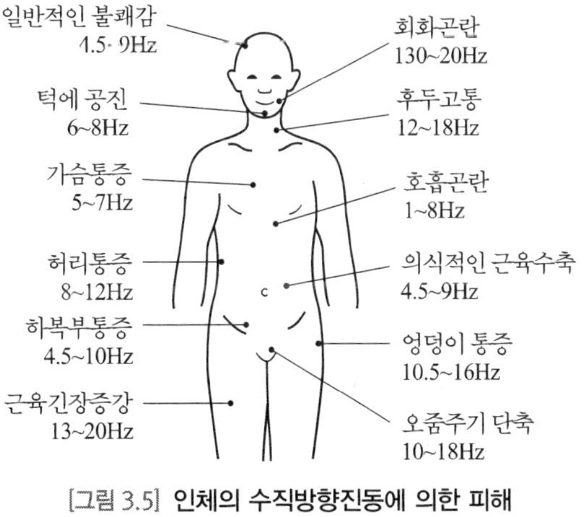

[그림 3.5] **인체의 수직방향진동에 의한 피해**

감소, 위 활동억제, 신장호르몬 분비증가, 성호르몬 분비변화 등이 증대된다. 이러한 신체적 반응이 소음량 증가로 문제가 커지게 되면 내장활동을 조절하는 자율신경이 교감신경 긴장으로 수축되면서 각종 내분비선 활동이 활발해졌다가 점점 약해진다.

소음에 장기간 폭로되면 위궤양 발생율이 높고, 궤양의 악성화가 증가하거나 혈압상승, 임신동물의 태아발육저해, 사산증가, 기형증가, 출생시 체중감소 등이 나타난다. 흔히 소음지역에서 거주하는 주민일 경우에 저체중의 신생아 출산율이 증가하고, 소음공장 종업원일 경우는 순환기장애, 그리고 젖소는 우유의 젖 분비감소, 닭의 산란율 저하, 돼지의 유산 등 가축피해를 일으킨다.

[그림 3.6] **소음에 의한 가축피해**

3.2 진동피해

1. 인체에 미치는 영향

소음은 공기(대기)의 진동, 즉 소밀파가 청각기관인 귀에 들어와서 청신경을 통해 큰 골에 전달되어 귀에 피해를 일으킨다. 하지만 진동의 수용기관은 전체적인 신체에 분포되어 있으며, 직접적으로 내장기관에 악영향을 준다. 진동은 인체에 작용하는 방향에 따라 피해정도가 다르다.

(1) 진동피해 특징

① 인체에 진동전달

진동의 전달방법은 인체를 지지하는 물체의 표면으로부터 인체에 전달되는 경우, 인체의 한 부분인 손·발바닥에 진동이 작용하는 경우, 인체가 진동하는 매체에 붙어있는 경우 등 3가지로 분류된다.

㉠ 인체를 지지하는 물체의 표면으로부터 진동이 작용하는 경우

사람이 서있을 때는 양쪽 발로 진동이 인체에 전달되나 의자에 걸터앉아 있으면 다리나 지지 부분이 진동의 전달매체가 된다. 건물 등 실내에 있으면 지하철 인근역 통과시 건물이 진동할 때나, 공장의 대형기계 부근에서 지면이 진동해 작업자에게 전달되기도 한다. 비행기나 기차 등의 교통차량 이용해 탑승하면 승객이나 승무원에게 진동이 전달되는데 이를 전신진동(whole-body vibration)이라고 하며, 진동공해의 대상으로 되는 진동이 전신진동이다.

㉡ 인체의 어느 국소에 진동이 작용하는 경우

인간이 자동차의 운전대를 잡고 운전하거나 공장·건설공사·임업 등에 사용하는 동력기구인 그라인다, 드릴, 함마, 콘크리트 프랙카, 톱, 제초기 등을 손으로 잡고 작업시 진동이 공구로부터 손을 통해 어깨로 전달된다. 그때 각종 진동장해와 진동질병이 발생되는데 이러한 진동을 국소진동(local vibration 또는 hand-arm vibration)이라고 한다.

㉢ 인체가 진동하는 매체에 존재하고 있는 경우

사람이 공기나 물 속에 진동이 있는 상태에서 존재하면 저주파 진동에 의한 진동으로 피해가 발생된다.

② 진동의 전달방향

인간이 진동에 폭루되면 진동이 작용하는 방향에 따라 인체의 반응도가 달라진다. 진동전달 방향은 ISO(국제표준화기구)의 자료에 따르면 인체에 전달되는 진동방향은 [그림 3.5]처럼 세 종류이다.

인간이 서있거나 앉아 있을 경우는 일반적으로 심장위치를 중심으로 직교좌표가 아랫방향일 경우 x축, 윗방향일 경우 y축이라면 누워있을 경우는 배 윗방향의 세로가 X축, 머리윗 방향의 가로가 Y축, 신체 수평방향이 z축에 피해가 크다.

③ 진동의 수용과 인체의 응답

인체에 진동이 작용해서 그로 인한 인체가 어떠한 응답(response)을 나타내는지를

아는 것이 진동공해에 대한 인체의 악영향을 이해하는 데 중요하다.

인체가 진동에 폭로되면 진동수용기관이 진동을 받아 그 신호가 신경계를 통해 큰골에 전달되어 피해를 받게 되거나 인체의 특정한 부분에 작용해서 인체의 피해를 보게된다.

진동의 폭로에 따라 인체는 심리적·생리적·물리적인 피해가 생기나 이들이 단독으로 발생하는 것이 아니고 상호간 연결되어져서 발생된다. 진동이 작용해 신체의 일부분에 공진(共振)을 일으킬 때는 주로 물리적인 피해가 발생 하는데, 근육의 긴장을 높여 생리적인 피해가 유발되며, 이 생리적인 피해가 심리적인 피해로 연결된다.

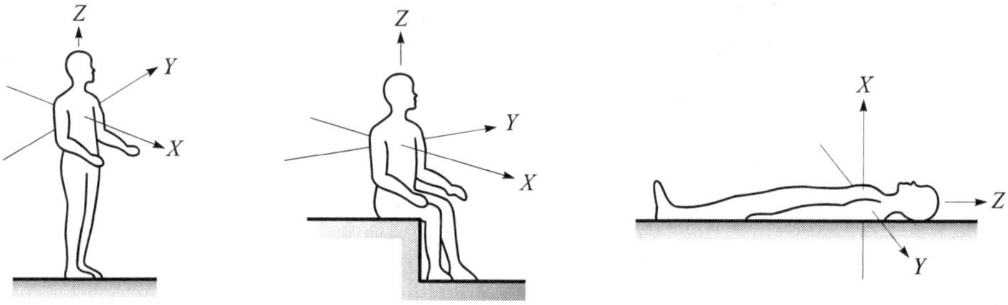

(a) 선 상태 (b) 앉은 상태 (c) 누운 상태

[그림 3.7] ISO 진동방향

㉠ 진동의 수용체 피해

진동이 인체에 전달되면 국소, 즉 신체적인 부분에 따라 다르나 주로 손이나 발바닥이 되는데 이를 진동수용기(receptor of vibration)라고 한다. 소음은 귀(ear)가 수용기이나 진동의 수용기는 인체 전부이다.

인체에 직접적으로나 간접적으로 접촉된 물체는 어떤 변위진폭을 가질지라도 진동으로 전달된다. 또한 주기적으로 변화하는 변위의 크기가 외부 자극에 의해 전달된다, 인체의 말초신경에 약간의 변화를 주어도, 즉 피부나 조직에 산재되어 있는 말초신경에 의해 물리적인 자극이 신경의 활동변위로 변환된다. 이러한 말초신경이 진동의 수용기인 파시니안 소체(Pacinian corpusle)이며, 이 소체는 관절, 골막, 근육, 혈관벽, 복막, 흉막, 임파절, 교감신경계, 장막 등 넓게 신체 속에 분포되어 있다. 파시니안 소체는 길이 1mm에서 4mm, 지름 0.5mm에서 1mm이며, 1개의 소체에 1개 신경선이 접속해 있어 직접 중추신경계와 연결된다. 파시니안 소체는 여러층으로 구성되어 있으며, 외부 진동에너지에 의해 변형되어 흥분하고 신경의 부활전위를 발생시켜 그 피해는 빨라진다. 그리고 마이스너 소체(meissner corpusle)는 촉각과 압력감각에 의해 지배받는 수용기로서 진동감각에 관여한다.

물체가 진동하면, 진동에 의해 발생하는 소음도 귀로 들을 수가 있어 간접적으로 진동감각을 일으킨다. 이밖에도 내이(內耳)의 전정기관이 직선이나 회전의 가속도에 따른 수용기로 작용한다. 수용기에 의해 발생된 활동전위(potential)는 임펄스(impulse)로 전파하는 지각신경 다발에 수용기를 거쳐나와 큰골로 전달한다. 진동은 소음과 달리 환경인자, 즉 온도, 습도, 풍속 등에 지배받지를 않는 물리적인 에너지이다.

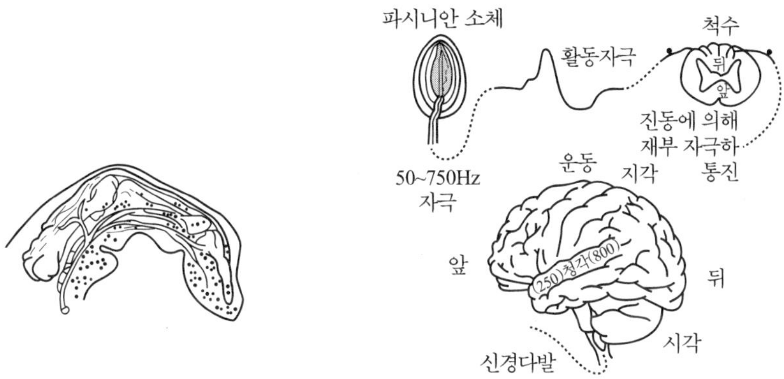

(a) 인간의 파시니아 소체 분포 (b) 수용기로부터 큰골까지 경로

[그림 3.8] **진동의 피해기관**

㉡ 생리적인 피해

진동 수용기에서 발생한 신호는 지각신경다발을 통해 큰골의 피질로 전달되기 앞서 신경다발의 가지가 뇌간망양체(腦幹網樣体)에 연결되어 있어 신호에 의해서 뇌간망양체를 흥분시키고 다시 큰골의 인식수준을 높이는 활동을 하는 뇌간망양체 활성계(braistem reticular activating system)가 있다.

수면중에 진동자극이 가해지면 눈을 뜰 때가 있는데 이것은 뇌간망양체 활성계가 진동에 의해 자극되기 때문이다. 일단 지각신경계를 상승시킨 신호는 구피질이나 신피질을 자극해 전달하는 경우와 자율신경을 제어하는 교감이나 부교감 신경의 상반된 작용에 의해 나타난다.

교감신경이 흥분되면 심장기능이 증대되어 혈압의 상승, 피부혈관의 수축, 소화기능의 억제, 호르몬 분비의 감소, 동공의 확대, 기관지의 확장 등의 변화를 일으킨다. 부교감신경이 흥분되면 교감신경의 흥분과 반대현상이 생기며 진동자극에 의한 악영향인 교감신경의 긴장감형태의 반응을 일으킨다.

몸 속의 반응은 진동자극 받는 생체조건에 따라 약간씩 차이가 있는데 고혈압이나 불면증 환자에게 큰 피해를 일으킨다.

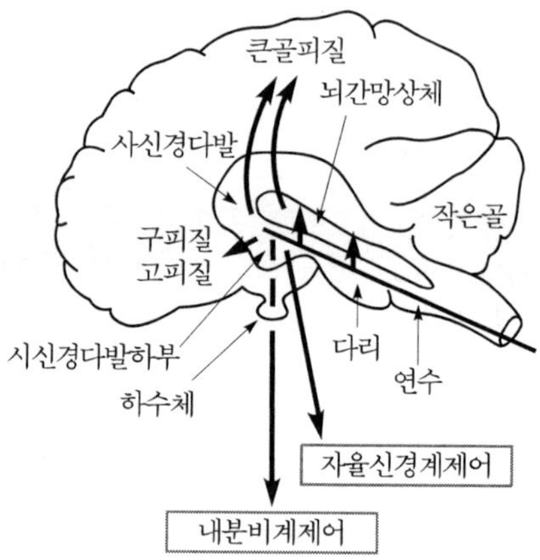

[그림 3.9] **큰골 속의 신호 흐름**

㉡ 심리적인 피해

ⓐ 가진기 : 각종 주파수와 진폭에 따른 진동을 발생시킨 장치가 가진기이며, 수직진동(vertical vibration)을 발생시킨다. 진동 주파수는 1Hz에서 100Hz 정도이며, 1Hz에서 2Hz의 주파수 영역에서는 인체 전체가 상하로 흔들리는 것을 알 수가 있지만 점점 주파수가 높아져서 4Hz에서 8Hz 정도가 되면 심장전체가 흔들리게 된다. 따라서 주파수가 높아지면 진동은 증가하나, 동일 주파수에서 진폭을 증가시키면 크게 진동을 느낄 수가 있어 진동은 주파수와 진폭에 지배된다.

ⓑ ISO의 **특성곡선** : 인간의 특성곡선을 ISO에서 규정했는데 이 곡선은 수직진동과 수평진동(horizontal vibration)에서 8시간 폭로시 허용한계를 나타냈다. ISO 특성곡선은 수직과 수평에서의 진동차가 있으며, 수직진동일 경우는 주파수범위가 4Hz에서 8Hz 범위일 때 가장 크게 느끼고 수평진동일 경우는 1Hz에서 2Hz 범위일 때이다. 대부분 주파수가 2.8Hz 이하에서는 수평진동쪽이 진동을 느끼기 쉬우나 2.8Hz보다 높은 주파수에서는 수직진동 쪽이 잘 감지된다. 그래서 수직진동의 4Hz에서 8Hz와 수평진동의 1Hz에서 2Hz의 진동이 동일한 크기로 느끼는 진동도는 3dB의 차이가 있으며, 8Hz보다 높은 고주파수 영역에서 수직과 수평 진동이 거의 같은 크기로 느껴지는 데는 9dB 차이가 있다(다음 그림 3.10 참조).

진동의 진폭을 점점 좁혀가면 인간은 결국 진동을 못 느끼게 된다. 전혀 진동을 느낄 수 없는 상태에서의 진폭값을 진동의 감각허용농도의 역치(허용한계값)라 하는데, 진동의 감각허용농도의 역치의 상한값은 ISO(국제표준화기구) 특성곡선에 의거해서, 수직진동은 4Hz에서 8Hz, 수평진동은 1Hz에서 2Hz에서 약 0.01m/sec^{2}이며, 진동도는 60dB이다.

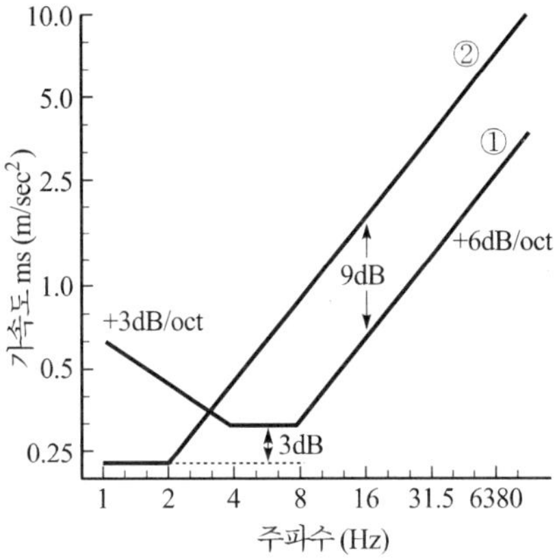

범례 : ①은 수직진동(1일 8시 작업허용한계값)
②은 수평진동(1일 작업허용한계값)

[그림 3.10] **수직 · 수평진동에 의한 인체응답 ISO곡선**

ⓒ **진동의 계속시간** : 진동의 감각은 폭로한 진동의 계속시간과 깊은 관계가 있다. 만일 충격성의 진동에 폭로될 경우에 생긴 진동세기에 따른 감각은 진동의 계속시간과 관계가 있으며, 충격 정현진동의 계속시간에 따라 진동세기의 감각량이 변한다. 주파수의 연속 정현진동의 진동기속도레벨을 VAL_0라고 하며, 계속시간은 2Hz에서 60Hz 범위에서 2초, 100Hz에서 200Hz 범위에서 0.8초이며 계속시간이 2초 이상이면 연속진동과 똑같은 크기로 느끼나 0.8초에서 2초 이하이면 진동감각량도 감소한다.

ⓓ **물리적인 피해** : 인체의 조직인 상피조직, 결합조직, 근육조직, 신경조직, 지지조직, 액상조직 등이 집합해있는 기관인 장, 위장, 간장 등과 기능계중심에서의 집합계통인 순환기계통, 호흡기계통, 신경계통 등에 피해를 일으킨다.

인체는 외부에서 오는 진동자극에 따라 물리적인 피해를 보는데 어떤 주파수의 진동을 감소시키거나 가해진 진동의 주파수가 인체의 특정한 부분의 고유진동수와 일치하면 진동을 증폭시켜 공진(共振)을 일으켜서 그 부분의 진동이 아주 높아지게 된다.

인체의 공진 주파수는 의자에 앉은 자세와 선 자세에서의 진동의 방향 등에 따라 다르나, 수직진동은 앉거나 선 위치에서의 인체 흉복부 공진이 4Hz에서 8Hz 범위에서 일어나며, 머리부와 눈에는 20Hz에서 30Hz 범위에서 공진이 일어난다. 공진에 의한 진동이 증폭되면 인체의 심리적이고 생리적인 악영향도 크게 증가된다. 인체는 진동특성에 따라 아주 민감하므로 진동에 따른 몸의 국소적인 증상이 경미함부터 죽음까지 피해증상을 나타낸다.

2. 진동건강영향 특성

(1) 생리적인 피해

외계로부터의 진동에 의해 자극을 받으면 인체에 각종 피해가 생긴다. 진동에 의한 생리적인 피해는 진동 수용기에 의해 발생한 활동전위가 생체 속의 반응계로 전달되어 일어나고, 물리적인 피해는 인체가 진동 전달계를 자극시켜서 진동이 직접 인체의 각 부위를 작용시켜 피해가 일어나도록 한다. 이렇게 해서 나타난 피해가 생리적인 피해의 결과인지 물리적인 피해의 결과인지를 확실히 구별한다는 것은 곤란하다. 그러나 이들의 피해결과로 인체에 나타난 생리적인 변화가 진동의 생리적인 악영향이다, 현재까지 알려진 진동피해는 높은 진동에 인체가 폭로시 생리적인 악영향으로 수면방해, 불안감 등이 생긴다. 인체에 유의(有意)적인 생리적 악영향을 나타낼 수 있는 진동도는 90dB 이상이며, 노동자 8시간 진동에 폭로시 ISO(국제표준화기구) 허용진동도 기준은 90dB이하이다. 90dB 이하의 진동이 진동공해가 되는 경우도 많은데 일반적으로 진동폭로로 교감신경계의 흥분에 따른 악영향이 생기게 된다.

수면은 인간의 정상적인 생리기능 중 하나이며, 진동공해나 지진에 의한 건물이 진동하여서 밤중에 잠을 깨는 일도 있다.

① 생리적인 피해

㉠ 뇌, 폐, 심장, 소화관, 간, 콩팥, 관절과 중추신경 등에 손상을 준다.

㉡ 혈압상승, 심장맥박수 증가, 심장박출량 감소 등의 순환기 계통에 악영향을 준다.

㉢ 호흡기 계통은 호흡수를 증가시킨다.

㉣ 산소의 소비량을 증가시키며, 에너지의 대사율을 증가시킨다.

㉤ 체온이 갑자기 상승된다.

㉥ 위장의 내압 증가와 운동억제, 장(腸) 등의 소화기계통에 악영향을 준다.

㉦ 교감신경의 흥분, 반사작용의 저하 및 소실, 수면방해 등의 신경계통에 악영향을 준다.

ⓞ 안구압력의 상승, 눈조절력의 감퇴, 내이의 왜축성·퇴행성 변화 등에 대한 감각기 계통에 악영향을 준다.

ⓩ 혈청의 칼륨증가, 칼슘증가와 나트륨 증가, 호산구(好酸救)증가와 감소 등의 혈청계통에 악영향을 준다.

〈표 3.2〉 **진도와 진동도의 특성**

구분	0도(무감)	1도(미진)	2도(경진)	3도(약진)	4도(중진)	5도(강진)	6도(열진)	7도(격진)
가속도 (m/sec^2)	0.8	0.8~2.5	2.5~8.0	8~25	25~80	90~250	250~400	400 이상
진동도 (dB)	55이하	55~65	65~75	75~85	85~95	95~105	105~110	110 이상

② 정서적인 방해

인간의 수면은 non-REM 수면과 REM수면이 있다. 수면깊이(sleep stage)는 1도~4도까지이고, 1도가 가장 얕은 잠이고, 2도는 중간 정도의 잠이고, 3도는 깊은 잠이며 4도는 숙면이다. non-REM 수면은 뇌의 수면이자 신경계통이 휴양하는 시기이다.

REM(Rapid Eye Movement)수면은 아주 특이한 수면으로 약 2시간마다 1회씩 약 20분동안 계속한다. 새벽녘이 되면 수면 계속 시간이 약간 길어지며, 수면방해의 발생빈도가 많아진다.

수면깊이는 뇌파(EEG)기능에 의해 판정하나 REM수면은 급속한 안구(眼球) 운동(EOG)과 근전도(EMG)의 낮은 전위도를 수면깊이 1도라고 한다. REM 수면은 근육의 수면을 말하며, 근육이 휴양을 취하는 시기이다. REM 수면시기는 꿈을 꾸고 있는 일이 많지만 안면깊이 기호를 W로 나타내며, 진동폭로에 의한 수면방해도이다. 그리고 REM 수면은 안면깊이 2도와 3도의 중간정도인 2.5에서 악영향을 받으며, 지표의 진동레벨이 55dB 되어도 수면에 미치는 피해는 없으나, 60dB에서 64dB일 경우는 옅은 잠에서, 69dB 이상은 깊은 잠에서, 피해가 나타난다.

(2) 심리적인 피해

인간이 진동에 폭로되면 진동수용기에 의해서 진동을 감지하는 피해 외에도 전등·창문·수족관물 등이 흔들리는 시각적·청각적인 감지로도 알 수가 있게 된다. 진동은 감각, 시각, 청각에 의해 진동이 감지됨으로서 불쾌감(unpleasant), 불평(annoyance), 참기어려움(intolerable)등 여러 가지의 감정이 생겨 이들이 진동에 대한 불만으로 된다.

진동의 심리적인 피해는 충격적인 진동감각(vibration sensation)이다. 특히 순수한 진동에 의해 생긴 악영향은 주로 공장진동, 도로교통진동, 고속전철진동 등이다. 이들 진동이 평소보다 5dB정도로 높아지면 불평호소는 10% 정도가 더 증가된다.

인간의 심리적 악영향을 줄 수 있는 진동도는 60dB에서 약간 느낄 수 있다는 호소율이 50% 정도이나 아주 심하다는 호소율이 20% 정도이어서 일반적으로 70dB 이상일 때 심각한 피해가 나타난다.

도로교통 진동진정건수는 수면방해(55%)가 제일 많고, 그 다음이 정신적 피해(25%)와 건물 균열(20%), 신체적 장해, 영업방해, 휴식방해, 공부방해 등이다. 특히 진동은 인간의 가장 기본적인 생리기능의 방해, 정서장해, 재산피해 등을 일으킨다. 또한 선박, 비행기 등 탑승 교통기관의 진동이 70dB에서 100dB 정도가 되면 승객이 구토 등 차멀미를 일으킨다. 그래서 배를 타면 언제나 차멀미가 생긴다는 심리적인 선입감을 갖게 된다. 또한 진동피해는 지역, 연령과 이해관계 등에 크게 지배를 받는다.

(3) 경제적인 피해

① 구조물의 피해

진동 발생원으로부터 생긴 진동은 땅바닥을 전파하여 건물 등의 구조물에게 피해를 일으킨다. 이때 지표면과 건물의 실태는 동일한 진동이 아니라 건물 등의 진동특성에 따른 악영향을 주기 때문에 주파수에 의한 증폭과 감소가 생겨 일반적으로 −1dB에서 +8dB 정도이다.

진동도가 70dB을 초과하면 문지방이 비틀리거나 건물붕괴와 논바닥이 갈리지는 등의 재산상 피해가 발생된다. 특히 지진(地震)에 의한 건물 붕괴 등 피해는 85dB 이상일 때에 큰 재산상 피해가 일어난다.

② 작업능률 저하

인체에 진동이 작용하면 작업하기가 어렵게 되거나 작업시간이 더 오래 소요되어도 불량품이 크게 증가된다. 진동에 의한 작업 능률피해는 눈을 사용한 작업일 경우에 시력의 저하, 작업시간 연장, 초점 맞추기의 곤란, 근육운동의 방해, 대화의 방해, 복잡한 작업의 정확도가 떨어져서 불량품의 발생률이 증대된다. 일반적으로 진동에 따른 피해는 기계적인 악영향과 생리적인 악영향으로 일어날 수가 있기 때문에 항상 진동공해를 일으킬 수 있는 진동발생원이 없도록 유념해야 한다.

[그림 3.11] 지진을 고려한 건축물

제4장

소음 · 진동의 평가

4.1 소음평가

1. 소음건강영향평가

(1) 소음평가

소음에 의한 여러 가지 악영향이 있지만 이를 좀더 과학적으로 평가하기 위해서는 소음 그 자체의 평가도 중요하나 그 각각에 대한 소음평가량이 검토되어야 한다.

소음평가는 소음도를 측정해서 분석이 이루어지며, 소음도가 높아질수록 피해도는 증가해져서 민원발생률이 증가된다. 민원내용은 심리적인 방해나 청취방해가 가장 낮은 소음도에서 나타내고 있다. 정서적 방해나 수면방해, 특히 정신적 방해나 신체적 방해의 순서대로 불평률이 높게 된다.

소음평가는 높은 소음도에서 TV(Television) 청취방해의 반응률이 다른 불평호소 반응보다 아주 많다. 위의 소화기능 저하시키는데 소음에 대한 물리적인 특성과 주민의 피해도는 소음도와 피해반응(dose-response) 상관도로 나타낸다.

소음기준은 사용목적이나 사용방법에 따라 약간씩 차이가 있다. 원하는 정온한 환경유지 위한 소음기준은 목표값(goal)과 지침값(guide)이 있으며, 기술적 · 행정적 · 경제적인 관점에서 결정되는 표준값(standard)도 있다. 규제값이나 배출허용값은 모두 standard이며, criteria(권장값)는 판정기준을 의미하는 공적인 허용값이다.

① **등가소음도**(Leq : Energy equivalent sound level)

우리 생활주변에서 발생된 각종 소음도를 평가하는 방법으로 과거는 NRN(소음평가지수)이었으나 우리나라의 소음・진동관리법의 소음배출 허용기준이나 환경정책 기본법의 소음환경기준은 등가소음도(L_{eq})이다. L_{eq}는 소음 에너지를 시간적 변화에 따른 평균한 소음값을 상용대수(logarithm)변환시킨 등가 소음도이다.

$$L_{eq}[\mathrm{dB(A)}] = 10\left\{\log\left(\frac{1}{T}\int_{t_2}^{t_2} 10^{L_{i/10}}\,dt\right)\right\}$$
$$= 10\left\{\log\left(\sum_{i=1}^{n} f_i \cdot 10^{L_{i/10}}\right)\right\} \quad \cdots\cdots\cdots\cdots (4-1)$$

여기서, T는 시간 지속소음, L_i는 i번째의 소음값, f_i는 일정한 소음값이고, n은 소음값의 수이다.

② **소음평가지수**(NRN : Noise Rating Number)

고정・이동 발생원으로부터 발생된 소음은 1/1 octave band(62.5Hz, 125Hz, 250Hz, 500Hz, 1000Hz, 2000Hz, 4000Hz, 8000Hz)별로 분석한 음압도(SPL)을 NR chart 위에 작성한다. 이 중에서 가장 높은 NR곡선과 접한 소음도가 NR값으로 된다. 이 NR값은 소음의 spectra, peak factor, 반복성・습관성・계절별・시간대・지역별 등을 보정한 소음도가 NRN이 된다(〈표 4.1〉 참조).

소음피해에 대한 주민들의 반응은 NRN으로 40 이하면 무반응이고, NRN이 40에서 50 범위이면 산발적인 반응을 나타내다가 NRN이 45에서 55 범위일 때에 광범위하게 반응이 나타내다가 NRN이 50에서 65이면 지역적으로 민원이 생긴다. 특히 NRN이 65 이상되면 강력한 반대시위가 일어난다. 일반적으로 침실・병원・스튜디오・극장・교회・도서실・강의실・회의실・사무실・음악연주홀이 NRN이 20에서 30이고, 상점・백화점・음식점이 NRN이 30에서 40, 지적작업이 요구되는 제도실・컴퓨터실・디자인실・집필실이 NRN이 40, 체육관・대형음식점이 NRN이 40에서 50dB, 작업장이 NRN이 60에서 70 범위이다.

〈표 4.1〉 NR 보정값

구분	조건	보정값
spectra	순음	+5
	복합음	0

peak factor	충격음	+5
	비충격음	0
반복성	연속시	0
	매시간 10~16회	-5
	매시간 1~10회	-10
	매일 4~20회	-15
	매일 1~4회	-20
	1회	-25
습관성	습관없음	0
	약간 습관성	-5
	거의 습관성	-10
시간대	야간대	+5
	주간대	-5
계절별	여름	0
	겨울	-5
지역별	조용한 교회	+5
	교외 지역	0
	주택지역	-5
	공장근처 시가지역	-10
	중공업지역	-15

③ **회화방해값**(SIL : Speech Interference Level)

소음도를 3개의 대역(600Hz에서 1200Hz, 1200Hz에서 2400Hz와 2400Hz에서 4800Hz)로 분석한 음압값(SPL : Sound Pressure Level)은 산술 평균하여 SIL을 구한다. 또한 회화방해값(PSIL : Preferred Speech Interference Level)은 소음을 1/1 octave band별 분석한 중심주파수 3개 500Hz, 1kHz, 2kHz의 음압도를 산술평균하면 PSIL로 된다.

④ **소음권장값**(NC : Noise Criteria)

소음을 1/1 octave band로 분석한 자료에 의해서 실내 소음을 평가하게 되는데, 예를 들어 NC-40이라면 실내 소음이 각 대역별(20Hz에서 75Hz, 75Hz에서 150Hz, 150Hz에서 300Hz, 300Hz에서 600Hz, 600Hz에서 1200Hz, 1200Hz에서 2400Hz, 2400Hz에서 4800Hz와 4800Hz에서 9600Hz) 1/1 octave 대역의 SPL이 NC-40 곡선보다 전부 이하인 실내 소음 권장값이다. 그리고 PNC(preferred noise creteria)

는 NC곡선중에서 저주파수를 더 낮은 값으로 수정해서 산출된 소음권장값이다.

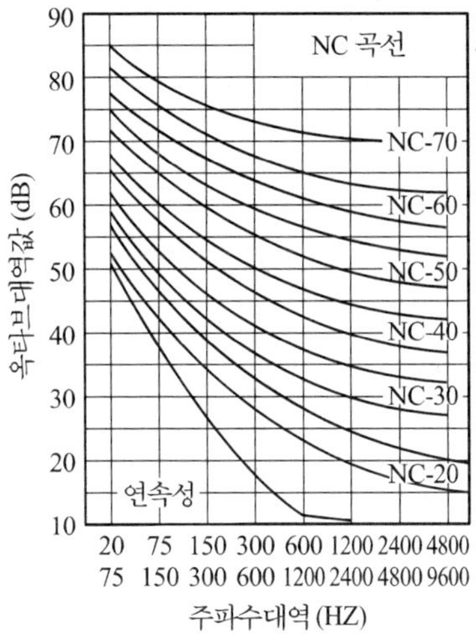

[그림 4.1] **NC 곡선**

⑤ **소음통계값**(L_N : Percentage noise level)

L_N은 총 소음 측정시간 중 10%, 50%, 90%를 초과하는 소음도를 각각 L_{10}, L_{50}, L_{90} 기호로 나타낸다. L_{50}은 총 측정시간이 5시간이었을 때에 50%의 2.5시간을 초과했을 때의 소음도이다. 일반적으로 소음통계값의 순서는 $L_{10} > L_{50} > L_{90}$이다.

⑥ **밤・낮 평균소음도**(L_{dn} : day−night average sound level)

하루 중 각 시간마다 24개 등가소음도(L_{eq})를 측정해서 밤 22 : 00시에서 다음날 오전 7 : 00의 각 시간마다 측정값에 10dB의 소음도를 더해 PWL의 평균 dB 합산한 값이다.

⑦ **소음공해값**(L_{NP} : Noise pollution level)

소음이 주로 변동소음에 대한 에너지의 등가소음도와 소음통계값을 고려해서 산출한다.

$$L_{NP}[\mathrm{dB(NP)}] = L_{eq} + (L_{10} - L_{90})$$

$$= L_{50} + \frac{(L_{10} - L_{90})^2}{60} \qquad \cdots\cdots\cdots (4\text{-}2)$$

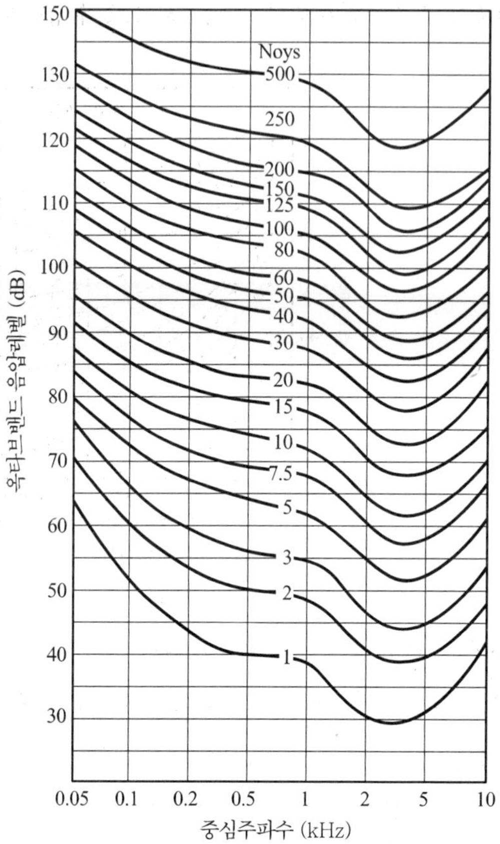

[그림 4.2] **중심주파수별 SPL의 Noy값**

⑧ 감각소음도(PNL : Perceived Noise Level)

소음이 지속시간 0.5sec 이내 간격으로 발생되는데 이를 1/1대역과 1/3 octave 대역별로 분석해서 각 주파수대역별로 SPL을 구해 이를 Noy값으로 상기 [그림 4.2]에 의거해 판독한 후 다음 [식 4-3]과 [식 4-4]에 의하여 PNL 구한다.

$$Nt = K_1\left(\sum_{i=1}^{n} N_i\right) + K_2(N_{\max}) \quad \cdots\cdots\cdots (4-3)$$

$$PNL[PN\text{-dB}] = 33.3(\log Nt) + 40 \quad \cdots\cdots\cdots (4-4)$$

$$PNL = \text{dB}(A) = +13 \quad \cdots\cdots\cdots (4-4a)$$

$$PNL = \text{dB}(C) + 7 \quad \cdots\cdots\cdots (4-4b)$$

여기서, K_1, K_2는 octave band 분석값은 각각 0.3, 0.7이며, 1/3, octave band 분석값은 0.15, 0,85이고, N_i은 각 대역별 Noy값이며, $N_{\max}$는 각 대역별 최대 Noy값이다.

⑨ 효과적인 감각소음도(EPNL : Effective Perceived Noise Level)

국제민간항공기구(ICAO)가 항공기소음 평가값으로 개발했으며, 주로 공항의 항공기소음 증명시 사용된다. ICAO와 일본에서 항공기소음영향평가할 때 이용되는 WECPNL(Weighted Equivalent Continuous Perceived Noise Level)도 있다.

$$EPNL = 10\left[\log\left\{\sum_{i=1}^{n}\left(\frac{TPNL_i}{10}\right)\right\}\right] - 10\,[EPN - \text{dB}]$$

$$= PNL_{\max} + D + F \qquad \cdots\cdots\cdots (4\text{-}5)$$

$$D = 10\left\{\log\left(\frac{\Delta t}{20}\right)\right\}$$

$$WECPNL = \overline{EPNL} + 10\{\log(N_1 + 3N_2 + 10N_3)\} - 39.4 \qquad \cdots\cdots\cdots (4\text{-}6)$$

$$WECPNL = \overline{\text{dB}(A)} + 10\{\log(N_1 + 3N_2 + 10N_3)\} - 27 \qquad \cdots\cdots\cdots (4\text{-}7)$$

여기서, $TPNL_i$는 소음지속은 0.5sec마다 보정해 산정한 PNL값이고 $PNL_{\max}$는 1일중 항공기통과시 PNL중에서 가장 높은 PNL값이다. Δt는 $PNL_{\max}$보다 10 PNL 적은 범위에서의 지속시간(sec)이고 F는 3, $\overline{\text{dB}(A)}$는 1일중 각 항공기 통과시 소음 peak의 power 평균값이다. 그리고 N_1은 오전 7 : 00시에서 19 : 00시까지의 항공기 이착륙대수, N_2는 오후 17 : 00시에서 22 : 00시까지의 항공기 이착륙대수와 N_3는 오후 22 : 00시에서 다음날 오전 7 : 00시까지의 항공기 이착륙대수이다.

2. 소음평가방법

(1) 소음평가지수

① 교통소음지수(TNI : Traffic Noise Index)

도로상의 교통소음을 평가하는 데 이용되는 지수이며, TNI가 74 이상일 경우에 도로변 주거 주민들의 50% 이상이 교통소음에 대한 불평을 갖게 된다.

$$TNI[\text{dB}] = 4(L_{10} - L_{90}) + L_{90} - 30 \qquad \cdots\cdots\cdots (4\text{-}8)$$

② 소음수지수(NNI : Noise and Number Index)

주로 영국에서 항공기소음을 평가하는 데 이용되는 지수이다.

$$NNI = \overline{PNI} + 15(\log n) - 80 \qquad \cdots\cdots\cdots (4\text{-}9)$$

여기서, $\overline{PNL}$은 1일중 총항공기 통과시 PNL의 평균값이고 n는 1일중 총항공기 이착륙횟수이다.

③ 등소음도지수(SI : Equal loudness index)

S.Steven박사가 제안한 sone척도에 의해 복합음을 1/1 octave 대역이나 1/3 octave대역폭 분석기에 의한 주파수분석을 하여 대역별 SPL을 소음도지수(SI)라고 한다.

㉠ 1/1 octave대역일 경우

$$SI = S_m + 0.3\left\{\sum_{i=1}^{n}(S_i - S_m)\right\} \qquad \cdots\cdots\ (4-10)$$

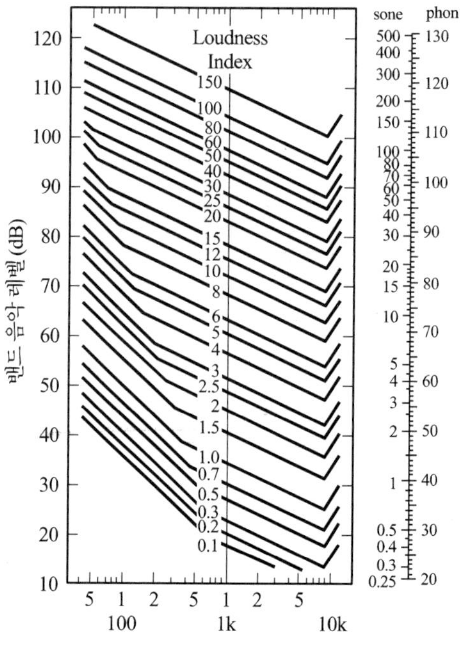

[그림 4.3] 등소음도지수곡선

㉡ 1/3 octave대역일 경우

$$SI = S_m + 0.15\left\{\sum_{i=1}^{n}(S_i - S_m)\right\} \qquad \cdots\cdots\ (4-11)$$

여기서, S_i은 i번째의 대역별 sone값이고 S_m은 각 대역의 sone값 중 최대값이다.

4.2 진동의 평가

1. 진동건강영향평가

(1) 진동평가

최근 공장진동으로 주변에 위치한 민가와 주민들에게 주는 물적피해도는 주택의 벽체 균열과 공장기계의 정밀도 저하 등이다. 특히 진동도가 90dB(V) 이상의 대형프레스와 절단기, 단조기, 송풍기, 압축기 등이 있으면 피해 정도가 심각해서 방진대책을 수립해야 한다.

① 등감도곡선(Equal sensation control)

인간이 진동에 폭로되면 자극에 따라 진동을 느껴 식별하며, 그리고 자극에 의한 진동의 물리량은 감각량이다. 인간의 감각은 전혀 느낄 수 없음, 조금 느낄 수 있음, 느낄 수 있음, 강한 느낌 있음, 아주 강한 느낌 있음의 심리적 단계를 5가지로 구분된다. 진동의 물리량이 감각량과 연결시켜서 동일한 진동감각량으로 작성한 것이 등감도곡선이다.

큰골 피질의 중추(中樞)로 느껴서 진동감각으로 나타낸 감정은 쾌감, 불쾌감, 심한 불쾌감, 참기 어려운 불쾌감 등의 척도에 따른 곡선이다. 이 곡선은 인체의 물리적인 응답 척도이며, 손상을 주는 한계나 고통을 일으키는 한계로서 구해진 평가법이다. 진동의 생리적인 악영향도 평가는 생리적인 응답이 지배적이며 특이성없는 반응과 적은 소음공해를 대상으로 한 저소음도에 따른 생리적인 악영향이 정확하지 않다는 이유로 더 이상 확립되지 않고 있다.

② ISO의 평가법

ISO(국제표준화기구)는 지금까지 축적된 수많은 연구결과를 기초로 하여 1974년 전신 진동폭로시 평가에 관한 지침을 규정해 ISO 2631로 등록했다. 이 지침은 통일된 측정이나 평가를 실시했기 때문에 공식적인 자료이용도 가능하다. 1985년 개정된 ISO 2631은 제1부에서 일반적인 필요조건, 제2부에서 건물의 진동평가, 제3부에서 0.1Hz에서 0.63Hz의 전신 수직진동폭로시 평가와 제4부에서 선박의 진동에 따른 승무원 폭로시 평가를 규정하고 있다. ISO평가는 항공용·육상용·수상용의 수하물과 공업·농업용의 기계류에 대한 진동이 인간의 쾌적성이나 작업능률에 미치는 악영향을 평가하는데 시간허용값(threshold value)으로 규정되었으며, 주로 전신진동이 대상으로 되고 있다.

㉠ 적용범위

진동의 주파수범위는 1Hz에서 80Hz이며, 이 주파수 범위 내에서 주기적으로나 랜덤·비주기적인 진동평가에 적용되었다. 잠정적으로는 연속충격형인 진동평가에도 적용된다. 특히 실험적평가는 0.63Hz에서 1Hz의 저주파수의 진동에 적용되며, 1Hz 이하의 주파수범위인 0.1Hz에서 0.63Hz는 동요 질병법(motion sickness)과 관련한 특수 진동공해로 제1부는 평가이며, 그리고 제3부는 평가법으로 80Hz 이상의 주파수는 진동의 방향이나 위치, 진동이 인체에 작용하는 부분 등이 국소적인 인자와 피부나 몸의 표피, 의복, 외투 등에 의해 진동을 감소시킨다고 했다. 진동감각에 악영향을 주는 진동주파수범위는 1Hz～90Hz이다.

㉡ 진동의 방향과 양

진동은 심장(heart)을 위치한 원점으로 하여 직교좌표(orthogonal coordinate system)이며, 진동량은 가속도실효값(rms : m/sec^2)로 나타낸다.

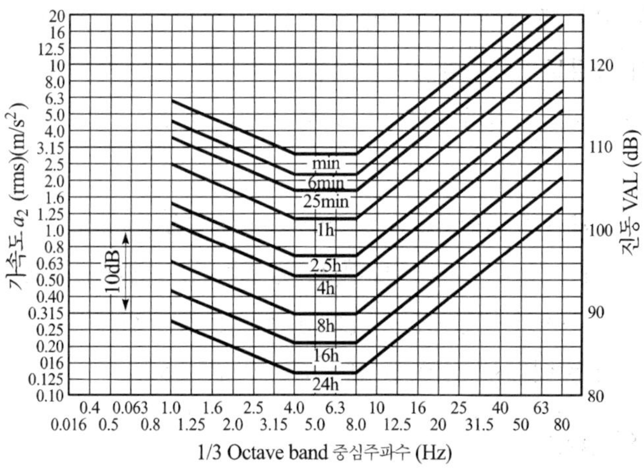

[그림 4.4] ISO규격에서 수직방향의 피로·능률감퇴경계(1)

진동도(VL : vibration level)은 다음 [식 4-12]로 구해진다.

$$VL = 20\log\left(\frac{a}{a_0}\right)[\text{dB}] \qquad \cdots\cdots (4-12)$$

여기서, a_0는 기준 진동가속도(10^{-5}m/sec^2)이고, a는 진동감각보정인 주파수보정한 진동가속도 실효값(rms : m/sec^2)이다.

그리고 진동감각 보정은 주파수보정이며, ISO 2631에 의해 규정된 [그림 4.5]

곡선으로 주파수응답에 의해 보정을 한다. a(진동가속도)에 주파수보정을 하지 않은 진동가속도 실효값을 이용한 경우가 진동가속도값(VAL : Vibration Accelation Level : dB)이다.

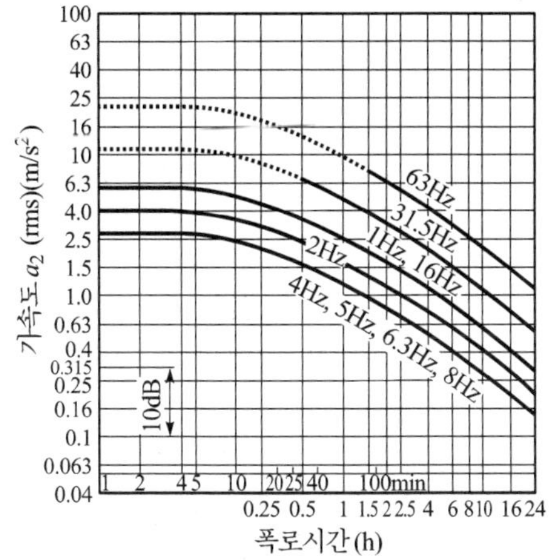

[그림 4.5] ISO규격에서 수직방향의 피로 · 능률감퇴경계(2)

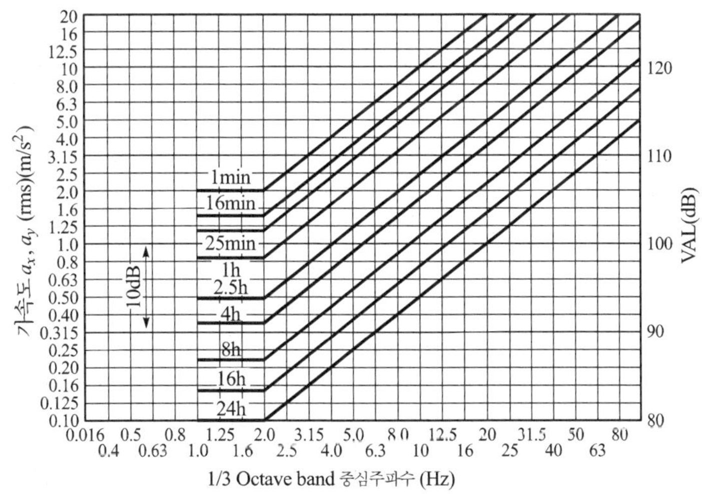

[그림 4.6] ISO규격에서 수평방향의 피로 · 능률감퇴경계(1)

③ 진동평가지침

진동이 인체에 미치는 악영향을 결정하는 물리적 인자는 진동의 세기(intersity), 주파수(frequency), 방향(direction), 지속시간(duration) 또는 폭로시간(exposure time)의 4가지 인자가 가장 중요하다.

진동 평가시 평가조건(criteria)은 작업능률유지(피로 · 능률감퇴경계), 건강이나 안전유지(폭로한계)와 쾌적성 유지(쾌적감퇴한계)이다.

㉠ **피로와 능률감퇴 경계**(Fatigue-degreased froficiency boundary) : 진동의 폭로가 피로나 능률감퇴경계를 넘으면 작업능률이 떨어질 위험이 높다. 그러므로 피로에 의한 인간의 기능이 저하된다.

㉡ **폭로한계**(Exposure limit) : 건강이나 안전의 유지는 피로나 능률감퇴한계를 우선으로 한 곡선과 동일한 진동레벨보다 6dB 높게 폭로한계를 정한다. 폭로한계는 진동폭로에 의해 생긴 시간허용기준값인 감각허용값(threshold value)의 약 50% 정도이다.

㉢ **쾌감감퇴경계**(Reduced comfort boundary) : 쾌적성 유지를 목적으로 하는 쾌감감퇴경계는 피로와 능률감퇴한계의 곡선과 똑같은 경우처럼 10dB 감소한 값이다.

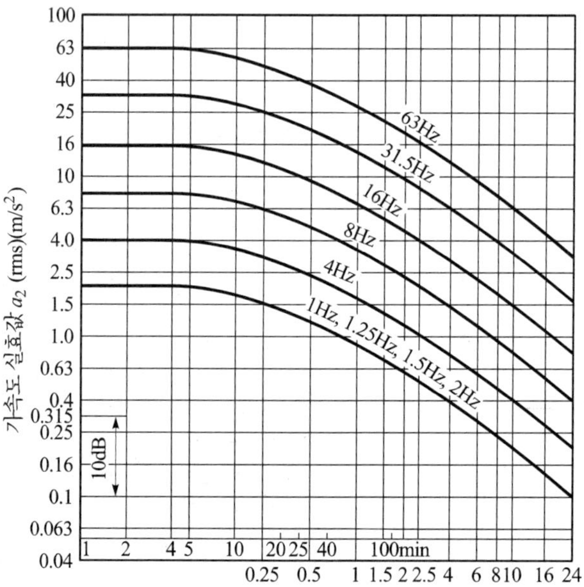

[그림 4.7] ISO규격에서 수평방향의 피로 · 능률감퇴경계(2)

2. 진동평가방법

(1) 진동평가

① **성분주파수** : 단일 진동은 상기 [그림 4.4]에서 [그림 4.6]까지를 적용해 진동가속도 실효값(rms)에 대응한 한계와 비교한다.

② **복합정현진동** : 각 단일성분진동의 가속도 실효값을 개별로 상기 [그림 4.7]과 비교

해 가장 짧은 폭로시간이 되는 성분에 주목하여 평가한다.

③ **1/3 octave 대역** : 1/3옥타브대역 이하의 좁은 대역의 random 진동은 주파수 대역의 가속도 실효값과 상기 그림의 그 대역의 중심 주파수 허용한계와 비교해 평가한다.

④ **넓은 대역 random 진동** : 1/3 octave 대역의 가속도 실효값은 그 중심 주파수에 대응한 한계와 비교해서 각각에 대해 평가한다.

⑤ **전체 하중 진동값**(Overal weighted vibration value) : 진동평가시 주파수분석을 하지않고 단일량으로 단순 측정할 때 1Hz~80Hz의 전체 진동신호를 하중회로를 통해 측정한다. 전체 하중 진동도(a_{xw}, a_{yw}, a_{zw})은 [그림 4.6] 4~8Hz에서 a_z를 구하고, [그림 4.4]와 [그림 4.5]의 1Hz~2Hz에서 $a_{x,} a_y$를 구한 한계값과 비교해 평가한다.

⑥ **진동의 방향** : 동시에 한 방향 이상의 진동이 존재할 때는 각 축마다 한계값과 비교해야 하지만 다음과 같은 vector합계로 구해서 평가할 수도 있다. 각 축방향의 총 하중 진동도($a_{xw,} a_{yw,} a_{zw}$)를 구하고 이 값으로 vector 총합계량(a : vector sum)를 산출한다.

$$a = \left\{(1.4a_{ux})^2 + (1.4a_{yw})^2 + (a_{zw})^2\right\}^{0.5} \qquad \cdots\cdots\cdots (4-13)$$

이때 복잡한 값 a는 z축상 [그림 4.4]와 [그림 4.6]의 4Hz에서 8Hz 한계값과 비교해 평가한다.

[식 4-13] 중 계수 1.4는 인간의 가장 느끼기 쉬운 주파수 범위에서 동일한 응답을 나타낸 수직방향과 수평방향의 진동의 비교값비이고, 1.4배를 데시벨(dB)로 나타내면 3dB 정도가 된다.

(2) 폭로시간평가

① 진동의 가속도실효값

진동에 폭로되면 폭로시간과 허용진동 가속도 실효값에서 진동가속도 실효값은 허용폭로시간이 감소하면 상승한다.

㉠ 폭로시간이 10분 미만일 경우

$$a_t = a_1 \qquad \cdots\cdots\cdots (4-14)$$

㉡ 폭로시간이 10분에서 480분(6시간) 범위일 경우

$$a_t = a_1 \times \left(\frac{t_0}{t_1}\right)^{0.5} \qquad \cdots\cdots (4-15)$$

여기서, a_1은 1분동안의 허용가속도실효값이고 t_0는 10분동안의 허용가속도실효값이며, a_t는 t분일대의 허용가속도실효값이다.

② **등가 총폭로시간**(Equivalent total exposure time : T')

진동도가 시간과 함께 변화하거나 어떤 폭로시간 t_i에서의 진동도 A_i가 성립하고 있을 때 임의 A_i 중에서 임의적인 진동레벨 A'를 택한다.

따라서 진동도가 일정한 간헐폭로시 1일 전체 폭로시간은 각각의 폭로시간을 합계하면서 구한다. A'레벨의 허용시간(τ' : permissible time)은 다음 [식 4-16]으로 할 수 있다.

$$t_i' = \frac{t_i \cdot \tau'}{\tau_i} \qquad \cdots\cdots (4-16)$$

상기 [식 4-16]에서 t_i'를 등가폭로시간이라 하며, 각 진동도 A_i의 폭로시간 t_i를 A' 진동도와 똑같다.

그리고 등가총폭로시간(T')은 다음 [식 4-17]로 구해진다.

$$T' = \Sigma t_i' = \Sigma\left(\frac{\tau' \cdot t_i}{\tau_i}\right) \qquad \cdots\cdots (4-17)$$

(3) 진동공해평가

진동공해에 대한 주민들의 불평내용은 "기분이 초조해지며, 건물이 흔들려서 불안하다"는 것이다. 그래서 불쾌감을 느끼며, 수면을 방해하는 등의 생활에 방해를 받는다. 아주 큰 진동발생원이 근접하고 있으면 벽, 타일(tile) 등에 균열이 가거나 문지방, 창문틀 등의 고장으로 재산적 피해를 일으킨다.

이러한 피해의 원인이 되는 진동을 평가한다면 인간의 진동감각허용기준값(threschold value)에 상당하는 낮은 진동도까지 모두가 대상으로 되나 진동을 평가하는데 기준을 정하기 위한 척도로 과거에는 진동속도(mm/sec)가 이용되었으나 최근에는 진동도로 dB(decibell)을 이용한다.

진동도는 ISO 2631의 측정평가법을 기초로 한 평가이며, 진동규제는 수직방향(Z방향)의 진동만을 규제의 대상으로 한 Vertical vibration level dB(V)로 배출허용 기준값을 규정하고 있다.

대개 지표진동은 수직진동쪽이 수평진동보다 큰 쪽이 많거나 진동공해 대상으로 되는 진동의 주파수대역에서 인체가 수직진동(dB(V))을 크게 느낄 수가 있다.

진동도측정시 pick up설치장소는 옥외의 지표를 원칙으로 한다. 그리고 고통호소 내용은 옥내에서의 피해이며, 건물 등은 지표진동을 증폭 하거나 감소 시켜서 복잡한 지표의 측정값을 만들어낸다.

진동도 단위는 계량법으로 규정하며, 진동도는 진동감각 보정을 실시한 수직진동의 가속도실효값을 dB(V)로 나타낸 값이다. 진동도 측정에 이용되는 계측기로서 '진동레벨메타'가 사용된다. 지표의 수직방향의 진동도에 의한 소음・진동관리법의 허용기준값은 설정되었지만 설정할 때 주간은 진동에 의한 건강장해는 물론이고 일상생활에도 지장을 주지 말아야 한다. 야간은 수면방해 등의 악영향이 없어야 한다는 것은 기본이며, 지역성과 시간영역을 고려해 기준값을 설정해야 한다.

(4) 진동가속도값과 진동도

[그림 4.8]은 진동가속도값과 진동도의 관계를 나타냈다. 이 그림은 ISO 2631의 Z방향(vertical direction)으로 나타냈으며, 가로축에는 주파수(Hz)와 세로축은 진동가속도(m/sec^2)를 [그림 4.8]처럼 4개 곡선으로 진동도(dB)을 나타냈다. 진동가속도가 $0.1m/sec^2$

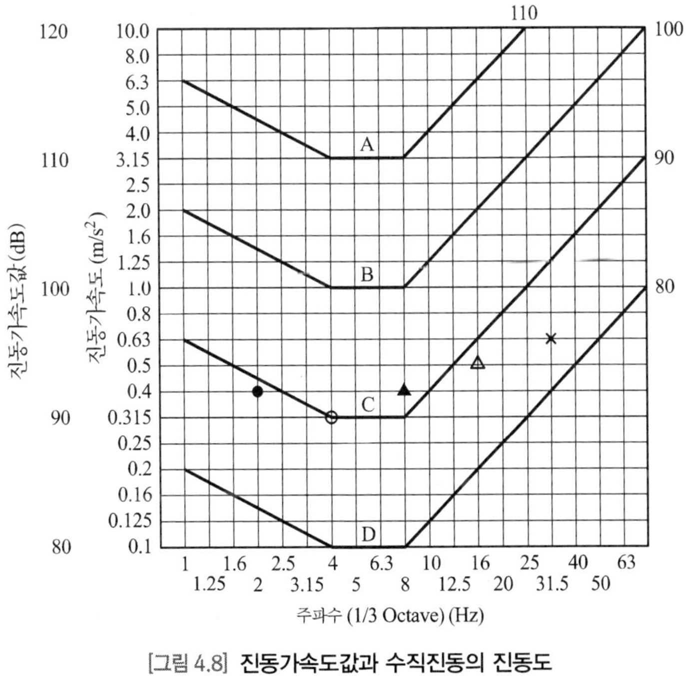

[그림 4.8] 진동가속도값과 수직진동의 진동도

이면 진동도는 80dB이며, 0.315m/sec^{2}이면 90dB, 1m/sec^{2}이면, 100m/sec^{2}이면 110dB이다.

A곡선위에 있는 진동도는 모두 110dB이며, B곡선위는 100dB이, C곡선위는 90dB, D곡선위는 80dB이 된다. 진동감각크기를 dB로 표시하며, 5종류 단일 주파수의 수직진동이 각각 2Hz가 0.4m/sec^2, 4Hz가 0.315m/sec^2, 8Hz가 0.4m/sec^2, 16Hz가 0.5m/sec^2, 31.5Hz가 0.63m/sec^{2}이며, 이들 진동의 가속도값(VAL)은 2Hz부터 순서대로 92dB, 90dB, 92dB, 94dB, 96dB이며, 31.5Hz일 때 96dB로서 제일 진동이 높다.

수평진동은 수직진동과 같이 진동가속도값과 진동도의 관계를 [그림 4.8]에서 알 수 있듯이 수평진동에 3dB을 보정해 진동계로 측정된다.

(5) ISO진동평가방법

ISO 2631에 의한 평가시 구체적인 방법과 KS(Korea Standard)규격의 진동계를 사용해 측정한 진동도에 의해 평가를 하는 구체적인 방법에 대해 알아본다.

① 수직진동일 경우

주파수 31.5Hz에서 진동가속도 실효값이 1.25m/sec^{2}일 경우 피로와 작업능률감퇴경계의 허용폭로시간을 구하려면 [그림 4.8]에서 세로축 상용대수(log)눈금 1.0과 1.6의 중간인 1.25로부터 수평선과 [그림 4.8]의 31.5Hz 곡선과의 곡선이 서로 만나는 점에서 수선을 그어 허용폭로시간을 8시간으로 한다.

이 진동일 경우에 진동도로 평가하려면 제일 먼저 진동가속도값을 계산해야 하는데, 1.25m/sec^{2}이라면 $20\log(1.25/10^{-5})$로 계산하면 102dB된다. 이 값에 주파수보정을 실시해야하는데 수직진동 보정값은 −12dB인 바 90dB이 된다. [그림 4.8]의 가로축에서 90dB이라면 가속도는 0.315m/sec^{2}에 해당된다. 이 가속도에서 수평선을 그어 4~8Hz의 곡선과의 교점(交点)에서 수선을 내려 만나는 점이 피로와 능률감퇴경계의 허용시간으로 8시간이 된다. 진동도로부터 ISO 그림을 사용해 평가할 경우는 수직진동, 수평진동이며, 특히 수직진동일 경우 4Hz~8Hz의 곡선을 비교해 평가한다.

② 주파수와 진동가속도 실효값

수직진동의 주파수와 진동 가속도 실효값(rms)이 각각 16Hz에서 0.4m/sec^2, 8Hz에서 0.315m/sec^{2}의 두 개 진동이 동시에 폭로할 경우는 각각 수직진동 경우처럼 평가한다. 16Hz에서 0.4m/sec^{2}는 16시간, 8Hz에서 0.315m/sec^{2}는 8시간이 되어,

짧은 쪽인 8시간이 피로와 능률감퇴경계의 허용시간이 된다.

③ 수직진동의 주파수가 4Hz에서 8Hz일 경우

8시간의 피로와 능률 감퇴경계는 0.315m/sec^{2}에서 진동도가 90dB이 되지만 8시간이 폭로경계는 진동가속도실효값(a)으로 되어서 0.63m/sec^{2}로 된다. 그리고 8시간의 쾌감 감퇴경계는 1/3로 되어 0.105m/sec^{2}로 된다. 8시간의 피로와 능률 감퇴경계가 진동도로 90dB가 될 경우에 폭로경계는 +6dB로 되어 96dB로 되며, 쾌감감퇴경계는 −10dB로 되므로 80dB이다.

④ 3방향의 진동이 동시에 폭로될 경우

각 X, Y, Z축 방향별로 평가를 하여서 가장 최단 허용폭로 시간이 이들 진동의 총합적인 허용폭로 시간으로 되지만 다음처럼 vector의 총합을 계산해 평가할 수가 있다. 수직진동(a_z)이 8Hz에서 0.315m/sec^2, 수평진동(a_x)이 4Hz에서 1m/sec^2, a_y가 16Hz에서 6.3m/sec^{2}이다. 먼저 이 세가지 진동의 주파수보정을 하고, 주파수별 보정값을 계산해 주면 수직진동의 8Hz는 0dB, 수평진동의 1~2Hz를 기준으로 할 때에 4Hz는 −6dB(약 0.5배), 16Hz는 −18dB(약 0.127배)이다. 따라서 a_{xw}는 약 0.5m/sec^2, a_{yw}는 0.315m/sec^{2}로 된다. 그리고 vector의 합계는 1.36m/sec^{2}이며, 수직진동의 8Hz는 0.315m/sec^{2}이기 때문에 진동가속도값은 90dB이고 그보정값은 0dB인 바 진동값은 90dB이다. 수평진동의 4Hz에서 1m/sec^{2}의 진동가속도값은 100dB이며, 보정값 −6dB을 빼면 94dB로 된다. 그리고 수평진동의 16Hz에서 6.3m/sec^{2}의 진동가속도값은 116dB이며, 보정값 −18dB을 고려하면 98dB로 되고, 다시 +3dB고려해 101dB로 된다.

진동도의 vector합계는 dB합 공식에 의해 $10\log(10^{90/10}+10^{97/10}+10^{101/10})$을 계산해서 102.5dB이 된다. vector의 합계 1.36m/sec^{2}의 102.5dB일 경우에 허용폭로시간을 구하는데는 [그림 4.8]에서 세로축의 1.36m/sec^2(1.0m/sec^{2}과 1.6m/sec^{2}의 중간취함)으로부터 수평선을 그어 4Hz~8Hz의 곡선과 만나는 점에서 수선을 아래로 그어서 약 0.5시간에서 1시간으로 하며, 진동도일 경우도 똑같이 수직진동의 평가도 그림에서 4Hz~8Hz의 한계값과 비교한다.

⑤ 등가계산

진동도가 시간과 함께 변화하거나 폭로시간과 진동도를 조합하여야 한다면 등가총폭로시간을 계산해서 평가를 실시해야 한다. 1일 5시간 수직진동에 폭로되면 이중 2시간은 90dB, 3시간은 83dB의 진동이 된다. 5시간의 폭로진동은 83dB의 진동에서 1일 시간폭로되고 있음과 동등하게 보아야 하는 것이 중요하다. 90dB의 진동에 2시간 폭로된다면 83dB의 진동에 몇 시간 폭로된 진동도와 동등하다고 보아야 하는가인데 이를 동등하게 환산하는 계산식은 다음 [식 4-18]과 같다.

$$t_i'[\mathrm{hr}] = \frac{\mathrm{t_i} \cdot \tau'}{\tau_\mathrm{i}} \qquad \cdots\cdots (4-18)$$

상기식에서 t_i가 a시간이어서 τ'는 환산하여 구하려는 목적의 진동도의 허용시간인 바 83dB의 허용시간이어서 상기 4-18식처럼 약 24시간으로 나누어 계산한다. τ'는 환산시킨 진동도의 허용시간에서 90dB로 8시간이다. 그러므로 $t_i' = 2 \times 24/8 = 6$ 시간이 된다. 90dB의 a시간 진동폭로는 8dB에서 6시간의 폭로와 동등한 환산값이 된다. 따라서 83dB의 폭로시간 3시간을 더해 8시간이 등가 총폭로시간(T')으로 된다. 이렇게 해서 얻은 등가총폭로 시간이 피로와 능률감퇴경계와 비교하여서 허용되는지 아닌지를 판단하는데 τ'/T'로 계산한다. 그러므로 24/9≒2.7인 바 1.0 보다 크기 때문에 허용된다.

⑥ 진동감각보정

주파수보정(f)을 하기 위한 보정값은 ISO의 그림으로부터 구해 활용한다. 수직진동도의 주파수보정값(C : dB)은 다음 〈표 4.2〉와 수평진동도는 〈표 4.3〉으로 구한다.

⑦ 등가진동도($Lveq$: equivalent vibration level)

진동도가 변동하면 그 양을 표시하는 기호로 L_{10}이나 L_{50} 등이 사용되나 최근 등가진동도가 된다. 등가진동도는 일정한 시간 내에 변동하는 진동도의 power 평균값이고 다음 [식 4-19]와 [식 4-20]으로 구할 수가 있다.

㉠ 실측시간 t_1에서 t_2 범위내의 진동속도는 실효값을 주파수보정한 후 다시 적분하여 t_2에서 t_1을 뺀 후 평균해 등가진동도로 한다.

$$Lveq[\mathrm{dB}] = 10\left[\log\left\{\frac{1}{t_2 - t_1}\int_{t_1}^{t_2}(a)dt\right\}\right] \qquad \cdots\cdots (4-19)$$

㉡ n개의 진동도값을 평균해서 등가진동도를 구한다.

$$Lveq[\mathrm{dB}] = 10\left[\log\frac{1}{n}\left\{\sum_{i=1}^{n}\left(10^{L_{i/10}}\right)\right\}\right] \qquad \cdots\cdots (4-20)$$

〈표 4.2〉 수직진동일 경우

주파수(f) 범위	주파보정(C)
$1 \leqq f < 4$	$C = 10\{\log(0.25/f)\}$
$4 \leqq f \leqq 8$	$C = 0$
$8 < f \leqq 90$	$C = 20\{\log(8/f)\}$

〈표 4.3〉 수평진동일 경우

주파수(f) 범위	진동레벨기준할 경우	수평진동이 1~2Hz 기준할 경우
$1 \leqq f \leqq 2$	$C = 3$	$C = 0$
$2 \leqq f \leqq 90$	$C = 20\{\log(2/f)\} + 3$	$C = 20\{\log(2/f)\}$

여기서, n는 어떤 시간과 똑같은 시간간격으로 sampling한 시료수이고, L_i는 i가 1에서 n인 진동도이다.

문제

어떤 작업장에서 근로생산자가 수직진동에 폭로되었다. 현장작업상황은 8시간 작업동안에 3시간은 85dB의 진동, 4시간은 80dB의 진동과 나머지 1시간은 75dB의 진동에 폭로되고 있었을 때 8시간의 등가폭로 진동도(L_{veq})를 구하시오

풀이

$$L_{veq} = 10\left[\log\left\{\left(\frac{1}{8}\right)\left(3 \times 10^{85/10} + 4 \times 10^{80/10} + 1 \times 10^{75/10}\right)\right\}\right] \fallingdotseq 82.4[\mathrm{dB}]$$

답 약 82.4dB

[그림 4.9] 공장의 소음과 진동

제2부

소음 · 진동 환경공학

제5장

소음방지공학

5.1 소음방지계획

1. 소음방지기술

(1) 소음방지기술이론

소음은 물체의 떨림이며, 기체가 급기와 배기, 폭발 등에서 생기는 고속의 소용돌이가 공기를 통해 전달되어 사람에게 불쾌한 느낌을 주는 원하지 않는 소리이다. 주로 기계, 기구 등의 사용으로 인해 발생하는 소리이다. 불쾌한 소음은 듣는 사람이 각종 주변 상황에 따라 주관적으로 판단한다. 그리고 정량적으로 명확히 정의하기는 불가능하지만 듣는 사람이 원하지 않은 소리나 바람직하지 않은 소리이다.

하지만 일반적으로 사람이 가지는 소음에 대한 선입감은 변동이 심한 소음, 오래 계속되는 소음, 지나치게 큰 소음, 심리적 요인에 의한 소음, 불쾌한 소음, 동물 등의 순음성 소음, 암소음보다 큰 소음, 경험이 없거나 적은 소음 등이라 할 수 있다.

소음발생원은 내부 소음발생원과 외부 소음발생원으로 구분된다. 내부 소음발생원은 챔바(chamber), 엘리베이터(elevator), 공조화 설비 등 건축설비 소음, 사무실 등의 음성, 전화, 사무기기 등의 소음, 공장 등의 각종 기계 및 작업소음, 보행, 운반, 문의 개폐에 따른 바닥, 벽의 충격소음 등이 있다. 외부 소음발생원으로는 자동차 등 교통기관의 주행음 및 경적음, 항공기 소음, 공장의 각종기계 및 장치에 의한 소음, 공사현장의 건설기계 및 작업에 의한 소음 등이 있다. 각종소음도 특성은 [그림 5.1]과 같다.

소음은 소음발생원에 따라 건설공사 소음, 항공기 소음, 도로, 교통 소음 등으로 분류할 수 있으며 소음의 시간 특성에 따라 정상소음, 충격소음, 간헐소음, 변동소음 등으로 구분된다. 정상 소음은 소음도의 변화가 비교적 낮은 소음이며, 간헐소음은 일정 시간 간격을 두고 발생하고 소음의 지속시간이 5초 이상인 소음이다. 그리고 변동소음은 소음도의 변화가 어느 정도의 범위에서 불규칙하게 변하고 연속적으로 발생하는 소음이다. 충격소음은 순간적으로 발생하는 충격적인 소음을 말한다.

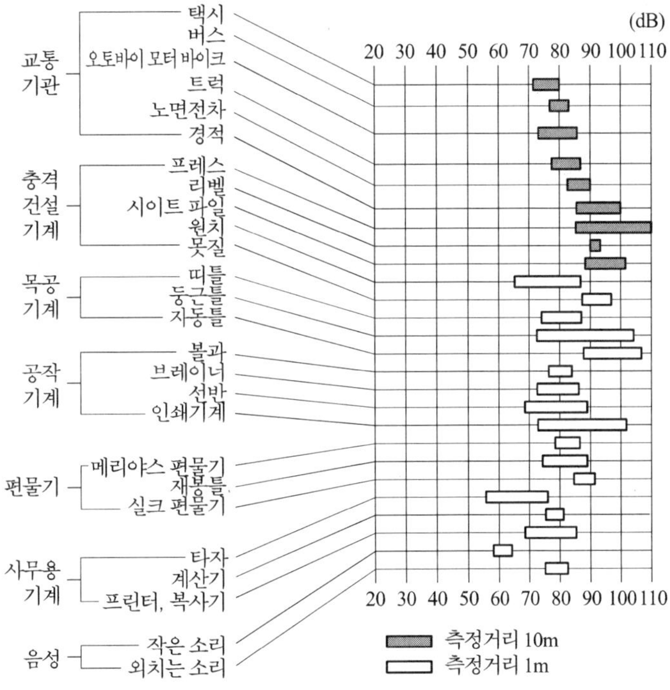

[그림 5.1] **각종 소음도**

① **주파수**(f : Frequency)

[그림 5.1]와 같은 파형의 소음이나 진동에서 파장(wave-lenght)은 마루와 마루 또는 골과 골 사이의 거리를 λ(m)로 표기하고, 주기(period)는 한 파장이 전파되는 데 소요되는 시간으로 t(초)로 표기한다. 주파수(frequency)는 소음의 경우에 공기 중 임의의 한 점을, 진동의 경우는 지반 중에서 임의의 한 점을 파동의 마루나 골이 1초 동안 통과한 수 또는 1초 동안 cycle수로 f(Hz)라 표기한다. 소음 전파속도는 1초 동안에 소음・진동의 파장이 전파한 거리로 C(m/sec)라 표기할 때, 이들 상호간에는 파장(λ)=(전파속도(C)/주파수(f))이고, 주기=(1/주파수)의 관계가

성립한다.

소음・진동의 세기는 0점에서 파동의 꼭대기(peak)까지의 높이이며, 이 높이를 소음에서는 음압진폭이라 하고, 진동에서는 가속도 진폭이라고 한다. 이 진폭의 크기에 따라 소음・진동의 크기가 정해진다. 20℃의 공기 중 음속은 344m/sec이며, 대기에서의 온도(T℃)별 음속 계산식은 다음 [식 5-1]과 같다.

$$C = [\mathrm{m/sec}] = 331.5 + 0.61\,T \qquad (5-1)$$

[그림 5.2] **소음과 음악**

② 등청감곡선

소음의 물리적 강약은 음압에 따라 변화하지만, 사람이 듣는 소음의 감각적인 강약은 음압뿐만 아니라 소음의 주파수에 따라 변한다. Fletcher-Munson박사팀은 20세 이하의 청년을 대상해 얻은 평균값인 등청감곡선은 같은 크기로 느껴지는 순음을 주파수별로 그린 그림이 [그림 5.3]이며, 가운데 점선으로 둘러 쌓인 부분은 보통 회화에서 사용되는 주파수를 나타낸 것이다. 소음도는 임의의 음압이나 가속도 실효값(진폭은 $\sqrt{2}$로 나눈 값)을 비교단위인 데시벨(decibel : dB)로 나타낸 양이다. 이와 같은 단위가 사용되는데는 사람의 감각이 외부의 음압이나 가속도의 자극을 상용대수척도에 비례(Weber & Fechner 법칙)하기 때문에 다음 [식 5-2]이 성립된다.

소음도[dB]
=20×log[음압 또는 가속도의 실효값/기준값] ……… (5-2)

여기서, 기준값은 소음의 경우 20대의 건강한 사람이 가청할 수 있는 1kHz 소음의 최저 SPL실효값이 2×10^{-9} N/m^{2}이고, 진동의 경우 4Hz에서 8Hz의 상하 진동시 기준가속도 실효값은 10^{-5}m/sec^{2}이다.

[그림 5.3]에서 1000Hz순음의 음압도 20dB는 20phon으로 느끼나 100Hz 순음의 음압값 20dB는 귀로 들을 수 없으며, 그 음압도가 30dB일 때 20phon으로 느낀다. 주파수의 범위는 20Hz에서 20000Hz의 음압도 0dB에서 130dB정도를 가청할 수 있고 130dB 이상이 되면 통증을 느끼게 된다. 건강한 20세 전후의 남녀인 경우

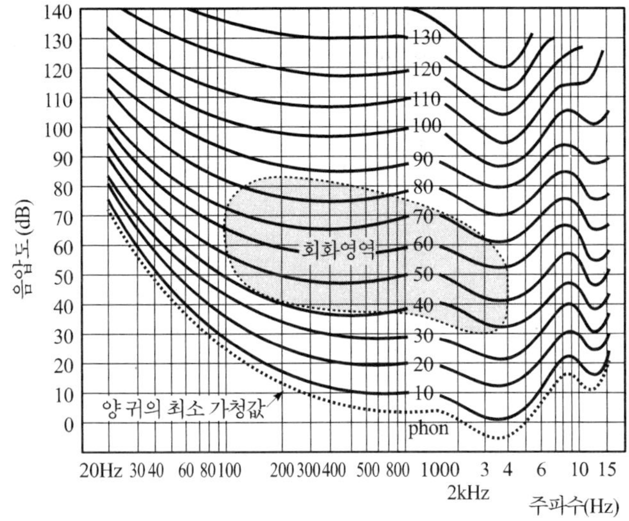

[그림 5.3] **등청감 곡선(equal loudness level curve)**

16Hz에서 2000Hz 주파수의 공기진동을 느낄 수 있다. 청감은 4000Hz 주위의 주파수에서 가장 예민하며, 100Hz 이하의 저주파 음역에서는 급속히 청감이 나빠진다. 1000Hz에서 40dB인 소음세기량을 40phons이며, 이를 1(sone)이라고 한다.

③ **청감보정회로**(Weighting network)

청감보정회로는 사람이 느끼는 청감과 비슷한 모양으로 측정신호를 변화시킨 장치이며, 저주파 소음에너지에 A특성 회로가 많이 이용되며 A특성 회로의 소음세기값 (dB(A))을 소음진동관리법에서 배출허용 기준값으로 채택했다.

임의의 소음이 발생하고 있을 때 그 소음의 감각적인 세기 레벨을 측정한다는 것은 쉬운 일이 아니다. 그러나 등감곡선에 가까운 보정회로를 사용한 소음계로서 측정하면 비슷하게 소리의 감각적인 크기를 알 수가 있게 된다. 일반적으로 소음계는 40, 70, 85[phon]의 등감곡선에 유사한 감도를 순서대로 A, B, C 청감보정 회로라 하며 A특성, B특성, C특성이 있다. 소음측정은 원칙적으로 A특성을 사용하도록 되어 있다. 청감보정 회로의 상대응답처럼 청감보정 특성 A와 최소가정값과 소음세기, 소음도의 형을 1000Hz와 일치하도록 했다. A특성에 의한 소음도와 일반적인 소음세기값은 반드시 일치하지는 않는다. [그림 5.4]에서 D곡선은 충격음을 측정할 때 사용되는 표이다. 우리 귀의 감각량과 아주 가까운 특성은 A특성이며 소음·진동관리법에서 채택되고 있다.

〈표 5.1〉 Robinson-Dadson의 청감곡선 계수

주파수(c/sec)	A	B	C	최소가청 SPL(dB)
20	-272.2	3.669	-0.00927	+74.3
50	-73.0	2.021	-0.00407	+41.7
70	-49.1	1.723	-0.00305	+32.9
100	-33.5	1.570	-0.00269	+25.1
200	-14.7	1.404	-0.00242	+13.8
300	-8.1	1.325	-0.00218	+9.4
500	-3.0	1.205	-0.00151	+6.0
700	0	1.109	-0.00081	+4.7
1000		1	0	+4.2
2000	+3.3	0.924	+0.00100	+1.0
3000	+6.9	0.937	+0.00120	-2.9
5000	+5.3	0.973	+0.00059	-1.1
6000	-0.5	1.011	+0.00014	+4.6
8000	-13.3	1.159	-0.00089	+15.3
10000	-16.8	1.314	-0.00203	+16.4
12000	-12.7	1.450	-0.00352	+12.0
14000	-22.7	1.777	-0.00591	+16.0
15000	-43.	2.146	-0.06772	+24.1

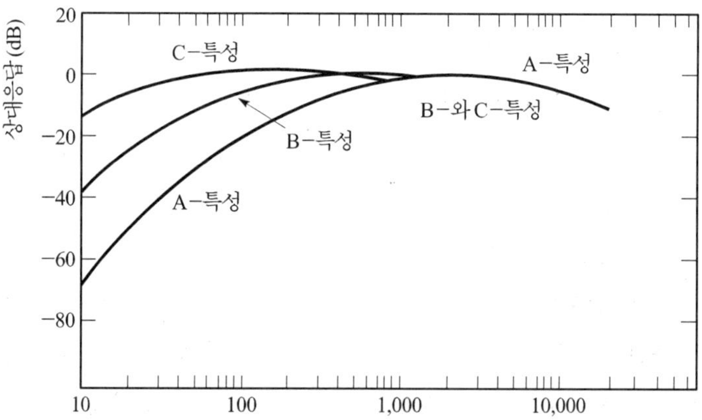

[그림 5.4] **청감보정회로의 상대응답**

A특성으로 측정한 후 그 소음도를 기입할 때에는 dB(A)라고 표시한다. C특성은 거의 평탄한 주파수 특성이어서 자동차 경적음이나 주파수 분석을 할 때 사용하며, dB(C)로서 표시한다. A특성으로서 측정한 소음도와 C특성으로서 측정한 소음도의 차이로서 소음의 주파수 구성을 알 수 있다. 만약 C특성으로 측정한 소음도보다 A특성으로 측정한 소음도가 훨씬 크면 저주파수가 주성분이 되고 A특성 측정 소음도가 C특성으

로 측정한 소음도에서도 A특성으로 측정한 소음도와 비슷하면 고주파수가 주성분이 포함되어 있는 것이다.

④ 소음의 세기

소리전파는 매질의 진동에너지가 전달되는 소음이다. 소음이 수직으로 단위 면적당 단위 시간에 통과하는 소음세기(I)를 소음에너지의 평균율이어서 소음세기는 소리에너지를 소리접촉면적과 접촉시간으로 나눈 값이다.

소음의 세기는 소음발생원으로부터 약간 떨어진 거리에서 측정한다. 소음세기는 음압(P)의 제곱에 비례하고, 특성 임피던스($\rho \cdot c$)에 반비례한다.

소음감각값은 환경 중에 존재한 소음 · 진동이 단일 주파수가 다수 복합된 상태일 뿐만아니라 사람이 귀나 몸으로 느끼는 소음 · 진동의 감각도 주파수에 따라 서로 다르다. 즉, 소음은 기준으로 규정한 1kHz보다 낮은 주파수에서는 감각이 적으며, 진동의 경우도 기준으로 정한 4Hz에서 8Hz 범위를 벗어난 주파수에서는 감각이 적다.

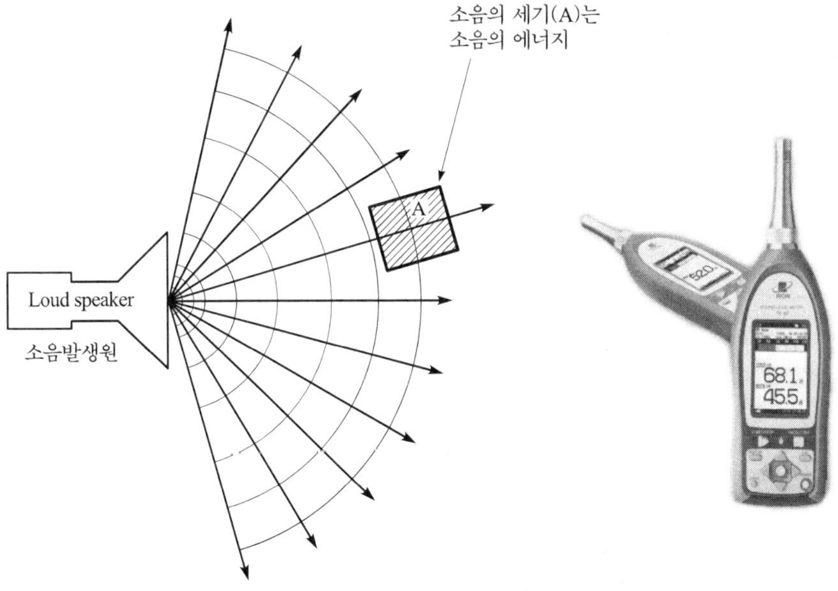

(a) 소음세기확산 (b) 소음계

[그림 5.5] 소음 세기

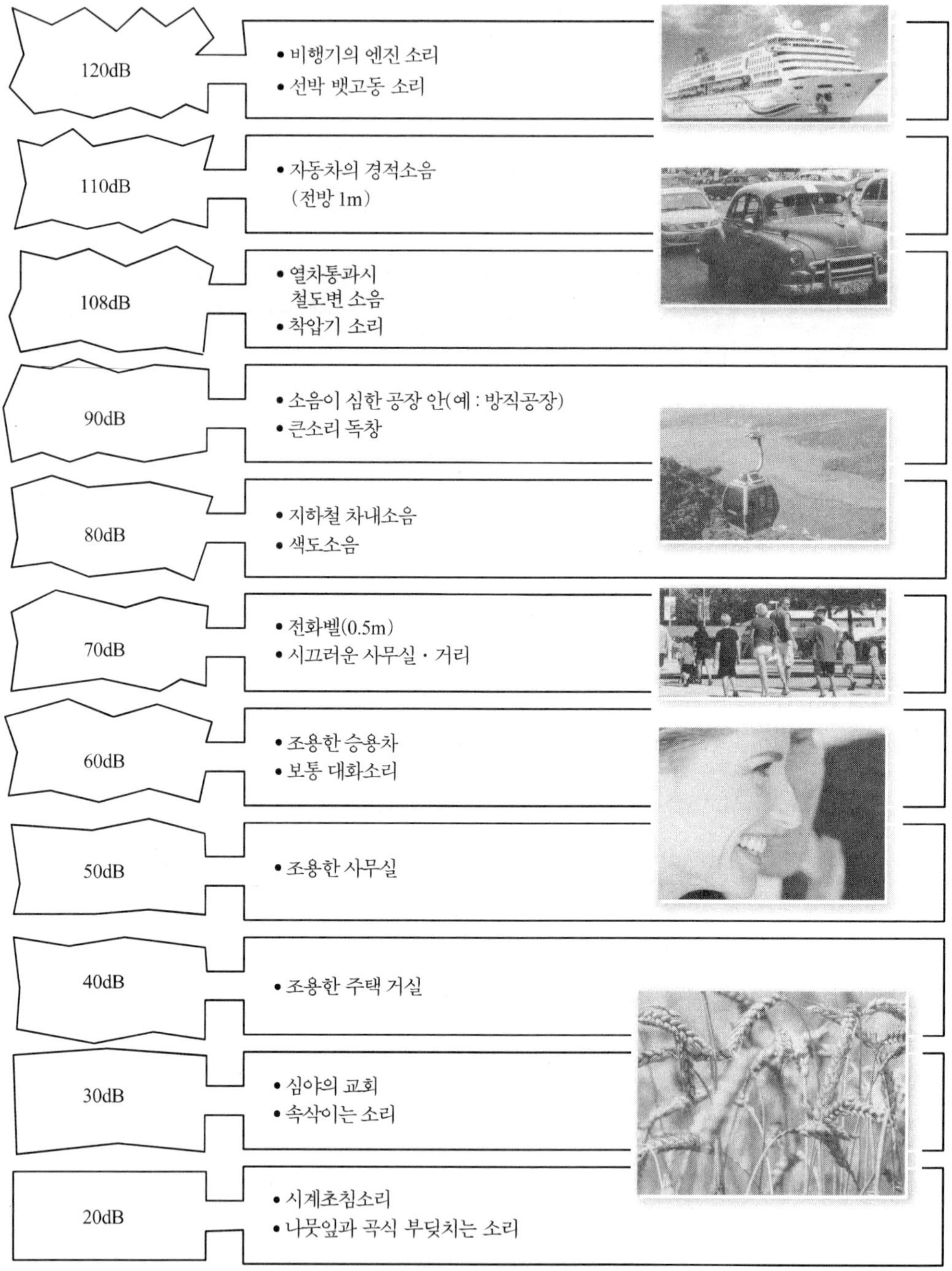

[그림 5.6] **소음도별 발생원 실례**

따라서, 환경 중에 존재하는 소음 · 진동의 주파수 대역별 소음파워값에서 감각으로 느낀 소음도에서 실제 직접 느끼지 못하는 양을 뺀 값을 소음도 또는 진동도라 하며, 이 값이 실제로 감각되는 진동세기값이다. 소음 · 진동 측정계로는 〈표 5.2〉

〈표 5.2〉 주파수 대역별 소음 · 진동의 보정값

중심주파수(Hz)	31.5	63	125	250	500	1K	2K	4K	8K
소음보정값(dB)	-39.4	-26.2	-16.1	-8.6	-3.2	0	+1.2	+1.0	-1.1
중심주파수(Hz)	1	2	4	8	16	31.5	63		
진동보정값(dB)	-6	-3	0	0	-6	-12	-18		

단, 진동보정량은 수직진동인 dB(V)에 대한 보정량임.

도 제시된 보정값처럼 느끼지 못한 양을 전기적으로 환산하여 없앤 것이 소음계의 A특성이고, 진동계의 경우는 V특성이라 한다.

따라서 소음도의 단위는 dB(A)로 표시되고 진동도의 단위는 dB(V)로 표시된다. 〈표 5.2〉에서 알 수 있듯이 소음도가 100dB이라 가정할 때 1kHz소음은 그 크기대로 감각하지만, 31.5Hz소음은 100dB에서 39.4dB을 뺀 크기로, 2kHz소음은 100dB에 1.2dB을 더한 크기로 각각 감지됨을 의미하며, 진동의 경우도 똑같다. 그리고 소음과 진동의 노출환경중에서 흔히 접하는 소음 발생원별 소음세기는 상기 [그림 5.6]과 같다.

소음도 계산은 2개 이상의 소음도(진동도 같음)를 합하여 구하는 것을 소음도 합(dB합)이라 하고, 두 소음도 차도 구하는 것을 소음도 차(dB차)라 한다. 소음도의 합 및 차를 구하기 위해서는 먼저 소음도를 에너지의 비로 환산하여, 이를 더하거나 뺀 후 상용대수를 취해 dB로 표시하려고 10을 곱하여야 한다. 즉 A, B 두 기계의 소음도를 L_A 및 L_B라 할 때 각각의 에너지의 배는 $10^{L_A/10}$및 $10^{L_B/10}$이 된다. 따라서 소음도 합 L_{sum} 및 소음도 차 L_{dif}는 [식 5-3]과 [식 5-4]에 의해 구할 수 있다.

(a) 소음도 합 : $L_{sum} = 10 \times \log(10^{L_A/10} + 10^{L_B/10} + \cdots)$ ……… (5-3)

(b) 소음도 차 : $L_{dif} = 10 \times \log(10^{L_A/10} - 10^{L_B/10})$ ……… (5-4)

예를 들면 소음도가 70dB(A)으로 똑같은 기계가 동시에 2대, 3대 및 10대 운전될 때 데시벨의 합은 각각 73, 75 및 80dB(A)이 되고, 소음도가 73과 70dB(A)일 때의 데시벨 차는 70dB(A)이 된다.

그러므로 73-70=3 차가 3dB(A)일 때 보정값은 -3dB(A)로 73-3=70dB(A) 된다. 〈표 5.3〉를 통해 이들의 소음도를 간단히 구하는 방법을 알아보면 다음과 같다. 소음도가 높은 쪽을 H, 낮은 쪽을 L이라 하고 H와 L차에 해당하는 합의 보정값이나 소음도의 차의 보정값을 H에 합하여 주면 구하고자 하는 소음도가 된다.

〈표 5.3〉 소음도값차이에 따른 합 및 차의 보정값

H와 L의 차이	0	1	2	3	4	5	6	7	8	9
합의 보정값	+3		+2		+1					
차의 보정값	일반적으로 보정을 하지않음			−3	−2		−1			

〈표 5.4〉 기계 대수의 증가에 따른 dB(A) 및 감각의 변화

대수	dB(A)증가량	상대적 느낌	상대적 시끄러움	비고
2대 3대 10대 100대	+3 +5 +10 +20	약간 크게 느낌 확실히 크게 느낌 훨씬 크게 느낌 아주 크게 느낌	1.2배 1.4배 2배 4배	1대가 운전될 때를 기준으로 한 것임.

한편, 두 소음의 주파수 특성이 같을 때 소음도의 차에 의해 사람이 느끼는 감각은 〈표 5.4〉와 같다. 에너지 단위로 1 erg는 1 Joule(1kg · m^2/sec^2)이며, 1 Newton · m (1N=1kg · m/sec^2)이다. 또한 소음출력 세기 단위는 watt/m^2 또는 erg/sec · m^2로 나타낸다.

⑤ 소음출력(Power)

진동을 하는 물체 주변 음장에서의 음압은 소음의 방사면적과 그 물체표면의 진동속도를 곱한 값에 비례한다. 진동속도는 진동표면의 진동폭과 진동하는 각 주파수와의 곱으로 표시되며, 소음의 배출구의 표면적이 파장에 비해 아주 적을 때 소음의 배출구의 방사거리가 되는 위치에서의 음압도는 비례상수, 방사면의 표면적, 방사표면의 진동속도를 곱한 값이다. 방사되는 음압값은 방사 표면의 진동속도와 함수관계를 갖지만 진동체의 진폭과는 함수관계를 갖지 않는다는 것이 중요하다. 동일한 속도의 경우에 아주 작은 진폭변위는 고주파수에 의한 소음의 방사이며, 한편 큰 진폭으로 방사되는 소음은 저주파수이다. 힘(power)의 단위는 dyne(g · cm/sec^2)이며, 1Newton은 10^5dyne이고, 1watt는 1N · m/sec 또는 10^7 N · m/sec이다.

(2) 소음이 미치는 피해분석

① 정서 및 생활방해분석

주거 지역의 소음수준이 55dB(A)를 넘게 되면 부분적으로 불쾌감을 느끼게 되고 65dB(A)을 넘게 되면 정서적으로 안정성이 결여되어 식욕이나 성욕의 감퇴와 집단생활의 의욕저하, 정서와 생활의 방해를 일으킨다.

소음의 여러 요소들 중에서 소음피해는 심리적 영향에 일차적인 악영향을 주고, 소음의 지속시간은 소음에 대한 심리적 부담감을 결정하거나 하나의 중요한 요소가 된다.

그래서 동일한 크기의 평가 대상소음일지라도 시간적으로 변동폭이 없는 연속적인 정상소음보다는 시간에 따라 소음도변화폭이 아주 큰 단속적인 변동소음이나 충격소음이 인간의 정서 및 일상 생활에 큰 피해를 주는 소음으로 알려져 있다.

② 청취방해분석

인간은 듣고자 하는 음과 소음이 동시에 존재하면 큰골의 청각범위를 동시에 자극하게 되어 듣고자 하는 음을 소음 때문에 명확하게 듣지 못하게 되는 것을 청취방해라 한다. 단일 최고 소음이 있는 환경 속에서 대화를 할 때 마스킹 효과(masking effect)에 의해 회화의 청취도는 떨어지게 된다. 그리고 명료도는 소음도나 주파수가 높을수록 대화의 거리가 멀면 멀수록 저하되는 경향이 있다. 옥외에서 지속되는 소음하에서 대화를 만족시킬 수 있는 거리는 82dB(A) 소음있으면 보통 목소리로 대화하는 경우 20m이내의 대화거리에서 95%정도로 명료도가 떨어져 대화하는데 만족스럽지 못하다.

③ 학습 및 수면방해

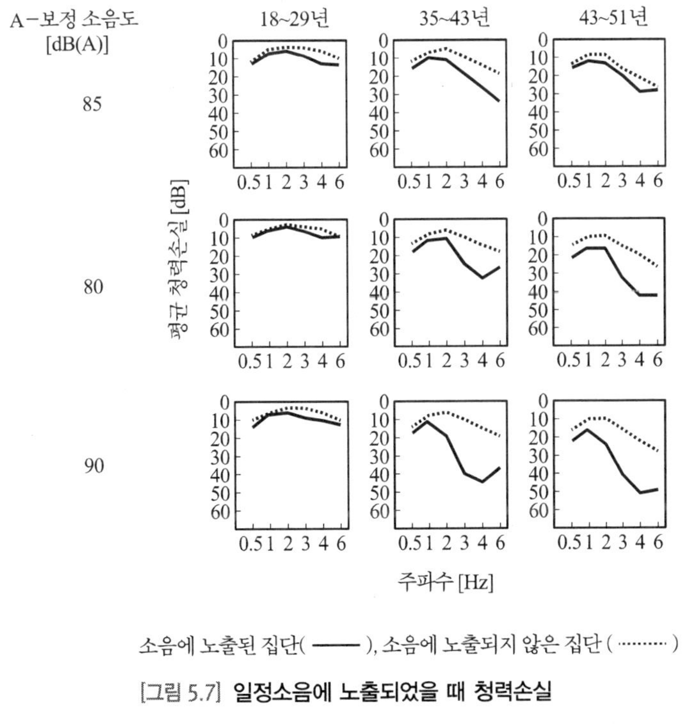

[그림 5.7] **일정소음에 노출되었을 때 청력손실**

외부소음에 의한 교실 내의 소음수준이 50dB(A)를 넘게 되면 정신집중이 떨어져서 학습능률, 수리계산, 문장 이해력이 저하된다. 일반 사무실과 교실은 50dB(A) 이하, 사무실 및 응접실은 40dB(A) 이하가 바람직하다. 지속적인 소음보다 간헐적으로 발생하는 소음이 수면에 많은 영향을 미치며, 침실의 소음도는 40dB(A) 이하가 정상적이다.

④ 신체적 영향

사람은 누구나 100dB(A)이 넘는 자동차 경적소음이나 열차 통과 시 철도주변의 소음을 돌발적으로 듣게 되면 놀라게 되고 긴장하게 된다. 큰 소음을 들은 직후 일시적으로 청력이 나빠지는 것을 일시성 난청이라 하고 오랫동안 소음폭로에 의해 귀가 들리지 않는 것을 소음성 난청이라 한다.

상기 [그림 5.7]은 일정소음에 노출되었을 때 청각손실과 같이 하루 8시간씩 85, 90, 95[dB(A)]의 소음을 들으면서 작업을 할 때 귀의 청력손실이 얼마나 되는지 나타냈다.

낮은 소음이라도 장기간 노출되면 자기도 모르게 자율신경계와 내분비계에 영향을 미쳐 위장운동의 둔화 및 혈압상승을 초래하게 된다. 소음수준이 지하철, 차내 소음에 상당하는 80dB(A)일 경우 위(stomach)의 수축횟수가 37% 저하되고 위액분비도 감소하며 심장의 박출량이 50%로 감소한다는 보고도 있다.

소음은 자율신경계와 교감신경계를 자극하여 각종 질병을 유발하고 심장병이나 순환기 및 소화기 계통의 질환을 일으키는 요인이 되기도 한다. 문제가 단순한 생활의 불편이나 능률저하를 넘어서 장기적으로 많은 신체적 질환의 원인이 될 수 있음을 암시하고 소음도별 발생원에 따른 인체의 악영향은 〈표 5.5〉을 보면 알 수 있다.

〈표 5.5〉 **소음도에 따른 피해**

소음도 (dB)	발생원 실례	피해	비고
30	심야의 교외 속삭이는 소리, 벽시계소리	쾌적함	
35	조용한 공원	수면에 거의 영향이 없음	WHO의 침실 소음기준값
40	냉장고소리, 도서관주변의 조용한 주택	수면의 깊이가 낮아짐	
50	조용한 사무실	수면깊이 저하, 계산력 저하, 호흡 맥박수증가함	환경기준 설정값
60	백화점내 소리, 보통대화 조용한 승용차 엔진소리	소음으로 인한 위생적 건강 한계	

70	시끄러운 사무실, 전화벨소리	부신피부질 호르몬 감소, 말초 혈관 수축됨	
80	지하철 차내 소음	양수막 조기 파열현상, 출혈가능	
90	소음이 심한 공장, 큰소리의 독창	난청발생, 소변량 증가함	작업장내 소음기준값
100	자동차 경적소리 열차통과시 철도변소리	생리적 기능장애 유발됨	

⑤ 작업방해 및 사회적 악영향

소음으로 인한 작업능률 저하는 소음의 종류와 작업자의 성격, 작업의 종류에 따라 다르며, 소음이 90dB(A)를 초과하지 않고 무의식적으로 발생할 때 작업의 방해를 주지 않는다. 90dB(A) 이하라 하더라도 간헐적으로 발생하는 소음은 작업에 방해를 주지만 익숙한 소음은 일상적인 단순한 작업 수행에 지장을 주지 않는다.

피해가 고주파수 대역의 소음은 저주파수 대역소음보다 크고, 작업량 감소보다는 정밀을 요구하는 단순 작업보다는 복잡한 작업이 소음 악영향을 많이 받는다. 일반적으로 예상하지 않은 소음은 작업능률을 저하시킨다. 그러므로 소음을 갑작스럽게 발생시켰을 때 작업능률이 저하되는 만큼 소음을 예상하지 않게 중단했을 때도 작업능률이 저하된다. 그리고 소음이 사회적으로 미치는 악영향으로 땅값 하락, 토지이용 변화, 생산성 저하, 민원을 유발하여 사회의 불신 분위기를 조성한다.

2. 생활소음 규제

(1) 한국의 소음규제기준

생활수준이 향상되어감에 따라 쾌적하면서 조용한 주거환경에서 생활하고자 하는 욕구가 증대되고 있다. 그래서 소음으로 인하여 정온한 환경이 파괴되어 민원이 빈발하고 있다. 따라서 특별자치도지사, 시장, 군수, 구청장은 사업장과 공사장의 생활소음 관리기준의 소음발생원별로 설정하여 규제하고 있다.

〈표 5.6〉에서 대상지역의 구분을 국토의 계획 및 이용에 관한 법률에 따르고, 도시지역은 도시 계획법에 따른다. 특히 발파소음은 발생시간이 주간이면 +10dB, 공사장 소음이 공휴일발생시는 −5dB를 규제기준값에 보정한다. 공사장 소음의 관리기준을 주간의 경우 소음발생 시간이 1일 3시간 이하일 때에는 +10dB, 3시간 이상 6시간 이하일 때에는 +5dB으르 보정한 값을 규제기준값으로 한다.

(2) 국내외의 소음관리기준

선진국의 실내허용 소음도는 국가나 제안자 그리고 건물의 종류에 따라 다르나 일반적으로 회화, 전화통화, 텔레비전 청취, 라디오 청취, 공부, 수면 등 일상생활에 방해를 주지 않는 수준이어야 한다.

〈표 5.6〉 한국의 소음 · 진동 관리법상 생활소음규제 기준 단위 : Leq dB(A)

대상지역	대상소음 \ 시간별		아침저녁 (05:00~08:00) (18:00~22:00)	주간 (08:00~18:00)	야간 (22:00~05:00)
주거지역, 녹지지역, 관리지역중 취약지역 주거지구, 관광휴양 개발진흥 지역, 학교 · 종합병원, 공공도서관의 부지지경계선으로부터 으로부터 50m 이내지역	확성기에 의한 소음	옥외설치	60 이하	65 이하	60 이하
		옥내에서 옥외로 방사 하는 경우			
	공장 및 사업장의소음		50 이하	55 이하	45 이하
	공사장의 소음		50 이하	55 이하	45 이하
그 밖의 지역	확성기에 의한 소음	옥외설치	65 이하	70 이하	60 이하
		옥내에서 옥외로 방사 하는 경우	60 이하	65 이하	55 이하
	공장 소음		60 이하	65 이하	55 이하
	공사장의 소음		65 이하	70 이하	50 이하

〈표 5.7〉 외국의 실내 허용소음도 단위 : dB(A)

구분	knudse Harris (1950)	Ashrae (1967)	U.S.S.R (1971)	Reuinger (1973)	Sweden	Swizerland (1970)	Wood (1972)	Doelle (1972)
주택								
침실	35~35	25~35	35	34~42	25	35~40	35	35~45
거실	35~45	30~40	35		25	35~45	40	
아파트	35~45	35~45				35~45		

〈표 5.8〉 외국의 지역별 실내 허용소음도 단위 : dB(A)

환경	낮(06:00~22:00)	밤(22:00~다음날 06:00)
조용한 시골지역	40	30
주 교통도로에서 떨어진 근교	45	35
도심지	50	35

〈표 5.9〉 외국의 창문의 개폐에 따른 소음감소값

단위 : dB(A)

구분	창의 개방	창의 폐쇄
여름철	12	24
겨울철	17	27
평균값	15	25

옥외 소음은 주거공간의 외부에서 발생하여 주거 공간 내에 있는 주기 생활자에게 악영향을 미치는 것으로 옥외 허용소음도는 실내 허용소음도의 값에 벽체의 차음량을 고려한 값이다. 공사장에 설치된 높이 3m 이상의 폭의 흡음형 방음벽시설은 최소 7dB 이상의 소음도 저감시킨다.

그리고 벽체의 차음량은 벽 자체에 의한 차음효과가 창문에 의한 차음량의 값으로 결정되며, 외부에 의한 벽체는 항상 구조물상 창문을 포함하고 있으므로 창문의 개폐에 의해 소음의 차음량은 변화된다.

5.2 공사장소음과 교통소음방지기술

1. 공사장소음방지기술

(1) 건설현장의 소음발생특성

공사장의 소음은 공장소음이나 도로소음, 교통소음, 철도소음 등과는 달리 항타기, 항발기, 착암기, 브레이크, 굴삭기, 공기압축기 등을 기계, 기구를 사용하여 작업함으로서 다음과 같은 특성을 갖는다.

① 공사장 소음은 연속적으로 다른 소음과는 달리 건설공사기간 내에만 발생하고 서로 다른 음색을 갖는 소음발생원에서 발생하는 소음이 복합된 소음이며, 때로는 충격소음을 포함하는 경우도 있다. 그리고 건설현장의 소음발생원은 보통 위치가 고정되어 있지 않고 현장부지내를 이동하는 소음발생원과 덤프트럭처럼 공사현장을 출입하는 음원이 있다. 현장을 출입하는 소음발생원의 경우 소음에 의하여 악영향을 받는 영향권이 확대되는 경향이 있다. 공사의 진척에 따라 소음 출력값과 소음의 다양한 파장값은 주파수인 스펙트럼(spectrum)이 다른 여러 종류의 건설기계가 투입됨에 따라 소음의 세기도 다양하다. 보통 주간에 공사가 진행되면 도로보수공사 등의 일부 공사는 야간에도 계속되며 소음 외에도 진동·먼지·조명·지반침

하 등의 문제점이 동시에 유발하는 경우가 많다.

② 공사장 소음은 건설기계를 사용할 때 많이 발생한다. 건설공사용 장비는 종류가 다양하고 사용목적과 운전조건에 따라 발생소음이 서로 다르다. 건설기계의 종류별 소음변동특성을 나타낸다. 특히 공사현장 주변의 상황, 지형의 형태, 장애물 수음축의 거리에 따라 크게 영향을 받는다. 대도시 지역의 정온한 생활환경을 조성하기 위해 〈표 5.10〉에 건설공사장 등을 관리하며, 관리기준을 초과시는 소음방지 시설의 설치, 작업시간조정 등의 소음저감 대책을 강구해야 한다.

〈표 5.10〉 **건설기계의 종류별 소음변동 특성**

<table>
<tr><th>종류</th><th colspan="2">소음의 분류</th><th>소음변동 특성</th><th>비고</th></tr>
<tr><td>콘크리트절단기
아스팔트피니셔
공기압축기
발동발전기</td><td colspan="2">정상소음</td><td>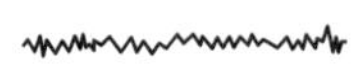</td><td></td></tr>
<tr><td>굴삭기
롤러
압쇄기</td><td colspan="2">변동소음</td><td></td><td></td></tr>
<tr><td>착암기
브레이커</td><td rowspan="2">충격
소음</td><td>연속성</td><td>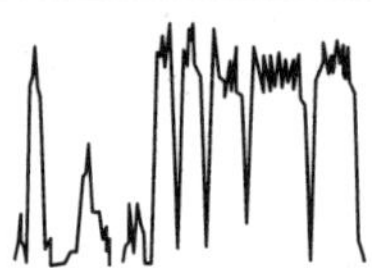</td><td></td></tr>
<tr><td>항타기</td><td>반복성</td><td>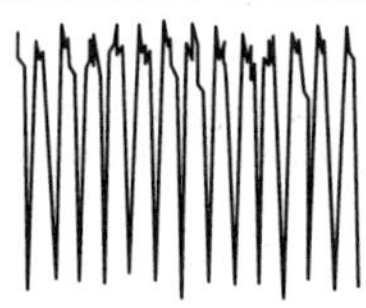</td><td></td></tr>
</table>

그리고 건설공사를 시작하기 전에 사전 신고해서 소음피해를 줄이도록 규정된 특정공사 장비는 굴삭기, 항타기, 브레이커 등이다.

③ 산업 및 경제 발전에 따라 각종 공사량이 증가하고 그 규모가 대형화, 장기화 됨에 따라 이에 대한 대책이 시급하게 되었다. 하지만 건설사업은 소음배출 기간이 일시적이며, 발생원도 이동성이어서 근원적인 방지시설의 설치가 곤란하고 또한 방지공법도 발달되지 않은 상태이다. 지금까지 건설소음은 일반 생활소음과 동일한 기준을 갖고, 건설기계의 단위소음도에 관계없이, 주거지역의 부지경계선을 기준으로 조석, 주간, 심야 등의 3단계 시간대별로 구분하여, 공사장소음 관리기준과 같이 설정·적용하고 있다.

④ 공사장소음은 현지 여건을 감안하여 그에 합당한 관리기준이나 주간 70dB(A) 이하

로 규제방안이 마련되어야 하며 소음・진동관리법 제21조 및 동시행규칙 제20조에서는 시・도시자가 환경부장관의 승인을 얻어 관리기준을 설정하도록 하고 있다. 그리고 고소음기계로서 소음표시 특정공사의 대상기계는 굴삭기, 로우더, 공기압축기, 발전기, 착암기, 압쇄기, 브레이커, 항타기의 8종이며, 소음도검사는 국립환경과학원에서 받고 소음표시 인장받은 건설기계는 건설공사시 사전 신고해야 하는 특정공사 종류에서 제외된다.

〈표 5.11〉 **국내의 소음・진동관리법상 교통소음・진동한도 기준** 단위 : 소음Leq dB(A),진동dB(V)

대상지역 \ 시간별	구분		주간 (06:00~22:00)	야간 (22:00~06:00)
주거지역, 녹지지역, 준도시지역 중 취락지구 및 운동휴양지구, 자연환경 보전지역, 학교・종합병원・공공도서관의 부지경계선으로부터 50m 이내지역	도로	소음	68	58
		진동	65	60
	철도	소음	70	60
		진동	65	60
상업지역, 공업지역, 농림지역, 준농림지역 및 준도시지역 중 취락지구외의 지구, 미고시지역	도로	소음	73	63
		진동	70	65
	철도	소음	75	65
		진동	70	65

상기 〈표 5.11〉에서 대상지역의 구분은 국토계획 및 이용에 관한 법률에 의하여 도시지역 구분은 도시계획법에 의하며, 교통 소음의 한도기준(표 5.11)은 정거장에는 적용 안되며, 그 밖은 교통 소음, 교통 진동의 영향을 받는 지역이다.

(2) 공종별 기계사용에 따른 건설기계의 소음도

지반공사용 건설기계, 기구로서 굴삭기, 로우더, 롤러 등이 주로 사용되고 있으며 작업시 15m 떨어진 거리에서 측정하였을 때 소음도가 굴삭기는 75dB, 로우더 85dB, 롤러 75dB이고 건설공사시 방음벽이나 흡음성이 좋은 차음시설을 하고 작업을 해야만 한다.

① 기초공사용 기계는 천공기계, 항타기계와 압축기로 파쇄하는 브레이커로 분류 되는데 천공기계 중에서 압축공기로 작동되는 착암기의 경우 작업장으로부터 15m 떨어진 곳에서 소음도가 86dB, 유압식 87dB이며, 전동식 어스오거로 모래질지반 천공시 74dB 디젤식 항타기계의 경우 콘크리트 파일항타시 99dB 천공후 H-빔 타입시 102dB이며, 유압식으로 일반지역에 콘크리트 파일을 항타시 93dB고 유압식 브

레이커를 사용하여 암(岩)을 파쇄할 경우 91dB정도의 소음이 발생한다. 항타기, 브레이커와 착암기가 굴삭기, 롤러보다 높은 소음을 배출하고 있는 것을 알 수 있다.

② 콘크리트 공사에 사용되는 기계, 기구는 콘크리트 프랜트, 콘크리트 펌프카, 콘크리트 믹서 등이고, 기계 설치장소로부터 15m 떨어진 곳에서 소음도를 측정한 결과 각각 80dB, 78dB, 88dB로 콘크리트 믹서(concrete mixer)가 상대적으로 높은 소음을 발생하고 있다. 그리고 포장공사 때 사용되는 아스팔트믹서의 경우 작업중 소음도가 74dB정도로 낮아진다.

③ 그 밖의 공사용 기계, 기구로서는 소음을 높게 발생한 장비는 공기압축기, 발동발전기, 콘크리트 절단기 등을 들을 수 있는데 장비로부터 15m 떨어진 곳에서 소음측정결과 각각 76dB, 78dB, 86dB 정도의 소음을 배출하고 특히 콘크리트 절단기의 소음도가 상대적으로 제일 높다.

2. 도로교통소음방지기술

(1) 소음과 표시방법

우리는 생활하면서 가장 빈번히 접하고 있는 교통소음은 이동발생원이 자동차, 기차, 지하철 등으로 피해지역이 광범위하다. 신체에 직접적인 악영향을 주는 환경문제 중 하나로 도로, 공장, 주택 등의 건설공사이다. 그리고 자동차의 양적 증대와 자동차나 대중 수송수단의 양적 증가에 따라 우리의 생활주위에서 다루어져야 하는 중요한 환경관리 요소의 하나로 인식되어지고 있다. 소음은 마음에 들지 않는 소음의 전체를 심리적, 주관적, 정성적 및 정량적으로 명확하게 표현한다는 것은 대단히 어려운 일이다. 그리고 압력은 힘(1Newton＝1kg · m/sec^2)을 면적으로 나누어 N/m^{2}로 나타내며, 에너지는 힘에 거리를 곱해 N · m로 나타내고 파워(Power)는 N · m/sec로 소음세기(강도)는 N/m · sec이다.

소음은 대기 공간에서 물리적으로 단위시간과 단위면적당 압력이나 에너지량으로 나타낼 수 있는데 그 절대량이 반드시 인간의 감각과 비례한다고는 볼 수 없다. 소음의 압력 및 세기를 알기 쉽게 표시하는 단위로는 데시벨(dB)이 이용된다. 이 척도는 임의 기준량에 대한 비를 10배의 상용대수로 나타낸 것으로 이러한 대수표시는 소음도(noise level)이며 인간의 느낌량과 거의 비례 관계에 있다고 알려지고 있다(Weber–Fechner의 법칙).

소음의 경우에 최소 가청출력 기준값($P_0 = 2 \times 10^{-5}$N/m^2)으로 구하면 다음과 같은 표시한다.

① **음압도**(SPL : sound pressure level)**산출**

$$SPL[\text{dB}] = 20\log_{10}\left(\frac{P}{P_0}\right) \qquad \cdots\cdots\cdots (5-5)$$

여기서, P_0(최소가청 음압)는 $2\times10^{-5}(\text{N/m}^2)$이다.

② **소음세기값**(IL : intensity level)**산출**

$$IL[\text{dB}] = 10\log_{10}\left(\frac{I}{I_0}\right) \qquad \cdots\cdots\cdots (5-6)$$

여기서, I_0(기준 소음세기)는 $10^{-12}(\text{watt/m}^2)$이다.

③ **소음발생원의 소음출력값**(PWL : power level)**산출**

$$PWL[\text{dB}] = 10\log_{10}\left(\frac{W}{W_0}\right) = 10\log_{10}\left(\frac{P}{P_0}\right) \qquad \cdots\cdots\cdots (5-7)$$

여기서, W_0(기준 소음발생원 출력)은 $10^{-12}(\text{watt/s})$이다.

PWL(소음출력값)은 소음발생원으로부터 1초 동안에 방출되는 소음에너지이고, IL(소음세기값)은 소음의 진행방향에 수직한 단위면적당 단위시간에 통과하는 소리에너지이다.

IL(I)과 PWL(P) 사이에는 거의 $P^2 \propto I$의 비례관계가 되기 때문에 같은 소음이면 음압값과 소음세기값 중 어느 것을 비교 해도 거의 비슷한 소음도가 된다. 비슷한 음압값이라 소음의 주파수가 다르면 인간이 감지하는 소음은 다르다. 그래서 어떤 음의 크기를 특정짓기 위해 소음도를 그 소음과 같은 크기로 들리는 1,000Hz 순음의 음압도와 같은 수치로 나타낸 단위가 phon이다.

한편 현실에 있어서 도로소음 등 소음의 세기는 지시소음계로 측정된 지시값에 의해 평가되고, 이것을 소음도라고 한다. 소음계에는 A, B, C의 3종의 청감보정회로가 내장되어 있지만 계측기와 청감과의 대응이 좋은 것은 A특성이므로 현재 소음도는 A특성에 의한 지시값이 이용되고 있으며 단위는 dB(A)로 나타낸다. 도로소음과 같이 지시값이 시간적으로 변동하는 경우에는 임의시간 간격(통상 5초)마다 계측값을 근거로 하여 그 중앙값의 소음도를 표시해 L_{50}로 나타낸다. 변동폭은 90% 범위의 상하단값으로 나타내지만 상단값, 하단값은 누적도수 곡선일 경우 5%, 95%

로 각각 L_5, L_{95}로 표시한다.

(2) 자동차 소음의 구성

자동차가 발생하는 소음은 엔진 자체에서 발생하는 소음, 배기소음에서 나는 기관음과 타이어의 주행소음이다. 이 밖에도 공기와의 마찰, 전달기구, 차제진동 등에 의해 발생하는 차체소음이 있지만 전체 소음도에 대한 영향은 작다. 기관소음은 회전속도 및 토크부하에 관계되며 같은 기어(gear)의 위치라도 속도가 증가되면 함께 높아진다. 타이어음은 타이어의 트레드패턴, 주행속도, 도로면상태, 하중 등에 관계되며, 주행속도의 증가와 함께 타이어소음도 증대한다.

기관음과 타이어음 중 어느 것이 더 기여도가 높은 가를 알아보면 고속주행시에는 타이어음이 엔지음을 넘는다. 하지만 대형차(디젤엔진차)에서는 항상 기계소음이 높다는 보고도 있다.

주행속도(V)와 소음출력값(L) 사이에는 일정속도 주행의 경우에 대개 1차 관계식 $L = a \cdot v + b$가 성립해 상관성이 0.18에서 0.23이라고 결과로 알려져 있다.

(3) 도로교통 소음의 예측법

불규칙하면서 큰 폭으로 변동하는 소음도는 중앙값(L_{50})로 표시해 변동폭을 90% 범위로 나타내고 있다. 일본도 도로교통 소음은 원칙적으로 중앙값(L_{50})으로 평가한다.

중앙값(L_{50})을 예측하는 계산식으로는 일본 음향학회가 제안한 1열 균일간격(一列等間隔) 모델을 근거한 예측모델이 많이 이용된다. 이 모델은 아주 긴 일직선상을 같은 파워를 가진 점음원으로 간주되는 자동차가 똑같은 간격의 똑같은 속도로 주행하고 있는 것을 가정한 것으로 [식 5-8]로 나타난다.

$$L_{50} = PWL - 8 - 20\log d + 10\log d\left(\frac{\pi \cdot d}{S}\right)\left(\tan\frac{2\pi \cdot d}{S}\right) + a \quad \cdots\cdots\cdots (5\text{-}8)$$

여기서, PWL은 1대 차량에서 발생하는 소음의 평균 출력값(dB(A))이다. d는 소음발생원에서 까지의 거리(m), s는 평균차량 간격(m : s=1000V/N)이고, N은 교통량(대/시)이며, v는 평균주행속도(km/h)과 a는 보정값($a_d + a_i$)이다.

상기 식의 a는 거리감소 등의 요인에 대한 보정값이며, 해석에 의한 보정치(a_d)와 연도 지표면 조건 등 요인에 의한 보정값(a_i)으로부터 이루어진 것이다. [식 5-8]은 자동차 전용도로나 이에 준하는 도로에서 1시간당 1,000대 이상의 차량이 30km/hr에서 100km/hr 정도의 속도로 정상적으로 주행하고 있는 경우에 그 도로변에서 약 100km까지의 지점 L_{50}을 추정하기 위한 식이다.

[식 5-8]의 평균 음향출력값(PWL)은 속도(V) 및 차종혼입률(소형자 혼입률 a_1, 대형차 혼입률 a_2, $a_1 + a_2 = 1$)로부터 $PWL = 87 + 0.2V + 10\log_{10}(b_1 + 3.2b_2 + 16b_3)$로 추정한다.

소음예측계산시 복수차선이 있는 경우 가상차선 마다 출력값을 산출한다. 예를 들어 2차 방향 2차선 도로는 도로중앙에 1차선의 가상차량을 고려한다. 다차선 도로의 경우에는 방향별로 하나의 가상차선을 설정해 각 가상차선 마다 구한 소음도(L_{50})을 합해서 소음도를 산출한다.

① 주야간 등가소음도 측정

㉠ 측정횟수는 주간(06:00~22:00)4회와 야간(22:00~다음날 06:00) 2회이다.

㉡ 측정조건은 청감보정회로 A특성, 동특성은 fast이다.

㉢ 측정기기는 소음계(RION NA-28, Japan), 삼각대, 방풍망이다.

㉣ 기록기는 레벨레코더(RION LR-06)로 측정한다.

㉤ 자료분석은 2시간 간격으로 5분 동안 연속 측정해서 자동연산 기록한 등가소음도를 산술평균한 소음도 Leq(5분)로 한다.

② 주야간 등가진동도 측정

㉠ 측정횟수는 주간(06:00~22:00)2회와 야간(22:00~다음 날 06:00)이다.

㉡ 측정조건은 청감보정회로 수직특성, 동특정은 slow이다.

㉢ 측정기기는 진동계(RION VM-53, Japan)로 측정한다.

㉣ 기록기는 레벨레코더(RION LR-06)로 측정한다.

㉤ 자료분석은 2시간 간격으로 5분 동안 연속 측정해서 자동연산기록한 80%렌지의 상단값인 L10값으로 한다.

[그림 5.8] **환경기준측정현장**

[그림 5.9] **생활소음측정현장**

〈표 5.12〉 환경정책기본법의 소음환경기준값(단위 : Leq dB(A))

구역구분		적용대상지역	주간 (06:00~22:00)	야간 (22:00~06:00)
일반	가 나 다 라	• 보전관리지역, 자연환경보전지역, 녹지지역, 전용주거지역, 학교, 종합병원, 공공도서관 • 생산관리지역, 일반주거지역, 준주거지역 • 상업지역, 계획관리지역, 준공업지역 • 일반공업지역, 전용공업지역, 2차선 이상 도로	50 55 65 70	40 45 55 65
도로변	가나 다 라	• 보전관리지역, 자연환경보전지역, 생상관리지역, 학교 등 • 상업지역, 계획관리지역, 준공업지역 • 일반공업지역, 준공업지역, 2차선 이상 도로	65 70 75	55 60 70

(4) 일본의 자동차환경기준

소음에 대한 평가기준은 1971년 설정되었는데 기준은 〈표 5.12〉에 알 수 있듯이 지형·유형마다 정해져 있고 도로변 지역의 소음환경기준은 그 밖의 환경기준을 비교해서 5dB(A)나 10dB(A) 높은 값으로 되어 있다. 이 소음환경기준은 도로의 공익성, 수익성 그리고 자동차 교통소음의 특수성을 고려해 규정했다. 소음환경기준을 정할 때 청력손실과 같은 사람의 건강을 본질적으로 해치는 병리적인 문제 뿐만 아니라 일상생활에 지장을 주는 수면장해·회화방해·작업능률저하·불쾌감 등에도 기본을 두었다.

또한 자동차 소음에 대해서 일본은 도로교통법 규정에 의한 조치를 요청할 수 있는 한도치, 즉 요청기준([소음규제법] 제17조 제1항)에 대해서는 지형고려한 〈표 5.12〉와는 별도로 자동차소음고려한 〈표 5.13〉과 같이 규정되어 있다.

이러한 기준에 대한 달성상황 초과달성에 대해서 1985년중에 실측한 4281 측정점의 측정결과에 의해 나타낸 것이 〈표 5.8〉이다. 일본의 자동차 소음환경기준을 달하고 있는 측정지점 비율은 15% 요청한도를 넘는 측정점은 전체 측정지점의 25%로 되어 있다.

〈표 5.13〉 지형에 따른 요청기준(일본)

지역의 종류	시간의 구분			비고
	주간	조석	야간	
특별한 정온유지	45phon(A) 이하	40phon(A) 이하	35phon(A) 이하	(해당지역) 환경기준에 관계되니 수역 및 지역의 지정권한의 위임에 관한 정령‘제2항의 규정에 의거 도·
주로 주거전용지구	50phon(A) 이하	45phon(A) 이하	40phon(A) 이하	

도로에 접한지역 특례	2차선	55phon(A) 이하	50phon(A) 이하	45phon(A) 이하	부・현지사가 지역을 지정한다.
	2차선 이상	60phon(A) 이하	55phon(A) 이하	50phon(A) 이하	(달성기간) 도로변 지역은 설정후 5년이내에
상당수 주거상공업병용		60phon(A) 이하	55phon(A) 이하	50phon(A) 이하	목표를 달성하도록 하며 도로교통량이 많은 간선도로에 접한지역,
도로에 접한지역 특례	2차선	65phon(A) 이하	60phon(A) 이하	55phon(A) 이하	그목표를 달성하기 어려운 지역은 5년을 초과할 수 있으나 가급적
	2차선 이상	65phon(A) 이하	65phon(A) 이하	60phon(A) 이하	빨리 달성되도록 노력한다.

〈표 5.14〉 **자동차 소음의 요청한도(1971년 6월23일 일본 후생성령 제3호) 개정 1971년 총리부령 제41호**

구역구분	차선수	시간구분		
		주간	조석	야간
제1종 구역	1차선 2차선 2차선 이상	55phon 70phon 75phon	50phon 65phon 70phon	45phon 55phon 60phon
제2종 구역	1차선 2차선 2차선 이상	60phon 70phon 75phon	55phon 65phon 70phon	50phon 55phon 60phon
제3종 구역	1차선 2차선 2차선 이상	70phon 75phon 80phon	65phon 70phon 75phon	60phon 65phon 65phon

주) 1. 제1종 구역~제4종 구역은 대략 다음과 같은 지역으로 도・부・현지사가 정한다. 제1종 구역은 제1종 주거전용 지역이고, 제2종 구역은 제2종 주거전용 지역, 주거지역, 제3종 구역은 근린산업지구, 상업지구, 준공지역이며, 제4종 구역은 공업지역이다.

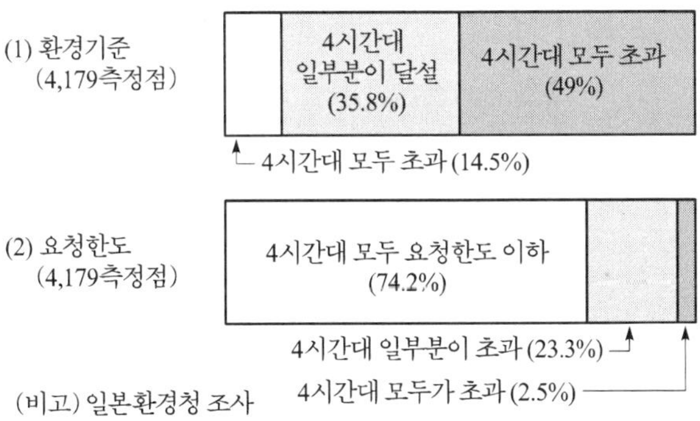

[그림 5.10] **일본의 환경기준 달성상황 및 요청한도 초과사항**

여기서 제1종 구역은 아주 정온(靜穩)을 요하는 지역이고, 제2종구역은 주거용도 지역, 제3종구역은 주거를 포함한 상공업용도 지역이다.

이러한 경향은 최근 6년간 계속해서 동일지점을 측정하고 있는 측정지점군의 데이터를 시간별로 비교해 보아도 거의 같은 상황에 있으며 뚜렷한 개선이 없다, 소음환경기준 달성상황이나 요청한도와 초과상황을 지역적으로 구별해 보면 [그림 5.8]과 같다.

주거전용 지역에서 정온을 유지할 필요가 있는 제2종 구역은 있어서 소음환경기준 달성률이 낮고 소음환경기준 달성률은 4%이며, 요청한도 초과 지점비율은 38%이다. 야간의 소음환경 달성 목적은 수면보장이며, 주간은 일상 생활보장이고 조석(朝夕)은 생리적인 악영향으로 인체에 무리없는 값으로 규정했다.

① 일본의 도로교통 소음대책은 다음과 같다.

- 도로교통소음대책
  - 발생원대책
    - 자동차 구조개선
      - 허용한도 강화
      - 차량검사, 점검정비 철저
      - 전기자동차의 개발 및 이용촉진 등
    - 주행상태 개선
      - 교통관제 시스템 및 신호기의 계통화 등 교통 원활화 추진
      - 최고 속도 제한, 차선 지정 등 교통규제 촉진
      - 과적차량, 정비 불량차량 등의 위반차량 규제
    - 교통량 억제
      - 대량 공공수송기관으로 전환
      - 공동수배송추진 등
  - 교통흐름대책
    - 도로망정비
      - 환경보전을 고려한 환상도로, 바이패스 등 도로 정비에 의한 도호기능 분화
    - 물류 대책
      - 물류시설의 적정배치로 대형차량의 도심부 진입 억제
    - 교통량 유도
      - 안내표지의 설치 등 바이패스 교통유도
      - 생활소음 규제지역으로 통과 교통 배제
  - 도로구조개선
    - 방음벽 등 설치
    - 환경시설대, 조경, 녹지완충공간의 확보
    - 노면 개량 등
  - 도로변 대책
    - 민가 · 학교 등의 방음 공사 및 이전 실시
    - 완충건물 유도
    - 도로주변지역 토지 이용의 적정화 등

② 일본의 소음환경 대책은 다음과 같다.

㉠ 도로 신설, 개축에 따른 환경영향평가 실시한다.

㉡ 감시 측정체제는 점차 강화시킨다.

㉢ 소음방지기술의 연구 · 개발을 추진한다.

㉣ 신규로 교통 시스템을 개발한다.

㉤ 자동차 사용에 따른 소음관리 적정화의 계몽활동 등을 한다.

(5) 일본의 자동차 소음대책

도로교통의 소음이 도로변지역에 주는 영향을 저감하기 위해 소음의 발생, 소음전파의 각 과정에서 적절한 대책이 필요하다. 자동차 본체로부터 소음규제 및 자동차구조 개선, 원활화, 규제 등에 의한 주행상태 개선, 자동차 교통총량 억제, 도로구조 개선, 토지이용의 적정화를 포함한 소음환경대책 등 여러 저감대책을 종합적으로 추진하는 것이 필요하다. 이러한 시전에서 정리된 도로교통 소음대책 체계를 수립해야 한다.

자동차 본체에서 소음을 줄이는 발생원 대책에 대해서는 시가지 주행시에 발생하는 최대 소음인 가속주행소음에 대한 규제는 1971년을 시작으로 점진적으로 규제가 강화 실시되어 왔다.

교통흐름 관리는 원활한 교통흐름 확보가 제일 중요하며 자동차 교통통행량의 억제, 교통운용제어방법, 특히 교통신호체계의 고도화 등이 필요하다. 도로구조 등에 관련된 대응으로는 우회도로건설이나 환상도로의 정비에 의한 도로기능을 분리시킴과 동시에 소음 감소효과가 높은 도로면 형상을 채택하고 방음벽, 환경시설대 등의 설치가 필요하다. 그리고 간선도로변에는 도로교통 소음에 의한 장애방지와 적정하면서도 합리적인 토지이용을 도모해 원활한 도로교통 확보와 양호한 시가지 형성에 투자하는 것을 목적으로 한(간선도로변 정비에 관한 법률)이 일본은 1980년 시행되어 완충건축물의 건축비 등의 부담, 방음공사 조성의 토지 매입자금의 무이자 대부 등이 시행되었다.

(6) 일본의 철도소음 규제

최근 소음공해문제는 생활의 편의를 위한 문명의 부산물로 지구촌 곳곳에서 주민생활의 질을 저해하는 요인으로 등장하여 심각한 사회문제를 야기시키고 있다. 특히 소음공해와 진동공해는 일상생활 중에서 가장 빈번히 접하는 공해로 도시인이 심리적, 정신적, 신체적인 피로를 가중시키고 있다. 따라서 정온한 생활환경 유지는 시급히 해결해야 할 과제로 대두되고 있으며, 육상 교통수단에 의한 소음은 승객들의 쾌적한 생활환경 욕구를 감안한다면 중요한 관심사가 되었다.

선진국에서는 이미 오래전부터 소음·진동에 대한 법적 대책마련과 이에 대한 소음·진동저감 방안에 대한 연구가 계속되어 왔다. 한국도 늦게나마 1993년 소음진동규제법이 제정되었고, 2013년 소음·진동관리법으로 개정되어 종래의 규제 대상에서 제외되었던 철도변소음과 항공기 소음, 공장 현장의 소음도를 규제하고 있다. 이에 따라 소음저감 대책이 시급한 형편이다. 철도의 운행제반 조건들은 다른 교통수단에 비하면 큰 장점이 있지만 소음·진동 부분에 있어서는 아직까지 해결해야 할 많은 문제들이 남아 있다.

① 국내외 철도소음환경기준

한국의 소음도기준은 1994년 11월 21일 총리령 제 473호로 공포되어 2000년 1월 1일부터 시행되며, 공포일 이후에 준공되는 철도는 2010년 1월 1일부터 소음규제한도를 적용하는 것으로 되어 있다. 그 자세한 기준은 〈표 5.14〉와 같다.

국가별 철도소음 환경기준의 주요내용을 요약하면 〈표 5.15〉과 같다. 대부분의 국가들이 L_{eq}를 기본 평가량으로 사용하면서 피크값 Lmax를 병용하는 경우가 많다. $L_{eq}(24)$는 해당 국가의 시간대별로 선정된 기준값을 24시간 평균한 등가소음도로서 다른 국가들과의 비교편의를 위해 사용된다. 소음환경기준이 두 가지로 제시된 경우는 적용대상지역의 특성(주거전용지역, 상업지역 등)에 따라 그 범위 이내에서 구체적인 기준이 정해짐을 의미한다. 24시간 L_{eq}를 기준으로 할 때 그 범위는 60dB(A)~65dB(A)가 대부분이고 노르웨이, 스웨덴 등은 이보다 낮은 기준을 적용하고 있다. 한가지 주목할 사실은 〈표 5.15〉에 제시된 13개 국가중 7개 국가에서 철도소음 환경기준의 소음지수로서 24시간 평균등가 소음도를 사용한다는 사실이다. 미국 동북부 지역의 신설철도에 적용되는 L_{dn} 기준도 낮과 밤의 기준으로 24시간 평균소음도라는 점에서는 기본적으로 동일하다.

〈표 5.15〉 **국내 교통의 도로소음과 철도소음 한도값**

대상지역	소음한도[L_{eq} dB(A)]			
	도로소음		철도소음	
	주간 06:00~22:00	야간 22:00~06:00	주간 06:00~22:00	야간 22:00~06:00
주거지역 등	68	58	70	60
상공업지역 등	73	63	75	65

② 철도소음의 발생원인과 특성

철도에서 발생되는 주요 소음발생원은 차바퀴와 레일에서 발생하는 전동소음과 차체에서 발생되는 구동장치소음, 빠른 운행속도에 따른 차체와 전기접착장치의 공기마찰소음, 구조물과 지반을 통하여 전달되는 저주파 소음이 있다. 이 밖에도 팬터그래프와 전차선 사이의 전기접착전소음이 있다. 하지만 소음의 발생원인은 매우 복잡하여 그 원인을 완벽하게 규명하기는 어려우며 이제까지 밝혀진 주요 원인을 간단히 정리하면 〈표 5.16〉과 같다.

차륜·레일의 소음(전동소음)은 열차의 속도가 증가할수록 높아져서 대개 80km/h 이상의 속도구간에서는 다른 기계적인 소음을 압도하는 주요 소음이 된다. 차바퀴와 레일 소음발생의 메커니즘은 차바퀴와 레일의 상호작용이며, 그 크기는 속도의 3승에 비례하나 차륜·레일 작용면의 상태에 따라 변화할 수 있다. 연결부위가 평탄하게 용접된 직선궤도 구간을 달리는 열차는 폭넓은 주파수 소음을 지속적으로 발생시키는데 이 소음을 전동소음(rolling noise)이다. 이 경우에 열차바퀴는 고주파 성분이 주로 발생하고, 레일에서는 저주파 소음이 발생한다.

〈표 5.16〉 **세계각국의 철도소음기준** 단위 : dB(A)

국명	소음지수	대상	시간	기준값	비고
독일	Lr Leq~5dB	신규 및 변경선 (토지이용계획)	06~22 22~06	59(50~55) 49(40~49)	기준
오스트리아	Lr Leq~5dB	신규 및 변경선	06~22 22~06	60~65 50~55	기준
덴마크	Leq Lmax	신규	24	60 85	권고
프랑스	Leq	신규(TGV)	24	기존주택전면 65 주거전용지역 60 주상혼재지역 70	권고 Leq(24hr) 환산치=60~70dB(A)
영국	Leq Lmax Leq	신선 국제선	06~24 24~06 24 24~06	68 63 85 66 61	제안된 기준
홍콩	Leq Lmax	기존선 및 신규 (신주거지 계획)	24 23~07	65 85	기준
일본	Lmax	신규(신간선)		70	기존
네덜란드	Leq	신규	07~19 19~23 23~07	60 55 50	기준
노르웨이	Leq Lmax	신규	24 23~07	50~60 80	권고
스웨덴	Leq Lmax	신규 및 신주거지	24	55 70	초안
스위스	Lr=Leq~5dB	신규	06~22 22~06	60 50	기준
미국	L_{50}	신규	06~22 22~06	45~50 55~60	미국수송협회 지침
미국동북부		신규(고속철도)			Leq(24hr)환산치

진동소음은 차륜과 접하는 레일 표면의 미세한 요철(凹凸)에 따른 진동, 차량의 급제동으로 발생된다. 그래서 차륜의 특정부위만 집중 마모되어 곡률(曲率)이 직선화 되거나 레일 위를 주행하는 과정에서 부분적인 미세한 요철로 인하여 레일을 치거나 슬립(slip) 현상에 의해 발생한다. 또한 철도에서 레일의 이음매부분, 분기첨단, 크로싱 결선부 또는 신축이음매 레일 등의 레일 결선부를 통과시 차바퀴와 레일 사이의 충격에 의하여 소음이 발생하거나 이와는 다른 긴 레일 구간에서 용접부의 평탄성 관리 소홀로 굴곡된 용접부위에서 발생하는 소음도 있다.

또한 차량이 급곡선 통과시 차바퀴가 선로 외측 레일을 자르는 듯이 밀면서 주행을 하게 되는데 이때 마찰에 의하여 소음이 발생하기도 한다.

이 밖에도 열차에 전력을 공급하는 팬터그래프 시스템에서 발생하는 소음과 주행하는 열차표면의 공기역학적 메커니즘에 의해 발생하는 공기마찰력 소음과 추진장치, 냉방장치 등의 보조장치에서 발생하는 소음, 차량의 주행시 진동이 구조물에 전달되어 발생하는 소음 등이 있다.

〈표 5.17〉 **철도소음 발생원**

<table>
<tr><th>종류</th><th>정의</th><th>소음발생원</th></tr>
<tr><td>전동소음</td><td>차바퀴와 레일의 접촉에서 발생하는 차바퀴·레일소음</td><td>• 레일 표면 요철의 진동에 의한 진동
• 레일과 접척되는 차륜의 요철
• 레일 결손부 통과시 차륜과 레일 사이의 충격
• 차량의 급곡선 주행시 선로외측에 발생하는 차륜의 마찰
• 소음의 크기는 속도의 3승에 비례</td></tr>
<tr><td>펜터그래프 시스템 소음</td><td>열차에 전력을 공급하는 펜터그래프 시스템에서 발생하는 소음</td><td rowspan="2">• 열차의 속도에 따라서 그 중요도가 변화(차체 표면에서의 공기마찰력소음은 저속에서 문제가 되지 않지만 속도가 증가할수록 소음의 크기가 커져서 열차속도가 200km/h를 넘게 되면 모든 소음을 압도하는 지배적 소음이 됨
• 소음의 크기는 속도의 6～8승에 비례</td></tr>
<tr><td>공기마찰력 소음</td><td>달리는 열차의 표면에서 공기역학적 메케니즘에 의해 발생하는 소음</td></tr>
<tr><td>보조장치 소음</td><td>추진장치와 냉방장치 등 보조장치에 의한 각종 소음</td><td>• 추진장치(전동기, 추진축 등)와 각종 보조장치(냉각펜, 에어컨 등)의 소음은 고속 주행시에는 다른 소음에 비해 상대적으로 중요다가 떨어지지만 저속주행시에는 차륜·레일 소음에 버금가는 중요도를 갖음
• 소음의 크기는 속도에 비례</td></tr>
<tr><td>구조물 소음</td><td>차량주행에 따른 진동이 구조물에 전달되어 발생하는 소음</td><td>• 주로 궤도의 진동이 구조물에 전달되어 발생하는 소음
• 특히 궤도의 불안정에 의한 충격
• 궤도의 충격흡수 능력부족에 의한 충격
• 이음매 및 크로싱 결선부 통과시 발생하는 충격 등이 구조물에 전달되어 발생</td></tr>
</table>

③ 소음저감 방안

철도의 환경소음저감 기술개발은 정온환경과 승객의 안락감 향상의 두 가지 목적이 있다. 철도소음은 소음피해자 위치에 따라 차내 소음과 선로연변(線路沿辺) 소음으로 나뉠 수 있는데 어디까지나 소음피해자 위치에서의 구분일 뿐 소음발생원은 결국 똑같다. 따라서 철도소음을 감소시키기 위해서는 결국 소음원을 없애거나 감소시키는 방법이 가장 좋은 방법이며 근본적으로 소음발생원을 차단시키지 못하는 경우는 간접적인 방법, 즉 소음 전파경로를 차단하거나 분산시키는 방법을 사용하여야 한다. 따라서 각 분야별로 많은 소음저감 대책이 있는데 알아보면 〈표 5.18〉과 같다.

최근 외국에서 연구되고 있는 소음·진동 방지기술의 예는 다음과 같다.

㉠ 방진레일은 레일의 바닥 측면에 방진재료를 부착한다.
㉡ 레일 방진재는 레일 저부에 연질금속고무 방진재료를 설비한다.
㉢ 레일 방음판은 레일 근방에 방음판으로 레일을 피복한다.
㉣ 소음 자갈은 터널 측벽에 소음 자갈을 포설한다.
㉤ 방진 침목은 PC침목 하부에 탄성체를 부착한다.
㉥ 역ㄴ형 방음벽은 방음벽에 지붕을 달아 차체 가까이에서 차단한다.
㉦ 하부 차음판은 터널 하부에 진동 차단을 위해 별도 기초의 차단판을 설치한다.
㉧ 역ㄴ형 흡음 방음벽은 역ㄴ형 방음벽 내부에 흡음재료를 설비한다.

그리고 흡음재는 250Hz, 500Hz주파수를 중심으로 흡음성능이 우수한 재질과 두께를 설정하고 최소 면적으로 최대의 감음효과를 올릴 수 있도록 적정한 크기, 각도와 위치 등을 선정하여야 한다. 재질은 난연성이나 자기소화성은 물론이고 연소에 따른 유독가스 발생이 적어야 하고, 열차풍압과 먼지의 발생 및 비산이 없어야 하며 습기, 시공성, 유지관리, 경제성 등을 종합검토 하여야 한다.

〈표 5.18〉 **분야별 소음저감 방안**

분야	소음저감방안
궤도변화분야	• 레일의 주기적 연마와 레일 표면 조도관리 • 레일의 중량화, 장대화 및 레일 용접시 품질확보 • 궤도 부설시의 품질확보 • 터널 측벽의 흡음재설치 • 저진동 궤도 시스템의 채택(STEDEF 궤도 등) • 궤도의 진동차단(교량 및 u-type 구간 바라스트 매트) • 단선보다는 복선터널의 경우 터널단면적이 클수록 철도소음이 작다.

구조물분야	• 터널벽체에 인공요철설치 • 구조물에 의한 진동차단 • 구조물에 있어서 흡음(방음벽의 내측이나 터널 벽체와 상부측에 흡음재 부착) • 차량의 이중 흡음형 차체 채택이나 창문유리의 두께조정 및 패킹재로서 개량
차량분야	• 방음 차륜 및 차륜 답면의 구배변경 • 집전장치의 개량 • 차륜단면의 관리 • 모터, 냉방기 등 기기의 소음저감

④ 해외기술개발 동향

소음세기는 소음을 예측하기 위해서 필요하고, 소음발생원의 특성 데이터와 전파특성에 관련된 여러 가지 제반 기술에도 필요하다. 소음발생원의 위치나 주파수별 공간상의 특성을 파악하는 방법으로는 진동하는 물체의 진동주파수 분석과 동시에 소음분석을 하여 소음발생원을 유추하거나, 소음세기(acoustic intensity)탐지기를 이용하여 소음발생원을 파악하는 방법이 있다. 이 밖에도 마이크로폰 어레이(microphone array)를 이용한 소음발생원 특성파악과 음장 가시화방법이 있는데, 이들 중에서 대표적인 방법으로 소음 홀로그래피(acoustic holography)과 방위각 추정방법론(beamforming method)이 있다. 이처럼 소음발생원 규명방법론들은 각각 이론의 접근 논리가 다르고, 특성 및 구별이 되는바 응용분야도 각각 다를 수 있다. 고속전철의 경우에 고속으로 이동하는 일정한 구간별 길이의 소음발생원에 해당되기 때문에 이에 따른 계측기술, 시스템 제작과 분석기술이 필요하다. 특히 고속전철을 보유하고 있는 독일, 프랑스, 한국 등에서는 마이크로폰 어레이(microphone array)를 이용하여 소음발생원의 정량적, 정성적 분석을 하고 있다. 그리고 고속주행시 TGV family에서 방사되는 소음발생원을 마이크로폰 어레이를 이용하여 측정한다. 특히 철도소음은 속도가 증가함에 따라 커지고, 이를 저감하기 위한 소음발생원의 측정은 다음과 같은 분야가 선결되어야 한다.

㉠ 교통소음은 차량으로부터 전파되는 소음을 예측한다.
㉡ 방음벽 설계는 다양하게 설계될 방음벽의 효과를 예상 및 검증한다.
㉢ 열차설계는 교통소음발생원에 따라 공기역학적 설계를 향상시키고, 저소음차량 설계에 중요한 정보를 제공한다.

그리고 차량설계자 및 소음설계자는 위와 같은 특징을 이용하여, 필요한 정보를 소음저감 방안(저소음 차량, 교통소음 예측 및 방음벽 설계)에 충분히 반영하여야 한다.

소음 예측기술 경우에 소음전파의 모델링 기법과 해당 지역에 대한 기후나 지표면에 대한 소음 유전율(sound impedance)의 기초자료가 구축되어 있어야 하는데 선진국의 경우 오래 전부터 이 분야에 대한 연구가 진행되어 왔다. 미국, 호주, 캐나다 등 여러 국가에서는 도로교통소음에 대한 소음예측 프로그램을 상용화되었다. 프랑스, 독일 등 고속전철 보유국가는 고속전철에 의한 소음예측 프로그램을 개발하여 현재 이용중에 있다. 프랑스의 경우 고속전철 소음예측용 프로그램인 MITHRA를 판매하고 있으며, 이를 이용한 방음벽 설계용역을 활발히 실시하고 있다.

방음대책의 경우 미국, 프랑스, 독일, 일본 등의 선진국들의 경우에 방음벽이나 주택방음에 대한 상당한 기술력을 축적하고 있다. 철도교통소음 방음벽은 일반 육상교통 소음의 경우와는 달리 소음발생원의 높이, 위치에 따라 그 특성이 다르며, 고속으로 인한 풍압 발생에 안전해야 한다. 또한 프랑스나 일본 등에서는 방음건축 연구에 상당한 투자를 하고 있으며, 민원발생시 대비해 보상차원에서 주택에 방음시설을 해주고 있다.

철도의 실내 소음은 고급 운송수단이라는 점에서 이에 대한 승객들의 평가를 결정짓는 중요한 요소 중 하나이다. 쾌적한 승차감이 주로 소음과 진동으로 결정되어진다고 볼 때 실내소음의 저감은 대단히 중요하다.

고속철도 제작국가들의 경우 실내소음은 차량실내 소음 분포해석 기술과 고체소음 전달 해석기술, 실내 공간을 구성하고 있는 건축물의 마감재에 대한 음향학적 특성해석과 제조기술 면에서 많은 경험이나 데이터를 축적하고 있다.

[그림 5.11] **저철도소음 기술개발**

⑤ 국내기술개발동향

고속전철 보유국가를 제외하고는 고속 이동소음발생원에 대한 해석방법에 대한 연구가 비교적 부족한 편인데, 우리나라는 KAIST의 NOVIC 연구팀에서 이에 대한 기술개발을 추진중에 있다.

또한 환경오염 예측기술의 경우 도로교통소음에 비하면 활발히 연구가 진행되고 있으나, 한국 기후와 지형조건에 대한 충분한 기초자료(data base)구축이 되지 않은 관계로 많은 수정, 보완이 필요하다.

방음벽의 경우에 최근들어 도로교통 소음에 대한 연구가 활발히 진행되고 있으나, 고속 전철용 방음벽의 경우는 일반 도로교통 소음의 경우보다 소음발생원의 분포와 위치가 다르며, 풍압 등 고려해야 할 사항이 많으므로 이에 대한 연구가 추가로 필요하다. 주택방음의 경우에 아직 체계적인 연구는 미흡한 상황이다.

최근 국내에서도 차량의 고급화와 관련하여 자동차 실내 소음저감을 위한 많은 연구가 수행되고 있다. 하지만 자동차와는 소음발생원이 크게 차이가 있어 열차에 대한 실내 소음해석 및 저감 기술은 아직 미흡한 상황이다. 또한 차량 내부의 복합 마감재에 대한 음향학적인 이론해석과 성능예측기법에 대한 연구도 아직 상용화 단계이다.

철도와 관련된 환경소음 예측이나 저감기술에 대한 국내의 기술수준은 일부를 제외하고는 매우 활발하다. 기술 선진국으로부터의 기술도입을 고려할 수도 있겠으나 소음의 경우 해당 국가의 기후나 지형조건 뿐만 아니라 문화적, 사회적 배경 그리고 주거형태에 따라 많은 변수가 존재하기 때문에 한국적인 상황을 고려한 소음예측 기술과 저감대책이 필요하다. 또한 소음발생원에 대한 해석기술의 경우 독자적인 기술확보가 뒷받침되지 않는다면 고속전철의 특성상 중요한 요소 중의 하나인 운행소음에 근본적으로 대처할 수가 없다.

앞으로 철도의 상품화와 기술수출도 상당한 제약조건으로 작용하고 있다.

최근들어 기술전쟁이 심화됨에 따라 선진국들의 첨단기술에 대한 보호추세가 강화되고 있는 상황하에서 기술도입에는 한계가 있을 수 밖에 없다. 특히 고속전철 수출국인 프랑스의 경우에 소음예측 프로그램의 판매보다는 용역을 원하고 있어 우리의 독자적인 기술확보가 없는 한 자칫 기술종속될 우려마져 있다. 그래서 초기부터 체계적이고 종합적인 소음저감 기술에 대한 연구가 필요하다. 이에 따른 연구결과는 관련 기술의 향상에 크게 기여하게 되는 바 고속전철 소음에 의한 생활환경보전에 만전을 기할 수 있는 친환경소음저감기술이 환경학적으로 건전하고 지속가능하도록 개발되어야 한다.

5.3 소음방지계획

1. 소음방지기본계획수립

(1) 기본계획

소음은 인간의 생활환경의 중요한 인자로써 그 기본계획을 실시할 경우는 소음방지에 대한 충분한 검토가 필요하다.

소음방지의 대상이 되는 소음발생원은 교통소음(자동차, 철도, 항공기 등), 공장소음처럼 건물밖에서 발생하는 소음과 공기조화, 엘리베이터 등처럼 내부에서 발생하는 소음이 있다.

① 소음방지계획을 세우는 방법

㉠ 소음이 문제로 된 지점인 수음점의 위치를 확인한다.

㉡ 수음점에 있어서의 소음의 실태조사(소음도, 주파수 분석 등)를 실시한다.

㉢ 수음점에 있어서 소음의 목표값(소음배출허용기준)을 확인한다.

㉣ 실태조사결과에서 어떤 음색 및 주파수가 문제인가 확인한다.

㉤ 실태조사와 목표값의 차에서 어느 주파수를 얼마 정도를 감소하면 좋은가를 검토한다.

㉥ 문제의 대상이 되는 주파수의 발생원을 조사한다.

㉦ 소음의 발생원을 검토하고 발생원의 제거와 소음감소에 노력한다.

㉧ 소음 발생원 대책은 발생지점에서 피해지점까지의 실태를 조사하고 필요 주파수의 특성별로 작성한다.

㉨ 대상 주파수 특성을 발생원 대책과 전달경로 대책으로 구분해서 종합계획에 의해 대책을 세운다.

㉩ 종합계획에 따라 대책실시를 추진한다.

(2) 소음방지 계획의 순서

소음방지시 먼저 소음발생원(S)에서 수음점(R)까지의 전달경로(P)를 파악한 뒤에 문제점을 검토한다. 그리고 조사(간이 · 일반 · 전문)와 측정 · 평가 · 대책 방법 선정, 대책을 위한 시공을 동시에 기본절차를 거친 후 종합평가해서 다음과 같은 절차를 수립하여야 한다.

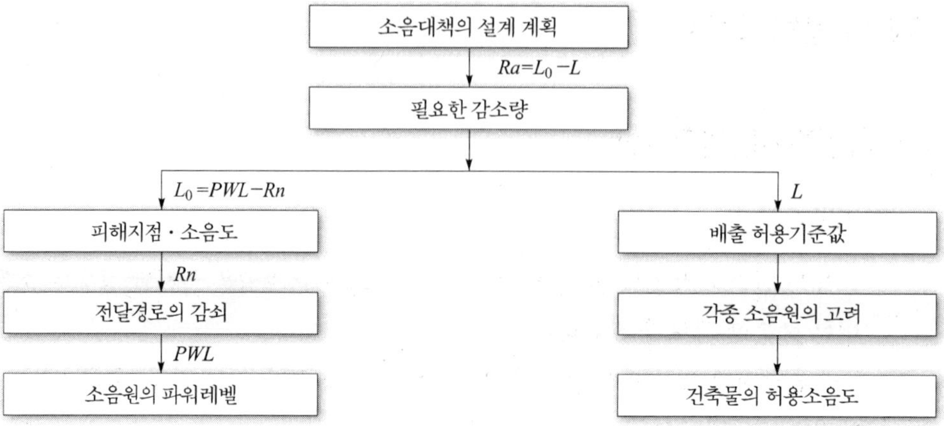

[그림 5.11] **소음방지 설계 계획흐름**

① 필요 소음감소량(Rn)

㉠ 소음발생원의 판정

ⓐ 소음발생원의 추출은 많은 소음에서 양적으로 큰 발생원이 어느 것인가를 판정해 이에 대하여 제일 먼저 계획수립이다.

ⓑ 소음발생원의 정량은 소음발생원 각 옥타브대역(octave band)에 대한 소음출력값과 지향성에 관한 자료(data 등)를 입수하거나 실측해서 소음발생원을 추출해 등가 파워레벨의 주파수 특성을 분석한다.

㉡ 전달경로의 판정은 소음발생원으로부터 수음점까지 어떤 경로를 따라 소음이 전달되는가를 명확히 파악해 자연감소를 계산한다.

ⓐ 덕트(duct)를 통하는 공기소음이다.

ⓑ 칸막이 벽을 투과하는 공기소음이다.

ⓒ 기계 기초로부터 구조체를 통해 전달되는 고체소음이다.

㉢ 허용값의 결정은 수음점의 허용값을 평가하는 데는 과거에는 NC(Noise Criteria) 곡선을 사용했지만 최근에는 NR(Noise Rating) 곡선과 NRN, Leq를 많이 사용한다. 소음발생원 및 전달경로가 두 개 이상일 경우 그 각각의 허용값을 규정하고 그 총합이 그 장소의 허용값에 만족하도록 해야 한다.

② 소음발생원

㉠ 기류(공기)소음

ⓐ 맥동소음은 주기적인 흡입과 토출에 의하여 발생된다.

㉮ 엔진, 압축기 등의 흡 · 배기소음

ⓑ 난류소음은 기체 흐름중 소용돌이 흐름에 의하여 발생된다.

예 관의 굴곡부, 빠른 유속, 밸브 등의 소음

ⓒ 대책강구는 분출유속의 저감, 관의 굴곡률 완화, 밸브(valve)의 다단화 등이다.

㉡ 고체소음

ⓐ 동적 발생기구는 마찰, 충격 등과 같은 기계의 운동에 의해 발생한다.

예 배아링, 열차바퀴 등의 소음

ⓑ 정적 발생기구는 기계, 프레임 등의 진동에 의하여 발생한다.

ⓒ 고체소음의 방지대책은 가진력의 억제, 공명방지, 방사표면의 축소, 방진처리, 제진(damping) 등으로 감소시킨다.

(3) 소음방지 계획

① 공장소음

㉠ 공장의 신설 및 증설할 경우

ⓐ 지역구분에 의한 공장부지 경계선에서의 소음도가 규제기준값 이하가 되도록 설계한다.

ⓑ 특정공사일 경우는 방지계획 및 설계도를 첨부해야 한다.

ⓒ 공장건축물, 구조물에 대한 방음설계, 기계자체 및 조합에 의한 방음설계 계획을 수립한다.

㉡ 기존 공장일 경우

ⓐ 지역구분에 의한 공장부지 경계선에서의 소음도가 배출허용기준값 이하가 되도록 설계한다.

ⓑ 공장 건축물, 구조물에 대한 방음설계, 기계자체와 조합에 의한 방음설계 계획을 수립한다.

ⓒ 공장 내에서 기계배치를 바꾸거나 소음도가 큰 기계를 부지경계선에서 먼 곳으로 이전해 설치한다.

② 도로교통소음

㉠ 기존도로일 경우

ⓐ 환경기준 소음도를 초과한 도로는 완전 차폐나 방음벽을 설치한다.

ⓑ 도로면 상태를 충분히 계획하고 검토해 설계한다.

ⓒ 특히 문제가 되는 주거지역의 주거밀집 지대를 통과하는 고속도로, 지하철 등은 부분적으로 속도제한을 실시할 계획을 수립한다.

㉡ 신설도로일 경우

ⓐ 환경기준 소음도를 초과하는 도로는 완전 차폐 및 방음벽을 계획한다.

ⓑ 도로면 계획을 충분히 검토하여 설계할 뿐만 아니라 고가고속도로의 경우는 도로구조 설계를 충분히 검토한다.

ⓒ 도로의 노선 설정계획시에 인구 밀집지대를 피하거나 이와 같은 과밀지대의 경우는 부분적인 지하차도의 설치도 검토한다.

③ 건설소음

㉠ 건설구조의 제거작업일 경우

충격 파괴형 공사는 작업공정을 다른 공법으로 바꾼다.

㉡ 신설작업일 경우

ⓐ 항타, 강철판 등을 직접 박는 공법이 많이 사용되고 있는데 이를 earth drill로 뚫은 후 항타작업을 하든지 진동해머(hammer)를 사용하는 공법으로 변경해야 한다.

ⓑ 건설기계에 의한 소음은 차음 상자에 의한 방음계획을 하는 등의 공법을 수립한다.

ⓒ 특정공사 승인신청시에는 상기계획 외에도 작업시간 계획을 수립시 환경기준 소음도가 높은 시간대를 선정해야 한다.

(4) 소음방지시설 계획순서

소음방지의 기본적인 계획실시의 순서는 다음과 같다.

① 대상환경조건과 소음발생원을 조사

소음발생원의 종류, 공장의 경우는 기계의 종류, 성능, 설치조건, 대상 장소의 배치, 주변지역의 건물과 구조물의 배치, 발생시간, 발생지속 시간, 빈도율 등을 조사한다.

② 소음도를 측정

소음발생원, 소음·진동 관리법 관리기준에 의한 측정위치, 시간별 소음도를 측정한다.

③ 주파수를 분석

현장에서 주파수의 분석기나 기록계로 실시나 불가능할 경우는 녹음기에 녹음한 후 분석한다.

④ 소음감소량을 측정

감소조건의 조사와 측정, 전달경로의 조사, 1차 고체전달소음, 2차 고체전달소음과 공기전달소음 등을 측정한다.

⑤ 감소량을 설정

지역구분에 따른 배출허용 기준값과 실측값으로부터 감소량을 설정한다.

⑥ 감소량(보정값)계산을 해석검토

㉠ 특수한 도로교통, 건설작업 등의 소음방지 시스템(system)일 경우는 소음감소 시스템을 검토한다.

㉡ 건물의 구조, 내외벽, 틈새 등을 검토할 경우는 공장소음의 발생측과 피해자측 양쪽의 조사결과를 기초로 하여 검토한다.

㉢ 공장기계, 건설작업용 기계 등은 부품의 교환, 기구의 개조나 소음기의 부착, 방음덮개 등을 설비하는 소음발생원대책을 검토한다.

㉣ 차음구조물의 설치, 방음터널 구조물의 설치 등을 검토한다.

㉤ 소음발생원에서 근무하는 인접 근로자는 귀마개 등 대책과 음폐(masking) 등의 물리적, 심리적인 대책을 강구한다.

㉥ 마스킹효과(masking effect)는 어떤 소리가 또 다른 소리를 들을 수 있는 능력을 감소시키는 현상이다.

⑦ 방음설계

소음·진동관리법상 배출시설에 적합한 방음시설을 설비한다.

⑧ 경제성 검토

㉠ 소음 배출원 현황(2014년 환경백서 자료)

ⓐ 업소수 : 35,869개소(허가업소 968개소)

ⓑ 차량 1,887만대(주행거리 81.3km)를 위한 방음벽 설치(고속도로 등)를 하였다.

ⓒ 중장비 3.2만대는 특정공사 신고를 하였나.

ⓓ 항공기 이·착륙은 1일 940회이었다.

ⓔ 생활소음은 규제(1983년 11월부터 규제실시)하고 있었다.

㉡ 경제개발계획 중 대책내용

ⓐ 주요대책

i) 소음배출시설 단속강화로 방지시설의 설치를 촉구했다.

ii) 주거지역 내 배출업소를 이전시켰다.

iii) 항공기 소음관리(소음자동측정망 설치, 소음피해 저감대책 수립, 소음관리 제도 마련, 소음부과금 제도 수립)를 추진했다.

iv) 소음관리지역을 지정하고 관리했다.

v) 교통소음 저감대책을 추진(주거지역 보호 방음벽 설치제도)했다.

vi) 국민계몽 및 홍보를 강화했다.

ⓑ 사업자의 비용부담

사업자, 그밖에 소음발생의 원인을 직접 일으키게 하는 자(원인자)는 그 사업활동으로 인한 환경오염을 방지하기 위하여 국가 또는 지방자치단체(시행자)가 실시하는 사업에 필요한 비용의 전부나 일부를 부담하였다.

㉢ 소음과 경제

소음이 경제에 미치는 상호관계를 알기 위해서는 경제활동이 환경에 어느 정도 소음공해로 인한 영향을 미칠 것인지나 소음공해로써 야기되는 경제적 피해는 어느 정도이며, 이에 따른 소음방지시 경제적으로 미치는 영향은 어떤 것인가를 볼 때 환경과 경제가 다루어져야하는 기본과제는 다음 3가지로 볼 수 있다.

ⓐ 소음공해의 원인에 관한 경제분석을 지속적으로 해야 한다.

ⓑ 소음공해의 영향에 관한 경제분석을 지속적으로 해야 한다.

ⓒ 소음 · 진동의 공해의 방지에 관한 경제분석을 지속적으로 해야 한다.

㉣ 경제적인 소음대책 순서

가장 비용이 적게 들면서 효과적인 순서는 일반적으로 소음문제가 발생되면 소음발생원대책을 검토한 후 여러 가지 대책 중 차음, 흡음을 우선적으로 고려하는 것이 효과면에서도 확실하고 비용면에서도 가장 효과적이다.

ⓐ 음원대책은 소음발생원에서의 저감대책 마련해야 한다.

ⓑ 차음은 소음발생된 상태에서 저감대책 마련해야 한다.

ⓒ 흡음은 소음발생된 상태에서 저감대책 마련해야 한다.

⑨ 시공

㉠ 소음방지를 위한 순서

계획 | 대상기계, 작업의 조건 · 성질, 기상환경 등 조사

↓

측정 | 소음발생원, 규제위치의 소음도 등 측정음원의 주파수 분석, 녹음기에 의해 측정기록

↓

분석 | 측정결과, 공장소음배출허용기준값을 감소목표값으로 설정, 기계자체의 대수, 해석, 발생소음의 감음분석

↓

설계 분석자료, 설계사양, 장치규격, 흡음·차음의 재료선정, 소요지지율 산출

↓

공사 설계에 따라 시공, 시공후 방음확인

㉡ 방지계획

ⓐ 공장 소음일 경우(공장을 신설, 증설 및 기존공장)

i) 지역구분에 따른 부지경계선에서의 소음도가 배출허용기준 이하가 되도록 설계한다.

ii) 특정할 공장일 경우에는 방지계획, 주위환경과 설계도를 첨부한다.

iii) 공장 건축시 건축물, 구조물에 의한 방음설계, 기계자체 및 조합에 의한 방음설계를 수립한다.

ⓑ 공사장 생활 소음일 경우(건설구조의 제거·신설작업)

i) 충격파괴와 항타작업은 진동해머 공법으로 변환시킨다.

ii) 건설기계소음은 차음상자(box)에 의해 방음계획을 수립해야 한다.

iii) 특정공사일 경우 승인신청서에 작업시간 계획을 세워 소음도가 높은 시간대를 선정한다.

ⓒ 도로교통 소음일 경우(기존·신설 도로)

i) 배출허용 기준 값을 초과한 도로는 완전 차폐나 방음벽을 설치해야 한다.

ii) 도로면의 계획을 사전에 충분히 검토해야 한다.

iii) 주거지역 특히 주거밀집 지대를 통과하는 철도, 고속도로, 지하철 등은 부분적으로 속도제한을 실시하는 계획을 세워야 한다.

ⓓ 항공기 소음일 경우

i) 소음 자동측정망을 더 확대해 설치해야 한다.

ii) 소음 피해저감대책을 수립해야 한다.

iii) 소음 규제제도를 강화해야 한다.

iv) 소음 부과금제도를 마련해야 한다.

(5) 소음·진동 기본계획

현대 산업사회에서는 대량 생산과 대량 소비 체제를 맞이하면서 인구문제, 자원고갈, 소음과 진동의 공해문제에 대한 관심은 점점 심화되어 가고 있다. OECD(경제개발협력기구)는 1972년 오염자 부담원칙(3P)을 결의한 바 있고, 1974년에는 환경영향평가의 의무화를 결정한 바 있으며 1979년에는 인류는 경제활동이 환경에 미치는 모든 형태

의 영향에 보다 많은 배려를 하지 않을 수 없다라고 했다. 한편 앞으로 기후변화 때문에 인간활동에 크게 제약을 가할 가능성이 높을 것으로 알려지고 있다.

우리나라의 추진계획도 제일먼저 의식주 문제가 해결이 되는 GNP 20,000달러를 넘어서는 현시점에서 국민들의 다양한 환경요소들을 관리해주고 깨끗한 환경과 정온한 곳에서 여가생활을 충족시켜 주는 방향으로 전개되어질 것이다.

Volding박사는 일찍이 "인류의 평등은 생산과 성장의 문제라기보다는 오늘날의 식량, 물 등의 고갈로 생존의 문제"라고 하였다.

① 추진계획

㉠ 환경보전사업의 종합적 추진

ⓐ 장기 종합계획 수립

i) 2020년까지의 범정부적 차원에서 환경보전 장기종합계획 수립한다.

ii) 환경관련사업의 우선 순위에 따라 종합과 체계적으로 수행해야 한다.

iii) 피해우려지역의 환경개선 대책에 우선순위 부여와 중점적으로 추진한다.

ⓑ 지역환경보전 계획

i) 환경투자 재원확대를 위한 정부의 역할을 강화해야 한다.

ii) 환경투자 재원확대 방안을 강구해야 한다.

iii) 원인자 비용부담제도를 정착시킨다.

㉡ 환경관리기능의 체계화

ⓐ 환경영향권역 설정

i) 소음・진동 영향권역 설정을 종합적으로 검토한다.

ii) 영향권역별 환경관리 대책을 수립, 촉진시킨다.

iii) 영향권역별 환경용량과 환경기준 소음도를 단계적으로 설정한다.

iv) 주요 배출시설 관리를 전산화한다.

v) 배출허용기준을 단계적으로 강화시킨다.

vi) 배출부과금 제도를 개선한다.

ⓑ 지역환경보전 계획 확보

i) 환경보전 장기종합 계획에 포함된 지역간의 환경보전 계획을 수립하고 시행한다.

ii) 지역간 균형발전과 환경질 개선을 유도한다.

㉢ 환경보전 대책의 효율적 추진계획

주거지역 내 소음 배출시설의 이전, 교통소음 저감대책의 추진, 소음관리 지역을 지정하고 관리한다.

㉣ 진동의 규제

1987년부터 진동을 소음에서 별도 분리해 초가집이 금이 갈 정도이며, 즉 2도에 해당하는 지진 이상부터 관리하고 주요 관광지, 학교, 학교주변 등 소음관리 지역을 설정해 전국 16개소를 지정하여 고시했다.

㉤ 통계자료

ⓐ 연차별 항공기 소음저감 등의 전체 환경기술 개발 및 산업화자금 지원은 1997년까지 270억 원, 1998년 40억, 1999년 40억이고 2012년 이후는 100억 원이다.

ⓑ 환경부는 항공기 소음대책 수립 위해서 14개 공항에 90개의 자동측정망에서 항공기소음도를 측정하고 있다.

ⓒ 환경분쟁의 82%가 층간소음, 발파소음, 발파진동, 교통소음 등으로 정신적 피해사건이어서 방음 대책이 시급하다.

② 환경보전활동

㉠ 공항주변항공기소음

ⓐ 1998년부터 항공기 소음특성과 분포현황을 파악과 예측하는 방법을 실시해서 향후 공항의 신설이나 증설에 대비해 공항 주변에 소음문제가 없도록 노력하고 있다.

ⓑ 국토교통부는 공항주변의 소음저감대책과 피해모델링을 확립했다.

㉡ 소음계 및 부속기기 검사실시

측정기기의 자체 부정확성에 의한 오차를 최소화하고 통일성을 유지하기 위해 형식승인과 정도검사가 실시되었다.

㉢ 공장소음

고정소음원으로 1993년부터 배출시설 허가를 실시했으나 정온지역(학교, 공공도서관, 공동주택, 병원 등)에서만 허가대상이고 그 외의 지역은 신고로 변경했다.

㉣ 환경소음 측정망

인구 50만명 이상의 25개 도시 도로변지역 62개소에 환경소음자동측정망이 설치와 소음지도 작성해 소음노출에 따른 정책수립의 기초자료확보와 대책수립을 하기 위해 운영하고 있다.

㉤ 소음정온시설

2013년 3월 7일 개정되어 정온을 요하는 학교 · 종합병원 · 영유아 보육시설 · 노인의료복지시설원 · 공공도서관 · 공동주택주변지역 및 주거지역 · 취락지역에 있는 허가받았던 업소는 39,899개 중에서 968개 소로 전체의 2.7%에 불과하다.

㉥ 홍보강화

ⓐ 홍보는 다시 말하면 PR(Public Relation)인데 널리 알리는 행위로서 올바른 일을 올바른 방법으로 정당한 시간에 수행을 한 뒤 그것에 대하여 국민에게 널리 알리는 보도이다. 따라서 환경측면에서 볼 때 홍보는 소음공해에 대한 문제점과 심각성 등의 중요성, 기초지식을 국민들에게 널리 알려 잘못된 인식을 배제하고 소음에 대한 올바른 인식을 갖도록 전개되어져야 한다.
환경부의 홍보·교육의 주요사업은 다음과 같다.

i) 대중매체를 통한 정온환경보전의 홍보의 매개체로 TV, 라디오, 신문, 영화, 각종 홍보물 등의 배포이다.

ii) 각종 경제·사회단체를 통한 환경보전활동 홍보는 세미나, 간담회 등이다.

iii) 정온한 환경유지의 실천의식제고를 위한 환경보전 생활 수기공모 등이다.

iv) 환경운동 관련단체의 활성화 추진은 국고에서 재정지원한다.

v) 초·중·고 교과내용 개편 추진은 체계적으로 소음교육이 실시되도록 경주한다.

vi) 정온한 환경보전 활동 수행을 위해 명예 환경 감시원을 약 2만명을 위촉했다.

vii) 정온한 환경보전 시범학교 지정운영은 전국 63개 학교이며, 1개 학교당 연간 400만원씩 국고보조 지원한다.

viii) 농어촌 주민 사회환경 환경교육을 민속적으로 실시한다.

ix) 공직자의 환경보전의식을 지속적으로 강화시키고 전문지식과 능력을 배양시킨다.

x) 소음업무 종사자 실무교육 강화로 소음민원문제의 올바른 이해와 환경친화적인 습관을 가지게 한다.

③ 환경소음 계획실시 후 전망

㉠ 소음현황

ⓐ 대도시의 소음은 지역마다 조금씩 차이가 있지만 서울 낮에는 59Leq dB(A)이고, 밤에는 49Leq dB(A)이며 부산은 낮에는 71Leq dB(A), 밤에는 60 Leq dB(A)이며, 대구는 낮에는 55Leq dB(A), 밤에는 47Leq dB(A)이다.

〈표 5.19〉 소음도 현황

단위 : 낮/밤 Leq dB(A)

적용대상 지역	환경 기준	2004				2008				2010				2012			
		서울	부산	대구	광주	서울	부산	대구	광주	서울	부산	대구	광주	서울	부산	대구	광주
일반(가) 지역	50/40	59/49	71/60	55/47	69/57	55/46	60/53	60/53	63/59	50/40	53/45	55/52	55/51	53/44	57/48	55/47	55/50
도로(가) (나)지역	65/55	73/68	79/71	75/67	75/72	70/63	65/60	74/65	74/68	66/58	65/56	70/61	68/63	72/68	75/69	71/69	72/67

주) 1. 일반 (가)지역 : 주거지역, 학교, 공공도서관, 종합병원 등이다.
 2. 도로변지역(가), (나)지역 : 상업지역, 공업지역 등이다.

㉡ 소음의 저감대책

ⓐ 소음환경기준값과 지역기준값을 조정[NRN 45 이하를 등가소음도(Leq)로 50dB(A) 이하로 조정함]한다.

ⓑ 정온지역은 소음배출시설 설치허가 기준을 완화(정온지역 외에는 모두 신고제)한다.

ⓒ 영세 도시형 업소의 생산활동을 지원한다.

㉢ 대책 후 전망

ⓐ 소음과 진동 방지시설의 설치로 소음・진동 공해의 저감율을 60%에서 70%로 향상시킨다.

ⓑ 주거지역의 소음환경기준을 달성한다.

ⓒ 자동차 및 기차 등의 교통소음관리제도를 확립한다.

ⓓ 항공기 관리제도의 확립 및 항공기 부과금제도 개발로 항공기 소음배출의 원인자의 부담원칙을 정착시킨다.

ⓔ 대책 후 주요도시별 소음도 저감을 예측한다.

④ 실시 후 주요 도시별 소음도 전망

㉠ 2012년도 생활환경 소음도 현황 〈표 5.19〉 참조

ⓐ 6개 도시는 서울, 부산, 광주, 대전, 대구, 원주이다.

ⓑ 괄호안의 환경기준 숫자는 밤이고, 그 밖의 아라비아 숫자는 낮이다.

〈표 5.20〉 서울과 전국 6개도시 소음도

단위 : dB(A)

지역구분	환경기준	서울	6개 도시	
			평균	초과율(평균/기준)
전용주거	50(40)	51(43)	55.9(50.2)	10.2(25)
일반주거	55(45)	53(44)	56(50.6)	1.8(12.4)
상업	65(55)	60(50)	63.9(54.2)	1.0(-1.5)
공업	70(65)	-	63.4(52.7)	-10.6(-19.4)

㉡ 소음방지시설

ⓐ 방음벽은 도로변이나 주거지역, 정온지역 등에 증가해 설치하고 있다.

ⓑ 공장소음 방지시설은 도시에서 해외나 산업단지 등을 이전하고 있다.

㉢ 소음 발생원의 전망

ⓐ 공장소음은 피해가 국지적이며, 1997년 3월 17일부터 정온을 요하는 학교, 종합병원, 공공도서관, 공동주택의 주변지역, 주거지역, 취락지역만 배출시설 허가제이고 나머지는 신고제로 하였다.

ⓑ 교통소음은 발생원이 자동차, 기차, 전차이기 때문에 발생소음도가 높고, 소음피해가 광역화되어 도로망 확충과 영향권의 방음시설이나 방진시설을 강화하기로 하였다.

ⓒ 생활소음은 확성기소음, 건설공사장소음, 소규모공장소음, 유흥업소 심야소음 등인 바 소음저감을 강구하기 위해 전국 87개 지역(435개 지점)에서 측정하고 있다. 그리고 종합적이고 지속적인 생활소음 저감위해 소음지도 작성해서 소음예측의 신뢰성 높이고 있다.

ⓓ 항공기소음은 항공기의 운항항로 신설과 운항횟수 증가로서 공항인근지역에 피해가 급증해 36개소에 자동측정하고 있다. 항공기소음 영향도(WECPNL)값인 80을 넘은 지역은 현재 김포공항 2km 이내, 제주공항과 김해공항이 1km 이내인 것으로 밝혀졌다. 현재 항공기 소음한도는 항공기인근지역 90 WECPNL 이하이나 그 밖의 지역은 75 WECPNL 이하이다.

㉣ 항공기 소음대책

ⓐ 항공기소음 자동측정망 설치하여 지속적으로 소음도를 측정한다.

ⓑ 항공기 소음피해 지역에 대한 피해보상법적인 근거를 마련한다.

ⓒ 항공기 이·착륙시 많은 동력소요로 소음이 높게 발생된다.

ⓓ 항공기소음 과태료 부과금제도를 도입했다.

㉤ 교통소음 대책

ⓐ 도로와 철도 주변지역에 보호방음벽 설치를 의무화한다.

ⓑ 교통소음 저감을 위한 방음자재를 표준화시킨다.

ⓒ 지역별 자동차 경음기사용금지, 속도제한, 우회운전하고 철저한 정비를 실시한다.

ⓓ 철도차량의 제작시부터 주행소음과 정차소음의 소음배출허용기준을 준수해 소음피해를 최소화한다.

2. 소음발생원 대책

(1) 최적 소음 저감대책

제품을 생산하는 기계류는 반드시 소음·진동을 발생하게 된다. 소음·진동관리법에는 기계의 종류와 동력규모 등을 감안하여 소음·진동배출 허용기준을 정하고 있으며, 이들로부터 배출되는 소음·진동이 배출허용기준을 넘지 않도록 규정되어 있다. 하지만 작업장에 있는 각각의 기계가 배출허용기준을 만족한다할지라도, 작업자에게 소음·진동 문제가 발생할 수도 있다.

그래서 배출허용기준은 기계로부터 발생하는 소음을 저감시킬 수 있는 기술수준, 사회적과 경제적 수준 등을 고려하여 규정했다. 특히 현장에서 소음을 방지하기 위해서는 소음발생원측에서 뿐만 아니라 전달경로, 피해지점 등에서 소음을 저감하는 방법 등을 종합적으로 검토하여야 한다. 그리고 경제성 등을 고려하여 최적의 방법을 선정한 후 시공하여야 소음저감의 최대 효과를 얻을 수 있다.

(2) 소음 발생원에서의 소음 저감

① 저소음 장비의 사용

㉠ 새로운 장비의 구입시에는 각종 소음이 낮은 저소음 장비를 선택한다.

㉡ 기존의 장비는 전체나 부품을 저소음 표시인증 제품으로 교환한다.

② 장비의 기진력 저감

㉠ 장비의 구동방법을 바꾸거나 충격의해 발생되는 지점에 유연한 재료를 부착하여 장비로부터 발생하는 충격소음을 줄여준다.

㉡ 평형(balancing)을 유지하여 구동부품의 불균형 소음을 줄여준다.

㉢ 윤활방법 및 지지점의 배열을 바꾸어 베어링에서 발생하는 마찰력을 줄인다.

③ 기진력에 대한 반응진폭 저감

㉠ 장비를 구성하는 구조부 자체 재질의 소음감소를 증가시킨다.

㉡ 전체나 일부 구조의 고유진동수를 변화시킨다.

④ 음향방사의 저감

㉠ 소음이 많이 발생하는 판넬의 기진력과 절연시킨다.

㉡ 판넬의 두께를 줄이거나 구멍 뚫린 판넬을 사용하여 판넬의 음향방사 효율을 감소시킨다.

⑤ 운전 스케쥴의 변경

㉠ 개개의 장비를 차례로 운전하는 등으로 고소음 장비의 동시 운전을 피한다.

㉡ 주거지역 소음문제 발생시에는 야간작업을 줄이거나 없앤다.

(3) 소음발생원과 매체(media)간의 전달경로 차단으로 소음저감

① 기존 건물 내 소음발생원의 위치를 변경하여 소음발생원과 피해지점의 거리를 멀리한다.

② 신규 건물 및 시설의 계획시에는 각 시설물의 배치에 심혈을 기울인다.

③ 차음벽 등을 설치하여 소음의 전달경로를 변경시킨다.

④ 차음상자를 설비해 소음발생원을 격리시킨다.

⑤ 흡음재를 부착하여 소음에너지의 감소를 증대시킨다.

⑥ 엔진, 공기압축기 등의 고소음 장비에 대하여 소음기(silencor)를 설치한다.

⑦ 공기조화 장치의 덕트(duct)에 흡음이나 차음재료를 부착하거나 동시에 공명상자, 최근 실용화된 능동적인 소음제어 등의 소음차단 장치를 부착한다.

⑧ 흡음물질을 부착하여 구조기계인 소음의 제거를 촉진시킨다.

⑨ 소음의 전달경로 곳곳에 임피던스(impedance : 유전율)의 부접합부를 두어 소음에너지의 반사를 유도한다.

⑩ 장비를 탄성지지시켜 구조기인 진동에 의한 소음이 구조물로 전달되는 에너지의 양을 줄여준다.

(4) 소음 수음자에 대한 소음저감대책

① 고소음 지역 내 작업자에게 귀마개 등 청력보호장비의 착용을 의무화한다.

② 작업장 내 작업자나 거주지역의 주민들에게 소음과 관련하여 교육을 실시하는 등 유대관계의 개선에 노력한다.

③ 고소음 지역의 작업은 교대근무를 계획하여 소음에 의한 노출시간을 조절한다.

④ 작업공간에 방음부스(boothe) 등을 설치한다.

(5) 소음환경대책 실시계획

① 소음발생원의 대책강구

소음공해 문제는 발생원이 있어서 발생되기 때문에 소음발생을 저감시켜야 한다. 따라서 기계 구입 시 제작회사에게 강력히 이 부분을 요구하여야 한다. 건축시는 시공도면에 넣어 고려해야 하고, 교통은 도로계획 시, 공업단지를 조성 할 때는 용도지역 지정 시 반영되어져야 한다.

② 배치계획강구

모든 소음은 거리에 따라 감소시켜야 하며, 건축설계시 택지선정, 건물과 방작업실 배치, 실내음까지 소음발생원으로부터 전달경로까지 고려해 감소량을 증가시켜야 한다. 이때 배치가 잘못되면 막대한 비용이 소비될 뿐만 아니라 직업병이 발생된다.

③ 차음계획

소음발생원에 대한 대책이 강구되면 전달경로에 먼저 필요 감소량을 충분히 만족시키는 벽, 소음기, 방진구조 등의 적합한 차음시설의 계획을 강구해야 한다. 이때 고려되어야 할 사항은 다음과 같다.

㉠ 소음은 외부 장해물에 의한 차단과 회절, 감소량을 계산한 경우는 동시에 다른 반사음의 전달경로가 있는 지를 확인해야 한다.

㉡ 외벽의 투과손실을 계산 할 경우는 환기구멍, 그 밖의 예상치 않았던 틈새가 있는지 여부를 조사한다.

㉢ 칸막이 벽에 대해서는 천장 뒤까지 칸막이가 되어 있는 지를 확인해 천장 환기 틈이 천장의 뒤나 흡입된 틈이나 토출구멍이 통풍닥트와 연결되어 소음전파 경로가 되어 있는지의 여부를 조사한다.

㉣ 복도를 통한 전달경로는 문의 차음능력을 고려해서 환기시 주의해야 한다.

㉤ 틈있는 곳은 벽체에 비해 차음력이 약함으로 배치시 고려해 복도나 앞방과 사이에 sound block을 쌓는다.

④ 흡음계획의 강구

소음발생원, 수음실, 소음의 전달경로가 되는 복도 등의 공간은 흡음처리에 의해 소음에너지를 흡수하면 필요한 감소량을 쉽게 차음시설로 설계할 수가 있다.

⑤ 소음방지 대책수립

방지대책은 크게 소음발생원대책, 소음전달경로대책, 수음대책으로 나누어지며, 이 중에서 가장 적절한 방법을 선정하여 조합시켜 수립한다.

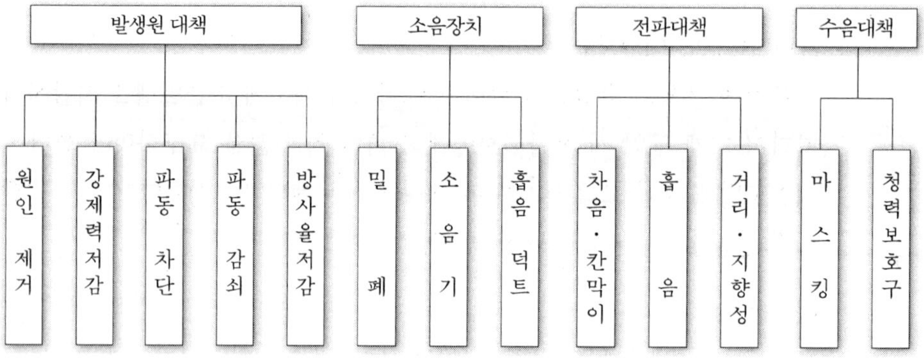

[그림 5.12] **소음방지대책 내용**

㉠ 음압도(SPL)

소음발생원으로부터 음향출력(W)에서 발생된 소음이 r만큼 떨어진 공간 한점의 음압도는 다음 [식 5-9]로 구한다.

$$SPL[\text{dB}] = 10\log W + 10\log\left(\frac{Q}{4\pi r^2} + R_i\right) + 120 \quad \cdots\cdots\cdots (5-9)$$

이 소음도는 소음방지시설을 설치해 감소시킴으로써 저감시키는 대책을 수립시는 다음 사항을 고려해야 한다.

ⓐ W가 작은 소음발생원 대책으로 원인제거, 강제력 저감 등을 수립한다.

ⓑ W가 너무 클 경우에 밀폐, 소음기, 흡음덕트 등인 소음장치 설계를 강구해야 한다.

ⓒ r을 크게 할 경우에는 소음발생원의 먼거리로 이동하는 거리대책을 강구한다.

ⓓ Q를 작게 할 경우에는 소음발생원 방향의 변경으로 지향성 대책을 수립한다.

ⓔ R_i를 작게 할 경우에는 차음, 흡음 등에 대한 저감대책을 강구한다.

ⓕ 그 밖에는 음폐(masking), 귀마개 등의 청력보호인 수음자 대책을 강구해야 한다.

㉡ 소음방지 필요 주파수 특성

대상소음의 주파수특성을 산출한 후 목표값의 주파수특성을 구할 때 주의 할 점은 암소음과의 고려이다. 따라서 각 대상음에 대해서도 암소음 보정을 각 주파수대역별 소음도 측정을 실시해야 한다. 대상 소음의 측정지점과 목표값의 설정지점이 이와 같을 경우는 양자의 주파수 특성 차를 구하고 다를 경우는 양자의 주파수 특성을 소음출력값(PWL)의 주파수 특성으로 바꿔 그 차를 구해 소음필요 주파수 특성으로 한다.

$$PWL[\text{dB}] = SPL - 10\log\left(\frac{Q}{4\pi r^2} + R_i\right) \quad \cdots\cdots\ (5-10)$$

여기서, Q는 지향성을 나타낸 값으로 구면파일 경우는 1, 반구면파일 경우는 2가 되면, R_i는 환경에 따라 정해지는 지향값으로 자유공간에서는 0이다.

⑥ 소음발생원의 대책

㉠ 소음발생원 분류

기계 및 장치로부터 발생하는 소음은 주기적인 흡입, 토출과 기타 변동에 의한 공기의 맥동(pulse), 난류에 의한 소음인 공기음과 고체면의 진동에 따르는 소음인 고체소음으로 나누어진다.

공기소음은 발생원 자체에서 감소를 위해 노력해야 하며, 목표값을 초과할 경우는 소음기 및 흡음닥트를 설비해야 한다. 고체음은 베아링이나 외전측의 진동에 의한 소음과 같은 동적 발음기구나 기계나 장치의 프레임 같은 진동소음은 기진력의 파동전파에 따라 고체표면이 가진되어 방사하는 정적 소음기구가 된다.

배경소음대책을 위해서는 기계 등 주위의 소음방사 분포를 충분히 조사하고 인근음을 실측하여 어떤 주파수가 어느 부분에서 방사하고 있는가를 분석하며 그 원인을 검토와 분류해 적합한 대책을 수립해야 한다.

㉡ 공기소음

ⓐ 개구부로부터의 방사음 : 흡기구, 토출구 등인 개구부로부터 방사되는 소음출력값(PWL)은 다음 [식 5-11]과 같다.

$$PWL = 10\log\frac{W}{10^{-12}} = 10\log\frac{V^2 - R^2}{10^{-12}} \quad \cdots\cdots\ (5-11)$$

여기서, W는 방사소음의 파워, R_r은 방사저항 소음과 V는 용적($V = a \times s$: S는 표면적, a는 개구부지름)이다.

i) 공기 토출구가 공간에 돌출 되어 있을 경우

$$\text{방사소음}(x) = w\left(0.6 \times \frac{r \cdot p}{s}\right) \quad \cdots\cdots\ (5-12)$$

여기서, w는 분출방사속도, r은 반지름이다.

ii) 공기 토출구가 벽면에 개구되어 있을 경우

$$방사소음(x) = w\left(0.85 \times \frac{p}{s}\right) \quad \cdots\cdots (5-13)$$

ⓑ **개구부의 기류소음** : 개구부에서 고속으로 분출하는 기류발생소음의 방사파워는 PWL, 분출속도 w, 개구부 면적을 s라 할 경우 PWL 계산식은 다음 [식 5-14]와 같다.

$$PWL = \eta \cdot R_r \cdot w^n \cdot s \quad \cdots\cdots (5-14)$$

i) 고속분출시 기류발생소음은 다음식(Lighthill parameter)과 같다.

$$PWL = \eta \cdot p \cdot c^{-5} \cdot w^8 \cdot s \quad \cdots\cdots (5-15)$$

ii) 분출소음의 주파수 계산은 다음식과 같다.

$$f = S_t \times \frac{W}{d} \quad \cdots\cdots (5-16)$$

여기서, St는 Strouhal수로서 0.1에서 0.2이고 d는 틈새의 지름이다.

ⓒ **후류소음(後流騷音)** : 열교환기나 보일러 등의 관열에서 Karman votex에 의해 이상한 소음이 발생해 진동이 발생될 때가 있는데 이는 댐퍼(damper) 등을 설비해 소용돌이를 변환시켜 주어야 한다.

ⓓ **그밖의 공기소음** : 덕트 내에서 발생하는 소음은 유속을 빠르게 하면 기류의 난류에 의해 기류소음이 증가하며, 밸브나 굴곡부위에서는 기류에 의한 소음이 발생하기 때문에 유속 등의 변화, 밸브의 다단화 등이 필요하다.

㉢ **고체소음**

ⓐ **기진력에 의한 파동발생** : 면을 두드리면 소음이 발생하는데 이는 강제 에너지에 의해 면이 진동하고 진동면에 접한 공기에 음파(소밀파)가 생겨 소음이 전달해 귀로 느끼게 된다.

강제 에너지 < 진동(고체소음) / 난류(공기소음) > 방사 → 음파 → 고막 → 청감

i) 충격있을 경우

단시간에 질량(m)의 물체에 충격력 F_0가 가해지면 자유진동계는 다음식이 성립된다.

$$m = \frac{d^2x}{dt^2} + K \cdot x = F_0 \qquad \cdots\cdots\cdots (5-17)$$

여기서, x는 변위이고, t는 시간과 K는 스프링 정수이다.

$$x = \frac{F_0}{\sqrt{mK}} \sin wt \qquad \cdots\cdots\cdots (5-18)$$

ii) 외부환경 변화있을 경우

valve가 닫힐 때에 충격하듯이 강제력(F_0)가 단시간 내에도 지속되는 경우 변위식은 다음식과 같다.

$$x = \frac{F_0}{K}(1 - \cos wt) \qquad \cdots\cdots\cdots (5-19)$$

ⓑ **파동의 공명** : 강제력에 의해 발생하는 파동은 고체를 통해 기계 및 장치의 각 부분에 전달된다. 이때 도중에서 고유진동수와 함께 진동이 확산되어 소음이 발생된다.

대책은 소음이 크게 발생할 때는 길이와 평면의 지지점을 변화시켜 소음을 저하시킨다.

ⓒ **진동평면에서 소음의 방사** : 평면진동소음에 의한 방사소음에 대해서는 많은 관계식이 성립된다. 진동가속도를 a_n이라 할 때 전체 주파수의 총 음압값의 실효값(P_e)의 계산식은 다음과 같다.

$$P_{e} = \frac{\rho \cdot a_n^2}{2_r} \sqrt{\sum_n (1\sqrt{2 \cdot a_n})^2} \qquad \cdots\cdots\cdots (5-20)$$

진동가속도레벨(VAL)의 기준값 a_0를 1 gal(0.01m/sec^2)로 하고 SPL 계산식은 다음과 같다.

$$SPL[\text{dB}] \fallingdotseq VAL + 20\log\frac{a_n^2}{r} + 50 \qquad \cdots\cdots\cdots (5-21)$$

(6) 방지시설 설치 계획수립

소음이 발생되면 최소한 인근 주택에서의 생활환경에 피해를 주지 않도록 대책을 수립해야 한다.

① 소음발생원의 색출

주요 소음발생원이 되는 계기에 대한 음향학적인 조사를 철저히 해야 하며 소음도의 정확한 측정은 정확한 대책계획의 기초가 된다.

이때 측정해야 할 항목은 소음도(dB), 소음주파수(Hz) 분석을 한 후 소음발생원의 소음출력값(power level)과 실내의 음압차, 소음발생원에서 부지경계선상에서 손실되는 등가소음도(Leq)의 법적관리 기준보다 초과된 정도를 산출해서 검토 및 평가해야 한다.

② 소음 전달경로 파악

소음은 발생원으로부터 여러 경로를 통해 외부로 전파되기 때문에 소음발생원실은 경계벽, 환기통기구, 덕트배관, 창문, 문, 전기배선 등을 통해 전달되는 경로도 고려해야 한다. 이와 같은 경로에서 전달되는 소음에너지를 전부 측정하여 주소음에 기여하는 정도를 파악해 적절한 대책을 수립해야 한다.

③ 소음발생원 방지효과 대책

㉠ 기기자체의 소음을 감소시켜야 한다.

㉡ 기계선정시 저소음조건을 고려해야 한다.

㉢ 건물배치, 계획을 적절히 해야 한다.

㉣ 흡음처리, 진동 차단구조를 실시해야 한다.

㉤ 소음전달경로에 유념해야 한다.

④ 방지계획의 실시순서

㉠ 소음방지계획

ⓐ **보정값의 산출** : 소음이 광역지역, 여름철, 비충격소음과 연속소음일 경우에는 보정해 줄 필요가 없으며 보정값은 완전히 연속발생시는 −10dB, 밤에는 +5dB이다.

ⓑ **소음측정지점 선정** : 부지경계선상에 측정하며, 도로에 인접시는 도로와 주택의 한계점에서 측정해야 한다. 이때 측정목적은 내부소음의 흡음재료 선정에 이용된다.

ⓒ **소음측정** : 소음측정계로 측정해서 시설을 개선해야 할 점들을 파악하고 소음주파수 분석을 실시해 특유한 소음 전달경로가 없는 지를 판정해 소음대책을 착수한다.

ⓓ **소음발생원대책** : 시설된 기계는 현대과학으로써 소음발생을 최소로 감소시

켰기 때문에 생산공정상의 소음감소는 곤란함으로 생산공정을 격리시킨다.

ⓔ **방음시설의 설계기준 설정** : 소음분석을 octave 대역별로 분석해 성적서를 얻은 후 설계기준의 설정을 octave 대역별로 분석한 data에서 Leq(등가소음도)를 구해 시설설계를 위한 설정음압으로 하여 차폐시설의 설계에 응용한다.

ⓕ **차폐시설의 설계** : 방음재료를 선정해 벽체를 시공, 즉 소음방지시설을 할 경우는 저주파수음일수록 에너지가 안정되어 있기 때문에 방음재료를 택하기 어렵다. 방음재료 선정시는 경제적인 면과 현지 구입가능성 등을 충분히 고려해서 적합한 재료를 선정해야 한다.

㉡ **소음발생원과 방음재료의 효율**

소음발생원의 소음도와 방음재료의 효율성을 어떻게 기술적으로 설치할 수 있는 가에 따라서 외부에 전파되어 피해주민들의 건강 및 지역사회활동에 영향을 주었을 때 그 소음공해로서 규제대상이 된다. 대상의 소음특성을 정확하게 파악해야 하며, 소음특성은 소음측정 위치설정, 정확한 분석, 적절한 평가를 실시해서 사후관리에 문제가 없게 대책을 수립해야 한다.

소음대책을 실시할 때는 현시점에서 경제성이 좋고 효율성이 우수한 방음재료를 선정해야 한다. 그리고 중요시되는 소음작업장 내의 소음도와 대표적인 기계의 소음도와 방음재료와 그 설치구조에 따른 소음의 투과율(%)을 고려해 예산을 반영할 수 있어야 한다.

ⓐ **공장 내 소음도** : 소음도는 항상 일정하고 소음도 분포는 일정하며, 각종 기계들이 가동시는 시간과 장소에 따라 그 정도는 복잡다양하다. 특히 충격성이나 연속이나 단속성 소음의 발생원에서는 벽의 흡음처리 효과가 달라 양쪽을 분석하여 소음도를 측정과 평가해야 하며, 충격성 소음은 잔향이 크기 때문에 불쾌감을 야기시킨다.

ⓑ **발생원 소음도** : 소음세기를 물리적으로나 주관적인 소음량 평가에 필요하다. 소음방지 설계에는 흡음재료 및 차음재료의 주파수에 의해 소음 주파수 성분의 구성을 명확하게 알아야 한다.

ⓒ **방음재의 투과손실율** : 방음재료는 일체형 진동계 재료, 중공(hallow)계 재료, 다공질재료, sandwich재료, 용발포재, 강성재료, Honeycum sandwich재료 등으로 구분되며, 이중 방음효과도 좋고 경제성이 우수한 중공계와 일체진동계 재료가 많이 사용되고 있다.

3. 소음평가분석

(1) 자료분석(data analysis)

소음측정의 정확성도 필요하지만 측정된 자료를 목적에 맞도록 정리하여야 한다. 설계기준을 설정할 경우는 예비조사 목적에는 적용할 수 있으나 실제 방지대책시는 주파수 분석별로 소음도와 진동도를 시간에 따라 측정해야 한다.

〈표 5.21〉 일반지역과 도로변지역의 소음도와 진동도 측정현황

단위 : dB

측정장소	대상지역	환경		기준	09:10~09:15	12:10~12:15	14:15~14:25	16:25~16:30	22:05~22:10	24:30~24:35
농림지역	가	소음	주간	50	47	54	54	44	–	–
			야간	40	–	–	–	–	44	43
		진동	주간	65	12	12	12	12	–	–
			심야	60	–	–	–	–	12	12
기도원	가	소음	주간	50	44	44	43	44	–	–
			야간	40	–	–	–	–	45	44
		진동	주간	65	12	12	12	12	–	–
			심야	60	–	–	–	–	12	12
공장지역	가	소음	주간	65	39	44	45	42	–	39
			야간	55	–	–	–	–	39	39
		진동	주간	70	40	38	39	38	–	–
			심야	60	–	–	–	–	38	39
학교지역	가	소음	주간	50	40	39	40	38	–	–
			야간	40	–	–	–	–	35	3
		진동	주간	65	13	13	13	12	–	–
			심야	60	–	–	–	–	12	11
도로변 지역	나	소음	주간	65	74	75	75	75	–	–
			야간	55	–	–	–	–	74	74
		진동	주간	65	40	38	39	38	–	–
			심야	55	–	–	–	–	38	38
사찰지역	가	소음	주간	50	48	50	51	47	–	–
			야간	40	–	–	–	–	40	38
		진동	주간	65	15	17	16	15	–	–
			심야	60	–	–	–	–	14	13

(2) 평가소음도 계산

① 대상소음도의 보정값

㉠ **충격성** : 있으면 +5dB, 없으면 0이다.

㉡ **관련시간대별 백분율** : 50%이상은 0, 25%, 50%는 −5dB, 5%~25%는 −10dB, 12.5% 미만은 −15dB이다.

㉢ **시간별** : 도시지역의 낮(06 : 00~18 : 00)은 0, 저녁(18 : 00~24 : 00)은 +5dB, 밤(24 : 00~06 : 00)은 +10dB이다.

㉣ **지역별** : 주거전용지역 등은 0, 준주거지역 등은 −5dB, 상업・준공업지역 등은 −15dB, 공업・전용공업지역 등은 −20dB이다. 그 밖의 지역으로 산림보전지역 등은 0, 경지・유보지역 등은 −10dB, 공업지역 등은 −20dB이다.

② 산정방법

㉠ 관련시간대 백분율(%)

$$\text{백분율}(\%) = \frac{\text{정상가동시간}}{\text{기준관련시간}} \times 100 \quad \cdots\cdots (5-22)$$

㉡ **기준관련시간** : 낮은 8시간, 저녁은 4시간, 밤은 2시간이다.

㉢ **정상가동시간** : 휴식, 기계수리시간 등을 제외한 실질적인 기계가동 시간으로 측정 당일전 30일동안 시간대별(낮, 저녁, 밤)의 가동시간을 산출평균값으로 한다.

(3) 소음피해정도의 평가

① 소음발생원의 평가

㉠ **소음발생원의 조사** : 많은 소음발생원 중에서 양적으로 큰 발생원을 조사해 그 소음발생원을 하나씩 차폐시켜 보고 아주 변화가 큰 소음도발생지점이 최대의 소음발생원이 된다.

㉡ **소음발생원의 정량** : 어떤 소음발생원도 각 octave band(옥타브 대역)에 대한 power level(소음출력값)과 지향성에 관한 자료(data)를 이미 발표된 data를 이용하거나 없으면 실측해 그 측정결과로부터 소음발생원의 등가음향출력값의 주파수특성(octave 대역별로 분석한 값)을 알 수 있어야 한다.

② 전달경로의 평가

소음발생원에서 수음점까지 어떤 경로를 따라 소음이 전달되는 틈새를 명확히 파악하고 그 틈사이의 자연감소량(Rn)을 얻어내야 한다. 특히 소음문제가 야기된 현장에서의 소음경로를 판정(공기소음에 의해 전파되며, 고체소음에 의해 전달되는지), 평가하기란 힘든 일이다. 그러므로 실사하고 파악해 대책을 세워야 한다. 일반적으로 소리전달은 다음 세가지 요인으로 볼 수 있다.

㉠ 칸막이 벽에 투과하는 공기소음을 조사한다.

㉡ 덕트를 통과하는 공기소음을 조사한다.

㉢ 기계 기초로부터 구조체를 통해 전달되는 고체소음을 조사한다.

③ **소음허용값의 결정**

수음점에서의 허용값은 NR(Noise Rating)곡선으로 평가하며, 소음발생원과 전달경로가 외부소음 · 공기조화소음 · 인접한 방처럼 두 개 이상일 경우는 서로 다른 소음발생원으로부터 소음에너지량의 차이를 고려해서 결정한다.

④ **필요 감소량의 산출**

필요 소음감소량(R_a)을 전달경로마다 각 octave 대역의 주파수 특성별로 산출한다.

(4) 소음평가위한 측정계산

① **소음세기값**(SIL : Sound Intensity Level) **계산**

정상 청력을 가진 사람의 최소가청소음의 세기(I_0)를 10^{-12}watt/m^2, 대상소음의 세기를 I라고 하면 SIL 계산식은 다음과 같다.

$$SIL[\text{dB}] = 10\log\frac{I}{I_0} = SPL \qquad \cdots\cdots (5\text{-}23)$$

② **음압도**(SPL : Sound Pressure Level) **계산**

정상 청력을 가진 사람의 1000Hz 부근에서 가청할 수 있는 최소 소음출력실효값(P_0)을 2×10^{-5}N/m^2, 대상소음의 음압실효값을 P라고 하면 SPL계산식은 다음과 같다.

$$SPL[\text{dB}] = 20\log\frac{P}{P_0} \qquad \cdots\cdots (5\text{-}24)$$

③ **소음출력값**(PWL : sound power level) **계산**

기준 소음출력(W_0)를 10^{-12}watt, 대상 소음발생원의 소음출력을 W라고 할 때 계산식은 다음과 같다.

$$PWL[\mathrm{dB}] = 10\log\frac{W}{W_0} \qquad \cdots\cdots (5-25)$$

④ SIL과 SPL 계산

$$SIL[\mathrm{dB}] = 10\log\frac{P^2/\rho\cdot c}{I_0} \qquad \cdots\cdots (5-26)$$

소음유전율($p\cdot c$)를 약 400rayles, I_0를 2×10^{-5}watt/m^{2}이라면 다음 식과 같다.

$$SIL[\mathrm{dB}] = 10\log\frac{P^2}{4\times10^{-10}} = 10\log\left(\frac{P}{2\times10^{-5}}\right)$$
$$= 20\log\frac{P}{2\times10^{-5}} = SPL \qquad \cdots\cdots (5-27)$$

⑤ SPL과 PWL(S : 표면적)계산

$$PWL[\mathrm{dB}] = 10\log\frac{P^2}{10^{-12}} = 10\log\frac{I}{10^{-12}} + 10\log S$$
$$= SIL(SPL) + 10\log S \qquad \cdots\cdots (5-28)$$
$$\therefore\ SPL[\mathrm{dB}] = PWL - 10\log S$$

㉠ 무지향성 점음원일 경우

ⓐ 자유공간이 있을 때(r은 소음발생원에서 측정점까지의 거리 : m)

$$SPL[\mathrm{dB}] = PWL - 10\log(4\pi r^2)$$
$$\fallingdotseq PWL - 20\log r - 11 \qquad \cdots\cdots (5-29)$$

ⓑ 반자유공간에 있을 때

$$SPL[\mathrm{dB}] = PWL - 10\log(2\pi r^2)$$
$$\fallingdotseq PWL - 20\log r - 8 \qquad \cdots\cdots (5-30)$$

㉡ 무지향성 선음원일 경우

ⓐ 자유공간에 있을 때

$$SPL[\mathrm{dB}] = PWL - 10\log(2\pi r)$$
$$\fallingdotseq PWL - 10\log r - 8 \qquad \cdots\cdots (5-31)$$

ⓑ 반자유공간에 있을 때

$$SPL[\mathrm{dB}] = PWL - 10\log(\pi r)$$
$$\fallingdotseq PWL - 10\log r - 5 \qquad \cdots\cdots (5\text{-}32)$$

㉢ 진동에 위한 고체음 방사일 경우 : 진동하는 원판(r : 반지름)으로부터 거리(r')만큼 떨어진 점에서 음압도(SPL), 진동가속도값(VAL : 1 gal=1cm/sec^2), 진동판의 가속도 실효값을 a이라고 할 때 계산식은 다음과 같다.

$$SPL[\mathrm{dB}] \fallingdotseq VAL + 20\log\left(\frac{r^2}{r'}\right) + 50[\mathrm{dB}]$$
$$PWL[\mathrm{dB}] \fallingdotseq SPL + 10\log S - 20\log\left(\frac{r}{r'}\right) + 3 \qquad \cdots\cdots (5\text{-}33)$$

㉣ 공기흐름에 의한 공기소음 방사일 경우

ⓐ 소음의 방사파워(W)

$$W = V^2 \cdot R[\mathrm{watt}] \qquad \cdots\cdots (5\text{-}34)$$

여기서, V는 용적($V = a \cdot S$)이고, R은 방사저항($R = \rho \cdot c^{-5}$)이다.

ⓑ 분출음의 주파수(f)

$$f(\mathrm{Hz}) = St\left(\frac{w}{d}\right) \qquad \cdots\cdots (5\text{-}35)$$

여기서, St는 Strouhal 수(0.1~0.2)이고, d는 개구부의 지름(m)이다.

㉤ 음의 지향성

ⓐ 지향계수(Directivity factor : Q)

$$Q = \frac{1}{\log}\left(\frac{SPL_0 - SPL}{10}\right) \qquad \cdots\cdots (5\text{-}36)$$

여기서, 지향계수(Q)는 소음발생원이 자유공간에 있을 때는 1, 바닥위 같은 반자유공간에 소음발생원이 있을 때는 2, 두면이 접하는 면에 소음발생원이 있을 때는 4이고, 세면이 접하는 구석에 있을 때는 8이다.

ⓑ 지향지수(Directivity index : DI)

$$DI[\mathrm{dB}] = SPL_\theta - SPL$$
$$= 10\log Q \qquad \cdots\cdots (5\text{-}37)$$

여기서, 무지향성 점음원에서 음원의 방향·위치에 따라 지향지수(DI)는 피해변화가 달라 자유공간에 있을 때 0dB, 반자유공간에 있을 때는 +3dB, 두 면이 접하는 면에 있을 때는 +6dB, 세면이 접하는 구석에 있을 때는 +9dB 이다([그림 5-9] 참조).

⑥ 소음의 거리감소량(La)계산

㉠ 점음원(Point source)일 경우

$$La[\mathrm{dB}] = SPL_1 - SPL_2$$

$$= (PWL - 10\log S_1) - (PWL - 10\log S_2) = 10(\log S_2)$$

$$= 10\log\left(\frac{S_2}{S_1}\right) \quad \cdots\cdots (5\text{-}38)$$

$$= 20\log\left(\frac{4\pi r_2^2}{4\pi r_1^2}\right) = 20\log\frac{r_2}{r_1} \quad \cdots\cdots (5\text{-}39)$$

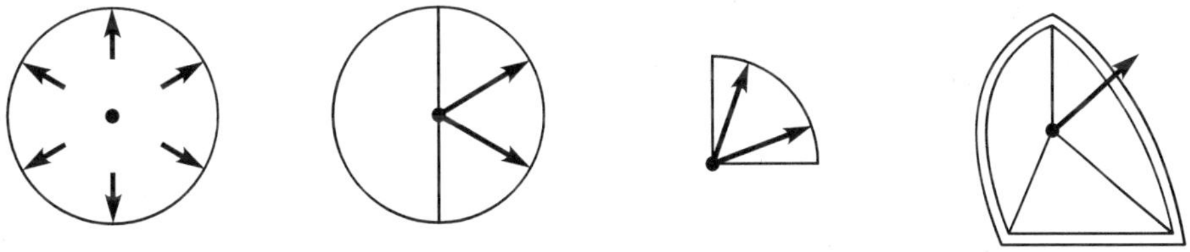

(a) 지향계수(Q) = 1

(b) Q = 2(+3dB) 에너지밀도 = (a)의 2배

(c) Q = 4(+6dB) 에너지밀도 = (b)의 2배

(d) Q = 8(+9dB) 에너지밀도 = (c)의 2배

[그림 5.12] **점음원 조건에 따른 지향계수(Q)와 에너지밀도값**

㉡ 선음원(Line source)일 경우

$$La[\mathrm{dB}] = 10\log\left(\frac{S_2}{S_1}\right)$$

$$= 10\log\left(\frac{2\pi r_2}{2\pi r_1}\right) = 10\log\left(\frac{r_2}{r_1}\right) \quad \cdots\cdots (5\text{-}40)$$

㉢ 면음원(Area source)일 경우

ⓐ 원형 면음원일 때

$$SPL[\mathrm{dB}] = PWL + 10\log\left\{1n\left|1+\left(\frac{a}{r}\right)^2\right|\right\} - 3 \quad \cdots\cdots (5\text{-}41)$$

ⓑ 장방형 면음원일 때

i) $r < \frac{a}{3}$: $La[\text{dB}] = SPL_1 - SPL_2 = 0$ ······· (5-42)

ii) $\frac{a}{3} < r < \frac{b}{3}$: $La[\text{dB}] = SPL_1 - SPL_2 = 10\log\left(\frac{3r}{a}\right)$ ······· (5-43)

iii) $r > \frac{b}{3}$: $La[\text{dB}] = SPL_1 - SPL_2 = 20\log\left(\frac{3r}{b}\right) + 10\log\left(\frac{b}{a}\right)$ ······ (5-44)

⑦ 대기조건에 따른 감소량(Aa)계산

$$Aa[\text{dB}] = 7.4\left(\frac{f^2 \cdot r}{\Phi}\right) \times 10^{-8} \quad \cdots\cdots (5\text{-}45)$$

여기서, f는 옥타브대역별 중심주파수(Hz), r는 소음발생원과 측정점 사이의 거리(m)이고 ϕ는 상대 습도(%)이다.

따라서 주파수는 클수록 그리고 습도와 온도가 낮을수록 감소량은 증가한다.

⑧ 수목에 의한 감소량 계산

㉠ 무성한 잔디, 관목의 흡음이 있을 경우

$$Ag[\text{dB}] = (0.18f - 0.31) \times r \quad \cdots\cdots (5\text{-}45)$$

㉡ 산림의 흡음이 있을 경우

$$A_f[\text{dB}] = 0.01(f)^{1/3} \times r \quad \cdots\cdots (5\text{-}47)$$

여기서, 지면에 의한 흡음은 소음발생원에서 30m에서 70m 정도는 거리에 무시해도 좋다.

⑨ 소음계산

㉠ 순음(정현파일 경우)의 합

$$P_1 = P_{mi}\sin(w_1 \cdot t + \theta_1) \quad \cdots\cdots (5\text{-}48)$$

여기서, P_1는 순간값, $w_1 \cdot t$: 시간, θ : 위상각, P_{mi}는 피크(peak)음악의 진폭과 w_1는 각 주파수($2\pi f_1$)이다.

$$P_1 = P_{m1}\sin w \cdot t + \theta_1$$

$$P_2 = P_{m2}\sin w \cdot t + \theta_2$$

$$P_1 + P_2 = P_{m1}(\sin w \cdot t\cos\theta_1 + \cos w \cdot t\sin\theta_1)$$

$$+ P_{m2}(\sin w \cdot t\cos\theta_2 + \cos w \cdot t\sin\theta_2)$$

$$= \frac{\sin w \cdot t(P_{m1}\cos\theta_1 + P_{m2}\cos\theta_2) + \cos w \cdot t(P_{m1}\sin\theta_1 + P_{m2}\sin\theta_2)}{P_{m2} + P_{m2} + 2P_{m1} \cdot P_{m2}\cos(\theta_1 - \theta_2)(\sin w \cdot t + \theta_0)}$$

ⓐ n순음의 각 주파수가 다를 경우($w_1 \neq w_2$)

$$p_1 + p_2 = \sqrt{p_{m1} + p_{m2}} \quad \cdots\cdots (5-49)$$

ⓑ dB의 계산

소음발생원을 S_1, S_2 …… S_n, 음압도가 SPL_1, SPL_1 …… SPL_n일 때의 소음출력을 W_1, W_2……, W_n의 계산식은 다음과 같다.

$$SPL_1 = 10\log\left(\frac{W_1}{W_0}\right) \quad \therefore \frac{W_1}{W_0} = 10^{SPL1/10} \quad \cdots\cdots (5-50)$$

ⓐ 소음(dB)의 합(L)

$$L = 10\log\left(\frac{W_1 + W_2 + \cdots\ W_n}{w_0}\right)$$

$$= 10\log\left[10^{SPL_1/10} + 10^{SPL_2/10} + \cdots\ 10^{SPL_n}\right][\text{dB}] \quad \cdots\cdots (5-51)$$

ⓑ 소음(dB)의 차(L')

$$\varDelta L[\text{dB}] = 10\log\left(\frac{W_1 - W_2}{W_0}\right)$$

$$= 10\log(10^{SPL_1/10} - 10^{SPL_2/10}) \quad \cdots\cdots (5-52)$$

ⓒ 소음(dB)의 평균(I)

$$L[\text{dB}] = 10\log\left|\frac{1}{4}(10^{SPL_1/10} + 10^{SPL_2/10} + 10^{SPL_n/10}\right|$$

$$= L - 10\log N \quad \cdots\cdots (5-53)$$

㉢ 평균 청력손실

옥타브 대역별 중심주파수 500Hz에서 2000Hz 범위에서 25dB 이상이면 난청이라 한다.

$$\text{평균청력손실[dB]} = \frac{a + 2b + c}{4} \quad \cdots\cdots (5-54)$$

여기서, a는 옥타브 대역별 500Hz에서 청력손실(dB), b는 옥타브 대역별 1000Hz

에서 청력손실(dB)과 c는 옥타브 대역별 2000Hz에서 청력손실(dB)이다.

4. 소음환경평가방법

(1) 평가방법

소음·진동관리법에 따른 소음방지시설은 소음기, 방음덮개시설, 방음창과 방음실, 방음림과 방음언덕, 방음외피시설, 방음벽, 방음터널, 흡음시설 등이 있고, 그리고 방음시설을 소음기, 방음덮개, 방음창, 방음실, 방음벽, 방음터널, 방음림, 방음언덕, 흡음장치 등이 있다.

① **등가소음도**(Leq : Energy equivalent sound level)**계산**

한국은 변동이 심한 교통소음폭로량을 생활환경영향평가할 때 이용되며, 소음에너지를 평균해서 얻은 값을 사용대수변환시켜 구하며, 소음·진동관리법에서 채택하고 있다.

$$L_{eq}[\mathrm{dB}(A)] = 10\left[\log\left\{\sum_{i=0}^{n}(f_i \cdot 10^{L_i/10})\right\}\right] \quad \cdots\cdots (5\text{–}55)$$

여기서, f_i는 소음 지속시간율과 L_i는 음압도(SPL)이다.

〈표 5.22〉 **일반지역과 도로변지역의 주파수 대역별 등가소음도현황** 단위 : Leq dB(A)

측정장소	측정시간	63	125	250	500	1K	2K	4K	Leq
도로변지역	09:06~09:11	52	55	63	67	70	68	59	74
	12:05~12:10	51	53	62	68	72	68	60	74
	14:20~14:25	55	62	69	72	68	60	51	75
	16:20~16:25	51	54	63	69	70	59	53	75
	22:05~22:10	50	54	62	68	70	67	59	74
	24:15~24:20	51	57	63	67	70	67	59	74
농림지역	09:10~09:15	22	26	29	32	32	34	36	47
	12:10~12:15	23	30	34	35	37	34	52	54
	14:15~14:20	22	28	30	35	36	36	40	44
	16:25~16:30	24	27	30	35	36	36	24	45
	22:05~22:10	25	31	34	36	38	36	37	44
	24:30~24:35	24	30	33	35	37	35	38	43
기도원	09:30~09:35	24	28	31	33	35	32	40	44
	12:30~12:35	21	29	31	35	35	32	39	44
	14:40~14:45	21	27	30	34	34	32	38	43
	17:00~17:05	23	30	32	35	37	35	40	44
	20:30~20:35	26	32	35	38	40	38	39	45
	24:52~24:55	23	32	34	36	38	35	39	44

절사찰	10:15~10:20	26	25	35	43	45	39	29	48
	13:12~13:17	28	29	37	43	49	40	31	50
	15:35~15:40	28	30	37	44	48	40	31	51
	17:38~17:43	25	25	33	41	44	38	28	49
	23:08~23:13	13	17	26	31	36	36	29	40
	01:35~01:40	12	16	23	30	32	32	29	38
초등학교	09:40~09:50	13	16	26	31	35	35	29	40
	12:38~12:43	12	16	25	30	35	34	28	39
	15:00~15:05	13	17	26	31	34	36	30	40
	16:58~15:03	12	15	24	31	34	34	27	38
	22:32~22:37	10	12	21	26	31	30	24	35
	24:53~24:58	9	10	20	23	28	28	23	33
공장지역	09:55~10:00	19	22	31	33	32	29	28	39
	12:55~13:00	21	27	29	33	35	32	40	44
	15:05~15:10	30	36	36	34	35	31	39	45
	17:30~17:35	21	29	31	34	35	31	38	42
	23:00~23:05	15	26	31	30	30	28	35	39
	01:20~01:25	16	25	30	29	30	29	35	39

② 그 밖의 소음평가방법

㉠ **교통소음지수**(TNI : traffic noise index) : 주로 도로교통소음을 평가할 때 이용된다. TNI는 A특성으로 24시간 중 임의 시간에 간헐적 측정한 결과에 의해 평가한다.

$$TNI = 4(L_{10} - L_{90}) + L_{10} - 30 \qquad \cdots\cdots (5\text{-}56)$$

여기서, TNI값이 74 이상이면 주민의 50% 이상이 불만을 호소한다.

㉡ **소음공해도**(L_{NP} : noise pollution level) : D · W Robinson 박사는 항공기의 이 · 착륙처럼 변동소음과 교통소음인 불규칙적 간헐소음에 대한 사람의 피해반응시 L_{eq}보다 더 많이 평가하는데 이용된 평가지수이다.

$$\begin{aligned} L_{NP}[\text{dB}(A)] &= L_{eq} + 2.56\,\delta \\ &= L_{eq} + (L_{10} - L_{90}) \qquad \cdots\cdots (5\text{-}57) \end{aligned}$$

여기서, δ는 측정소음의 표준편차이다.

㉢ **감각소음도**(PNL : Perceived noise level) : K · D. Kryter 박사는 1000Hz를 중심주파수로 한 소음도 40dB을 1Noy로써 소음세기를 나타낸다. 주로 PNL은 항공기소음측정 단위로 이용하고 있다.

$$PNL[\mathrm{dB(pN)}] \fallingdotseq 33.3\log N_t + 40$$
$$\fallingdotseq \mathrm{dB}(A) + 13$$
$$\fallingdotseq \mathrm{dB}(D) + 7 \qquad \cdots\cdots (5\text{-}58)$$

여기서, N_t는 Noy의 총 합계이다.

㉣ NNI(Noise and number index) : NNI는 영국에서 항공기 소음지수로 소음폭로량을 나타내며, 소음대책수립시 이용된다.

$$NNI = PNL + 15\log n - 80 \qquad \cdots\cdots (5\text{-}59)$$

여기서, PNL은 1일중 총 항공기 통과시 PNL 평균값과 n는 1일중 총 항공기 이착륙 횟수이다.

㉤ EPNL(Effective PNL) : 소음의 시끄러움(noisiness)에 대한 감각량은 소음세기 뿐만 아니라 발생시간에 관계되어 항공기 소음평가시는 PNL에 지속시간, 특히 소음을 0.5초마다 분석해 15초(단, 대형젯트기는 이륙시 10초)동안의 음압도를 평가한다. 지속시간이 길면 EPNL이 TPNL(tone corrected PNT)보다 크나 지속시간이 짧으면 작다.

$$EPNL \fallingdotseq PNL_{\max} + D + F \qquad \cdots\cdots (5\text{-}60)$$

여기서, $PNL_{\max}$은 1일중 항공기통과시 PNL 최대값이다.

$$D = 10\log\left(\frac{\Delta t}{20}\right)$$

그리고 Δt는 $PNL_{\max}$보다 $10PNL$ 낮은 범위의 지속시간(sec)이고 F는 3이다.

㉥ WECPNL(Weighted equivalent continuous perceived noise level) : 국제 민간항공기협회와 한국 등이 항공기소음평가에 이용되는 항공기소음영향도이며, WECPNL은 하루동안 통과항공기의 최고소음도와 항공기통과 횟수로 산출한 항공기소음단위이다.

$$WECPNL = EPNL + 10\log(N_1 + 3N_2 + 10N_3) - 39.4$$
$$= \mathrm{dB}(A) + 10\log(N_1 + 3N_2 + 10N_2) - 27 \qquad \cdots\cdots (5\text{-}61)$$

여기서, N_1은 07 : 00~19 : 00시의 항공기 이착륙 대수, N_2는 19 : 00에서 22 : 00시의 항공기 이착륙 대수와 N_3은 22 : 00에서 다음날 07 : 00시의 항공기 이착륙 대수이다.

ⓢ NEF(Noise exposure forecast) : NEF는 미국에서 항공기소음을 평가하는 방법으로 이용되며, 이 밖에도 항공기소음의 특수성을 고려해서 각국가 마다 평가소음도를 만들어 소음대책을 수립하고 있다.

$$NEF = EPNL + 10\log N + 83 \qquad \cdots\cdots (5-62)$$

〈표 5.23〉 **각국의 항공기 소음도**

구분	NEF(미국)	Q(독일)	N(불란서)	NNI(영국)	WECPNL(국제민간항공기협회)
소음도	62	104	121	80	110
	52	94	111	70	100
	42	84	101	60	90
	32	74	91	50	80
	22	64	81	40	70

③ 항공기소음피해대책

한국은 항공기소음은 환경부의 소음 · 진동관리법과 국토해양부의 공항소음방지 및 소음대책지역 지원에 관한 법률에 따라 관리되고 있다. 하지만 항공기 소음한도는 공항주변의 생활환경에 피해를 주기 때문에 환경부의 항공기소음 한도의 규정을 준수하고 국토부의 구역별 항공기소음한도에 따라 주민피해대책을 수립해야 한다.

㉠ 소음 · 진동관리법의 항공기소음한도값

ⓐ 공항인근지역은 90 WECPNL 이하와 그 밖의 지역은 75 WECPNL 이하이다.

ⓑ 공항인근지역은 국토부의 공항소음방지 및 소음대책지역지원에 관한 법률에서의 제1종구역과 제2종구역이며, 그 밖의 지역은 제3종구역이다.

㉡ 공항소음방지 및 소음대책지역지원에 관한 법률의 소음한도값

ⓐ 제1종구역은 95 WECPNL 이상, 제2종구역은 90 WECPNL에서 95 WECPNL, 제3종구역은 75 WECPNL에서 90 WECPNL이다.

[그림 5.14] **헬리곱터 소음**

〈표 5.24〉 각종 소음의 평가방법과 구성요인

대상	기본 평가 단위	복합 평가 기호	dB (A)	PN dB	스펙트럼	옥타브	순음성	계속시간(충격성)	시간적변동성	선폭로량	발생시간	발생회수	압소음	발생개소	폭로력	구성요인 / 비고
일반 환경	dB(A)		○													소음의 크기, 시끄러움과 상대적으로 일치한다.
지상 교통 공정 근방에도 적용		$L_{수량}$	○	○					○							변동소음에 대해 일반성이 있다.
		CNR			○		○	○		○	○		○		○	주택지의 苦掃 발생과잘 대응한다.
		L_{SO}	○						○				○			JIS Z-8731의 중앙값에 대응한다.
		NR	○				○	○		○	○		○	○		주택지의 피해 발생예측에 사용한다.
		L_{eq}	○							○						소음의 물리적 평가에 사용
		L_{dn}	○							○	○					소음 평가량으로서 장려되고 있다.
자동차		*TNI*	○						○		○					
항공기	dB(A)		○													
	PN-dB			○												dB(D)에 의해 측정된다.
		EPNL		○			○	○								
		NNI		○								○				영국에서 사용
		WECPNL		○			○	○			○	○				ICAO에 의한 국가평가량
		NEF		○			○	○			○	○				미국에서 사용
기계	dB(A)		○													
옥내	dB(A)		○													
	PN-dB			○												항공기 소음인 경우만 사용
		NC			○											스튜디오 사무실 등에서 사용
대화 장애		SIL			○											문장 이해도에 관련 된다.
		AI			○								○			문장 이해도에 관련 된다.
청력 장애	dB(A)															
		L_{eq}	○					○		○		○			○	직업 난청 예방에 사용

비고 : 1) $L_{NP} = L_{eq} + 2.56\delta$　　L_{eq} : 소음도의 파워평균, δ : 표준편차

2) $TNI = 4(L_{10} - L_{90}) + L_{90} - 30$　　L_{10}, L_{90} : 소음도 분포의 10%, 90%치

3) $NNI = PN - \mathrm{dB} + 15\log N - 80$　　여기서, N : 비행기수

4) $WECPNL = EPNL + 10\log(N_1 + 3N_2 + 10N_3) - 39.4$

여기서, N_1, N_2, N_3 : 시간대(07~19), (19~22), (22~07)의 비행기수

5) $NEF = EPNL + 10\log N - 83$ (N = 비행기수)

6) 그밖의 평가량은 그라프나 카테고리와 대응하는 값으로 구한다.

제6장

소음방지시설 설계

6.1 흡음재료를 이용한 소음방지시설

1. 흡음 이론

(1) 흡음감소(Sound attenuation by absorption)

소음에너지가 고체를 진동시켜 기계에너지로 변형시키거나 다공질인 흡음재료 중 공기의 전달에 의해 열에너지로 변형하는 경우이다. 건조한 대기 중에서 고주파음의 분자흡수가 높아지는 경우로써 감소되는 현상을 흡음감소라고 한다.

공기에 흡음되어 소음이 감소되는 경우는 다음 〈표 6.1〉과 같다. 일반적으로 소음에너지의 흡음률은 주파수가 클수록 높고, 일반적으로 동일 주파수일지라도 기온이 높을수록 낮고 상대습도가 높을수록 낮아진다.

현재 흡음감소는 많은 종류의 흡음재료를 건물벽체나 천정, 바닥에 부착시켜서 실내소음을 저감하는 기술이다. 일반적으로 흡음감소효과는 흡음재료의 두께가 증가할수록 흡음성능이 우수하며, 다공질재료일수록 흡음률이 높아진다. 또한 벽면과 흡음재료 사이에 10cm의 공기층을 두고 시공하면 고주파수 소음저감이 우수하다.

〈표 6.1〉 흡음 감소계수(m 값)

단위 : dB/100m

주파수 (Hz)	온도 (℃)	상대습도(%)			
		30	50	70	90
500	-10	0.56	0.32	0.22	0.18
	0	0.28	0.19	0.17	0.16
	10	0.22	0.18	0.16	0.15
	20	0.21	0.18	0.17	0.14
1000	-10	1.53	1.07	0.75	0.57
	0	0.96	0.55	0.42	0.38
	10	0.59	0.45	0.40	0.36
	20	0.51	0.42	0.38	0.34
2000	-10	2.61	0.37	2.55	1.95
	0	3.23	1.89	1.32	1.03
	10	1.96	1.17	0.97	0.89
	20	1.29	1.04	0.92	0.84
4000	-10	3.36	5.53	6.28	6.05
	0	7.70	6.34	4.45	3.43
	10	6.58	3.85	2.76	2.28
	20	4.12	2.65	2.31	2.14
6000	-10	4.11	6.60	8.82	9.48
	0	10.54	11.34	8.90	6.84
	10	12.71	7.73	5.47	4.30
	20	8.27	4.67	3.97	3.63

(2) 흡음률(Sound absorption coefficient)

흡음은 파동에너지가 열에너지의 형태인 비가역적 변화이다. 어떤 흡음재료에 소음이 한번 충돌하면 소음에너지의 10%가 재질에 흡수되고 90%가 반사되었다고 할 경우에 흡음재질의 흡음률은 0.1이며, 반사율은 0.9이다. 일반적으로 고주파소음과 파장이 짧기 때문에 이러한 소음은 흡수되기가 쉽지만 저주파음은 어렵다.

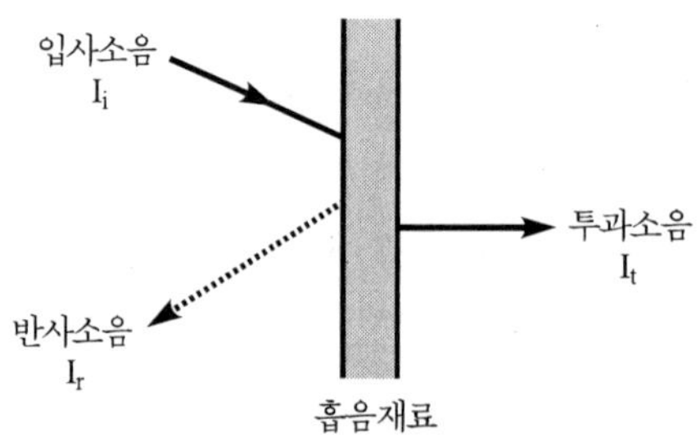

[그림 6.1] 흡음재료의 입사 · 반사 · 투과

$$흡음률 = \frac{흡수된\ 소음에너지}{입사된\ 소음에너지} = \frac{I_i - I_r}{I_i} = 1 - \frac{I_r}{I_i} \qquad \cdots\cdots\cdots\cdots (6.1)$$

여기서, I_i는 입사율, I_r은 반사율이다.

(3) 흡음재료(Sound absorption material)

흡음재료는 흡음정도의 차이는 있지만 입사 소음에너지의 일부를 흡수한다. 여기서 말하는 흡음재료는 비교적 소음의 흡음률을 좋게 하기 위한 목적으로 만든 재료이다. 흡음재료는 주로 실내의 잔향 시간을 줄이며, 메아리 등의 소음잔향 현상을 없애고 실내의 음압도를 줄이기 위하여 사용된다, 흡음재료는 일반적으로 주파수, 재질의 구성, 두께, 표면처리, 설치방법 등에 따른 흡음특성을 갖게 된다. 다음 〈표 6.2〉는 대표적인 흡음재료의 종류와 특성, 사용상의 주의점을 나타냈다.

① 흡음재료특성

〈표 6.2〉에 의해 작업장에서 발생하는 소음의 주파수 특성 등을 고려하여 흡음대책을 세우는 것이 바람직하며, 작업장에서 흡음대책에 의해 실내소음을 저감시키고자 할 경우 흡음처리 전·후의 흡음력에 따른 실내소음 저감값[NR(Noise Reduction : 소음감소)]은 다음 [식 6-2]에 의해 산출할 수 있다.

$$NR = 10 \times \log\left(\frac{대책후의\ 흡음력}{대책전의\ 흡음력}\right) \qquad \cdots\cdots\cdots (6\text{-}2)$$

또한 흡음력(A)는 평균 흡음률(α_i)에 작업실의 표면적(s_i)을 곱해서 산출한다.

〈표 6.2〉 흡음재료의 종류 및 특성

내용 \ 종류	다공질형 흡음재료	판(막)진동형 흡음재료	공명기형 흡음재료
주요 흡음재료	• 무기질섬유 흡음재 • 발포수지재료 • 그 밖의 직물, 펠트 등	• 얇은 합판 • 플라스틱판 • 비닐시트	• 유공 알루미늄판 • 유공 하드보드 • 단일 공명기형 흡음판
주파수의 흡음특성	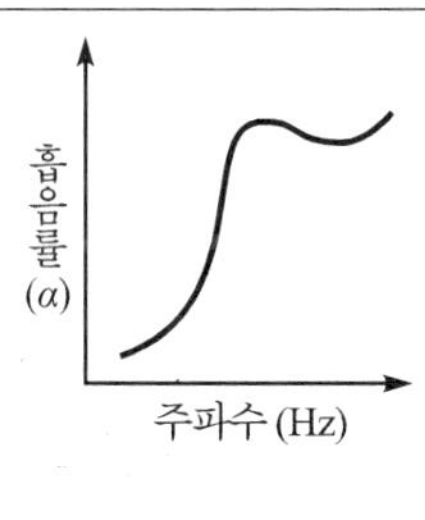	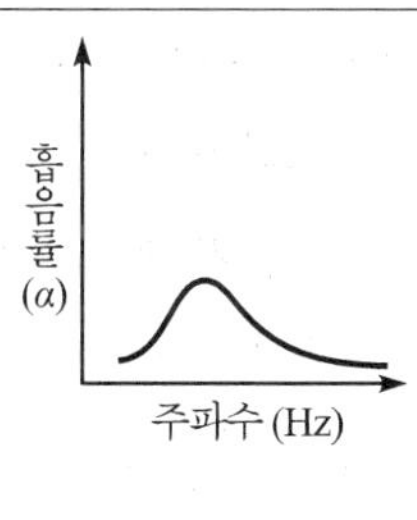	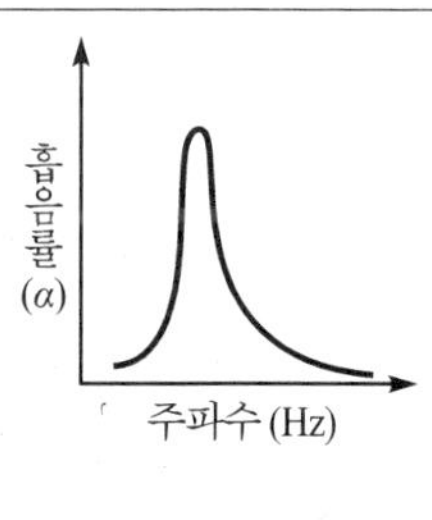

	• 중 · 고음역에서 흡음은 특성 양호 • 재료의 두께, 배후 공기층, 두께증가로 저음역 흡음 특성 증가	• 80Hz ~ 300Hz의 저음역의 특정 공명 주파수 부근에서 흡음효과 • 최대(흡음률 0.2 ~ 0.5 고음역에서는 흡음률은 0.1 내외임	• 저음역의 공명주파수 부근에 흡음효과는 최대
사용상의 주의점	• 재료의 두께 • 표면처리 • 배후 공기층	• 판의 면밀도 • 판의 강성 • 배후 공기층 • 지지재료	• 유공판의 개구율 • 배후 공기층 • 흡음판 배면 재료

② 흡음재료(Sound absorption material) 종류

일반적으로 연질이며 표면이 거칠고, 다공질인 흡음재료가 흡음률이 높은 재질이다. 흡음재는 다음과 같이 분류한다.

〈표 6.3〉 흡음재료의 종류

종류	성분 현상	종류
다공질 흡음재	섬유상 chip, fine상	shainless wool 등 콜크판, 모래, concrete block 등
공명형 흡음재	유공판, slit 판상	30% 공극을 가진 유공판, aluminium판, 합성수지판 등
판진동형 흡음재	판상	베니어판, 석면시멘트판 등

㉠ 다공성을 이용한 것으로 glass wool, rock wool 등의 광물성 섬유와 면(cotton), 마 등의 식물성 섬유, 펠트 등의 동물성 섬유가 있다.

㉡ 얇은 베니어판, 유리판 등처럼 소음이 접촉하면 자체가 진동해서 소음을 흡수하는 목조판벽, 목재마루, 경질 섬유판 등이 있다.

㉢ 공명을 일으켜 흡음하는 방음시설은 입구가 좁은 항아리 등이다.

③ 흡음재료의 선택과 사용시 유의사항

㉠ 흡음률은 시공할 때 배후 공기층 상황에 따라 변화됨으로 시공할 경우와 동일조건의 흡음률을 이용해야 한다.

㉡ 흡음재료를 벽면에 부착할 때는 한 곳에 치중하는 것보다 전체벽면에 분산해 부착하는 것이 효과적이다.

㉢ 흡음실의 모서리나 가장자리 부분에 흡음재료를 부착시키면 더욱 효과적이다.

㉣ 흡음 섬유 등은 다공질에 의한 흡음작용뿐만 아니라 판진동에 의한 흡음력도 발생됨으로 전면을 접착제로 부착하는 것보다는 못으로 시공하는 방법이 바람직하다.

㉤ 다공질 재료는 산란되기 쉬운 바 표면을 얇은 천으로 피복하는 것이 바람직하고 흡음률이 증대된다.

㉥ 다공질 재료의 표면을 도장하면 고음역소음은 흡음률이 저하된다. 그래서 개공률 30% 이상이 바람직하다.

㉦ 막진동 및 판진동형은 도장(painting)하여도 크게 차이가 없다. 또한 다공질재료는 표면에 벽지 등의 종이를 입히는 것을 피해야 한다.

㉧ 흡음재료와 그 특성

ⓐ 다공질 흡음재료의 특성

i) 재료의 두께를 증가시키면 넓은 소음도범위에서 흡음률이 증가한다.

ii) 밀도를 증가시켜도 두께를 증가시키는 재질과 동일한 흡음효과를 얻을 수가 있다.

iii) 재료의 배후와 공기층을 유지해 두며, 저주파 소음의 흡음률을 향상시킬 수가 있다.

iv) 특성은 고주파측(1Hz에서 8kHz)의 흡음률(0.8 정도) 효과가 양호하다.

v) 재료는 유리면, 암면, 흡음폼 등이다.

vi) 주요인자는 밀도(연성, 탄성), 두께, 기공률, 구조계수, 흐름저하이다.

vii) 소음에너지가 기계에너지인 열에너지로 소비되어 저감된다.

viii) 유리섬유 지름은 0.5μm에서 15μm 정도이다.

ⓑ 공명형 흡음재료의 특성

i) 배후 공기층이 흡음의 주파수범위를 결정하는데 공기층이 크면 흡음영역은 저주파음역으로 이동된다.

ii) 배후 공기층에 있는 재료의 유무와 재질은 소음이 틈새로 세어나올 때 생기는 저항에 지배되지만 흡음률에 크게 영향을 준다.

iii) 특성은 주파수가 63Hz에서 350Hz일때만 흡음률(0.1에서 0.95)이 높으나 특히 125Hz일 때 0.4로 제일 높다.

iv) 재료는 유공보드, 타공판 등이다.

v) 소음에너지는 공극(pore)의 틈새가 생기면 이곳으로 들어가 진동시 마찰열로 감소된다.

ⓒ 판상 흡음재료의 특성

i) 판은 진동에 민감한 얇고 가벼울수록 흡음률이 높다.

ii) 흡음률의 최고점은 200Hz에서 300Hz 정도에 있고 판 두께와 배후 공기층이 클수록 저주파 소음으로 이동된다.

iii) 판 배후의 공기층에 다공질 흡음재료를 부착하면 흡음률이 크게 증대되고 흡음률의 최고점은 고주파소음으로 이동된다.

iv) 다공판 진동으로 인하여 반대로 소음을 야기시킬 경우도 있으므로 다공판 사용에 유의해야 한다.

v) 특성은 저주파측(63Hz에서 250Hz)일 때 흡음률이 0.3에서 0.75이나, 고주파측(500Hz에서 800Hz)은 흡음률이 (0.1에서 0.15)이 아주 낮다.

vi) 재료는 철판, 합판, 유리, 플라스틱판 등이다.

vii) 보드는 막(판) 두께가 얇아 진동하기 쉬운 것일수록 흡음률이 우수하다.

viii) 합판두께는 3mm에서 12mm 정도이다.

④ **잔향시간**(Reverberation time : RT 또는 T)

어떤 소음발생원에서 소리를 정시켰을 때에 그 순간부터 음압도(SPL)이 60dB(음향에너지밀도로는 10^6)로 감소될 때까지의 걸리는 시간은 다음 Sabine식으로 산출한다.

$$RT[\text{sec}] = \frac{0.161\,V}{S} \qquad \cdots\cdots\cdots (6-3)$$

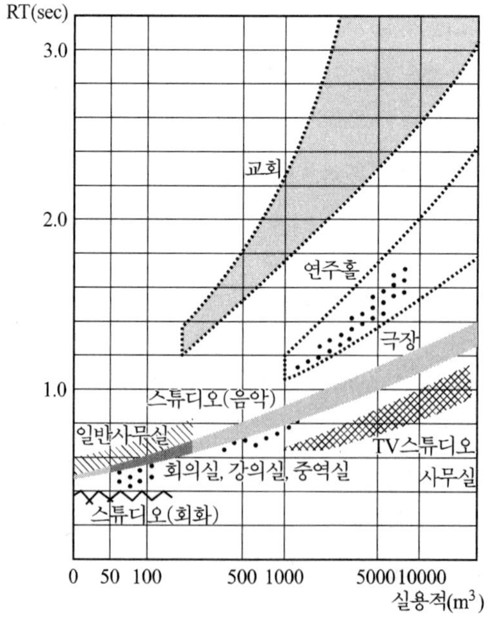

[그림 6.3] **작업실별 최적잔향시간**

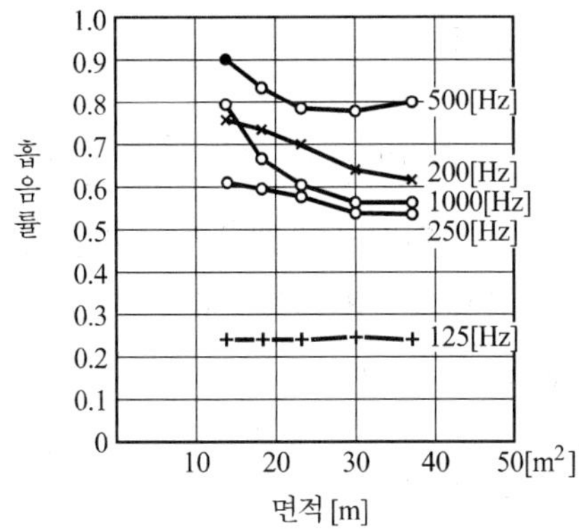

[그림 6.4] Glass Sool(두께 50mm의 면적과 흡음률)

㉠ 교회일 경우

$$RT[\mathrm{sec}] = 0.35(\log V) - 0.35 \quad \cdots\cdots (6\text{-}3a)$$

㉡ 강당일 경우

$$RT[\mathrm{sec}] = 0.2(\log V) - 0.1 \quad \cdots\cdots (6\text{-}3b)$$

㉢ 음악당, 녹음스튜디오일 경우

$$RT[\mathrm{sec}] = 0.2(\log V) \quad \cdots\cdots (6\text{-}3c)$$

(4) 흡음률 계산법

① 건축물의 평균 흡음률 계산

㉠ 건물의 평균 흡음률과 흡음력

$$\bar{a} = a_1 S_1 + a_2 S_2 + 1 \cdots\cdots + a_n S_n \quad \cdots\cdots (6\text{-}4a)$$

여기서, $\bar{a}$ 는 평균흡음률, S_1는 사용흡음재료의 흡음 총표면적[m^2]과 a_1 는 사용흡음재료의 흡음률이다.

$$A(\text{흡음력}) = S \times \bar{a} = \sum_{i=1}^{n} S_i \cdot A_i [\mathrm{m}^2] \quad \cdots\cdots (6\text{-}4b)$$

㉡ 잔향시간을 이용한 방법(Sabine 공식)

$$A[\mathrm{m}^2] = \bar{a} \cdot S = \frac{0.161\,V}{T} \cdots\cdots \text{ 또는 } A = \left(\frac{0.92\,V}{C} - 4m\right)$$

$$\therefore \ \bar{a} = \frac{0.161\,V}{S \cdot T} \qquad \cdots\cdots\cdots (6-5)$$

여기서, V는 잔향실내 용적(m^3), T는 잔향시간(sec · RT라고도 함), C는 음속(m/sec)과 m은 대기 감소계수(상기 〈표 6.1〉 참조)이다.

한편, 평균 흡음률이 0.3 이상으로 클 경우는 정확히 구할 경우는 Erying식으로 $\bar{a}$를 산출한다.

$$\bar{a} = 1 - \left(\frac{S \cdot T}{0.161\,V}\right) \qquad \cdots\cdots\cdots (6-6)$$

㉢ 이미 알고있는 표준소음발생원을 이용한 방법 : 소음발생원의 소음출력값 PWL_0를 이용해 소음발생원에서 충분히 떨어진 거리에서 기준음압도(SPL_0)를 측정해 계산한다.

$$SPL_0[\mathrm{dB}] = PWL_0 - 10\log R + 6 \qquad \cdots\cdots\cdots (6-7)$$

여기서 R는 실정수(room conseant : m^2)로 다음 [식 6-8]으로 산출한다.

$$R[\mathrm{m}^2] = \frac{\bar{a} \cdot s}{1 - a} \qquad \cdots\cdots (6-8a)$$

$$\bar{a} = \frac{\log^{-1}\{(PWL_0 - SPL_0 + 6)/10\}}{S + \log^{-1}\{(PWL_0 - SPL_0 + 6)/10\}} \qquad \cdots\cdots (6-8b)$$

② 흡음재료의 흡음률의 계산

㉠ 관내법(정재파법)

직선형 정재파관(standing wave tube)의 양끝 반대축에 소음발생원과 흡음재료로 막고 정재파를 보낸 후 정재파 형성으로서 흡음률을 간단히 측정하나 정확도는 높다. 관(tube) 내 정재파에 의한 음압의 높고 낮음은 고진폭(A), 저진폭이 B일 때 흡음률은 [식 6-9]로 산출할 수가 있다.

$$a = \frac{4}{n + \frac{1}{n} + 2} \qquad \cdots\cdots (6-9a)$$

여기서, n은 정재파비($n = P_{\max}/P_{\min}$ 또는 $A + B/A - B$)이다.

$$\text{반사율}\,(a_r) = \frac{(n-1)^2}{(n+1)^2} \qquad \cdots\cdots (6-9b)$$

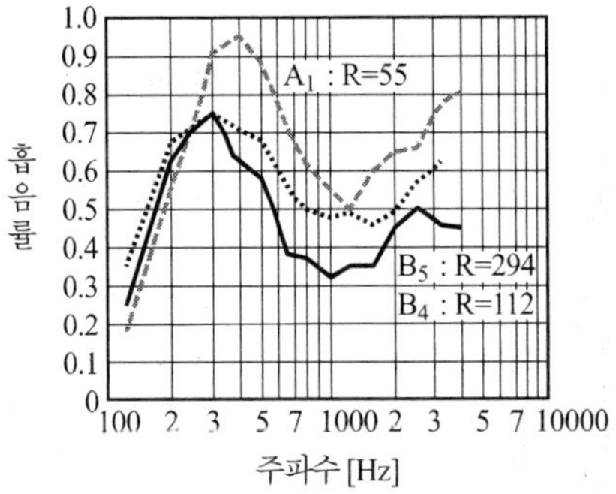

[그림 6.5(A)] **흡음특성(R < 300)**

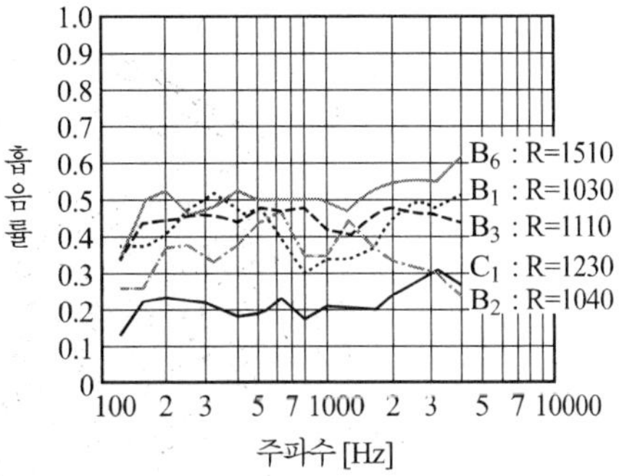

[그림 6.5(B)] **흡음특성(R > 1,000)**

㉡ **잔향실법**(W.C. Sabine법)

방음실 및 잔향실 내부에 시험 흡음재료 부착한 벽면적을 설치해 기존 흡음률과의 차이에 의해 흡음재료의 흡음률을 산출한다.

ⓐ **흡음재료 부착전 평균 흡음률**($\overline{\alpha_0}$)

$$\overline{\alpha_0} = \frac{0.161\,V}{S \cdot T_0} \qquad \cdots\cdots (6-10)$$

ⓑ **흡음재료 부착후 흡음률**(α_r)

$$\alpha_r = \frac{0.161\,V}{S}\left(\frac{1}{T} - \frac{1}{T_0}\right) + \overline{\alpha_0} \qquad \cdots\cdots (6-11)$$

여기서, T_0, T는 흡음재료의 부착 전과 후 각각 잔향시간(RT : sec)이다.

㉢ **잔향실**(Reverberation room) : 잔향실은 모두 흡음재료를 부착해 주위 벽면의 소음 흡수를 아주 작게 설계한 방(room)으로써 실내의 음장이 완전히 확산되도록 한 방이다. 따라서 실내벽면은 대리석, 타일, 잘 다듬질된 콘크리트처럼 평편하고 두꺼워서 반사성이 좋은 재료로 내벽을 구성하고 6각형에서 8각형으로 벽면이 평편하지 않게 하여 실내가 완전 확산음장으로 되어있다. 그러므로 어느 위치에서나 음압이 일정하고 소음에너지가 쉽게 소멸되지 않는다.

ⓐ **잔향실이 갖추어야 할 조건**

i) 실내 소음에너지는 어느 지점에서도 일정하게 분포되어 있어야 한다.

ii) 실내 어느 지점에 있더라도 소음에너지의 흐름방향이 균일해야 한다.

iii) 소음의 발생을 중지한 후에는 실내 소음에너지가 대수(log)적으로 감소해야 한다.

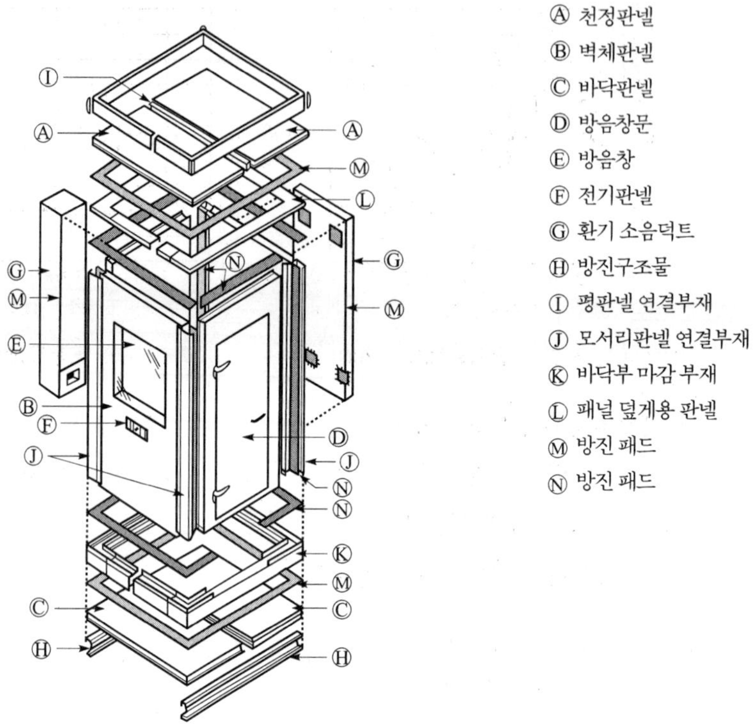

[그림 6.6] **흡음재료용 방음실 구조**

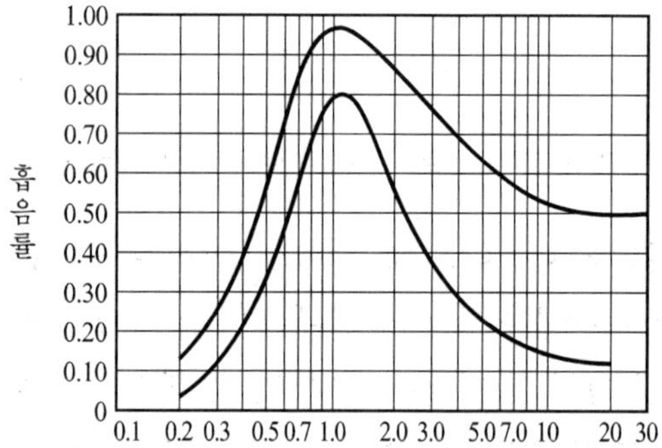

[그림 6.7] **잔향실법 흡음률과 주파수비**

㉣ **소음감쇠계수**(NRC : Noise Reduction Coefficient)

NRC는 1/3 octave band로 측정한 중심주파수 대역 중 250Hz, 500Hz, 1000Hz, 2000Hz에서 흡음률의 산출평균값이며, 다음 [식 6-12]과 같이 계산한다.

$$NRC = \frac{1}{4}(a_{250} + a_{500} + a_{1000} + a_{2000}) \quad \cdots\cdots (6\text{-}12)$$

(5) 흡음재료 특성

흡음재료 선정시는 흡음효과성 외에도 내화제정, 내구성, 반사성, 규격성, 유지보수성, 외양성, 경제성, 설치용이성, 공간성, 중량 안정성을 현장여건에 맞도록 평가해야 한다.

① 막·판상 재료일 경우

밸시트, 석고보드, 석면스레트인 평판이나 판상재료의 공명주파수(f_r)는 200Hz에서 1000Hz이며, 이때 최대 흡음률은 0.3에서 0.4이고 80Hz에서 300Hz는 0.2에서 0.5이다. 소음영역 흡음재의 공명주파수는 다음 [식 6-13]으로 산출한다.

$$f_r[\text{Hz}] = \frac{c}{2\pi}\sqrt{\frac{\rho}{m \cdot d}} \quad \cdots\cdots (6-13)$$

여기서, m은 막의 단위면적당 질량(kg/m^2 : 면밀도), d는 배후 공기층의 두께(m)과 ρ는 공기의 밀도(1.3kg/m^3)이다.

〈표 6.4〉 각종 마루의 마무리하는 재료에 대한 충격소음도 개선값 단위 : (dB)

품명	두께 [mm]	125 [Hz]	250 [Hz]	500 [Hz]	1,000 [Hz]	2,000 [Hz]	4,000 [Hz]	8,000 [Hz]
염화비닐(타일)	2.0	1	0	1	1	2	4	6
염화비닐(타일)	3.0	5	3	4	4	5	8	11
염화비닐	4.0	5	4	11	17	26	-	-
염화비닐(타일)	2.5	4	2	3	4	8	15	-
염화비닐(뒷면 면포)	2.5	5	4	7	14	27	-	-
FRP 수지(타일)	3.2	2	1	1	2	3	7	10
유지계	3.0	1	1	2	3	7	15	-
유지계(타일)	3.0	1	1	2	2	4	8	14

② 구멍뚫린 다공질 판상재료일 경우

섬유, 발포재처럼 기공많은 재료의 흡음특성은 공극(pore)의 지름, 피치, 배후 공기층의 두께와 바탕재료에 의해 결정되며, 사용목적에 따라서 설계하고 시공하면 흡수특성을 올릴 수 있다.

$$f_r[\text{Hz}] = \frac{c}{2\pi}\sqrt{\frac{\beta}{h \cdot d}} \quad \cdots\cdots (6-14)$$

여기서, h는 구멍뚫린 판두께($h = t + 1.6a$)와 β는 구멍뚫린 판의 개구율이다.

③ Slit 구조일 경우

$$f_r\,[\mathrm{Hz}] = \frac{c}{2\pi}\sqrt{\frac{\rho}{(t+b\cdot K)d}} \quad \cdots\cdots\ (6\text{–}15)$$

여기서, t는 판 두께(cm), b는 스릿(slit) 폭(cm)과 k는 계수(k=스릿 길이/스릿 폭)이다.

2. 흡음재료를 이용한 소음기 설계

(1) 대상소음의 종류

① 고체소음

고체의 변형, 마찰, 연삭, 절단, 회전 등으로 인하여 고체가 진동해 발생하는 소음으로써 각 부분이 단체가 되어 균형이 이루어졌어도 이것을 조립시킨 기구 전체의 균형을 평균화시키기는 매우 어렵다. 예를 들면 톱으로 물체(금속파이프 등)를 절단할 때 발생하는 소음으로써 conveyor, hopper 등에서 발생하는 소음이 여기에 속한다.

② 기류소음

흡・배기 및 고압증기를 대기 속으로 배출시 발생하는 소음으로써 송풍기, 공기압축기, 엔진, 가스터빈, 배출관(muffler) 등에서 발생하는 소음이다. 기류소음의 발생은 소용돌이와 맥동(pulse)으로 발생되며, 소음을 감소시키는 방법은 발생원에 소음기(silencer)를 설치하는 계획이 가장 효과적이다.

(2) 소음기의 종류

소음기는 소음의 흡수, 팽창, 간섭 등의 원리를 이용해 소음(noise)를 감소시키는 기구로써 구조에 따라 다음 세 가지로 구분된다. 소음기의 효과는 흡음특성인 삽입손실(insertion loss), 투과손실(transmission loss)와 감음량(noise reduction)에 지배되며 삽입손실은 관속에 소음기를 삽입시켰을 때 소음경감효과이다. 그리고 투과손실은 감쇠량(attenuetion)이라고 하며, 소음기의 입구쪽에 입사하는 PWL와 출구쪽에 투과하는 PWL을 비교한다. 또한 감음량은 소음기의 입구와 출구에서 중간의 SPL 평균차이다.

① 팽창(공동)형 소음기(expansion type silence)

소음기의 입구와 출구 사이에 이보다 큰 공동을 갖게 하여 소음의 통로를 급하게 팽창시켜 음의 간섭, 반사, 팽창 등으로 소음에너지를 감소시키는 기구로서 단면적비(m)에 따라 감소량을 결정된다.

$$m = \frac{S_2}{S1} \quad \cdots\cdots (6-16)$$

여기서, S_1은 입구, 출구의 단면적이고, S_2는 소음기의 공동(孔洞) 단면적이다.

㉠ 소음기의 감소특성은 주파수에 따라 주기적으로 변하며 소음감소의 최대값과 최소값은 다음식으로 산출한다.

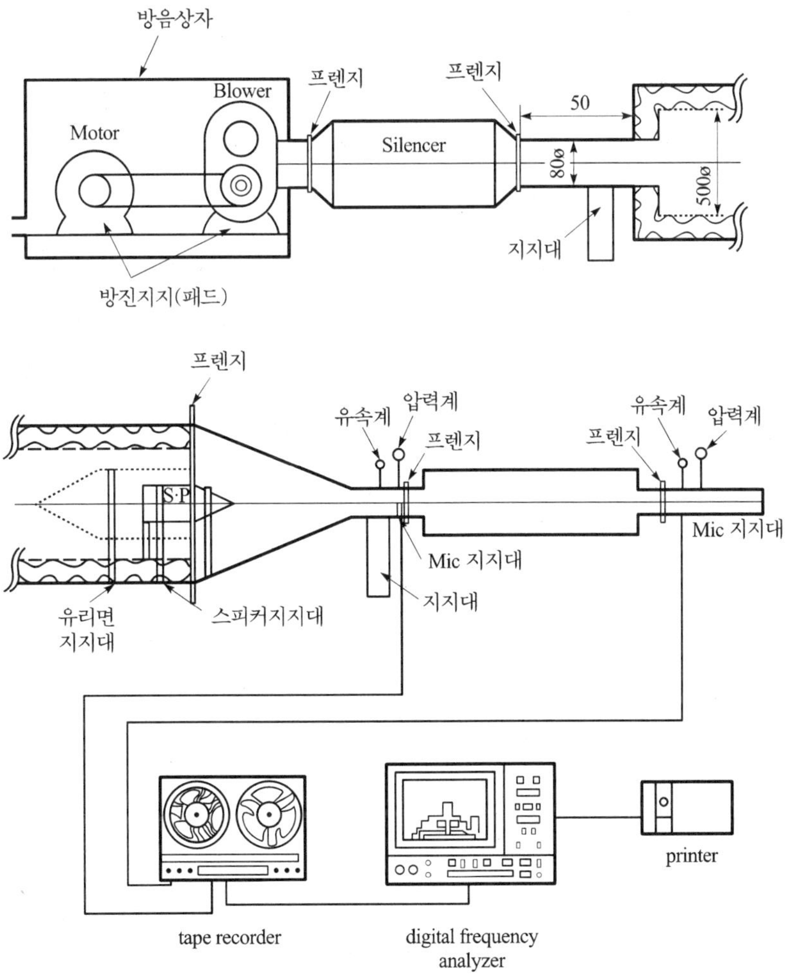

[그림 6.8] **소음기성능시험장치**

ⓐ 최대일 경우

$$K \cdot L = (n - \frac{1}{2})\pi, \quad f = \frac{C(2n-1)}{4L} \qquad \cdots\cdots (6-17)$$

ⓑ 최소일 경우

$$K \cdot L = n\pi, \ f = \frac{c \cdot n}{2L}$$

㉡ 감소량은 지름이나 단면적비(m)으로 정해지고 최대저감량은 약 $L = \frac{m \cdot \lambda}{4}$ 일 때이며 투과손실량(TL : Transmission Loss)을 다음식으로 산출한다.

$$TL[\text{dB}] = 10\log\left\{1 + \frac{1}{4}(m - \frac{1}{m})^2 \times \sin^2 KL\right\} \qquad \cdots\cdots (6-18)$$

여기서, m은 팽창비[m(단면적비)$= S_2 / S_1$]이고, K는 $K = 2\pi r / c = w / c$ ($\therefore w = 2\pi f$)이다.

㉢ 저주파 성분의 소음이 크거나 압력손실을 비교적 크게 할 수 있을 경우에 사용되며 감소 주파수범위를 크게 하기 위해서는 동체 내면에 다공질재료의 glass wool, rock wool 등을 충전시켜 고주파 성분의 소음을 감소시킨다. 하지만 유리섬유 등은 이차공해문제가 야기되고 있다.

② 공명형 소음기(Resonator type silencer)

소음배출관의 일부에 많은 작은 구멍을 내고 그 주위에 적당한 용적의 공명실을 만들어 Helmholtz의 공명실처럼 소음을 감소시킨다. 그러므로, 어떤 소음이 소음배출관에 들어오면 배출관 내의 구멍과 음향실에 존재하는 배후 공기흐름에서 공명현상을 일으켜서 소음에너지를 흡수시켜 감소된다.

㉠ 최대 감소량의 공명 주파수 f_r를 다음식으로 산출한다.

$$f_r[\text{Hz}] = \frac{c}{2\pi}\sqrt{\frac{N \cdot G}{V}} \qquad \cdots\cdots (6-19)$$

여기서, V는 공동의 용적(m^2), N은 작은 배출관내 공동구멍수, G는 도전율 [$G = S_p / L_p$: S_p는 구멍 한 개의 단면적(m^2)]이고, L_v은 내관두께$+ 1.6 \times$구멍 반지름이다.

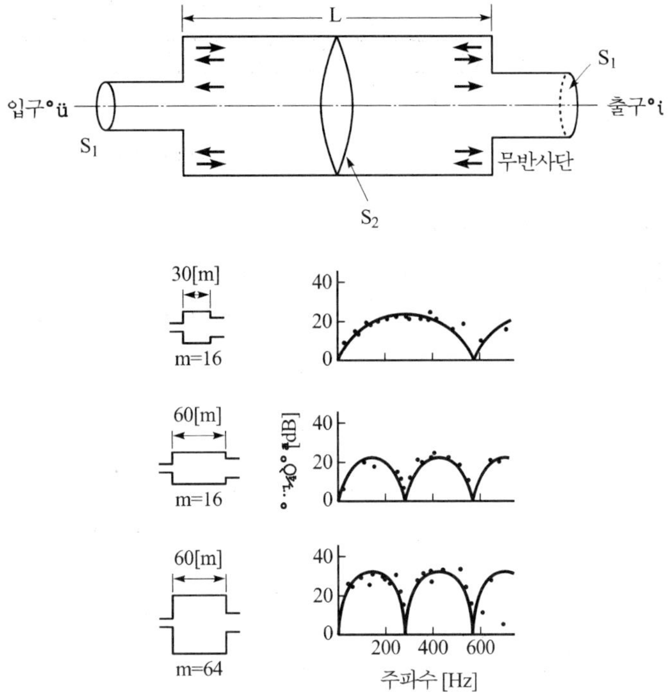

[그림 6.9] **공동형 소음기**

㉡ 공기층의 용적, 구멍 수, 면적 등에 따른 감소량(투과손실 : TL)을 다음식으로 산출한다.

$$TL[\mathrm{dB}] = 10\log + \left| \left\{ 1 + \frac{\dfrac{\sqrt{N}\cdot G\cdot V/L_p}{2So}}{\dfrac{f}{f_r} - \dfrac{f_r}{f}} \right\}^2 \right| \quad \cdots\cdots (6-20)$$

㉢ 어떤 특정 주파수 소음을 감소시키는데는 매우 유효하나 저주파 소음을 감소하려면 큰 용적의 공동이 필요하다. 공명형 소음기는 맥류(pulse flow)로 인하여 저주파인 공기압축기의 흡·배기소음과 디젤기관 등 소음저감에 비교적 많이 사용되고 있다.

㉣ 유체에 대한 저항이 적어 고속기류일 때는 반대로 소음이 발생되기 때문에 주의가 필요하며 대상 주파수 위가 좁아 그 특성을 이용한 2단, 3단, 다단식으로 설치하면 비교적 넓은 주파수범위의 소음까지 투과손실효과를 기대할 수가 있다.

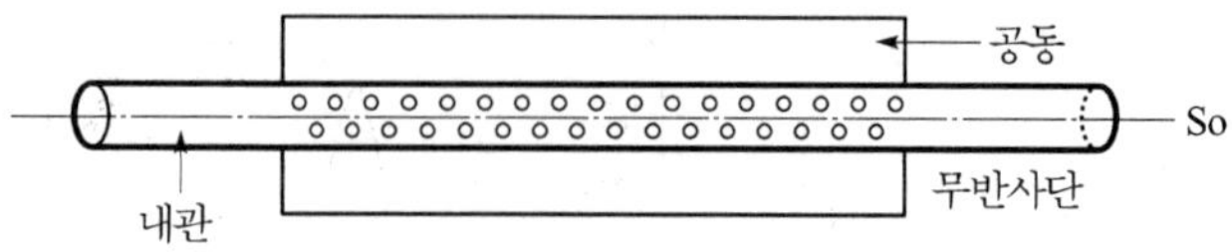

[그림 6.10] **공명형 소음기**

③ 흡음형 소음기(Acoustic absorber type silencer)

덕트 안쪽에 다공질의 glass wool 및 rock wool 등을 충전시켜 소음이 소음기관 속으로 통과할 때 소음에너지가 흡수되어 감소된다. 이때 소음감소량은 흡음재료의 겉복 비중(kg/m^3), 두께, 관의 구멍수 등에 의해 지배된다.

㉠ 흡음형 소음기는 넓은 주파수에 대해 감소효과가 있으며 고주파수에도 높은 감소량을 나타내며, 다공질 흡음재의 흡음특성은 1000Hz의 중심 고주파 성분에 대해서는 감소량이 크지만 저주파 성분에는 작다(최대 감소주파수 : $\frac{\lambda}{2} < D < \lambda$).

㉡ 감소량 특성은 다공질 흡음재료의 흡음특성(glass wool일 경우 0.015g/m^3)이라면 1000Hz 중심 고주파수에 감소량이 크며, 흡음형 소음기는 흡음 덕트(duct)와 비슷함으로 Sabine 식이 사용되고 있다.

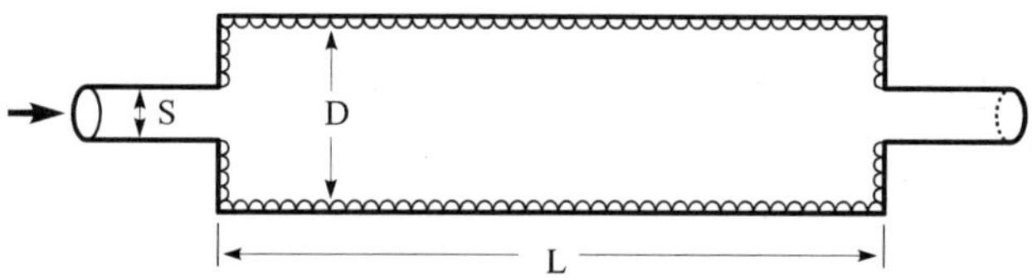

[그림 6.11] **흡음형 소음기**

ⓐ Sabine식

$$TL[\mathrm{dB}] = \frac{K \cdot P \cdot L}{S} \qquad \cdots\cdots (6-21)$$

여기서, K는 흡음률[$K = 1.05(a_r)^{1.4}$ 또는 $K = a_r - 0.1$]이고, P는 흡음재료의 내부 길이(m), L은 body의 길이(m)이고, S는 음향관의 단면적(m^2)이다.

ⓑ 흡음형소음기는 가스 터빈의 급기와 배기, 송풍기의 급기, 고압증기의 대기 배출용으로 널리 사용되고 있다.

(3) 소음기 구조의 설계

① 설계시 고려사항

소음기, 소음구조의 설계시 고려해야 할 중요한 사항은 다음과 같다.

㉠ 소음기의 입력, 출력 측에 특별한 임피던스(유전율)를 고려하지 않은 경우에 대해서 생각해야 한다. 특히 지금까지의 소음기 길이를 확대하거나 축소시키거나 할지라도 발생하는 소음은 변하지 않는다.

㉡ 소음기를 통하는 기류는 단순한 공기가 아니거나 고온일 경우가 많아 소음세기가 크게 변화한다. 특히 설계시 온도, 파장, 음속 등을 계산하여서 설계해야 하며 공명주파수가 자주 변화된다는 사실에 주의해야 할 것이다.

㉢ 소음대상 공기흐름에 대한 저항으로 직선흐름을 방해하고 감소해야 할 송풍기, 엔진의 기계 능력을 손상시키는 수가 많다.

② 소음기의 설계

소음기의 설계는 대단히 곤란하며, 설계할 수 없는 경우가 보통이나 설계해야만 한다. 따라서 어떤 가정으로 설계해야 하며, 이때 유의해야 할 항목은 임피던스(유전율), 고온기체, 특정가스 등이다.

특히 소음기를 제작하려는 재료가 바람에 잘 견디고 온도에 견디는 재질이어야 하며, 너무 엷은판 등으로 만들면 소음기 벽 자체가 진동해 직접 강한 소음을 발생될 수가 있다.

㉠ 흡음형 소음기 : 소음기류의 종류와 온도가 흡음재료의 선정에 있어서 크게 문제가 된다. 그리고 glass wool, asbestos fiber, 광재면 등은 고온에 내구성이 있지만 2차 공해물질이다. 하지만, 접착성인 배출가스가 함유되지 않는 조건이라면 600℃에서 700℃ 정도까지 사용하여 왔다. 그래서 소음기류가 1000℃ 이상일 경우는 aluminium, silica, 다공성 재질 등을 사용해야 한다.

풍속이 30m/sec 이상인 강풍이 동반하는 소음제거시설은 흡음재를 두꺼운 천 위에 가느다란 철망으로 둘러싼 위에 철판 등의 엷은 금속판에 구멍이 있는 판으로 누른다. 이때 개공률이 너무 적으면 흡음효과가 떨어지므로 최소한 표면의 15%이상, 가능하면 25%이상의 공경(구멍) 면적을 유지함이 이상적이다.

ⓐ 소음방지할 대상소음을 분석해 어느 소음을 감소해야 할 것인가를 파악해야 하며, 그리고 해당 주파수 범위에 적합하게 설계추진해야 한다. 만일 약간의 강한 음악성소음과 고주파의 연속적 잡음성 소음이 있을 때는 저주파의 음악성 소음은 공명형 소음기를 선정하고, 강풍을 동반할 경우는 덕트 속에서 소용돌이소음을 발생하기 쉬워 출구에 고음용 spliter를 설비하여야 한다.

ⓑ 소음피해를 받는 피해자의 위치를 염두에 두고 설계하는 것이 필요하다. 작은 배기공 등도 가급적 사람의 귀로부터 멀리 두도록 개구부를 설치한다.

③ 각종 형식의 소음기와 감소특성 곡선

㉠ 간섭형 소음기일 경우 : 산란소음의 잔향으로 소음소멸

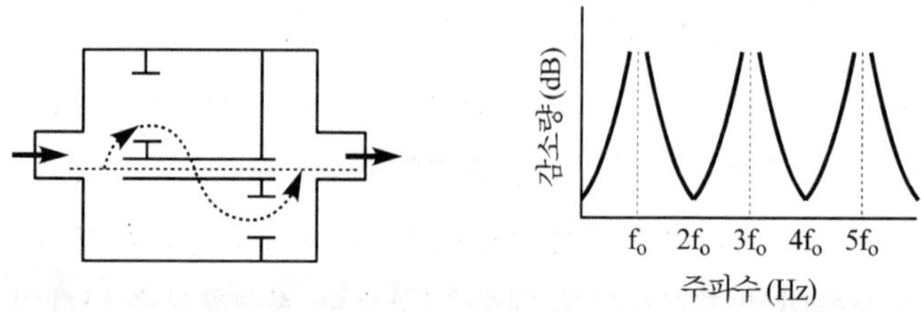

㉡ 공명형 소음기일 경우 : 공동의 용적에 의해 흡수되어 소음소멸

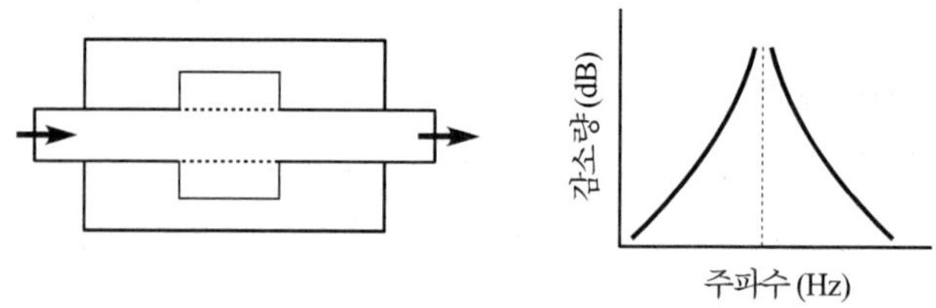

㉢ 직관 흡음덕트형 소음기일 경우 : 흡음력으로 기류소음소멸

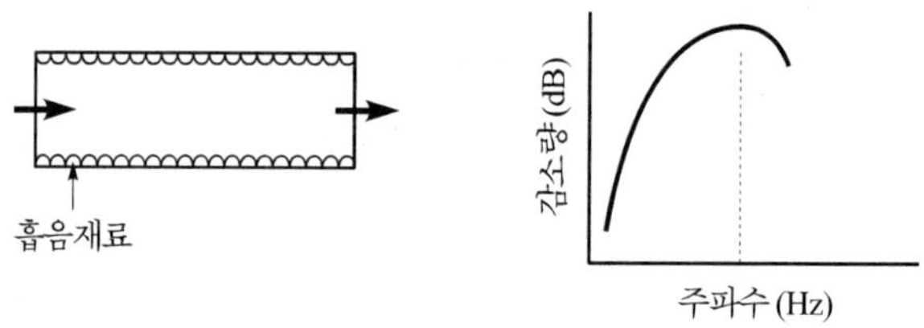

㉣ 팽창형 소음기일 경우 : 급격한 단면 변화로 소음소멸

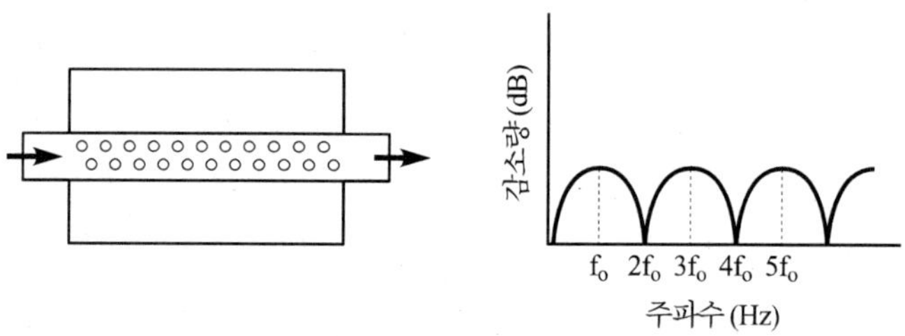

㉤ 곡관 흡음덕트형 소음기일 경우 : 덕트, 배관의 유체소음소멸

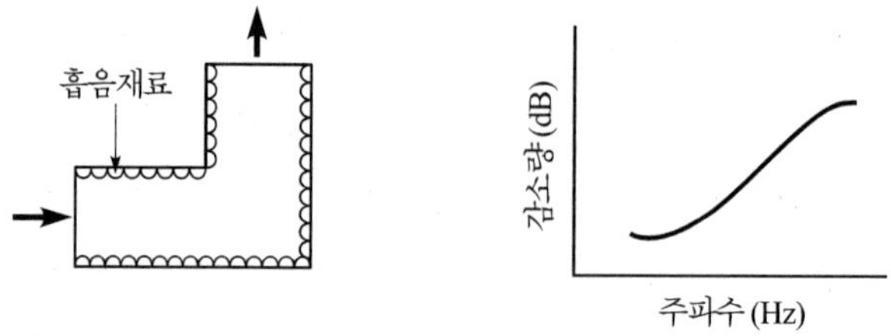

④ 소음기 설계

㉠ 흡음 덕트형 소음기일 경우

[그림 6.10]과 같이 덕트의 안쪽에 흡음재료를 부착하여 흡음에 의해 소음을

감소시킨다.

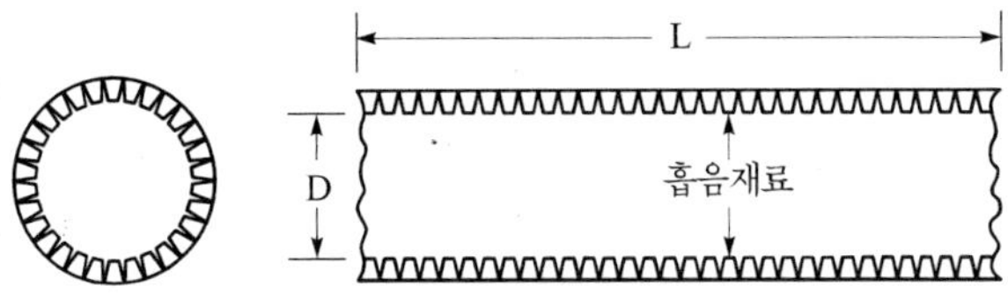

[그림 6.10] **직관 흡음 덕트**

ⓐ 소음저감의 특성은 중·고 주파수의 소음에 좋다.

ⓑ 최대 감소주파수는 $\lambda/2 < D < \lambda$ 범위에 있어야 한다. λ는 대상소음의 파장(m), D는 덕트의 반지름(m)이다.

ⓒ 덕트의 반지름(D)가 대상음의 파장보다 아주 작은 소음전파경로는 이를 확대하여 소음기 ⓑ의 조건이 되게하고 큰 경우는 덕트를 세분하여 cell형(덕트를 가로와 세로로 분할)이나 splitter형(단계형으로 분할)으로 설계하여 목적 주파수를 감소하여야 한다.

ⓓ 소음감소값(ΔL)은 다음 [식 6-22]에 의해 산출한다.

$$\Delta L = K \cdot \frac{P \cdot L}{S} [\text{dB}] \qquad \cdots\cdots (6-22)$$

여기서, K는 $1.05\,a_r^{1.4}$(또는 $K = a_r - 0.1$, a_r는 잔향실법에 의한 흡음률), P는 덕트의 내부 주 둘레(m), S는 덕트의 내부 단면적(m^2), L은 덕트의 길이(m)이다. $f < f_c$이어야 한다. 여기서, $f \fallingdotseq \frac{C}{D}$ (Hz)]범위에서 성립하며 C는 덕트 내 음속이다.

ⓔ 각 공기흐름통로의 길이는 그것의 가장 작은 횡단길이의 2배는 되어야 한다.

ⓕ 덕트의 최단 횡단길이는 고주파 beam을 방해하는 크기여야 한다.

㉡ **흡음첌버**(Absorbing chamber)**일 경우**

ⓐ [그림 6.11]과 같은 흡음첌버에 의한 감소값(ΔL)은 다음식으로 산출한다.

$$\Delta L[\text{dB}] = -10\log\left[S_0\left(\frac{\cos\theta}{2\pi d^2} + \frac{1-\alpha}{\alpha \cdot S_w}\right)\right] \qquad \cdots\cdots (6-23)$$

여기서, α는 첌버 속에 부착한 흡음재료의 평균 흡음률이고, S_0는 출구의 단면적(m^2), S_w는 첌버 속의 전체 표면적(m^2), d는 입·출구 사이의 경사 길이(m)일 때 일반적으로 $d^2 \risingdotseq (w-t)^2 + h^2 (m^2)$이고 $\cos\theta = \frac{h}{d}$이다. 실제로

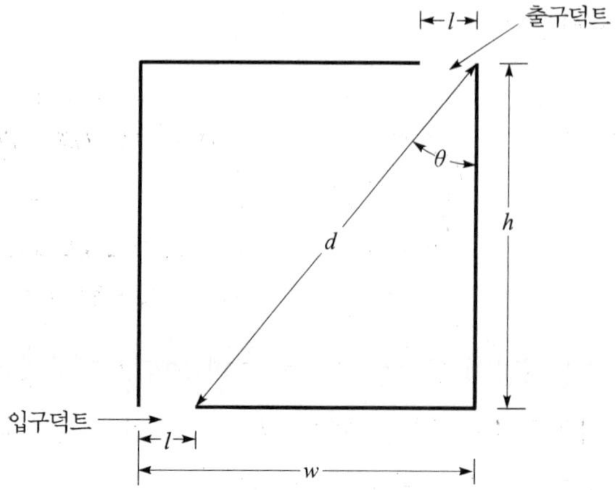

[그림 6.11] **흡음첌버**

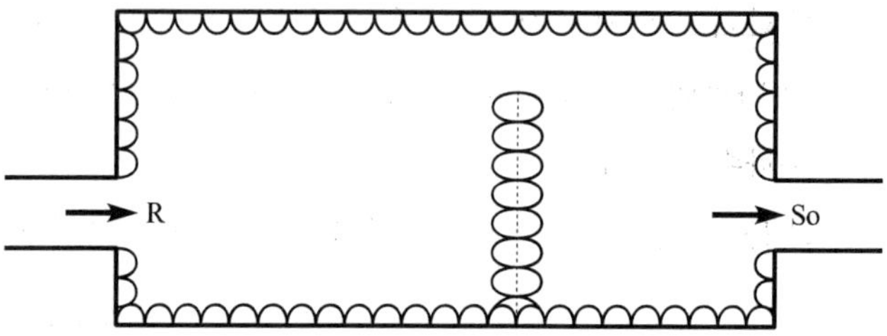

[그림 6.12] **흡음 chamber형(산란파음장)**

저주파에서 10dB, 1kHz에서 20dB정도 감소한다.

ⓑ [그림 6.12]과 같은 형의 흡음첌버의한 감소값(ΔL)는 다음식에 의해 산출한다.

$$\Delta L[\mathrm{dB}] = 10\log\left\{\frac{\overline{\alpha}\cdot S_w}{1-\alpha}\right\} - 10\log S_0 \qquad \cdots\cdots (6-24)$$

6.2 차음재료를 이용한 소음방지시설

1. 차음(Sound insulation) 이론

대기속에서 소음이 한 공간을 거처 다른 공간으로 전파되게 하여서 방지하는 기술이 차음이다. 차음재는 입사하는 소음에너지의 모두를 반사시키지 않고, 가능한 한 재료 내부에 소음을 전부 흡수 시키는 것이 바람직하다. 재료 내부에서 소음을 많이 흡수한다고 할지라도 입사 소음에너지를 효과적으로 반사시키지 못하면 차음재료는 부적당하며, 구조체에 틈새 등이 있는 경우도 차음재료 사용하지 않아야 한다. 차음성능을 평가하는 방법으로는 투과율 및 음향투과 손실 등이 있다.

(1) 차음도(Noise insulation factor)

소음의 전달과 확산을 방지하는 방법을 차음이라 하며, 투과율, 투과손실, 음압도의 차 등으로 나타낸다. 특히 실내에 소음발생원이 있을 때 외부소음과 실내소음의 소음도차를 차음도라 한다.

(2) 차음재료

소음의 전달경로를 도중에서 벽체재료로 차단시키기 위하여 차음재가 사용되며, 주로 콘크리트블록(concrete block)의 건축용재, 건설·토목용재 등이 소음방지 목적에 사용되고 있다.

차음재료는 선정시는 대상소음의 크기, 특성, 감소량 등이며, 투과손실(TL)이 큰 것을 선택해야 한다.

또한 적벽돌 구조의 차음재료에 알아보면 균일재료에 의한 단일벽은 질량법칙, 즉 단위 면적당 중량(면밀도)에 의해 지배되며, 단일벽을 이중, 삼중의 벽으로 설치한 복합벽일 경우는 벽 사이의 공기층이 두꺼울수록 차음효과가 크다.

(3) 투과손실(TL : Transmission loss)

소음의 입사조건, 주파수, 흡음재료 재질, 차음구조 등에 영향을 받으나, 이론상 흡음재 부착의 단위 면적당 중량이 크거나 고주파수일수록 감소량은 크다.

$$TL[\mathrm{dB}] = 10\log\frac{I_i}{I_t} \qquad \cdots\cdots (6\text{–}25)$$

여기서, I_i은 입사소음이고, I_t는 투과소음이다.

① 수직 입사인 경우 TL 산출식

$$TL_a[\mathrm{dB}] = TL \qquad \cdots\cdots (6\text{–}26)$$

② 난입사일 경우(random incidence mass loss) TL 산출식

$$TL_a[\mathrm{dB}] = TL - 10\log(0.23\,TL) \qquad \cdots\cdots (6\text{–}27)$$

③ 음장입사일 경우(field incidence mass loss) TL 산출식

$$TL_a[\mathrm{dB}] = TL - 5 \quad \cdots\cdots (6\text{-}28)$$

④ 입사파일 경우

벽체에 전파되는 파장(λ)는 다음 식으로 산출한다.

$$\lambda' = \frac{\lambda}{\sin\theta} \quad \cdots\cdots (6\text{-}29)$$

⑤ 굴곡파일 경우

음압도 강약의 소밀음파가 벽체에 발생하기 때문에 소음의 전파속도는 다음 식으로 산출한다.

$$c' = \frac{c}{\sin\theta} \quad \cdots\cdots (6\text{-}30)$$

⑥ 일치주파수

만일 벽체의 굴곡파의 진폭과 입사소음파의 진폭이 같은 크기로 진동하면 일종의 공진상태가 되어 차음성능이 크게 저하되는 일치효과를 나타내며, 이때의 일치주파수 f_c를 산출하는 식은 다음과 같다.

$$f_c[\mathrm{Hz}] = \frac{c^2}{2\pi h \sin^2\theta}\sqrt{\frac{12\rho(1-\delta^2)}{E}} \quad \cdots\cdots (6\text{-}31)$$

여기서, h는 벽의 두께(mm), E는 영률(부록 Ⅵ 참조), δ는 포아숀 비이고 ρ는 벽의 밀도(kg/m^3)이다.

⑦ 중공 이중벽의 투과손실

두면의 벽체가 공기층을 갖고 있으면 질량법칙에 따라 벽 두께를 2배로 하면 그 투과손실은 2배 정도가 증가되어야 하나 실제로 공기의 공명진동에 의해 5dB에서 6dB 밖에 증가되지 않는다.

$$TL[\mathrm{dB}] = 10\log\left[1+\left(\frac{w\cdot m}{\rho\cdot c}\right)^2\left\{\cos k\cdot d - \frac{1}{2}\left(\frac{w\cdot m}{\rho\cdot c}\right)^2 \sin K\cdot d\right\}^2\right] \quad \cdots\cdots (6\text{-}32)$$

여기서, d는 공기층두께(m)이고 K는 파수($K=w/c=2\pi f/c$)이다.

또는 $TL[\text{dB}] = 13 + 14.5\log 2\text{m}$ ····· (6−32a)

⑧ 저음재료부착벽의 공명주파수

$$f_r\,[\text{Hz}] = \frac{c}{2\pi}\sqrt{\frac{2\cdot\rho}{m\cdot d}} \quad \cdots\cdots (6-33)$$

㉠ 공명주파수 부근에서 투과손실의 저하를 방지하기 위해 차음성이 우수한 차음재료를 건물벽과 10cm 유지해 시공이나 공기층 속에 충전시키면 3dB에서 10dB 정도의 투과손실이 개선되며, 또한 공기층을 10cm 이상으로 유지하면 5dB에서 10dB 정도의 투과손실이 증가된다.

(4) 일치효과(Coincidence effect)

단일벽이 경사각 방향으로부터 음파로 공진해 투과손실을 감소시키는 효과로 공진을 일으키는 주파수 범위 내에서 질량법칙은 성립 안된다. 이때 일치효과를 일으키는 최저주파수를 한계주파수라고 하며, 단일벽이 얇고 휘어지는 강성이 작거나 면밀도가 클수록 이 효과는 높다.

음파가 차음재료 부착된 벽체를 진동시키면 그 벽체에서 일치소음이 발생되어 투과손실의 수치는 저하되는데 공진을 일으켜 투과손실을 감소시키는 방해를 한다.

(5) 질량법칙(Mass law)

벽 등에 입사한 소음에너지는 반사되고 흡수된 소음에너지는 투과된다. 그리고 소음투과에너지를 지배하는 것은 차음벽의 무게, 즉 면밀도(kg/m^2)에 지배된다는 법칙으로 두께 6mm의 나무벽(비중 : 0.9), 콘크리트벽(비중 : 2.5), 철벽(비중 : 8)의 투과손실은 각각 8dB, 27dB, 35dB이다.

〈표 6.5〉 차음재의 면밀도 단위 : kg/m^2

물질	비중	물질	비중
남(Pb)	11.3	베니아	0.5
철(Fe)	7.9	목모시멘트	0.6
알루미늄(Al)	2.7	glass	2.5
목재(Wood)	0.9	Concrete	2.4

2. 차음재료를 이용한 차음벽설계

차음재료를 분류할 때 일치효과와 질량법칙으로 투과손실이 규정된 재료와 그 밖의 재료로 구분된다.

(1) 차음재로 특성

① **단일벽**(일체 진동벽)

단일벽은 콘크리트벽, 벽돌벽, 블록벽 등이 있다.

② **이중벽**(다공질 흡음재료를 충전한 벽)

이중벽은 벽체의 10cm 유지해서 철판, 페지판, 목재, 모직, 시멘트판, 베니어판 등으로 시공한다.

③ **샌드위치 패널**

Sandwitch 패널은 벽체와 흡음재료인 10cm 유지한 공간에 스티로폴, 우레탄, 하니캄, 합판 등을 차음재료로 사용하며, 실제로 현장에서 사용해 제일 많이 시공하고 있다.

④ **다중벽**(3중벽 이상)

다중벽은 단일벽을 여러 겹으로 설비해야 한다.

(2) 단일벽의 투과손실

① 차음재료에 관계없이 다음 식으로 산출한다.

$$TL[\mathrm{dB}] = 13 + 14.5\log m \qquad \cdots\cdots (6\text{–}34)$$

㉠ 음파가 벽면에 수직입사할 경우

$$TL[\mathrm{dB}] = 10\log\left\{1 + \left(\frac{w \cdot m}{2\rho \cdot c}\right)^2\right\} \qquad \cdots\cdots (6\text{–}35)$$

여기서, m은 벽체의 면밀도(kg/m^2)이고, w는 각속도(rad/sec : $2\pi f$)이다.

이때, $w \cdot m$가 $2\rho \cdot c$보다 적으면 TL을 [식 6–35] 다음식으로 산출한다.

$$TL[\mathrm{dB}] = 20\log(m \cdot f) - 43 \qquad \cdots\cdots (6\text{–}36)$$

㉡ 음파가 벽면에 자유롭게 입사할 경우

$$TL_0[\text{dB}] = 10\log\left\{1 + \left(\frac{\Delta w \cdot m\cos\theta}{2\rho \cdot c}\right)^2\right\} \quad \cdots\cdots (6-37)$$

② 음파의 입사각(θ)가 0°에서 90° 범위일 때 평균 투과손실(TL)은 다음 식으로 산출한다.

$$TL_0[\text{dB}] = TL_0 - 10\log(0.23\,TL_0) \quad \cdots\cdots (6-38)$$

(3) 고소음에너지의 공명주파수 투과손실계산

① 투과손실이 최소일 경우

$$TL_{\min}[\text{dB}] = 10\log\left\{1 + \left(\frac{w \cdot m}{\rho \cdot c}\right)^2\right\} \quad \cdots\cdots (6-39)$$

② 투과손실이 최대일 경우

$$TL_{\min}[\text{dB}] = 10\log\left\{1 + \frac{1}{2}\left(\frac{w \cdot m}{\rho \cdot c}\right)^4\right\} \quad \cdots\cdots (6-40)$$

③ 차음재료의 선정과 사용상 유의사항

㉠ 차음에 영향이 아주 우수한 차음재료는 틈새나 파손이 없다.

㉡ 서로 다른 재료로 구성된 벽의 차음효과를 효율적으로 유지하기 위해서는 $S_i \cdot r_i$ 값을 같게 해야 한다.

㉢ 높은 차음효과를 위해서는 내부에 다공질재료를 삽입한 이중벽 구조로 하여 일치주파수와 공명주파수를 주의해서 설계해야 한다.

㉣ 콘크리트 블록(concrete block)인 차음벽의 표면을 몰타르로 한쪽 면만 바르면 5dB, 양면을 바르면 10dB 정도로 감소량이 증대된다.

㉤ 기진력이 큰 기계가 있는 공장부지 경계면의 차음벽은 탄성지지, 방진합금으로 댐핑(damping) 처리를 하여야 한다.

㉥ 벽의 틈으로 분출된 소음도 산출은 다음식과 같다.

$$SPL[\text{dB}] = SPL_i - 10\log n \quad \cdots\cdots (6-41)$$

여기서, SPL은 벽 외측의 음압도, SPL_i은 벽 내측의 음압도이고 n는 틈새의 단면적 점유율이다.

(4) 실내 칸막이 벽에 의한 차음설계

공장 등 실내의 한 벽체에 칸막이 벽을 설치했을 경우 차음도(NR)를 산출식은 다음과 같다.

$$NR[\text{dB}] = TL - 10\log\left(\frac{1}{4} + \frac{S_w}{R_2}\right) \quad \cdots\cdots (6-42)$$

여기서, TL은 칸막이 벽의 투과손실(dB), R_2는 사무실의 실정수(m^2)이고 S_w는 칸막이 벽의 면적(m^2)이다.

① 사무실 내에서 칸막이 벽 근처의 SPL_2 계산식

$$SPL_2\,[\text{dB}] = SPL_1 - TL + 10\log\left(\frac{1}{4} + \frac{S_w}{R_2}\right) \quad \cdots\cdots (6-43)$$

② 칸막이 벽에서 멀리 떨어진 사무실내의 SPL_3 계산식

$$SPL_3[\text{dB}] = SPL_1 + 10\log\left(\frac{S_w}{R_2}\right) - TL \quad \cdots\cdots (6-44)$$

③ 외부로부터 실내로 들어오는 SPL_4 계산식

$$NR[\text{dB}] = TL + 10\log\left(\frac{A_2}{S}\right) - 6 \quad \cdots\cdots (6-45)$$

$$SPL_4[\text{dB}] = SPL_1 - NR$$

$$= PWL - 20\log r - TL - 10\log\left(\frac{A_2}{S}\right) \quad \cdots\cdots (6-46)$$

여기서, r은 소음발생원과 피해지점까지의 거리(m)이다.

④ 투과율(τ, Transmission coefficiet) 계산
투과율은 흡음재료에 입사하는 소음의 소음세기 I_i와 반대측에 투과하는 소음세기 I_t와의 비를 나타낸 것으로서 다음 [식 6-46]으로 산출한다.

$$\tau = \frac{I_t}{I_i} \quad \cdots\cdots (6-47)$$

여기서, I_i는 입사소음세기이고, I_t는 투과소음세기이다.

㉠ 소음투과손실(TL, Sound trasmission loss)

소음투과손실(TL)은 투과율의 역수를 상용대수표시한 값으로써 흡음재료의 차음성능을 나타내는 데 일반적으로 이용되는 산출식과 같다.

$$TL[\mathrm{dB}] = 10\log_{10} \cdot \frac{1}{\tau} \qquad \cdots\cdots (6\text{–}48)$$

여기서, TL은 음향투과손실[dB]이고 τ는 투과율이다.

[식 6–46]과 [식 6–47]로부터 소음 투과손실은 다음 식으로도 산출한다.

$$TL[\mathrm{dB}] = 10\log_{10}\left(\frac{I_t}{I_t}\right) = L_i - L_t \qquad \cdots\cdots (6\text{–}49)$$

여기서, L_i는 입사 소음세기값[dB]이고, L_t는 투과 소음세기값[dB]이다.

즉, 음향투과손실은 입사소음세기값과 투과소음세기값과의 차이며, 소음투과손실값이 큰 재료일수록 차음성능이 우수하다.

㉡ 종합투과손실

ⓐ 벽의 전체 면적이 동일재료로 되어 있지 않고 투과손실이 각기 다른 재료로 복합구성되어 있을 때 그 벽면 전체의 전체의 총 투과손실 $\overline{TL}$은 다음 식으로부터 산출한다.

$$\begin{aligned}\overline{TL}\ [\mathrm{dB}] &= 10\log\frac{1}{\tau} \\ &= 10\log_{10}\left(\frac{\Sigma S_i}{\Sigma S_i \cdot \tau_i}\right)\end{aligned} \qquad \cdots\cdots (6\text{–}50)$$

$$\begin{aligned}\bar{\tau} &= (\Sigma S_i \cdot \tau_i)/(\Sigma S_i) \\ &= \frac{(S_1\tau_1 + S_2\tau_2 + S_3\tau_3 + \cdots)}{(S_1 + S_2 + S_3\ \cdots)}\end{aligned} \qquad \cdots\cdots (6\text{–}51)$$

여기서, $\overline{TL}$은 총 평균투과손실[dB], $\bar{\tau}$는 총 평균투과율[–], S_i는 벽체 각 구성부의 면적[m^2]이고, τ는 벽체 각 구성부의 투과율[–]이다.

ⓑ 벽의 구성재료를 차음성능이 높은 재료로 설계하여도 일부에 음향투과 손실이 적은 재료, 즉 차음재료의 개구부와 틈새, 평균 관통 공경(pore) 등이 있으면 그 면적이 작더라도 종합 투과손실은 크게 저항하여 차음성능은 크게 저하된다. 종합 투과손실을 크게 하기 위해서는 $S \cdot \tau$가 큰 것부터 점차 개량해 가는 것이 필요하며 설계시에 $S_i \cdot \tau_i$의 각 값을 같게 하는 것이 바람직하다.

ⓒ 틈새(개구부)에 의한 영향

작업실간 평균음압도의 차이는 경계벽의 투과손실에 크게 좌우되지만, 이 경계벽의 투과손실은 틈새가 발생할 경우에 크게 저하한다. 건물의 접합부위 틈새는 현장타설 콘크리트공법보다는 조립식공법에서, 습식공법보다는 건식공법에서 발생되기 쉽다. 따라서 소음 성능상 취약부분인 틈새가 차음성능에 미치는 악영향은 아주 크다.

$$\overline{TL}\,[\mathrm{dB}] = 10\log\left\{\frac{100}{P+\tau(100-P)}\right\} \quad \cdots\cdots (6\text{–}52)$$

여기서, p는 경계벽의 틈새율, (틈새의 면적/틈새를 포함한 벽체면적)×100이고 τ는 경계벽의 투과율(투과손실을 사용할 경우에 $\tau = 10^{(-TL/10)}$을 이용하여 산출)이다.

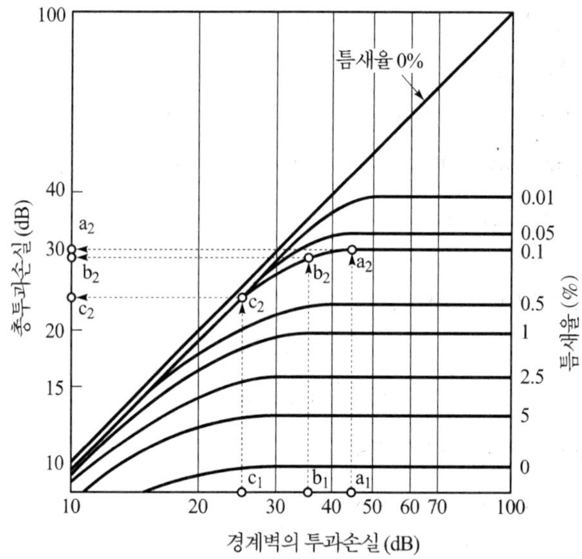

[그림 6.13] **벽의 틈새와 투과손실의 저하**

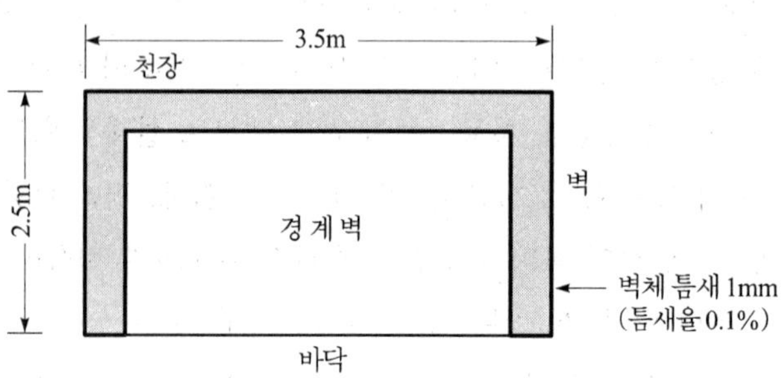

[그림 6.14] **경계 벽체의 설계**

예를 들어 [그림 6.14]와 같은 벽체에서 경계벽 자체의 차음성능이 45dB를 유지하고 있다고 할지라도 경계벽의 틈새율이 0.1%가 되면 종합투과손실은 30dB 정도로 15dB의 차이가 있다.

예를 들면 45dB의 투과손실을 가진 벽체를 60dB, 70dB의 벽체가 되도록 두께를 크게 하여도 틈새율이 0.1%라고 한다면 종합 투과손실은 30dB 정도로 낮아 거의 차음성능이 개선되지 않음을 [그림 6.13]에 의해 알 수가 있다.

그러므로 차음성능상 취약부위가 되는 틈새는 문 주변과 alumium sash, PC판의 판넬 조인트 부분, 칸막이 벽 등이나 바닥판, 벽, 카텐벽(curtain wall) 등의 구조물과의 접하부, 팬코일 유니트(fan coil unit)의 배관, 리턴 그릴(return grill), 벽부착 전기의 콘센트(consent), 스위치(switch) 등 설비기기 설치장소에서 발생하기가 쉽다.

작업실 사이의 평균 음압값이 30dB이상 요구되는 경우에는 먼저 틈새에 대한 방지대책 시공 등이 필요하다. 지진시 층간변위, 건물의 움직임에 의한 틈새의 발생 등으로 준공 후 경년 변화에 따른 차음성능 저하가 우려되는 경우에는 설계 단계에서 이러한 접합부의 설계를 충분히 검토하고 틈새가 생기지 않도록 시방서를 명확하게 작성할 필요가 있다.

⑤ 차음설계사례

[그림 6.15]와 같은 벽체일 경우에 평균 투과손실 $\overline{TL}$을 구하는 다음과 같다.

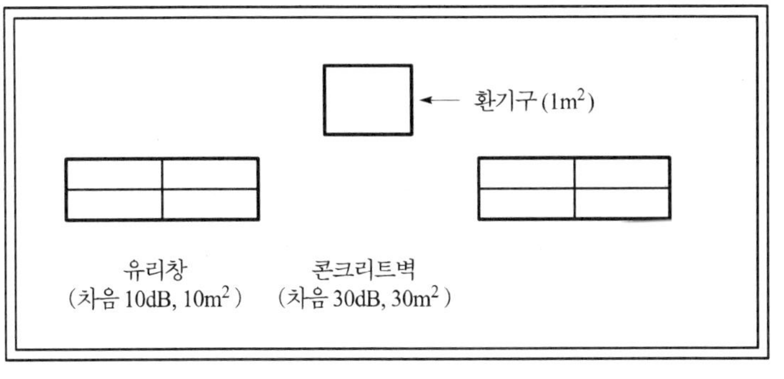

[그림 6.15] 공장 건물벽의 배치

㉠ 현상태에서의 평균 차음효과일 경우

$$\overline{TL}\,[\mathrm{dB}] = 10 \cdot \log \frac{\sum S_i}{\sum S_i \tau_i}$$

$$= 10 \cdot \log\{(1+10+30)/(1+10\times10^{-1}+30\times10^{-3})\}$$

$$= 13[\text{dB}] \qquad (6-53)$$

㉡ 환기구를 콘크리트로 설비할 경우의 평균 차음효과일 경우

$$\overline{TL}[\text{dB}] = 10 \cdot \log\frac{\sum S_i}{\sum S_i \tau_i}$$

$$= 10 \cdot \log\{(10+31)/(10\times10^{-1}+31\times10^{-3})\} = 16[\text{dB}]$$

㉢ 유리창과 환기구를 콘크리트로 설비할 경우의 평균 차음효과일 경우

$$\overline{TL}[\text{dB}] = 10 \cdot \log\frac{\sum S_i}{\sum S_i \tau_i} = 10 \cdot \log\{(41)/(41\times10^{-3})\} = 30[\text{dB}]$$

따라서 차음량이 작은 창문은 그 면적을 줄이거나 이중 창문화하고, 차음이 전혀 없는 환기구 등을 최소화하면서 공장 안쪽의 벽에 설치하여야 한다.

한편, 벽체의 틈새에 의한 차음값은 크게 감소하여야 하기 때문에 각별한 노력을 기울여야 한다. 즉, 벽면 내측의 음압도를 SPL_1, 벽면 외측의 음압도를 SPL_2라 할 때 틈새가 없는 경우는 $SPL_2[\text{dB}] = SPL_1 - TL$이 되지만, 벽면 전체면적의 $1/n$만큼 틈새가 있는 경우는 누출소음에 의해 $SPL_2[\text{dB}] = SPL_1 - 10\log(N)$이 된다.

(5) 차음재료에 의한 차음벽 설계

① 벽의 투과손실(TL : Transmission Loss)

㉠ 투과율(τ)

소리를 방지하는 가장 간단하고 유효한 방법이 벽에 의한 차음방법으로 어떤 벽면에 입사하는 소음에너지 중 일부가 투과하고 나머지는 반사하는데 이때 반사측에 투과하는 비율을 투과율(transmission coefficient : τ)이다.

$$\tau = \frac{I_t}{I_i} \qquad \cdots\cdots (6-54)$$

여기서, I_t는 투과소음의 세기이고, I_i는 입사소음의 세기이다.

㉡ 투과손실(TL)

벽의 투과율에 지배되는 소음에너지 흡수율을 투과손실, 즉 소음감소량이라 하며, 다음 식으로 정의된다.

$$TL[\text{dB}] = 10\log\frac{1}{\tau} = 10\log\frac{I_i}{I_t} \quad \cdots\cdots (6-55)$$

② 울타리 및 방음벽에 의한 소음저감

소음전파경로와 방음벽이론은 야외에서 소음발생원과 수음점 사이에 충분하게 설비된 방음언덕, 울타리나 방음벽에 있으면 소음발생원측은 방음벽시설에 의한 반사에 의해 음압값이 상승하나 수음측은 그만큼 소음감소효과를 얻을 수가 있다.

㉠ 한편 방음벽은 그 소음발생원측면이 음향학적으로 흡음과 차음(반사)의 기능에 따라 크게 좌우된다.

㉡ 소음감소량은 빛의 회절이론을 이용해 산출할 수가 있으며, 자유공간에 knife edge처럼 꼭대기(semi-limit)에서 넓은 장벽이 무지향성 점음원과 수음점간에 존재할 경우의 전파 경로차를 구하는 방법은 [식 6-55]와 같다.

㉢ 방음벽이론은 1896년부터 차음효과를 이용한 Maekawa, Redferan, Fehr, Retinger, Kuze와 Berank 박사팀에 의해 발표되었는데 주로 Maekawa박사의 빛회전이론이 이용되고 있다. 다시 말하면 방음벽효과는 소음의 전파경로(δ)에 의해서 결정되는데 δ가 클수록 차음이 우수하나 감소량은 25dB을 넘지 못한다.

$$\delta[\text{m}] = A + B - d \quad \cdots\cdots (6-56)$$

㉣ 울타리의 차음효과는 주파수가 높을수록 1 octave당 3dB씩 소음감소가 된다.

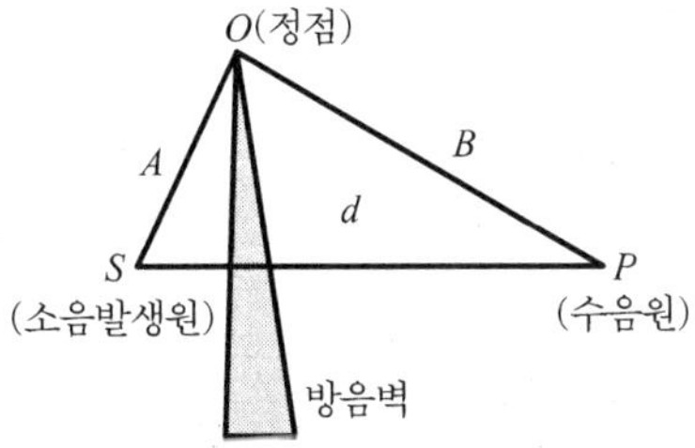

[그림 6.16] **방음벽과 소음전파경로**

ⓐ 소음발생음원이 무지향이 아닐 경우

울타리의 꼭대기(정)점에서 음압값(SPL_0)을 실측하면 P(수음점)에서의 음압도(SPL)은 다음 식으로 산출한다(L_3 : 소음감소량).

$$SPL[\text{dB}] = \left(SPL_0 - 20\log\frac{d}{A}\right) - L_3 \quad \cdots\cdots (6-57)$$

ⓑ 선음원(도로 등)일 경우

도로 등 선음원에서의 소음감소량은 다음의 계산식으로 산출한다.

$$SPL[\mathrm{dB}] = \left(SPL_0 - 10\log\frac{d}{A}\right) - L_3 \qquad \cdots\cdots (6-58)$$

③ 방음벽의 설계

설계는 대상소음의 주파수분석을 실측해 실시하는 설계가 꼭 필요하다. 방음벽 설계시 고려사항은 다음과 같다.

㉠ 소음발생원과 수음점이 자유공간에 있을 경우

소음발생원과 수음점을 벽 정점을 연결한 삼각형이 방음벽에 따른 소리의 전파경로가 된다. 방음벽의 설치에 따르는 전파경로의 차(δ)에 의한 Fresnel number(N)은 다음 [식 6-58]으로 산출한다.

$$N = 2\frac{\delta}{\lambda} \fallingdotseq \frac{\delta \cdot f}{170} \qquad \cdots\cdots (6-59)$$

여기서, f는 대상소음의 회절주파수(Hz)이다.

ⓐ 이때 감소값은 N이 1보다 클 경우에 즉, N이 2배가 될 때 3dB씩 증가되고, N=3 경우는 5dB이 된다.

ⓑ 그리고 소음감소량은 역 2승법칙이 성립하지 않을 경우나 자유공간, 면음원인 경우는 성립되지 않는다. 옥타브 대역별 주파수(f)는 정상 대기조건이라면 음속이 340m/sec를 이용해 산출한다.

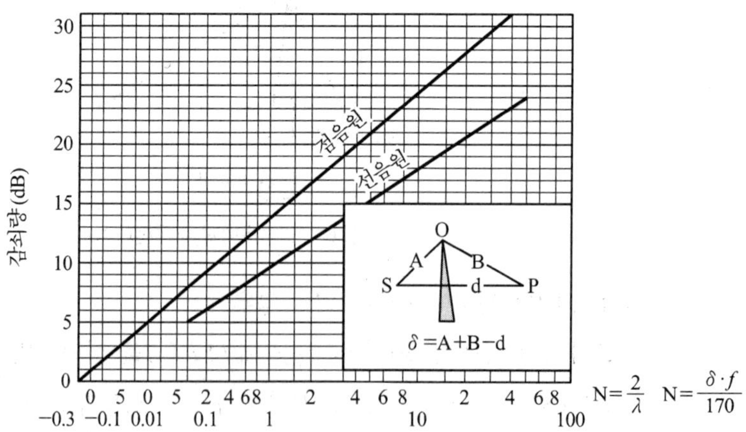

[그림 6.17] 방음벽에 의한 회절감소량(반자유공간)

ⓒ 역 2승법칙(inverse square law)

점음원에서 소음이 확산되어 거리 r(m)인 곳의 SPL 계산은 다음 [식 6-59]

로 산출한다.

$$SPL[\mathrm{dB}] = PWL - 20\log r - 11 \qquad \cdots\cdots (6-60)$$

ⓓ 이 법칙을 점음원에서 거리감소의 역 2승법칙이라 하며, 그래서 음압도는 소음발생원으로부터 거리가 2배로 될 때마다 6dB씩 감소된다. 그리고 역 2승법칙은 점음원이 아닌 지향성이 있는 소음발생원에 대해서도 성립된다.

㉡ 소음발생원과 수음점이 지상에 있을 경우

[그림 6.17]에서 얻은 감소량으로부터 5dB를 뺀 감소량을 활용해서 회절감소량을 고려해 작성한 그림이 [그림 6.18]이다. 소음발생원과 수음점이 먼거리일 경우에 음의 세기는 음압의 제곱에 비례하나 가까운 거리는 비례하지 않는다.

㉢ 소음발생원과 수음점이 지상으로부터 약간 높은 위치에 있을 경우 [그림 6.17]과 [그림 6.18] 의 중간값을 사용하여 설계하거나 다음 계산식에 의해 산출한다.

$$\text{회절감소량}[\Delta L_d\,[\mathrm{dB}] = -10\log\left(10^{-L_a/10} + 10^{-L_d/10}\right)] \qquad \cdots\cdots (6-61)$$

여기서, L_a는 직접소음의 회절감소량[dB]이고, L_d는 반사소음의 회절감소량[dB]이다.

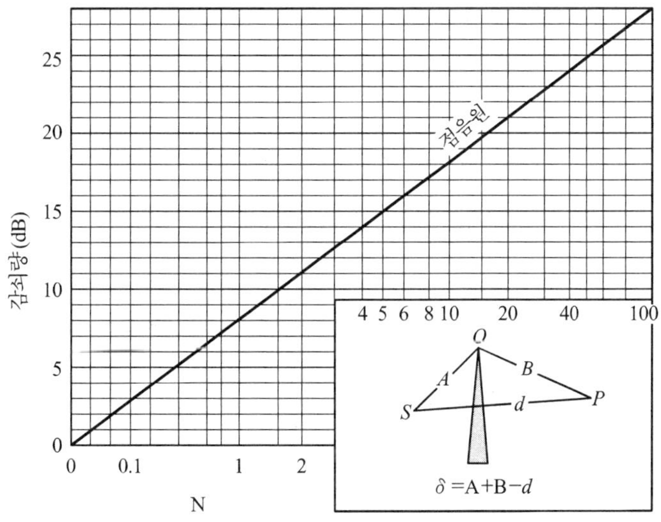

[그림 6.18] **방음벽에 의한 점음원의 회절감소량**

㉣ 방음벽 설계시 유의사항

ⓐ 소음발생원의 지향성과 크기에 대한 상세한 조사를 실시한다.

ⓑ 소음발생원의 지향성이 수음측 방향으로 클 때는 벽에 의한 감소량이 계산값

보다 크게 된다.

ⓒ 방음벽의 투과손실은 회절감소량보다 최소한 5dB 이상 크게 해야 한다.

ⓓ 벽의 길이는 점음원일 경우는 벽 높이의 5배 이상, 선음원일 경우는 소음발생원과 수음점 간의 직선 거리의 2배 이상으로 하는 것이 바람직하다.

ⓔ 벽에 의한 실제적인 삽입손실량의 한계는 점음원일 경우는 25dB, 선음원일 경우는 21dB정도이나 실제로는 5dB에서 15dB 정도이다. 삽입손실량(ΔL_d)의 산출식은 다음과 같다.

$$삽입손실량(\Delta L_d)[dB] = -10\log(10^{-\Delta L_d/10} + 10^{-TL/10}) \quad \cdots\cdots (6-62)$$

ⓕ 수목을 심을 경우

방음벽 대신에 공장주위에 방음림의 나무를 심는 것으로 일반적으로 소음감소효과는 그 폭이 10cm마다 3dB정도이며, 고주파수의 소음에서는 나뭇잎이 빽빽이 무성할 경우는 5dB정도로 효과가 있으나 아주 적다. 오히려 나뭇잎의 소리 때문에 대상소음이 음폐(masking)되어 청량감을 주거나 심리적으로 상쾌감을 주는 등의 효과가 있다.

㉤ 방음벽을 설계시 전파경로의 차(δ)와 Fresnel number(N) 계산

ⓐ 지면에 반사가 없을 경우(회전소음)

$$\delta = \sqrt{2^2 + (3-1)^2} = \sqrt{5^2 + (3-2)^2} - \sqrt{7^2 + (2-1)^2} = 0.86\,\mathrm{m}$$

ⓑ 수음측의 지면이 완전반사일 경우(반사용소음)

$$\delta = \sqrt{2^2 + 2^2} + \sqrt{5^2 + (3+2)^2} - \sqrt{3^2 + 7^2} = 2.28\,\mathrm{m}$$

〈표 6.6〉 [그림 6.17] δ에 의한 N값과 최절 소음감소량을 구해 표를 작성

주파수	125	250	500	1000	2000	4000
N	0.63	1.27				
감소량(L)	11.5	14.0	17.0	20.0	23.0	26.0

〈표 6.7〉 [그림 6.17]을 이용해 δ에 의한 N값과 최절 소음감소량을 구해 표를 작성

주파수	125	250	500	1000	2000	4000
N′	0.68					
감소량(L′)	15.0	18.0	21.0	24.0	27.0	30.0

〈표 6.8〉 주파수별 총 소음감소량을 [식 6-63]로 산출해 표를 작성

주파수	125	250	500	1000	2000	4000
총감소량	9.8	12.5	15.5	18.5	21.5	24.5

㉡ 벽에 의한 소음감소량합산(회절소음과 반사소음)

수음점에서 벽 꼭대기로부터 직접 절달되는 소음과 지면에서 반사된 소음의 합성소음 계산 [식 6-63]으로 산출된다.

$$총감소량\ L_a\,[\mathrm{dB}] = -10\log\left(10^{-L/10} + 10^{-L'/10}\right) \qquad \cdots\cdots (6-63)$$

(7) 방음목표값에 의한 방음벽설계

① 방음목표 소음도를 선정

소음원발생과 피해지점 사이의 소음 전파경로 위하여 담, 즉 콘크리트 제품의 반사형이나 금속흡음형 판넬(pannel) 등을 이용하여 방음벽을 설치해 두면 이들에 의해 피해 지점의 소음이 5dB(A)에서 15dB(A) 감소되는데, 그 감소량은 주로 방음벽체의 높이와 길이에 따라 정해지며 다음의 요령으로 높이를 결정한다.

㉠ 방음 목표값 설정

소음·진동관리법의 배출허용 기준을 만족하려면 소음·진동공정시험방법의 측정방법에 정해진 측정값에서 평가소음도(또는 측정값)를 측정해서 배출허용 기준값과의 차를 방음목표값으로 한다.

㉡ 방음벽 높이의 산정

방음벽의 높이는 주파수 [그림 6.19]를 참고하여 다음의 절차에 따라 산정한다.

ⓐ 종축에 방음 목표값을 설정한다.

ⓑ 방음 목표값 설정지점에서 수평선을 그어, TL(투과손실)곡선과 만나는 교점으로부터 방음벽으로 사용할 자재의 TL을 결정한다. 사용되는 자재의 TL의 산출값은 다음과 같다.

i) 두꺼운 콘크리트벽 또는 흙언덕(담) 등일 경우 : TL=∞

ii) 방음판넬을 양호한 상태로 접합한 경우 : TL=20[dB]

iii) 방음판넬을 보통의 상태로 접합한 경우 : TL=15[dB]

iv) 방음시트 등을 양호한 상태로 접합한 경우 : TL=10[dB]

v) 방음시트 등을 접합한 경우 : TL=5[dB]

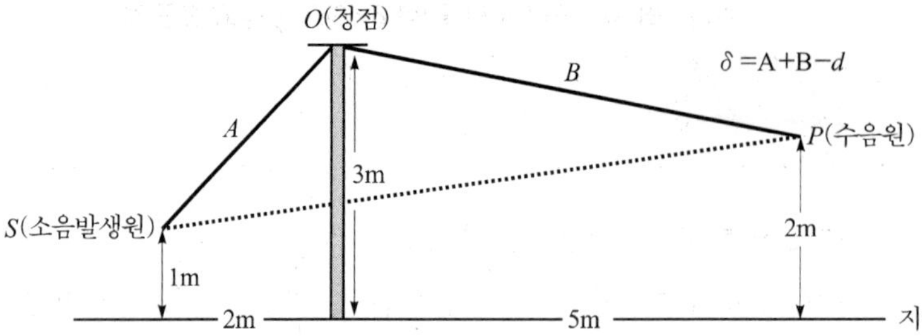

[그림 6.19] 소음전파 경로차(δ)에 의한 N값과 반사감소량 산출(단위 : dB)

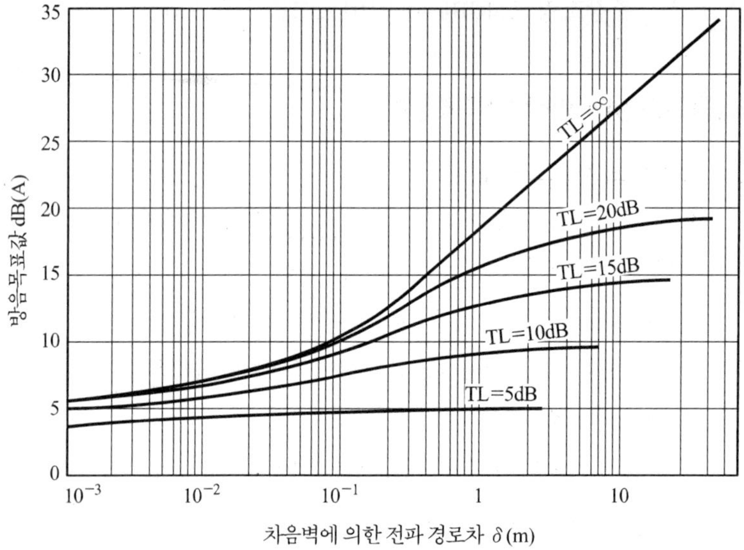

[그림 6.20] 전파경로차 및 투과손실의 크기에 따른 방음 목표값

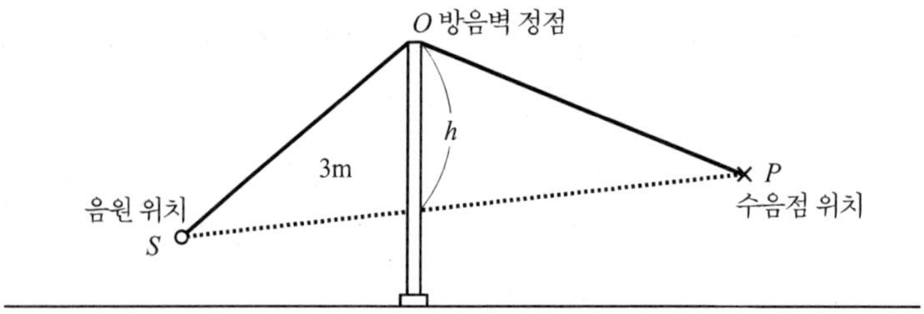

[그림 6.21] 소음발생원 및 수음점 위치와 정점을 연결한 삼각형

ⓒ TL곡선과의 교점에서 수직선을 그어 횡축과 만나는 교점으로부터 방음벽 높이에 따라 주어지는 전파경로차(δ)를 판독한다.

ⓓ [그림 6.20]과 소음발생원 및 수음점의 위치와 방음벽의 꼭대기와 연결하는 삼각형으로부터 $\overline{SO}+\overline{OP}-\overline{SP}=\delta$에 부합하는 방음벽의 유효높이(h)를 산출한다.

ⓔ 선분 $\overline{SP}$와 방음벽이 만나는 지점에서 지면까지의 길이와 방음벽의 유효높이(h)를 합하여 방음벽의 높이를 산정한다.

② 방음 SP벽 길이의 조건

방음 목표값을 효과로 기대하기 위해서는 방음벽의 길이가 최소한 방음벽 높이의 5배 이상으로 되어야 한다. 그러므로 방음벽 높이는 SP길이의 20%로 설계해야 된다.

③ 방음벽 설계

㉠ 흡음형 방음벽을 주로 도로 한쪽 벽면에만 설치할 경우

그 반대측에 반사음영향이 문제가 될 때 수음 생활공간에 소음저감시 시공되며, 소음발생원측벽에 다공판(알루미늄·대나무·적벽돌 등)안에 흡음재료(유리섬유, 석면 등을 PVF로 포장해 방수 처리함)에 공기층과 차음판(아연도금철판, 아크릴판, 벽돌담) 순서로 설비해 두께를 100mm 정도로 유지한다.

㉡ 도로 한쪽에 방음벽을 설치하되 그 반대측에 반사음이 문제 안 될 경우

도로가 시골·농어촌을 통과시 도로 한쪽에만 있는 학교·병원·마을·도서관 등의 정온 보호대상 시설에만 방음벽을 설치하고 반대쪽인 농경지, 바다, 산림 등은 설치 안해도 된다. 주로 방음벽은 벽돌, 콘크리트, 목재 등의 벽체로 시공한다.

㉢ 방음벽 소음감소효과(삽입손실량) 계산

소음발생원인 도로와 수음점사이에 방음벽을 설치하면 그 차음방지 시설에 의해 수음점의 소음도가 저감되는데 이때 소음감소량이 삽입손실량이다.

ⓐ 직접소음에 대한 Fresnel 수(N_1)

$$\begin{aligned} N_1 &= (A+B-d_1)\left(\frac{f}{170}\right) \\ &= \left(\frac{f}{170}\right)\left[\left\{(H_b-H_s)^2+(L_{sd})^2\right\}^{0.5}+\left\{(H_b-H_o)^2+(L_{bo})^2\right\}^{0.5}\right. \\ &\quad \left.\left\{(H_o-H_s)^2+(L_{sd}+L_{bo})^2\right\}^{0.5}\right] \end{aligned} \quad \cdots\cdots (6\text{-}64)$$

ⓑ 반사음에 대한 Fresnel수 (N_2) 계산

$$\begin{aligned} N_2 &= (A+B'-d_2)\left(\frac{f}{170}\right) \\ &= \left(\frac{f}{170}\right)\left[\left\{(H_b-H_s)^2+(L_{sb})^2\right\}^{0.5}+\left\{(H_b+H_o)^2+(L_{bo})^2\right\}^{0.5}\right] \end{aligned}$$

$$-\left[\left\{(H_s + H_o)^2 + (L_{sb})^2\right\}^{0.5}\right] \quad \cdots\cdots (6\text{-}65)$$

여기서, f는 대상회절주파수(Hz), H_b은 방음벽 높이(m), H_o는 수음점 높이(m), H_s은 소음원 높이(m)이고, L_{sb}, L_{bo}은 각각 소음발생원과 방음벽, 방음벽과 수음점 사이의 수평거리(m)이다.

㉣ 방음벽 회절음 감소량(L_d)계산

ⓐ $0 < N \leqq 0.1$일 경우

$$L_d\,[\text{dB}] = 7.5 + 0.6(\log N) \quad \cdots\cdots (6\text{-}66)$$

ⓑ $0.1 < N \leq 0.8$일 경우

$$L_d\,[\text{dB}] = 10 + 3(\log N) \quad \cdots\cdots (6\text{-}67)$$

ⓒ $0.8 < N \leq 30$일 경우

$$L_d\,[\text{dB}] = 11 + 7(\log N) \quad \cdots\cdots (6\text{-}68)$$

ⓓ $30 < N \leq 60$일 경우

$$L_d\,[\text{dB}] = 12 + 6(\log N) \quad \cdots\cdots (6\text{-}69)$$

ⓔ $60 < N$일 경우

$$L_d \fallingdotseq 22\,[\text{dB}]$$

ⓕ 방음벽에 의한 회절감소량(ΔL_d)계산

$$\Delta L_d\,[\text{dB}] = -10\left\{\log\left(10^{-L_{d1}/10} + 10^{-L_{d2}/10}\right)\right\} \quad \cdots\cdots (6\text{-}70)$$

여기서, L_{d1}는 직접음의 회절감소량(dB)이고, L_{d2}는 반사음의 회절감소량(dB)이다.

㉤ 방음벽의 투과손실량(ΔL_t)계산

$$\Delta L_d\,[\text{dB}] = 20\{(\log(M \cdot f)\} - 47 \quad \cdots\cdots (6\text{-}71)$$

여기서, M는 방음벽의 면밀도(kg/m^2)이다.

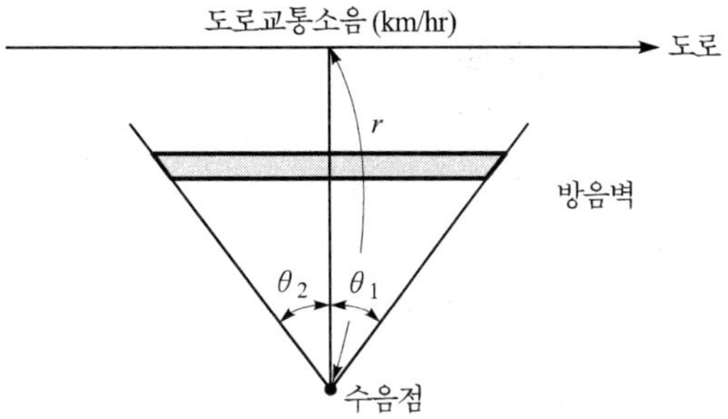

[그림 6.22] **수음점과 소음발생원 사이의 방음벽**

㉥ 유한 방음벽 시공에 의한 직접음감소량(ΔL_{in})

$$\Delta L_{in}\,[\mathrm{dB}] = 10\left[\log\left\{\frac{2}{2-(\sin\theta_1+\sin\theta_2)}\right\}\right] \qquad \cdots\cdots\ (6\text{-}72)$$

여기서, θ_1, θ_2는 수음점 중심으로 부터의 방음벽길이 끝까지의 양 각도이다([그림 6.22] 참조).

㉦ 유한 방음벽 시공에 의한 삽입손실량(ΔL_i)

$$\Delta L_i\,[\mathrm{dB}]$$
$$= -10\left\{\log\left(10^{-\Delta L_{d/10}} + 10^{-\Delta L_{t/10}} + 10^{-\Delta L_{\in/10}}\right)\right\} + \Delta L_a \qquad (6\text{-}73)$$

문제

소음발생원에서 6m 높이 방음벽까지의 거리가 5m, 수음점에서 방음벽까지의 거리가 65m이며, 소음발생원의 높이는 1m, 피해자의 키는 1.5m이며, 대상회절주파수는 6kHz일 때에 회절감소량, 투과손실량과 삽입손실량을 산출하시오.

풀이

① 직접소음에 대한 Fresnel 수 산출

$N_1 = (A + B - d_1) \times f$

$A = (Lab^2 + (Hb - Hs)^2)^2$

$B = [(Lbc^2 + (Hb - Ho)^2]^{0.5}$

$d_1 = [(Lbc + Lab)^2 + (Ho - Hs)^2]^{0.5}$

여기서, Lab : 소음발생원에서 방음벽까지의 거리(5m)

Lbc : 수음점에서 방음벽까지의 거리(60m)

Hb : 방음벽의 높이(6m)

Ho : 수음점의 높이(1.5m)

Hs : 소음발생원의 높이(1m)

(a) $A = [5^2 + (6-1)^2]^{0.5} = 7.01\text{m}$

$B = [65^2 + (6-1.5)^2]^{0.5} = 65.16\text{m}$

$d_1 = [(65+5)^2 + (1.5-1)^2]^{0.5} = 70.00\text{m}$

$$N_1 = \frac{(7.01 + 65.16 - 70.00) \times 1000}{170} = 13.09$$

$\therefore \ Ld = 11 + 7\log N$

$= 11 + 7\log(13.09)$

$= 18.82\text{dB}$

② 반사율에 대한 Fresnel 수 산출

$A' = (LAB^2 + (Hb - Hs)^2)^{0.5}$

$B' = [(Hb - Ho)^2 + (Lbo)^2]^{0.5}$

$d_2 = [(Lsb + Lbo)^2 + (Hs - Ho)^2]^{0.5}$

$$N_2 = \frac{(A' + B' - d_2) \times f}{170}$$

(b) $A' = [5^2 + (6-1)^2]^{0.5} = 7.01\text{m}$

$B' = [(6-1.5)^2 + 65^2]^{0.5} = 65.16\text{m}$

$d_2 = [(65+5)^2 + (1+1.5)^2]^{0.5} = 70.0546\text{m}$

$$N_2 = \frac{(7.01 + 65.16 - 14.46) \times 1000}{170} = 14.46$$

$\therefore \ Ld = 11 + 7\log(14.46) = 19.12\text{dB}$

③ 회절감소량(ΔLd) $= -10\log(10^{-18.82/10} + 10^{-19.12/10})$

$= 15.96\,\text{dB(A)}$

④ 투과손실량(TL) $= 20\text{dB(A)}$ ($\because$ $f = 1000\text{Hz}$ 일 때 회절감소량은 20dB(A))

⑤ 삽입손실량(ΔL) $= -10\log(10^{-15.96/10} + 10^{-20/10}) = 14.52\,\text{dB(A)}$

공식정리 방음벽의 회절감소량(Ld) 산출

조건	$0 < N \leqq 0.1$	$0.1 < N \leqq 0.8$	$0.8 < N \leqq 30$	$30 < N \leqq 60$	$60 < N$
식	$7.5 + 0.6\log N$	$10 + 3\log N$	$11 + 7\log N$	$12 + 6\log N$	22

◎ 흡음형 방음벽시공에 의한 흡음감소량(ΔL_a)

ⓐ 회절각(ϕ)이 120° 이상일 경우

$$\Delta L_a[\text{dB}] = (a^3)\left(\frac{\phi}{30}\right) \qquad \cdots\cdots \ (6-74)$$

ⓑ 회절각이 120° 미만일 경우

$$\Delta L_a\,[\mathrm{dB}] = (1.1a^3)\left(\frac{\phi}{15}\right) \quad \cdots\cdots (6-75)$$

여기서, a는 흡음률(−)이다.

ⓩ 방음판넬 형식별 차음성능비교는 다음과 같다.

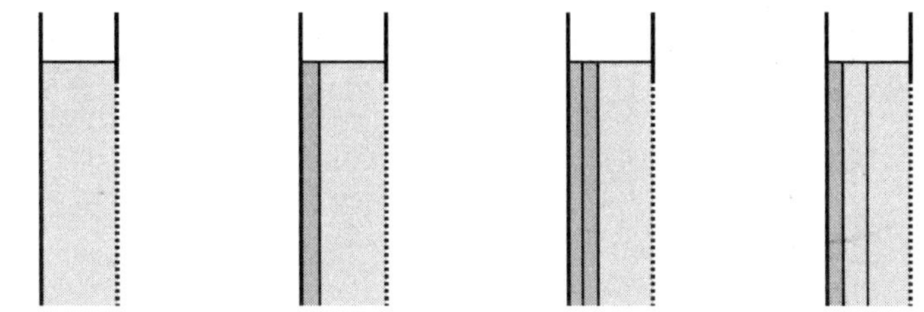

형식 \ f(Hz)	125	250	500	1000	2000	4000
I	20	26	39	50	58	63
II	25	31	40	49	58	62
III	24	32	44	53	58	59
IV	31	44	57	63	68	67

(8) 차음에 의한 방음림설계

서울 서초구 잠원동 한신한강 아파트 등에 설비된 방음림은 경부고속자동차 전용도로 주변과 철로 주변에 있는 교통소음을 저감시켜 주거지역의 자연미관과 정온을 유지하고, 쾌적한 생활환경조성을 위해서 설치되었다.

① 식재수종의 종류

㉠ 사철나무일 경우

ⓐ 중부지방일 때

i) 생울타리인, 저목과 소목은 노간주나무, 서양 측백 등이다.

ii) 중목은 소목, 화백, 스트로보 잣나무 등이다.

iii) 대목은 화목, 낙엽송 등이다.

ⓑ 남부지방일 때

i) 생울타리인, 저목(低木)과 소목(小木)은 노간주나무, 측백, 사철나무 등이다.

ii) 중목(中木)은 소목, 편백, 화백 등이다.

iii) 대목(大木)은 히말라야 시다, 낙엽송, 메타세쿼이어 등이다.

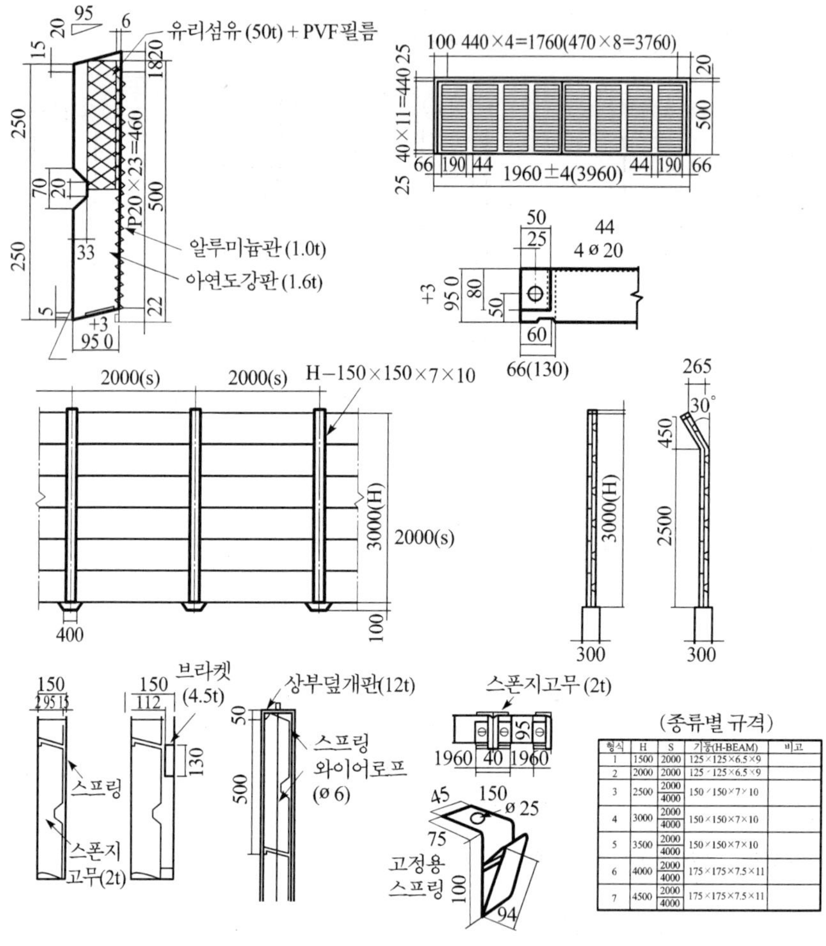

형식	H	S	기둥(H-BEAM)	비고
1	1500	2000	125×125×6.5×9	
2	2000	2000	125×125×6.5×9	
3	2500	2000 4000	150×150×7×10	
4	3000	2000 4000	150×150×7×10	
5	3500	2000 4000	150×150×7×10	
6	4000	2000 4000	175×175×7.5×11	
7	4500	2000 4000	175×175×7.5×11	

[그림 6.23] **방음벽 설계내역**

㉡ 활엽수일 경우(中・小木)

ⓐ 중부지방일 때 : 은행나무, 양버즘, 아카시아, 단풍나무, 침엽수, 가중나무, 유실수 등이다.

ⓑ 남부지방일 때 : 아카시아, 은행나무, 양버즘, 가중나무, 가시나무, 단풍나무, 유실수 등이다.

② 방음림 조성

㉠ 방음림 모델 선정은 도로연변모양, 소음저감목표, 지역특성에 따라 수종별 발육

상태 등을 종합적으로 검토해 적합한 방법으로 선정한다.

ⓐ 차도와 인도(人道) 사이에 환경시설대가 없는 경우

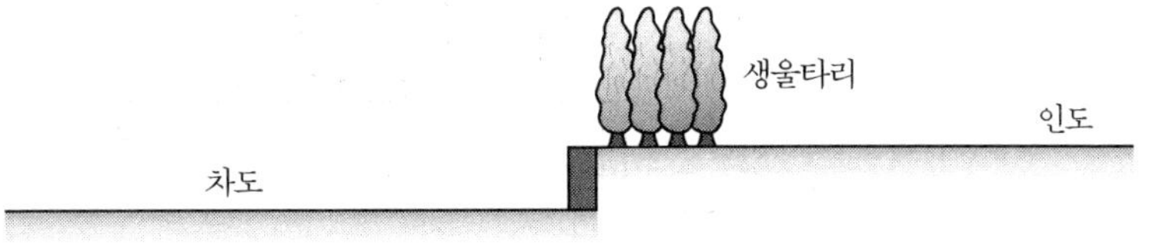

i) 생울타리 높이는 1m, 폭은 0.5m로 식재한다.

ⓑ 차도와 인도 사이에 2m 환경시설대가 있는 경우

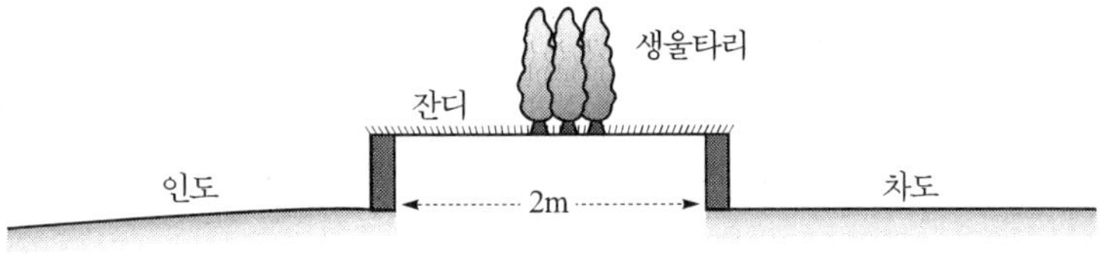

i) 생울타리 높이는 1.2m에서 1.5m, 폭은 0.5m에서 1m로 식재한다.

ii) 차도와 인도측에 잔디를 심는다.

ⓒ 차도와 인도 사이에 4m의 환경시설대가 있는 경우

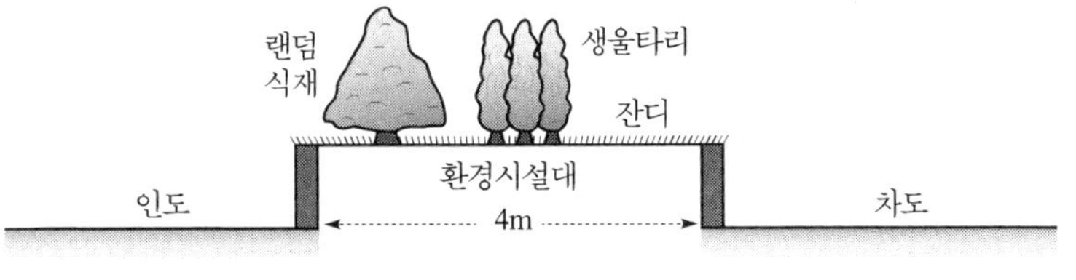

i) 환경시설대 중심부에 생울타리를 조성한다.

ii) 인도측에 1m 정도의 저수종을 랜덤 식재(수종과 식재거리가 무관함)한다.

iii) 생울타리의 높이는 1.5m에서 1.8m, 폭은 0.5m에서 1m로 한다.

ⓓ 차도와 인도 사이에 6m의 환경시설대가 있는 경우

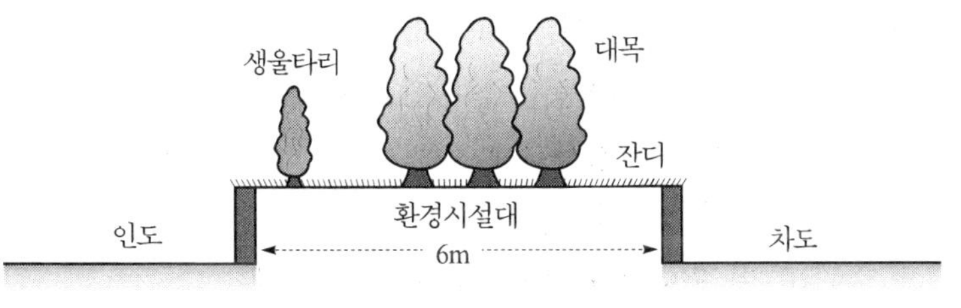

i) 인도측에 따라 생울타리를 조성한다.(小木)

ii) 생울타리 높이는 1.5m 정도 폭은 0.5m에서 1m로 한다.

ⓔ 차도와 인도 사이에 10m의 환경시설대가 있는 경우

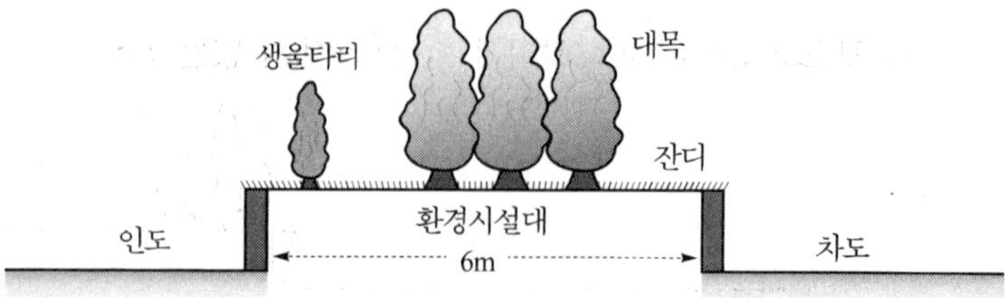

i) 인도측에 저목, 중목, 대목, 소목 순서대로 식재하고 잔디 심는다.

ii) 환경시설대에 자전거도로 등의 완충지대를 설치할 수 있다.

iii) 생울타리 높이는 1.5m(방음벽 설치하는 경우도 동일), 대목 높이는 4m 이상, 수목들 간격은 4m에서 6m를 유지한다.

iv) 중목높이는 2m에서 3m, 소목높이는 1.5m이내인데 주로 0.6m에서 0.9m를 식재한다.

ⓕ 도로와 주택간의 공지 있는 경우

i) 도로 폭이 15m이면 방음림(사철나무, 활엽수)폭을 30m 정도로 조성한다.

ii) 중앙의 대목은 13.5m에서 15m, 열간거리 3m, 수목거리는 1.8m로 유지한다.

iii) 사철나무 높이는 3m에서 4.5m이며, 중앙에는 대목이어야 한다.

③ 방음언덕 조성

㉠ 방음언덕과 방음벽을 조합시켜서 방음림을 식재할 경우

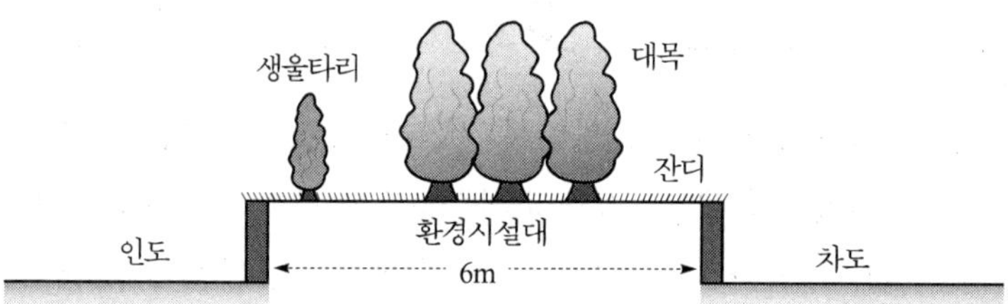

ⓐ 차도와 인도가 동일한 높이로 위치한 때

i) 방음언덕 높이는 1m에서 1.5m로 하고 방음벽 높이는 1m 정도로 유지한다.

ⓑ 차도가 인도보다 높은 높이에 위치할 때

i) 방음언덕 경사면에 소목, 중목, 대목 순서로 램덤 식재하고 차도변은 저목과 소목을 식재한다.

ⓒ 차도가 인도보다 낮은 높이에 위치할 때

i) 인도측 하부에서 상부로 저목, 중목, 대목을 식재하고 차도하부부터는 저목, 소목으로 열을 맞추어 식재한다.

ii) 방음언덕에는 잔디를 심는다.

제7장

공장기계별 방지시설 설계

7.1 실내 소음방지기술

1. 실내 소음방지 기술 이론

(1) 실내 평균 음압도 계산

① 반확산음장 소음 발생원(공장 내 존재)일 경우

실내 · 외에 있는 소음발생원 주변 음장은 자유음장소(free field)와 잔향음장소(reverberant field)가 있으며, 소음발생원으로부터 거리에 따라 가까운 소음발생장소(near field)와 먼 소음발생 장소(far field)이 있다. 가까운 소음장소일 경우에 음압값은 소음발생원 규모의 크기, 주파수, 방사면에 영향을 받고, 소음발생원 장소일 경우에 소음발생원으로부터의 거리의 다음 [식 7-1]처럼 역 2승법칙(inverse square law)따라 소음발생원에서 거리가 2배로 되면 6dB이 감소한다. 그리고 소음세기는 음압도의 제곱에 비례한다.

$$\overline{SPL}\,[\text{dB}] = PWL + 10\log\left(\frac{Q}{4\pi r^2} + \frac{4}{R}\right) \qquad \cdots\cdots\cdots\cdots (7\text{-}1)$$

여기서, R은 작업실정수(m^2), S는 작업실내 표면적(m^2), PWL은 작업실 음향출력값(dB), r은 소음발생원으로부터 수음점까지 거리(m), $\overline{SPL}$은 평균음압도이고

Q는 소음발생원의 지향계수(무지향성 소음발생원이 작업실내 중앙공간에 있을 때는 1, 바닥중앙에 있을 때는 2)이다.

㉠ 직접음장(SPL_d)일 경우(단, Q는 2일 경우)

$$SPL_d\,[\text{dB}] = PWL + 10\log\left(\frac{Q}{4\pi r^2}\right) \fallingdotseq PWL - 20\log r - 8 \qquad \cdots\cdots\cdots (7-2)$$

㉡ 잔향음장(SPL_r)일 경우 : 잔향음장은 소음발생원의 직접소음과 잔향실의 벽에 의한 반사소음이 중첩(overlap)되는 잔향식의 음압도 계산은 다음식으로 산출한다.

$$SPL_d\,[\text{dB}] = PWL + 10\log\left(\frac{4}{R}\right) \fallingdotseq PWL - 10\log R + 6 \qquad \cdots\cdots\cdots (7-3)$$

② 확산음장일 경우

확산음장은 잔향음장에 속하며, 소음발생원이 잔향실처럼 반사율이 큰 실내였을 때 소음의 에너지밀도가 각 위치마다 일정할 경우에 음압도는 다음식으로 산출한다.

$$SPL\,[\text{dB}] = PWL - 10\log R + 6 \qquad \cdots\cdots (7-4a)$$

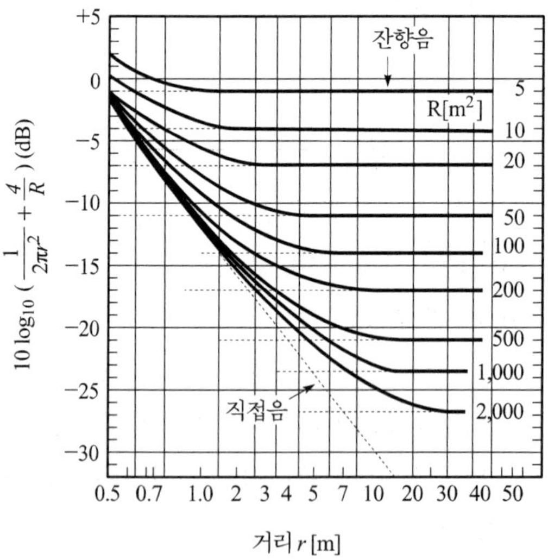

[그림 7.1] **소음발생원이 실내 바닥중앙에 있을 때의 실내 음압도 감소량**

③ 자유음장일 경우

소음발생원이 옥외에 반사율이 없는 자유공간이나 반자유공간(지면)일 경우는 다음 식으로 음압도를 산출한다.

㉠ 자유공간에 소음발생원이 있을 경우

$$\overline{SPL}\,[\mathrm{dB}] = PWL - 20\log r - 11 \qquad \cdots\cdots\ (7-4b)$$

㉡ 반자유공간에 소음발생원이 있을 경우

$$\overline{SPL}\,[\mathrm{dB}] = PWL - 20\log r - 8 \qquad \cdots\cdots\ (7-4c)$$

(2) 흡음처리후 실내소음 저감량(ΔL) 계산

$$\Delta L[\mathrm{dB}] = \overline{SPL_1} - \overline{SPL_2} = 10\log\left(\frac{R_2}{R_1}\right)$$

$$R = \frac{\overline{a}\cdot S}{1-\overline{a}} \qquad \cdots\cdots\ (7-5)$$

여기서, $\overline{a}$은 내부에 부착한 흡음재료의 평균 흡음률이고 특히 실내에 흡음재료를 부착해서 기대할 수 있는 감소량은 5dB에서 10dB 정도에 불과하다.

(3) 흡음 chamber의 저감량 계산

$$\Delta L[\mathrm{dB}] = 10\log\left\{S_0\left(\frac{\cos\theta}{2\pi d^2} + \frac{1-\overline{a}}{\overline{a}\cdot S_w}\right)\right\} \qquad \cdots\cdots\ (7-6)$$

여기서, S_0은 출구 단면적(m^2), d는 입·출구간의 경사길이(m), S_w은 챔버내부의 전 표면적(m^2)이고 cos θ는 h/d이다.

또한 산란파 음장의 흡음챔버일 경우는 다음 식 [7-7]으로 산출된다.

$$\Delta L[\mathrm{dB}] = 10\log\left(\frac{\overline{a}\cdot S_w}{1-\overline{a}}\right) - 10\log S_0 \qquad \cdots\cdots\ (7-7)$$

2. 밀폐후드 설계

(1) 소음발생원에서의 저감기술

실내 소음발생원으로 부터 방사되는 소음을 저감시키기 위해서는 소음 그 자체를 작게 하거나 후드를 설치해서 소음발생원을 밀폐해야 한다.

밀폐상(package)을 설계할 때는 방진, 차음, 흡음, 환기, 개구부 소음 등이며 또한 밀폐상에 대한 진동차단도 염두에 두어야 한다. 이때 차음효과를 위해서는 이중벽으로 하거나 내부에 damping재료를 sandwich형으로 접착한 pannel을 사용하기도 한다.

① 밀폐상 내부의 음압도(SPL) 계산

㉠ 파장에 비해 작은 밀폐상인 경우(저주파 음압도 : SPL_1)

$$SPL_1[\text{dB}] = PWL_s - 40\log f - 20\log V + 81 \quad \cdots\cdots\cdots (7-8)$$

여기서, PWL_s는 소음발생원의 power level(dB), f는 밀폐상자보다 파장이 큰 저주파수(Hz)와 V는 소음발생원과 밀폐상간의 공간용적(m^3)이다.

㉡ 파장에 비해 큰 밀폐후드(hood)일 경우(고주파 음압도 : SPL_1)

$$SPL_1[\text{dB}] = PWL_s + 10\log\left(\frac{1-\bar{a}}{s\cdot\bar{a}}\right) + 6 \quad \cdots\cdots\cdots (7-9)$$

여기서, s는 밀폐후드(hood) 내의 총표면적(m^2)과 $\bar{a}$는 밀폐후드(hood)내의 평균 흡음률이다.

② 밀폐상 외부의 소음출력값 계산

㉠ 파장에 비해 작은 밀폐 상자일 경우

$$\Delta PWL[\text{dB}] = 40\log f + 20\log V - 10\log S_p + TL - 81 \quad \cdots\cdots\cdots (7-10)$$

여기서, S_p는 밀폐후드(hood)의 음향투과부 면적(m^2)이다.

㉡ 파장에 비해 큰 밀폐 상자일 경우

$$\Delta PWL[\text{dB}] = TL - 10\log\left\{\left(\frac{S_p}{S}\right)\left(\frac{1-\bar{a}}{a}\right)\right\} \quad \cdots\cdots\cdots (7-11)$$

③ 밀폐후드에 의한 차음도와 삽입손실 계산

㉠ 밀폐상자에 의한 차음도(NR)

$$\Delta PWL[\text{dB}] = SPL_1 - SPL_2 = 10\log\left(\frac{1}{\tau}\right) = TL \quad \cdots\cdots\cdots (7-12)$$

여기서, SPL_1, SPL_2은 밀폐후드(hood)의 내부와 외부의 각각 음압도(dB)이다.

㉡ 밀폐상자에 의한 삽입손실(IL)

$$\Delta IL[\text{dB}] = SPL_0 - SPL_2 = 10\log\left(\frac{\bar{a}}{\tau}\right) \quad \cdots\cdots\cdots (7-13)$$

여기서, SPL_0는 밀폐후드(hood)를 씌우기 전의 임의지점 음압도(dB)이다.

(2) 방음피복제(Lagging)

① 피복작업

관(pipe)이나 판 등으로부터 소음이 방사될 경우 직접 흡음재료(50에서 100mm 다공질 재료)를 부착하고 그 위에 차음재료(0.4에서 1mm 철판)를 씌우는 것보다는 진동부에 제진(damping)재료인 고무, PVC 등으로 피복한 후 흡음재료를 부착하고 그 위에 차음재료를 설치하는 것이 바람직하다.

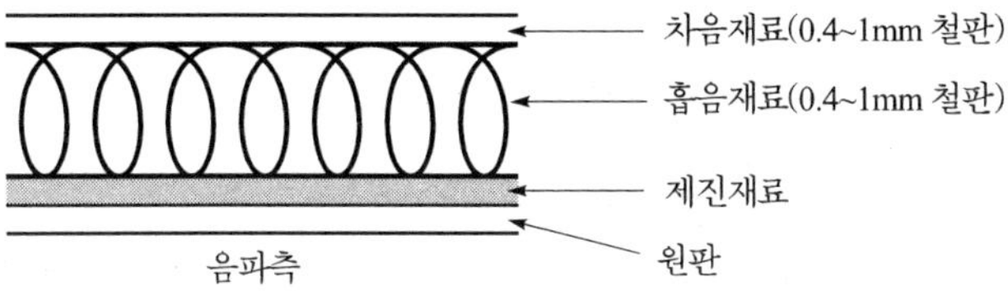

[그림 7.2] **파이프의 피복**

② 최저 공명주파수(링주파수)

pipe 소음은 고속기류가 관을 지날 때 발생되는 소음으로써 pipe이 굴곡부, 밸브 등에서 발생하고 fan, blower, compressor 등에서 발생된 소음을 관통해 배출된다.

이때 pipe에서 발생된 최저 공명주파수는 다음 [식 7-14]로 산출한다.

$$f_r[\text{Hz}] = \frac{C_L}{\pi d} \qquad \cdots\cdots (7\text{-}14)$$

여기서, d는 관의 지름(m)이고 C_L는 관벽 종파의 전파속도(강철일 때 : 5100m/sec)이다.

(3) 각종 기계의 방음대책 전 · 후의 설계

① 소음발생원을 밀폐(hood)해서 설계하지 않을 경우

㉠ 소음발생원의 음압도

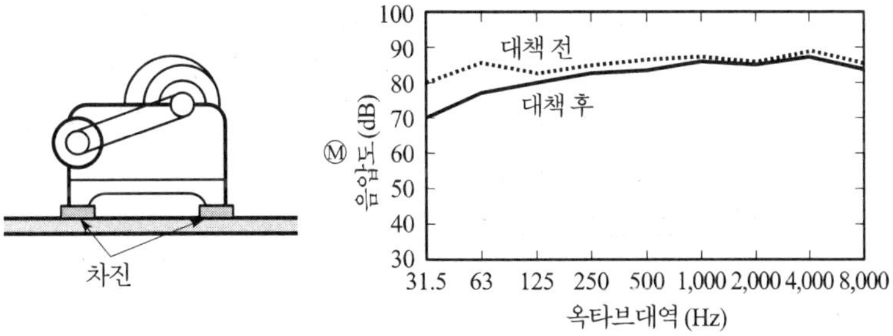

㉡ 소음발생원에 차진설비 후 음압도

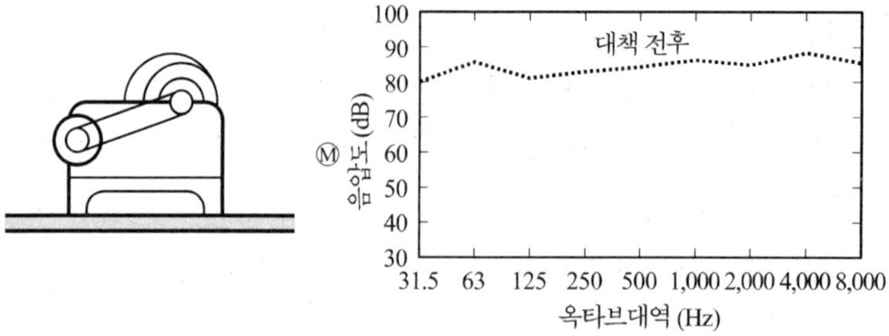

㉢ 소음발생원 부근에 차음벽 설치 후 음압도

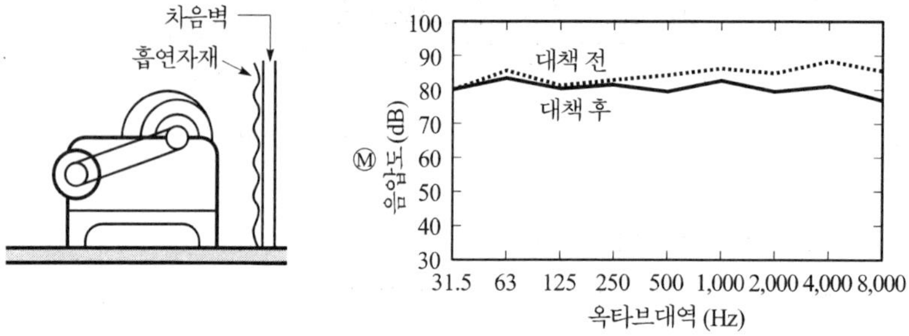

㉣ 소음발생원에 흡음 재료로 피복(Lagging) 후 음압도

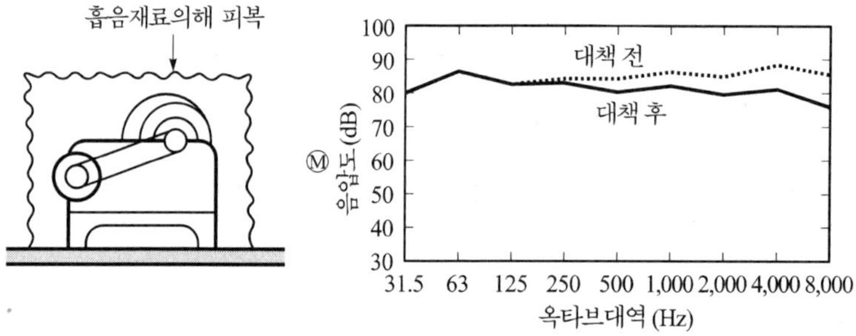

② 소음발생원을 견고한 자재로 밀폐(Hood)해서 설계한 경우

㉠ 소음발생원의 음압도

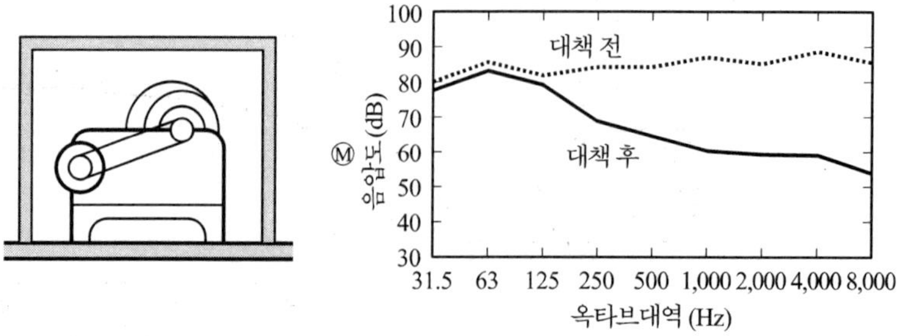

㉡ 차진설비 후 음압도

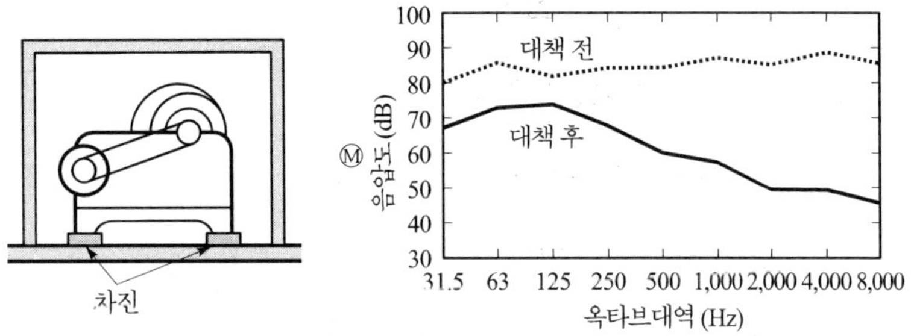

㉢ 흡음재로 설비한 후 음압도

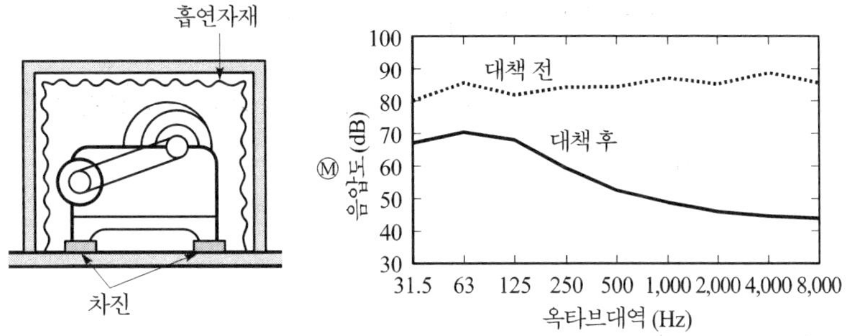

㉣ 흡음재료로 피복(Lagging) 후 음압도

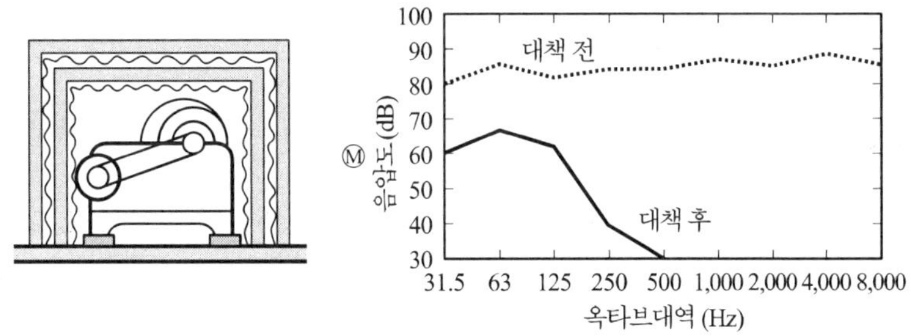

③ 방음설계 계산순서

㉠ 소음발생원의 소음파워값(PWL)을 측정한다.

㉡ 공장 내 벽근처의 평균음압도(SPL)을 산출한다.

$$\overline{SPL}\,[\mathrm{dB(A)}] = PWL + 10\log\left(\frac{1}{2\pi r^2} + \frac{4}{R}\right)$$

$$R = \frac{\bar{a} \cdot S}{1 - \bar{a}} \qquad \cdots\cdots (7\text{-}15)$$

㉢ 벽체의 평균 총투과손실(TL)을 산출한다.

$$TL[\text{dB}] = 10\log\frac{\sum S_i}{\sum S_i \tau_i}$$

㉣ 벽의 차음값(NR)를 산출한다.

$$NR[\text{dB}] = TL + 6 \qquad \cdots\cdots (7-16)$$

$$SPL_0[\text{dB(A)}] = SPL - NR \qquad \cdots\cdots (7-17)$$

㉤ 면음원의 거리감소량(L_d)을 산출한다.

$$L_d[\text{dB}] = -20\log\left(\frac{3r}{b}\right) - 10\log\left(\frac{b}{a}\right) \qquad \cdots\cdots (7-18)$$

여기서, a는 짧은변 길이, b는 긴변(m)길이고 r은 벽으로부터 부지경계선까지의 거리(m)이다.

7.2 공장기계소음방지시설 설계

1. 각종 기계의 소음방지기술

(1) 송풍기(Fan)

① **소음발생원과 소음기구** : [그림 7.3]의 발생소음은 흡입구와 토출구로부터 공기소음 ③과 바닥 등으로 부터의 1차 고체소음 ①, fan case로 부터의 2차 고체소음 ②로 구성된다.

② **소음대책** : [그림 7.4]의 경우에 따라 다르나 보통은 ③②①순으로 대책을 실시하며, 이에 대한 대책으로 ③은 흡입구와 토출구 소음기, ②는 방음 lagging(피복), ①은 진동 차진구조로 실시해야 한다.

(2) 공기조화장치

① **소음발생원과 소음기구** : [그림 7.4]의 실내소음은 송풍기의 진동이 건물의 창 등에 전파되어 건물에 방사되는 소음 ①과, 토출 duct내를 전파해 실내에 전달되는 소음 ③, 토출 덕트의 건물 배출구 등으로부터 건물에 전달되는 진동이 건물벽 등에 전파되어 방사되는 소음 ①로 구성된다.

② **소음대책 :** 흡입구로부터 소음이 문제되는 경우는 흡입구에 소음기를 설치하고 송풍기를 방진지지하며 토출 덕트에는 그 일부를 흡음처리한다.

송풍기 본체와 토출 덕트는 캔버스(canvas) 등으로 진동제진(damping)해 덕트벽 진동에 의해 1차 소음을 저하시키고 토출구에서 실내에 방출되는 공기흐름의 유속이 빠를 경우는 배출구 하류에 음이 발생함으로 실내의 허용값이 낮을 경우는 유속을 아주 낮게 유지해야 한다.

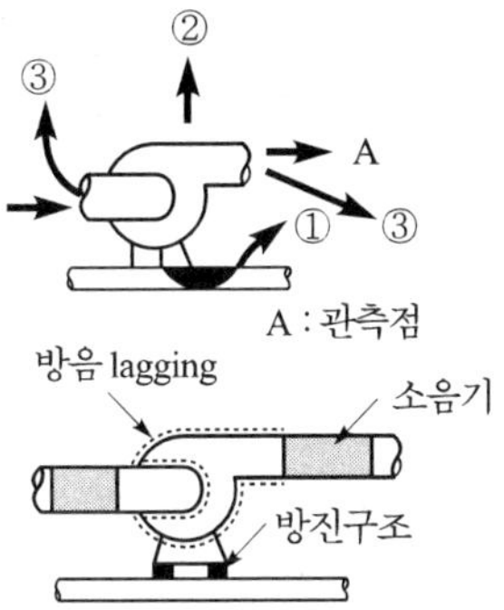

[그림 7.3] **Fan의 피복**

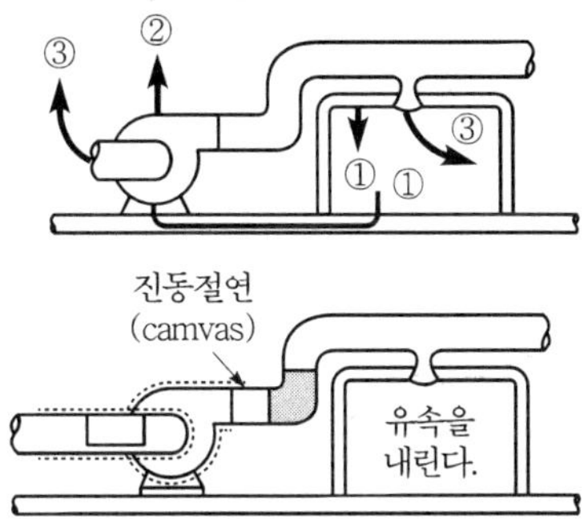

[그림 7.4] **공기 조화장치의 피복**

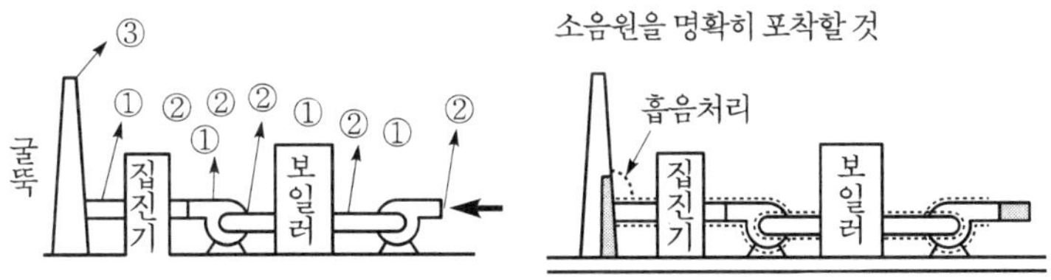

[그림 7.5] **집진용 압입 송풍기와 유인 송풍기 피복**

(3) 압입 및 유인 송풍기

① 소음발생원과 소음기구

발생소음은 송풍기 흡입구로부터의 소음 ④와 보일러와 압입송풍기, 유인송풍기 사이 또는 집진기와 굴뚝사이의 덕트 등에서 오는 소음 ②, ①로 구성된다.

② 소음대책

대상소음이 어느 정도의 소음도로 방출되고 있는가를 정확히 알아야 하며, 덕트부분에 피복(lagging), 대기 중으로 개방된 송풍기의 흡입구와 출구측에 소음기를 부착하고 굴뚝에 나오는 소음은 덕트와 굴뚝과의 접속부에 흡음처리나 굴뚝 내에 흡음처리해야 한다.

(4) 공기덕트 소음방지설계

① 덕트 피복(Duct Lagging)

소음은 공기를 보내면서 소음만을 차단시키는 것을 의미하며, 소음에너지가 덕트(duct)를 어떻게 전파하며, 그 전파경로 중에 대상음을 감소시키는 공법이 소음방지이다. 송기덕트는 공기를 보낼 뿐만 아니라 소음도 잘 전파한다.

② 소음배출관내에서의 소음감쇠량

$$Z = \frac{\rho \cdot c}{S} \qquad \cdots\cdots (7\text{–}19)$$

여기서, Z는 소음도전율값, c는 음속(m/sec), ρ는 공기 밀도(kg/m^3)와 S는 평면파의 단면적(m^2)이다.

$$\text{소음감쇠량[dB]} = 10\log\frac{1}{4}\left(m + \frac{1}{m} + 2\right) \qquad \cdots\cdots (7\text{–}20)$$

여기서, $m\left(m = \dfrac{S_2}{S_1}\right)$은 배출관의 입출구의 단면적(m^2)이다.

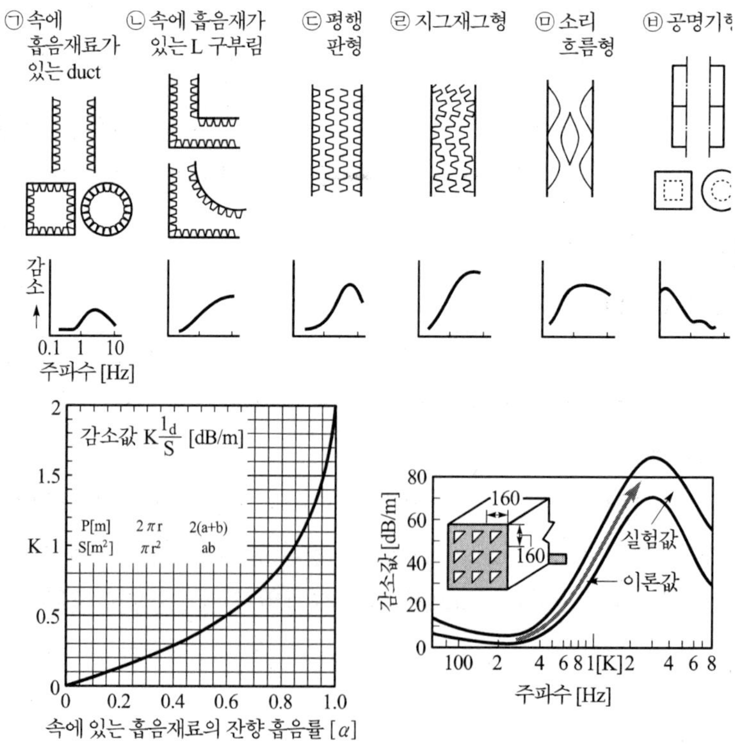

[그림 7.6] **각종 흡음처리에 따른 소음감쇠량**

③ 덕트의 소음장치

덕트 내에 소음감소를 증가시키기 의해 흡음재료 등으로 설비해 소음에너지를 흡수하는 흡음형과 임피던스의 급격한 유전율 변화로 소음의 난반사를 이용한 반사용이 있다(상기 [그림 7.6] 참조).

(5) 송풍기 소음방지설계

① 송풍기의 음압값(SPL)계산

소음은 주로 공기역학적 요인으로 발생하는데 이때 발생소음도, 압력, 회전수간에는 송풍량과 압력이 클수록 발생소음도는 높아지고 회전수가 빠를수록 고주파 소음이 증대된다.

음압도(SPL)를 산출하는 식은 다음과 같다.

$$SPL[\text{dB}] = 10\log Q + 10\log P_T^2 + L_s \qquad \cdots\cdots (7-21)$$

여기서, Q는 송풍량(m^3/min), P_1는 전압(mmH_2O)과 L_s는 암소음(dB)이다.

② 송풍기의 소음출력값(PWL) 계산

송풍기의 송풍량, 출력, 압력수두(head)간에는 일정한 관계인 '송풍기 법칙'이 성립된다.

따라서 송풍기의 소음이 날개의 압력차에 기인하는데 소음에너지는 L.L Beranek 박사의 공식에 따른 음압(P_T)의 제곱에 비례한다.

$$PWL[\text{dB}] = 60 + 10\log Q + 20\log P_T \qquad \cdots\cdots (7-22)$$

③ 송풍기법칙(fan law)

㉠ 송풍기=(날개크기비)^3×(속도비)

㉡ 정압−(날개크기비)^3×(속도비)^2

㉢ 전력=(날개크기비)^5×(속도비)^3

④ 송풍기의 소음장비설계순서

㉠ 기본 주파수(f_0)를 산출한다.

$$f_0[\text{Hz}] = \frac{N \cdot Z}{60} \qquad \cdots\cdots (7-23)$$

㉡ 각 부분의 소음출력값(PWL)을 산출한다.

$$PWL[\text{dB}] = SPL + 10\log S \quad \cdots\cdots (7-25)$$

㉢ 각 단위의 총 소음출력값(T-PWL)을 산출한다.

$$T-PWL[\text{dB}] = 10\log\left\{\sum^{n}\left(10\log^{-1}\frac{PWL}{10}\right)\right\} \quad \cdots\cdots (7-26)$$

㉣ 각 소음발생원으로부터 부지경계선까지의 거리감소 음압도(SPL)를 산출한다.

$$SPL[\text{dB}] = PWL - 10\log 2\pi r^2 \quad \cdots\cdots (7-27)$$

㉤ 각 단위(unit)의 경계선에서 총 음압도(T-SPL)를 산출한다.

$$T-SPL[\text{dB}] = 10\log\left\{\sum^{n}\left(10\log^{-1}\frac{PWL}{10}\right)\right\} \quad \cdots\cdots (7-28)$$

㉥ 각 부분의 소음 감소값(ΔL)을 산출한다.

$$\Delta L\,[\text{dB}] = \text{T} - \text{SPL} + 10\log n \quad \cdots\cdots (7-29)$$

여기서, n는 소음발생원의 수이다.

㉦ 각 부분의 단면을 참고해 시공을 실시한다.

(6) 공장, 공사장의 소음방지설계

① 계획단계에서 고려할 사항

㉠ 부지를 잘 선정해야 한다.

㉡ 공장건물의 배치에 충분한 배려가 있어야 한다.

㉢ 공장 내 기기선정과 작업진행정도를 충분히 고려해야 한다.

㉣ 주거지역이 인접 시에는 방음벽 등을 설비해야 한다.

② 발생소음의 대책

㉠ 계획을 잘 수립해야 한다.

㉡ 대상 소음발생원에 대한 감소방법을 강구해야 한다.

㉢ 소음발생원의 격리, 커버(덮개)를 검토해야 한다.

㉣ 흡음에 의한 감소방법을 검토해야 한다.

㉤ 칸막이, 벽체의 차음기술을 고려해야 한다.

㉥ 개구부, 환기구, 덕트내의 흡음재 부착을 고려해야 한다.

㉦ 방음벽, 차음울타리를 고려해야 한다.

㉧ 높은 소음발생원인 굴뚝 등이 있을 경우는 인근 주민에게 불평호소를 증가시키기에 소음발생원실태를 파악해야 한다.

③ 공기조화장치의 소음방지설계

㉠ 공기조화기의 소음방지

최근 빌딩 등에서는 공기조화장치가 되어 있는 냉난방을 설비하는데 이 장치를 공조 시 송기장치에 소음이 발생한다. 소음발생원은 공조기계 자체에도 문제가 있으나 가장 문제가 되는 것은 송풍기의 소리와 환기에 수반되는 2차적인 발생음이다. 이때 토출구의 소음출력값은 다음 식으로 산출한다.

$$PWL[\mathrm{dB}] = 54\log u + 10\log S + 33 \qquad \cdots\cdots (7\text{-}30)$$

여기서, u는 풍속(m/sec)이고, S는 덕트의 단면적(m^2)이다.

㉡ 빌딩의 공기조화기의 토출구로부터 충분히 떨어진 지점(r)의 음압도(SPL)를 산출하는 식은 다음과 같다.

$$SPL[\mathrm{dB}] = PWL - 10\log r + 6 \qquad \cdots\cdots (7\text{-}31)$$

② 냉각탑(Cooling tower)의 소음방지

㉠ 주위에 방음벽을 세운다.

㉡ 냉각탑 그 자체를 건물 내에 넣는다.

㉢ Blower의 회전속도는 가능한 저속으로 한다.

㉣ 토출부에 소음기나 흡음통 부착해 토출음을 저하시킨다.

㉤ 토출부를 민가와 반대방향으로 굽혀 지향성을 이용한다.

2. 공장소음예측

(1) 공장소음대책 검토시 소음예측

소음은 하나의 에너지 방출이어서, 소음발생원에 가까운 곳에서 대책을 세울수록 방지효과가 확실하고 경비도 적게 든다.

소음발생원 대책은 소음발생원에 흡음재 및 흡음재를 붙여서 대책을 세우는 방법으로 모든 소음발생원에 대해서 가장 먼저 검토되어야 하는 사항이다. 이 소음발생원대책이 불가능하거나 대책이 수립되어 있음에도 불구하고 소음문제가 있는 경우에 다른 방법이 없다. 소음발생원 대책의 구체적인 방법은 대상이 되는 소음발생원에 따라 다르며 각 사업장에서 사용되는 기계류에 대한 소음발생원 대책의 방법이 다를 수도 있어 제일 먼저 예상되는 소음도를 알아야만 한다. 그러면 공장소음도의 산출순서에 대해 알아보기로 한다.

① 공장소음도 예측

㉠ 공장건물 크기를 W(폭), L(길이), H(높이)로 알아보고 소음피해 지점과 공장부지경계선의 거리를 측정한다.

예 W20m×L20m×H5m, 20m(거리)

㉡ 공장건물 안에 있는 소음배출시설의 소음출력값(power level)을 name plate 또는 유사 기계의 실측문헌을 참조해서 기록한다. 그리고 기계의 대수와 위치장소를 알아본다.

예 건물 바닥 중앙에서 PWL 120dB(A)인 기계3대가 놓여 있다.

㉢ 공장건물의 구성부위(출입문, 창문, 환기구, 건물벽)별 면적(m^2), 투과손실(TL), 투과율(τ), 흡음률(α)의 음향특성을 조사해 기록한다.

〈표 7.1〉 **건물의 기초자료**

구성	면적(SI : m^2)	투과손실(dB)	투과율	흡음률
출입문	4	10	0.1	0.1
환기구	2	0	1	1
유리창문	42	20	0.01	0.05
블럭벽	52	40	0.0001	0.1
계 및 평균	100	15.5	0.02825	0.097

ⓐ 투과율$(\tau_i) = 10^{-TL/10} = 10^{-10/10} = 0.1$

ⓑ 평균투과율$(\bar{\tau}) = \dfrac{\Sigma(S_i \cdot \tau_i)}{\Sigma S_i} = \dfrac{2.825}{100} = 0.002825$

ⓒ 평균투과손실$(\overline{TL}) = 10\left\{\log\left(\dfrac{1}{\bar{\tau}}\right)\right\}$

$$= 10\left\{\log\left(\frac{1}{0.02825}\right)\right\} = 15.5[\text{dB}]$$

ⓓ 평균흡음률$(\bar{\alpha}) = \dfrac{\Sigma(S_i \cdot d_i)}{\Sigma S_i}$

$$= \frac{9.7}{100} = 0.097$$

㉣ 3대 기계의 소음출력값(PWL) 합성소음도를 산출한다.

$$PWL_i[\mathrm{dB}] = 10\{\log(\Sigma 10^{PWL_i/10})\}$$

$$PWL_3[\mathrm{dB(A)}] = 10\{\log(3 \times 10^{120/10})\} = 125$$

㉤ 공장안 블록벽 근처에서의 평균음압도($\overline{SPL}$)를 계산한다.

ⓐ 공장실내 흡음특성 따른 실정수(R) 산출한다.

$$R = \frac{\overline{\alpha} \cdot S}{1-\overline{\alpha}}$$

$$= \frac{0.097 \times 1200}{1-0.097} = 128.9$$

$$S = (20 \times 20)(2) + (5 \times 20)(4) = 1200[\mathrm{m}^2]$$

ⓑ $\overline{SPL_i}$ 산출을 한다.

$$\overline{SPL_i} = PWL_3 - 10(\log R) + 6$$

$$= 125 - 10(\log 128.9) + 6 \fallingdotseq 110[\mathrm{dB}]$$

ⓒ 건물 밖 벽(블럭)에서의 $\overline{SPL_o}$ 산출을 한다.

$$\overline{SPL_0} = \overline{SPL_i} - \overline{TL}$$

$$= 110 - 15.5 = 94.5[\mathrm{dB(A)}]$$

㉥ 소음피해민원의 부지경계선상의 SPL을 계산한다.

ⓐ 공장건물의 면(단면(a)=5m, 긴변(b)=20m) 소음발생원이고 거리 20m의 소음발생원감소량을 산출한다.

$$\Delta L = 20\left\{\log\left(\frac{3_r}{b}\right)\right\} + 10\left\{\log\left(\frac{b}{a}\right)\right\}$$

$$= 20\left\{\log\left(\frac{3 \times 20}{20}\right)\right\} + 10\left\{\log\left(\frac{20}{5}\right)\right\}$$

$$= 15.5[\mathrm{dB(A)}]$$

ⓑ 소음피해민원의 공장 부지경계선상의 SPL을 산출한다.

$$SPL = \overline{SPL_0} - \Delta L$$

$$= 94.5 - 15.5 = 79\ [\mathrm{dB(A)}]$$

② 소음방지계획을 수립

공장소음을 예측해서 이에 대한 소음발생원(송풍기, 가열로, 냉동기, 페쇄기, 드릴 등) 측에서의 소음저감대책을 강구하는 각종 계획은 다음과 같다.

장치 \ 항목		소음의 발생, 전달	대책	비고
송풍기	(1) 본체	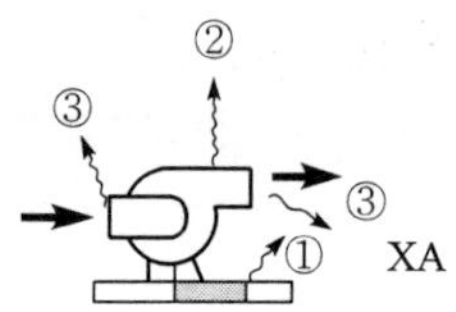	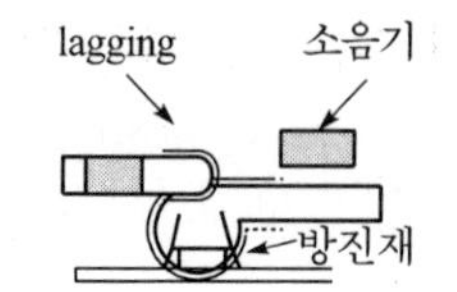	1. 방음 lagging 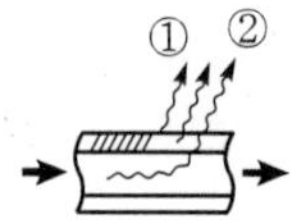
송풍기	(2) 공기조화	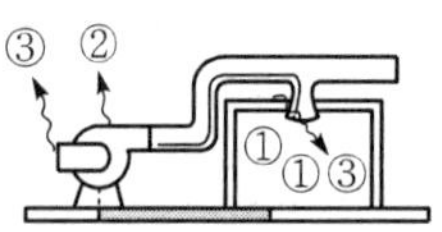	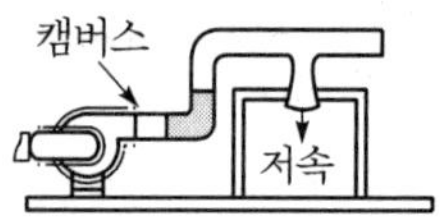	대책 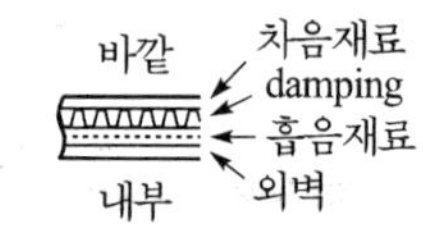
송풍기	(3) 보일러용	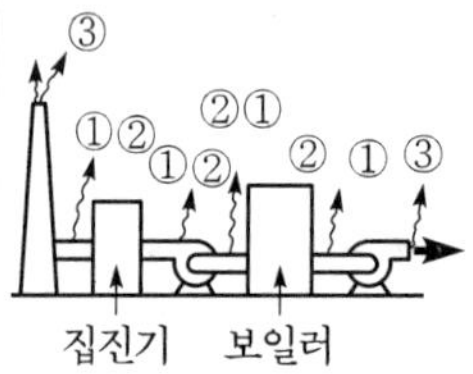	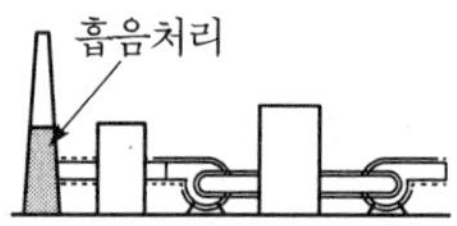	2. 소음기 (1) 스프리터형 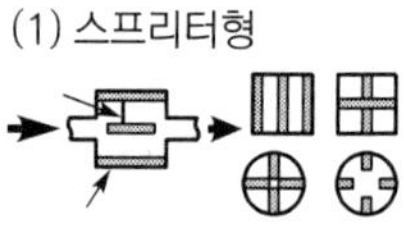
송풍기	(4) 냉각탑	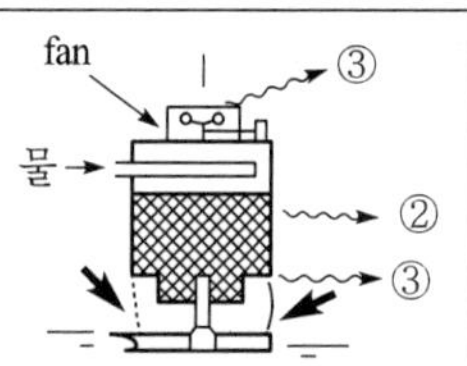	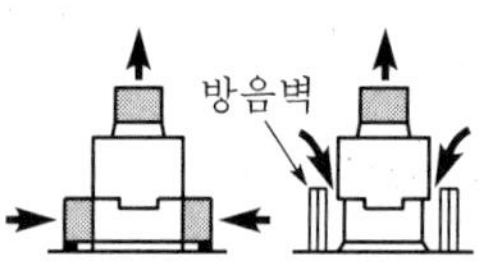	(2) 배관 duct 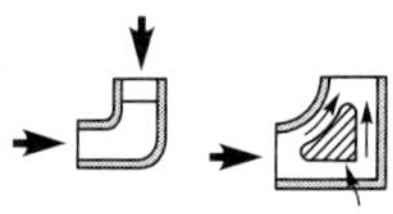
(5) 가열로		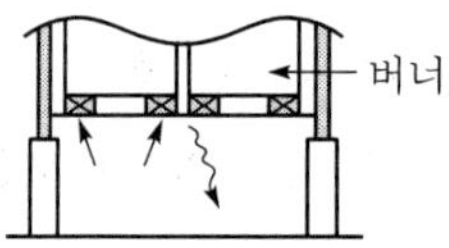	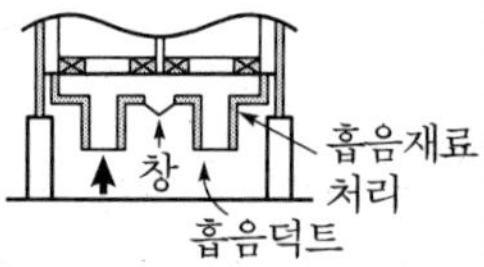	$D = 30$cm, $f > 2$KHz] 약 15dB D. 2배, f. 1/2배] 약 15dB
(6) 터보 냉동기		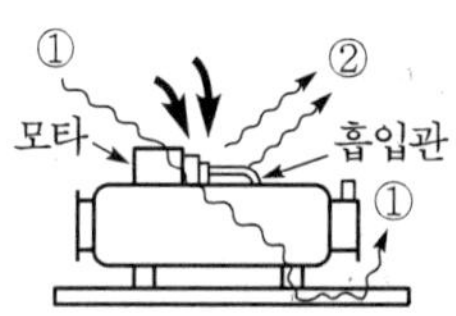	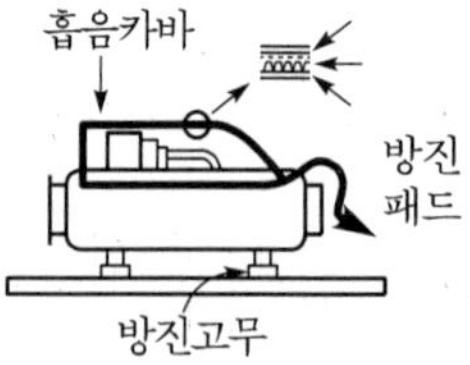	3. 기계적 기능을 살리는 범위 내에서 대책요
				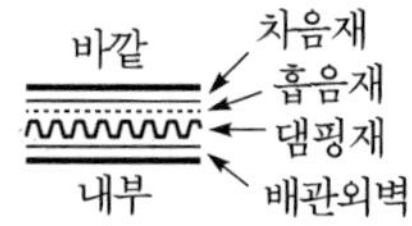

장치 \ 항목		소음의 발생, 전달	대책	비고
배기구	(7) 콤프레사 안전밸브 Compressor Safty valve	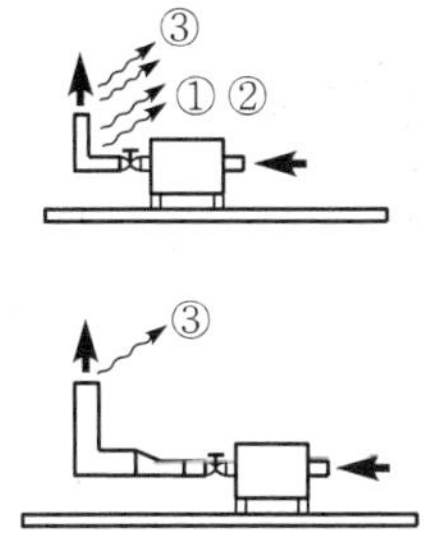	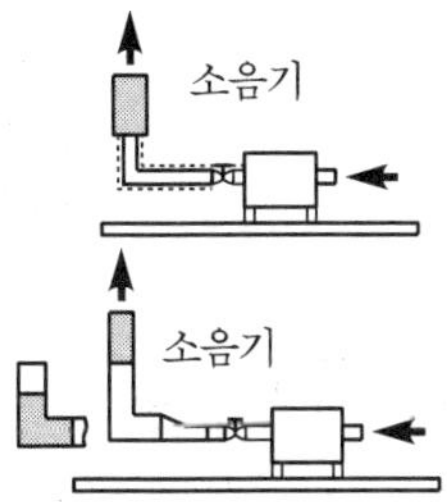	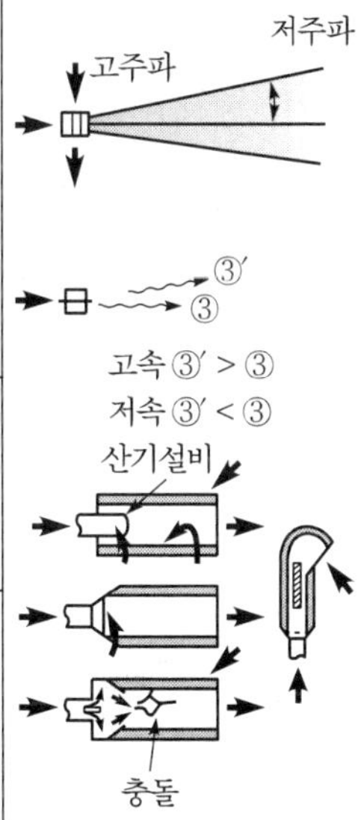
	(8) 구형 Gas holder		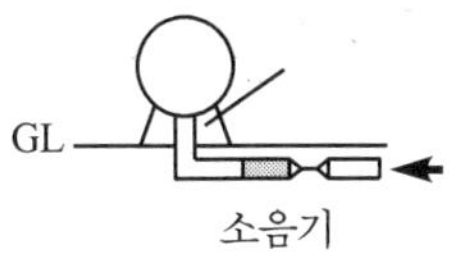	
(9) 뉴매틱 드릴 Pneumatic		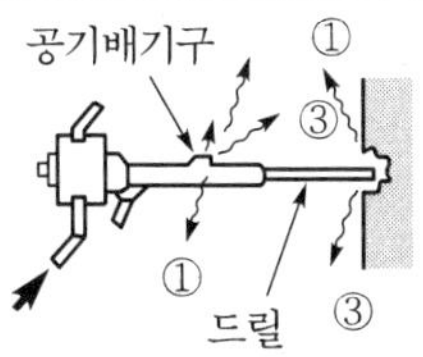	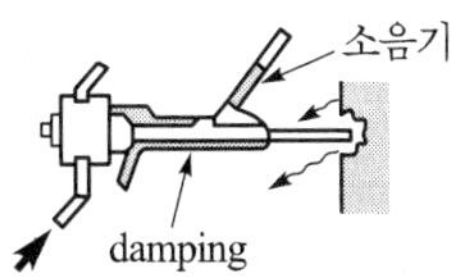 ①, ③은 대책 곤란	
(10) 볼 밀 Ball mill		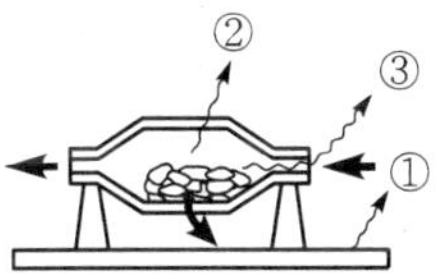	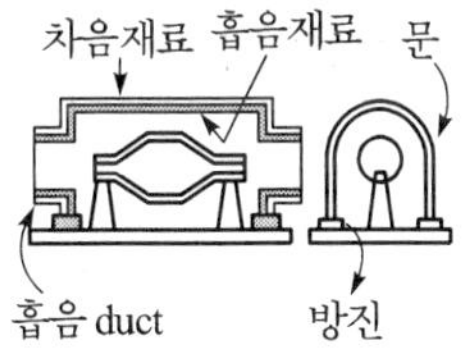	1. 방음카바형으로 함 2. 방음실을 만든다. 3. 먼지를 방지함
(11) 임페라브레카 Impeller Breaker		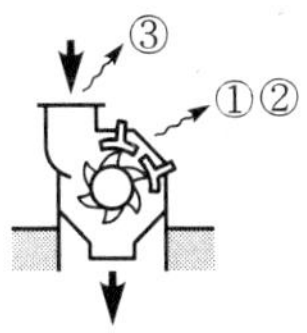	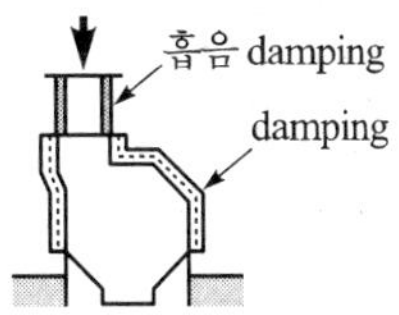	1. 원료공급구에 흡음 DUCT로 함 2. 방음실로 함
(12) 진동 Mesh 진동 Feeder Vibrator		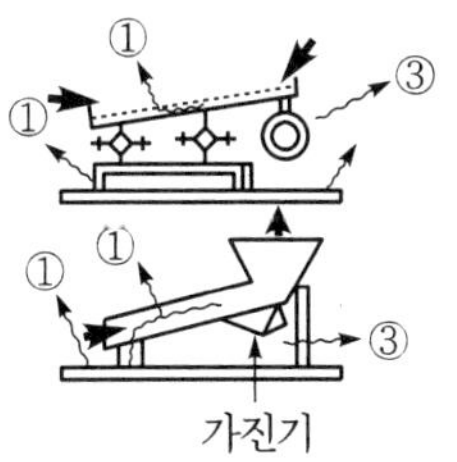	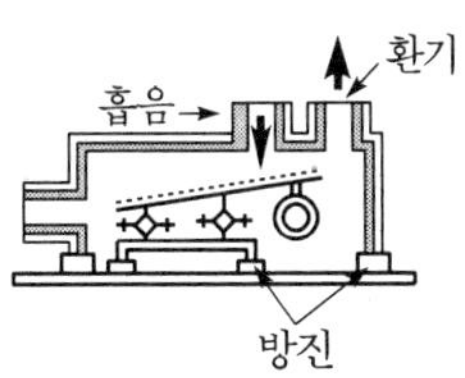	1. 방진고무를 반드시 설치할 것 2. 샌드위치판으로도 효과 있음

장치 \ 항목	소음의 발생, 전달	대책	비고
(13) 홉파 Hopper	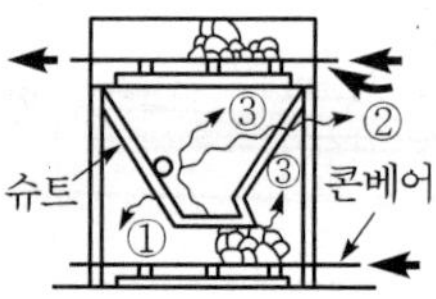	 	운반물이 딱딱한 경우 부적합
		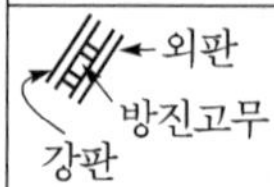	사후처리의 경우는 실시 곤란
			사후처리 용이
		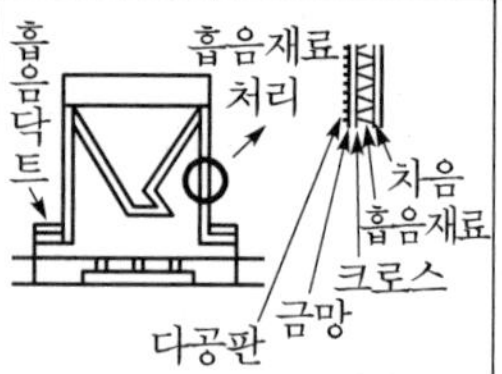	경우에 따라 채용
(14) 디젤발전기 Diesel generator	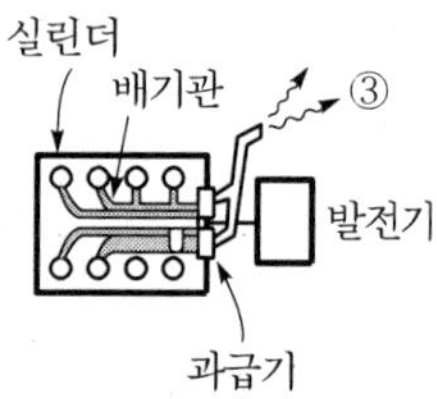	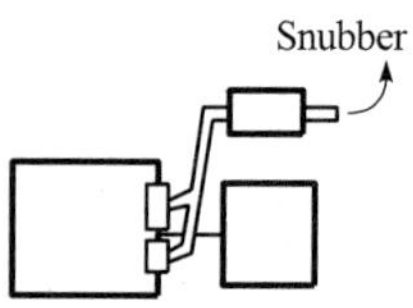	전체를 건물 안에 설치
(15) 왕복식 콤프레샤 Compressor	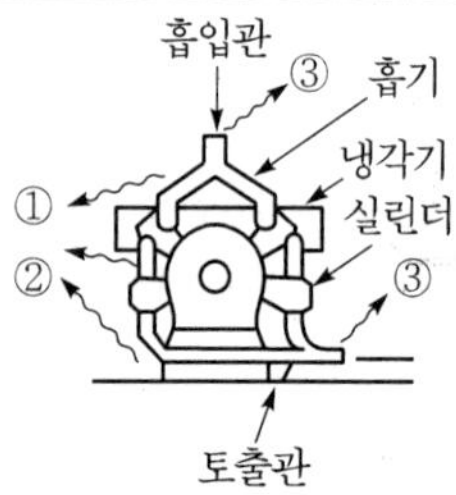	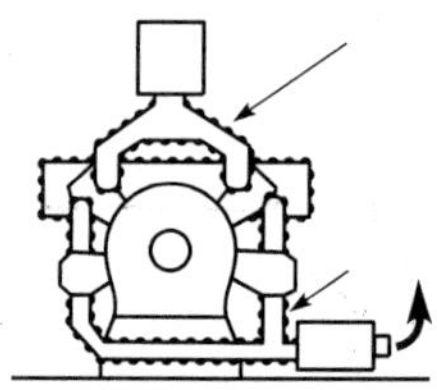	전체를 건물 안에 설치

장치 \ 항목	소음의 발생, 전달	대책	비고
(16) 펌프 Pump	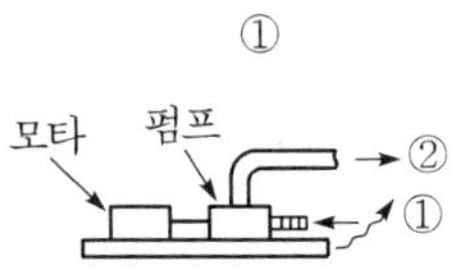	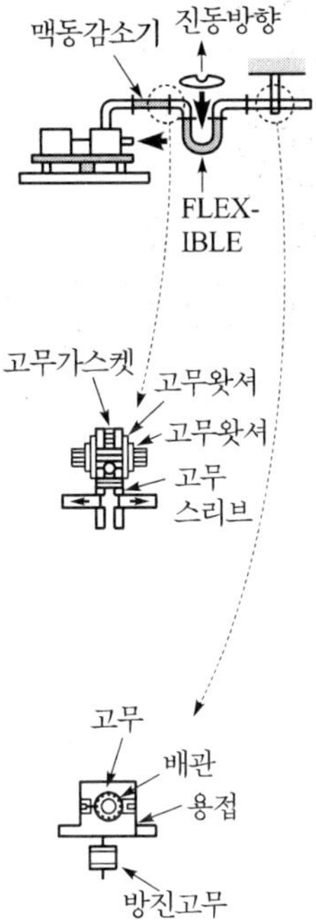	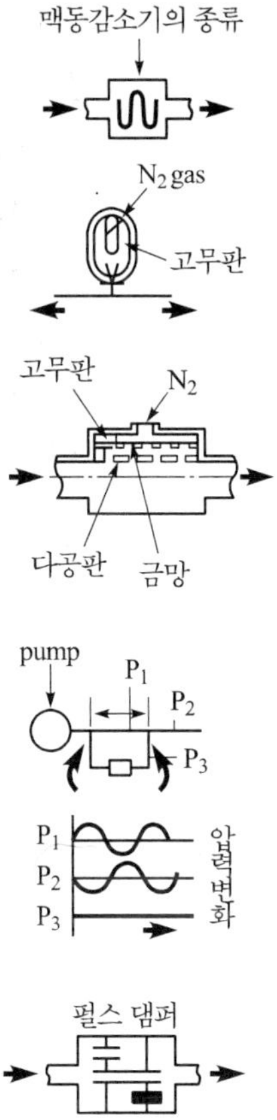
(17) 디젤햄머 Diesel hammer	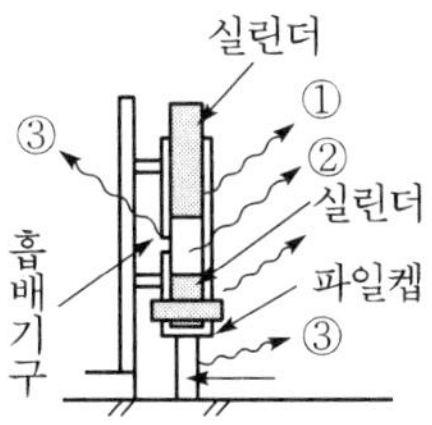	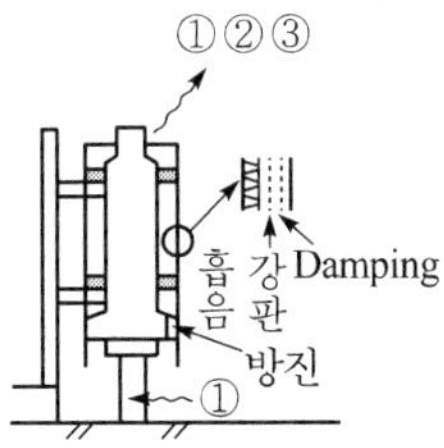	경우에 따라서는 주위에 방음울타리를 설치
(18) 로면부 공무판 Rubber Plate	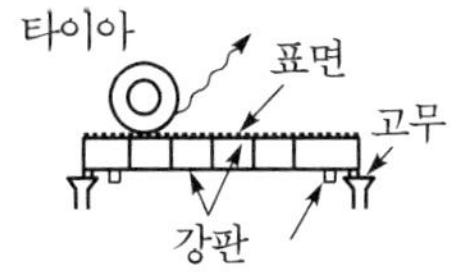	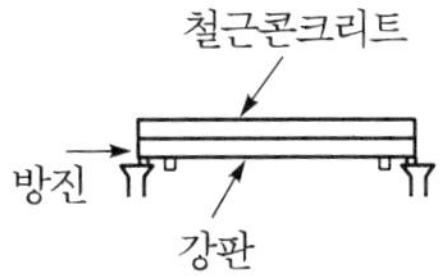	방진고무를 반드시 설치
(19) 가스터빈 Gas turbine	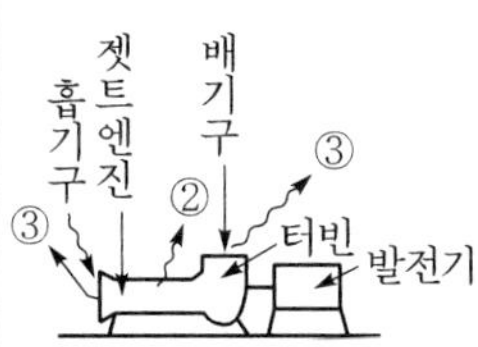	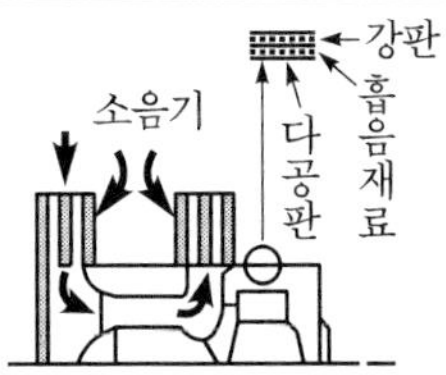	체를 package형의 방음구설치

[그림 7.7] **건물옥상 배기장치**

제8장

진동방지공학

8.1 진동방지기술

1. 진동(Vibration)방지기술이론

소음 · 진동관리법에서는 진동방지시설을 방진시설로서 탄성지지시설, 제진시설, 방진구시설, 배관진동절연장치와 시설 등으로 규정하고 있다.

(1) 진동의 물리적인 특성

소음 · 진동은 사람이 '원치 않는 소리와 흔들림'이다. 여러 가지 의미로 소음 · 진동을 크게 분류하면 소음도와 진동도에 있어 크기가 큰 것, 일상생활을 방해하는 것, 불쾌감을 주는 것 등이다. 이러한 분류 중 크기가 큰 소리와 떨림은 소음 · 진동에 해당되지만, 크기가 다소 작더라도 청취방해 · 수면방해 등처럼 인간의 욕구나 집중력 등의 행위목적을 방해한다면 소음 · 진동이 될 수 있다.

일반적으로 환경공학에서는 사물을 모두 객관적으로 취급하므로 인간이 원하지 않는 소리와 떨림을 소음 · 진동이라고 한다. 그래서 소음의 세기가 크거나 충격적이면 소음 · 진동일 가능성이 크며, 그렇지 않으면 상대적으로 소음 · 진동일 가능성이 적다.

① 진동발생원

소음은 여러 가지 원인에 의해 발생되지만 그 대부분은 공기 중에 존재하는 물체의 진동이나, 배기와 폭발 등에 의해 발생되는 공기 중의 소용돌이흐름에 의해서 발생하여 대기속으로 전파한다. 하지만 진동은 물체에 작용하는 충격력, 타격력, 회전과 왕복운동력으로 발생되는 관성력에 의해 발생하여 [그림 8.1]에서 보는 바와 같이 지반(地盤)을 타고 전파한다.

산업 현장에서 이러한 원인으로 발생된 소음과 진동은 공장내 근로자의 보건[산업안전보건법에 규정한 난청 예방기준값은 1일 8시간 근무시 90dB(A) 이하이며 생산성에 영향을 미치고, 외적으로 이해관계가 없는 제3자에게 소음·진동관리법상 생활피해를 야기한다.

[그림 8.1]에서 보는 바와 같이 소음과 진동은 두 개의 요소로 구성되어 있는데, 그 하나는 주파수에 관계되는 높고 낮음이 생기고, 소음의 경우는 16Hz에서 20kHz까지를 가청할 수 있다. 그리고 진동의 경우는 1Hz에서 90Hz까지를 감각할 수 있다.

다른 하나는 세기로서 소음의 경우는 0dB에서 130dB까지 가청할 수 있다. 진동의 경우는 50dB에서 130dB까지 감각할 수 있다. 하지만 환경 속에서 접하는 소음과 진동은 일반적으로 하나의 단일 주파수만으로 되어 있지 않고 여러개의 주파수가 복합된 상태로 존재한다.

일반적으로 지진의 진도는 진동도가 60dB일 때 진도계로 1도에서 3도까지가 제일 많으며, 사람이 감지할 수 있는 최소 진동허용값(振動閾值)은 50dB에서 60dB이다.

[그림 8.1] 소음·진동의 전파경로

② 진동배출시설

소음·진동관리법에서 진동배출시설은 동력을 사용하는 시설과 기계, 기구로

한정했다.

㉠ 유압식을 제외한 20마력 이상의 프레스이다.

㉡ 30마력 이상의 분쇄기, 파쇄기, 단조기, 마쇄기, 도정시설, 목재가공기계이다.

㉢ 50마력 이상의 압출성형기, 사출성형기, 연탄제조용 운전기이다.

㉣ 4대 이상의 시멘트벽돌과 블록 제조기계이다.

(2) 방진계획

① 진동발생원 자체의 방진을 수립할 경우

㉠ 질량을 증가시키고 강성을 높이는 구조물로 한다.

㉡ 공진을 피하는 기구, 구조로 한다.

㉢ 공명을 이용하는 기구, 구조로 한다.

㉣ 진동을 감소시키는 구조로 한다.

② 진동 전파계의 방진 설계

㉠ **기계기초 및 그 밖의 진동발생원기초의 중량을 증가시키고 강성을 높여 공진이 일어나지 않도록 설계** : 기계기초 등의 구조설계에서는 하중뿐만이 아니고 반복진동 전파를 견딜 수 있도록 충분한 안전계수를 산정하고 부동침하가 없도록 하여야 하며, 반복되는 충격에너지를 흡수할 수 있는 구조물로 한다.

㉡ **부착위치의 충분한 기초설계** : 지반토질의 조사정보에 기초하여 지반개량 등의 충분한 기초설계를 한다.

㉢ **진동발생원과 전파계의 사이에 방진장치를 설계** : 방진재료를 기계의 진동수, 진폭, 가진시간 등의 조사정보를 기초로 하여 선정하고 기계요소들의 전파를 최소로 하거나 차단할 수 있는 설계를 한다.

㉣ **전파한 진동의 흡진, 차진 설계** : 기초구조물에서 지반의 전파에너지를 흡진, 차진할 수 있도록 방진구, 차진벽 등의 전파에너지를 차단하는 설계를 한다.

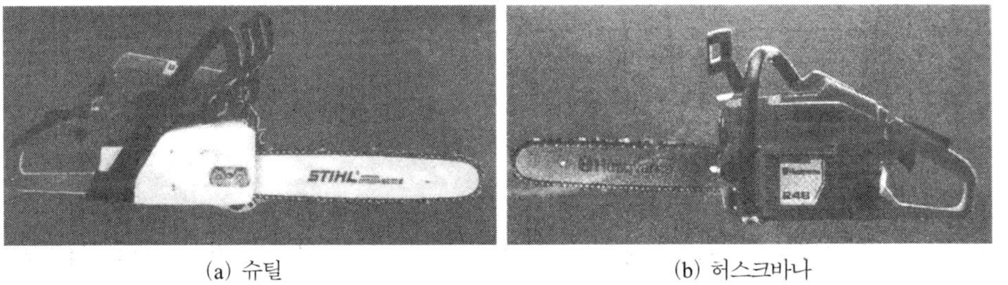

(a) 슈틸 (b) 허스크바나

[그림 8.2] 기계톱에 나무 절단시 진동 발생

(3) 교통진동공해

① 일반생활에서의 진동

소음과 함께 우리생활 주변에서 빈번히 접하게 되는 진동은 인체에 대한 생리적, 감각적 피해와 구조물에 대한 물적 피해를 준다. 인체가 일정한 주파수로 진동을 받게 되면 생리적으로 순환계통이나, 자율신경계통과 내분비계통이 영향을 받게 된다. 현기증이나 불쾌감 등의 심리적 영향으로 수면의 방해나 정상적인 일상거동에 방해를 받게 된다. 이러한 진동의 진동주파수의 범위는 1Hz에서 90Hz이며 진동의 세기레벨은 60dB에서 90dB까지가 많고 사람이 느끼는 최소 진동값은 50에서 60dB 정도이다. 진동의 세기는 기준이 되는 진동값에 대한 현재 진동의 세기의 비로 나타내는데 소음의 경우 같은 형태로 특정지역의 진동의 세기를 나타낸다. 진동의 세기는 소음과 마찬가지로 dB이 사용되며 일반적으로 수직진동과 수평진동에 대해 각각 크기를 나타낸다. 수면에 대해서 60dB의 진동의 세기는 거의 영향을 주지 않고 65dB에서 69dB 정도부터 인간의 수면에 대해서만 영향을 주기 시작한다. 따라서 야간에는 진동허용 기준값의 상한으로는 수면 방해를 주기 시작하는 65dB 정도가 된다. 일반적으로 진동이 있을 경우 일반인들이 진동에 대해 호소하는 불평도는 〈표 8.1〉과 같다.

이러한 인체에 대한 직접적인 영향뿐만 아니라 건물이나 구조물 등이 진동에 장시간 영향을 받게 되면 구조물에 균열이 생기고 결국은 구조물 자체가 파괴 등 재산상의 피해를 가져오기도 한다. 그래서 진동은 고체의 떨림이나 구조물의 흔들림을 의미한다. 일반적으로 구조물이나 기계진동의 주파수 이상이 되면 물체의 진동은 건축물이나 구조물에 대한 피해를 일으키는 경우가 많으므로 이에 대한 적절한 대책을 수립해야 한다.

〈표 8.1〉 진동감각에 대한 호소율과 진동도

진동감지	약간 느낀다			잘 느낀다		
호소율	30%	40%	50%	30%	40%	50%
공장	50dB	55dB	59dB	60dB	65dB	69dB
도로교통	·	·	50dB	62dB	65dB	69dB

② 진동의 일반적인 성질

제어대상이 되는 진동은 인위적으로 발생하는 경우가 제일 많다. 이러한 진동의 종류에는 폭발, 타격 등에 의한 충격진동, 사업장이나 기계작업 등에 의한 지속적인 연속진동 그리고 충격과 정상적인 진동이 중복되는 간헐진동의 세 가지 형태로 나눌 수 있다. 진동의 방향은 지면을 기준으로 볼 때 수직성분과 수평성분이 있는데 수평성분과 수직성분의 진동 모두가 물적 피해를 일으킨다.

진동에 대한 영향으로는 감각적으로 볼 때 전신이 진동에 노출되었다면 6Hz의 진동에서는 허리, 가슴과 등쪽에 가장 심한 통증을 느끼며, 13Hz에서는 머리에 가장 심한 진동이 오고 안면에는 볼, 눈까풀이 진동을 느낀다. 4Hz에서 14Hz에서 복통을 느끼고, 9Hz에서 20Hz에서는 대소변을 보고 싶어하고 땀이 나거나 열이 나는 느낌을 받고, 수직 및 수평 진동이 동시에 가해지면 2배의 자각 증상이 나타난다. 신체적으로 볼 때 3Hz에서 6Hz 되면 가장 심한 공진현상(共振現象)을 보여 가해진 진동보다 크게 느끼게 되며 이러한 진동은 앉아 있을 때가 서있을 때 보다 심하게 나타난다. 진동에 의한 물적피해는 진도계의 수치로 표현할 수 있는데 지진의 강도와 진동의 세기를 비교하여 〈표 8.2〉에 나타낸 것과 같이 물적피해를 추정할 수 있다.

기계, 구조물 등에 대한 잔동의 경우는 진폭이 일정 폭 이상이 되게 되면 기초에 위험이 따르므로 일정 한계치 이하로 유지하는 것이 바람직하다.

〈표 8.2〉 **진도계와 진동세기값에 따른 물적 피해**

진도계 수치	지진의 명칭	진동세기값(dB)	물적피해
1	무감각(nonfeeling)	55 이하	인체로 느끼지 못함
2	미진(slight)	55~65	약간 느낌
3	경진(weak)	65~75	크게 느낌
4	약진(rather sttong)	75~85	창문 미닫이가 흔들리고 진동이 발생
5	중진(strong)	85~95	기물이 넘어지고 물이 넘침
6	강진(very strong)	95~105	집의 벽이나 비석이 넘어감
7	열진(disastrous)	105~110	가옥파괴 30% 이하
8	격진(very disastrous)	110 이상	가옥파괴 30% 이상, 산사태 발생

③ 진동의 발생원인과 제어대책

지진이나 바람에 의한 구조물이 흔들림처럼 자연적으로 발생하는 진동 외에도 우리 생활에서 접하게 되는 진동의 대부분은 인위적으로 발생되기도 하지만 특히 기계의 동작에 의한 진동이 주로 많다. 기계적 진동이 가지는 특징은 기계동작이 일정하기 때문에 진동의 주파수가 일정하게 유지되는 경우가 많다. 진동은 어떤 물체가 여러 가지 이유로 인해 상하로나 좌우로 일정한 폭을 유지하면서 왕복운동을 할

[그림 8.3] **진동 고려한 고층빌딩**

때 발생한다. 이러한 반복·왕복 운동에 의한 진동은 진동체와 연결된 고체매질을 통해 피해를 받는 수진측에 불규칙적으로 전달된다. 진동에 대한 제어대책은 진동의 방지나 경감이 포함되는데 이를 위해서는 여러 가지 조치가 필요하다.

먼저 진동문제에 대한 근본적인 제어대책은 진동을 일으키는 발생원에 대한 대책이 중요하다. 그리고 진동이 절달되지 못하도록 전달경로를 차단하는 일과 최종적으로 피해지역에서 수동적인 조치 등이 있다. 진동발생원에 대한 대책으로는 발생원에서 발생되는 진동이 감소되도록 하는 조치, 즉 진동을 흡수하는 물질을 사용하여 진동기계에서 발생되는 진동에너지가 땅바닥에 전달될 때 약화되도록 하는 조치가 대표적이다. 일반적으로 진동은 매질을 통해 전달되므로 전파 경로에 대한 적절한 조치로 진동피해를 경감시킬 수 있다.

따라서 진동 발생원과 피해지역과의 거리를 가능한 멀리 두어 진동이 전달되면서 소멸되도록 하는 것과 진동 전달경로에 진동을 흡수할 수 있는 방진구(hole)를 파 놓는 방진대책 등이 필요하다.

피해지역에 진동의한 피해를 최소화하는 방법은 내진형의 건물을 설계하는 것이 하나의 사례가 될 수 있다.

(4) 방진 대책 수립 방법

① 진동발생원 제거

기계에서 발생하는 진동세기는 보수, 개선 등을 통해 감소시키고 가진력의 지향성도 고려해야 하여 기계가 정상적으로 움직이는 경우도 조합된 다른 기계에 영향을 준다.

㉠ 진동의 강약이 발생하므로 복합적인 진동발생원을 고려사항

ⓐ 진동이 적고 평형(balance)이 좋은 재료를 안전하게 조절하여 사용해야 한다.

ⓑ 기계 배치 시 고체음의 영향이 적은 것을 먼 곳에 두어야 한다.

ⓒ 내진시설 등으로 발생가진력을 감소시켜야 한다.

ⓓ 구조물과 진동차단을 측정하여야 한다.

㉡ 소음발생원 방지효과 예측시 주의사항

ⓐ 발생소음을 제거하기보다는 발생시키지 않을 것

ⓑ 소음발생 장소를 알고 발생원인을 조사해 그 원인제거에 노력할 것

ⓒ 고체소음 및 공기소음인가를 명확하게 하고 소음발생원에 대해서 적절한 대책을 수립할 것

ⓓ 공기소음일 경우는 유속저감, 압력의 차단저감, 방사방지, 관로의 급격한 굴곡시정 등을 검토할 것

ⓔ 고체소음일 경우는 기진력의 저감, 방진지지, 방진 전달경로의 차단, 소음방사면의 제한과 방사율, 저감대책을 검토할 것

ⓕ 고체표면으로부터 소음이 방사될 경우는 고체와 공기의 전파경로에 대한 대책을 수립할 것

ⓖ 기진력을 타격, 접촉 등의 문제 외에 회전부와 왕복부의 관성력, 불균형력과 토크변동에 대해서 검토할 것

ⓗ 기계표면의 각부분 진동가속도를 측정할 것

ⓘ 각 부분의 고유진동수를 알고 공진을 피할 것

ⓙ 고체면은 저주파소음을 방사하기 쉬워 진동표면을 세분하고, 방진구(hole)에 의한 보강에 노력하고 진동전달부의 덕트에 고무나 합성수지관을 삽입할 것

② 가진력 발생

㉠ 왕복질량에 의한 관성력은 가로형 압축기, 활판 인쇄기 등에서 발생한다.

㉡ 회전질량에 의한 관성력은 회전부의 중심과 균형이 맞지 않을 경우에 발생한다.

㉢ 질량의 낙하운동에 의한 충격력은 단조기 등에서 발생한다.

㉣ 가진력 저감대책

ⓐ 진동이 작은 기계로 교체한다.

㉮ 단조기는 단압 프레스, 왕복동 압축기는 터보형 고속회전 압축기로 교체한다.

ⓑ 크랭크 기구를 가진 동복동 기계는 복수개의 실린더를 가진 것으로 교체한다.

ⓒ 회전기계의 회전부 불평형은 정밀실험을 통해 자동차 바퀴의 납(Pb : Lead) 조각을 부착하여 평형을 유지한다.

ⓓ 기계의 기초를 움직이는 가진력을 감소시키기 위해서는 탄성 지지해 준다.

ⓔ 기계의 가진력은 지향성이 있으므로 기계설치 시 방향을 바꾸는 등의 대책을 강구한다.

2. 방진설계

(1) 방진재료(Vibraion isolation material)에 의한 방진설계

① 방진의 원리

물체의 진동을 정확히 방지하려면 3차원의 좌표축방향의 진동과 그 세축(x, y, z)을 중심으로 하는 회전운동 등, 6가지 자유도에 대하여 검토되어져야 한다.

㉠ 자유도의한 진동

ⓐ 물체의 운동 방정식(Newton 제2법칙) 의한 m 산출식

$$m = \frac{d^{2_x}}{d^{2_i}} + c\frac{d_x}{d_t} + kx = P\cos w \cdot t \quad \cdots\cdots\cdots (8-1)$$

여기서, m는 질량, k는 용수철 정수, $P\cos(w \cdot t)$는 외력에 의한 상하 강제 진동이고 c는 마찰저항계수이다.

ⓑ 고유진동수(f_n) 산출식

$$f_n\,[\mathrm{Hz}] = \frac{1}{2\pi}\sqrt{\frac{\mathrm{k}}{\mathrm{m}}} \quad \cdots\cdots\cdots (8-2)$$

여기서, f_n과 f가 같은 공진상태에서 전달률이 최대가 된다.

ⓒ 진동전달률(T) : 감소비가 0일 때에 T 산출식

$$T = \frac{1}{|1-\{f/f_n\}^2|} \quad \cdots\cdots\cdots (8-3)$$

ⓓ 진동발생원의 진동수(f) 산출식

$$f[\mathrm{Hz}] = \mathrm{V}\sqrt{\frac{\mathrm{k}\cdot\mathrm{m}}{\mathrm{g}}} \qquad \cdots\cdots\cdots (8\text{-}4)$$

㉡ 진폭비와 진동수비

ⓐ 진동수비에 따른 진폭비(M · F) 산출식

$$M\cdot F = \frac{\text{진폭}(X_0)}{\text{정전진폭}(X_{st})} = \frac{1}{\sqrt{(1-\eta^2)^2 + (2\xi\eta)^2}} \qquad \cdots\cdots\cdots (8\text{-}5)$$

감소비(ξ)가 적고 진동수비(η)가 1에 가까울 경우는 공진현상이 일어남으로 피해야 한다.

ⓑ 진동수에 따른 자유진폭비(T) 산출식

$$T = \frac{\sqrt{1+(2\xi\eta)^2}}{\sqrt{(1-\eta^2)^2 + (2\xi\eta)^2}} \qquad \cdots\cdots\cdots (8\text{-}6)$$

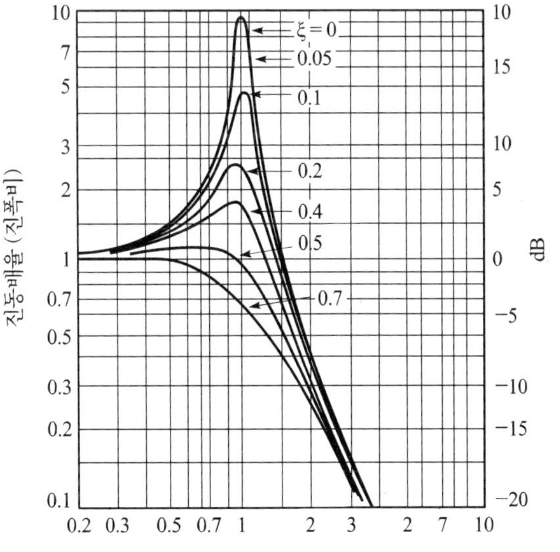

[그림 8.4] **진동수비와 진폭비**

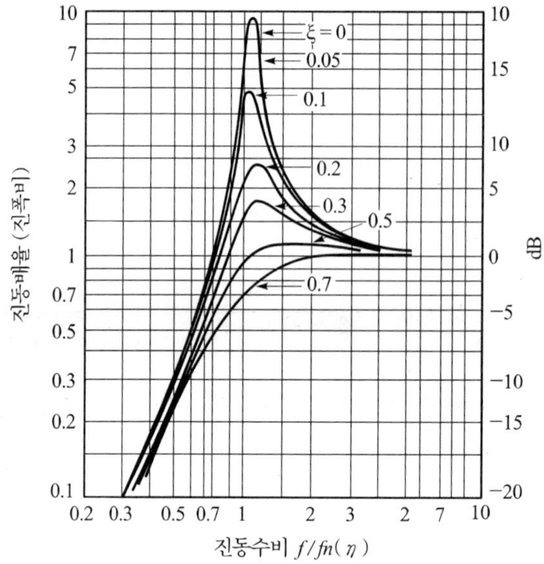

[그림 8.5] **진동수비와 자유진폭비**

진동수비(η)가 0.8dptj 1.4 범위일 경우에 공진현상이 일어남으로 피해야 한다. 감소비(ξ)가 1과 같으면 임계감소라고 한다. 그리고 1보다 크면 과잉감소, 1보다 작으면 부족감소라고 한다.

② 방진대책

㉠ 진동발생원의 대책

ⓐ 가진력을 감소시킨다.

ⓑ 불평형력을 balancing(평형)시킨다.

ⓒ 기조중량을 부가시키거나 경감시킨다.

ⓓ 탄성지지시킨다.

ⓔ 동적으로 흡진시킨다.

㉡ 전달경로의 대책

ⓐ 진동발생원의 위치를 멀리해 거리감소를 크게 한다.

ⓑ 수진점 부근에 방진구(hole)를 판다.

㉢ 수진측의 대책

ⓐ 수진측을 탄성지지한다.

ⓑ 수진측의 세기(intensity)를 변경시킨다.

㉣ 진동의 감소대책

ⓐ 지반진동의 원인이 되는 가진력을 감소시킨다.

ⓑ 지반진동을 감소시킨다.

ⓒ 지반 전체에 있어서 진동감소대책을 강구한다.

ⓓ 가옥 등에서 진동피해의 감소대책을 검토한다.

③ 진동방지계획

㉠ 방진계획순서

ⓐ 문제가 된 수진지점을 확인한다.

ⓑ 수진점 일대의 진동실태를 분석(지면진동, 초저주파음 레벨과 주파수)한다.

ⓒ 수진점 진동을 판정한다(진면진동과 초저주파음).

ⓓ 수진점의 진동 규제기준을 확인한다.

ⓔ 측정값과 규제기준값의 차로부터 저감목표 진동도를 설정한다.

ⓕ 발생원의 위치와 발생기계를 확인한다.

ⓖ 적절한 개선대책을 수립한다.

㉮ 기진력제거 · 저감, 기계기초의 진동전달률 저감, 진동차단, 공기진동에 대한 소음기부착

ⓗ 시공 및 결과를 검토한다.

㉡ 가진력 발생원

ⓐ 왕복질량에 의한 관성력이 발생된다.

㉮ 형협 압축기, 활판 인쇄기 등

ⓑ 회전질량에 의한 관성력이 발생된다.

㉮ 회전부의 중심이 맞이 않을 때

ⓒ 질량의 낙하운동에 의한 충격력이 발생된다.

㉮ 단조기 등

㉢ 가진력의 저감방법

ⓐ 진동이 작은 기계와 교체한다.

㉮ 단조기는 단압프레스기로 왕복동압축기는 터보형 고속 회전압축기로 교체

ⓑ 회전기계 회전부의 불평형은 정밀시험으로 평형을 유지시킨다.

㉮ 차 바퀴의 납(Pb)조각을 부착

ⓒ 크랭크 기구를 가진 왕복동기계는 복수개의 실린더를 가진 것으로 교체시킨다.

ⓓ 기계, 기초를 움직이는 가진력을 감소시키기 위해서는 탄성지지해야 한다.

ⓔ 기계에 발생한 가진력은 지향성이 있으므로 기계설치 방향을 전환시키는 대책을 수립한다.

④ 방진설계의 순서

㉠ 진동원의 진동수를 알고 충분한 진동감소량을 얻으려면 공진주파수를 선정해야 한다.

㉡ 방진물의 수축값(deflection : δ)을 구한다.

㉢ 전질량 m을 안전하게 지지하고 처짐(수축량)을 얻을 수 있는 방진재료를 선정한다.

㉣ 탄성지지에 필요한 설계인자는 다음과 같다.

ⓐ **강제 진동수(f)** : 기계 등으로부터 발생한 가진력의 세기와 주기적 변화인 강제진동수를 조사한다.

ⓑ **고유진동수(f_n)** : 기계 등의 금속 스피링, 방진고무 등의 탄성지지에 따르는 그 system(계)의 고유진동수를 적정치로 결정한다.

ⓒ **진폭(T)** : 기계가 비연성 지지로 되었다면 가진력에 의해 진폭이 결정되며, 기계에 가대시설의 부가중량을 고려해 탄성지지해야 한다.

ⓓ **스프링 정수(k)** : 계의 고유진동수는 스프링정수에 따라 변환된다.

ⓔ **방진물의 수축량(δ_{st})** : 기계에 의한 방진물의 수축량은 방진재료의 동적배율과 기계사용 조건에 따른 계수에 지배된다.

⑤ 탄성지지의 설계순서

㉠ 목표값을 설정해야 한다.

㉡ 진동 전달률과 탄성 재료를 선택해야 한다.

㉢ 기계의 제원(형상, 중량, 중심, 관성력, 가진력, 지향성)을 파악해야 한다.

㉣ 탄성지지 형식을 선정해야 한다.

㉤ 스프링(spring)지지 위치를 선정해야 한다.

㉥ 여진시의 진폭을 산정해야 한다.

〈표 8.3〉 **방진재료별 고유진동수**

방진재료	고유진동수[Hz]
공기스프링 밀봉식 공기스프링	1～3 1～10
금속스프링(코일형) (중판형)	2～6 2～5
방진고무(전단형) (압축형)	4～ 6～

(2) 방진설계

① **방진재료**(Vibration insolation meterial)

진동발생원과 진동매체간에 삽입시켜 진동의 전달을 방지할 목적으로 사용하는 재료를 방진재료라 하며, 고무, 펠트(felt), 콜크, 목재, 납(Pb)판, 침유성 피혁, 모래, 자갈, 톱밥, 대패밥, 용수철, 공기쿠션 등이 있다.

㉠ **방진재료의 분류**

ⓐ **스프링**(spring) : 물체의 탄성변형을 이용한 이외에 에너지의 축적 및 흡수를 목적으로 해서 방진장치에 많이 사용되고 있다.

일반적으로 금속코일의 용수철은 설계요소가 명확해 수축값(δ)도 크게 취할 수 있어져 진동수의 차단도 가능하다. 하지만 저항성분이 너무 적을 시 공진지점의 진폭을 억제하려면 oil damper, 방진고무 등의 저항요소가 필요하다. Spring의 분류는 다음과 같다.

- 스프링
  - 금속 스프링
    - 강철계 스프링
      - 열성형 스프링
      - 냉성형 스프링
    - 비철금속계 스프링
      - 강철합금계 스프링
      - 그 밖의 합금계 스프링
  - 비금속 스프링
    - 고무 스프링
      - 방진고무
      - 탄성고무
      - 고무패드
    - 고분자, 복합 재료 스프링
      - 콜크, 휄트(felt)
      - FRP, 스프링
      - 플라스틱 파스너
    - 유체 스프링
      - 공기 스프링
      - 유압 스프링

i) **고유진동수 산출식**

$$f_n[\text{Hz}] = 4.98\sqrt{\frac{1}{\delta}} \qquad \cdots\cdots\cdots (8\text{-}7)$$

여기서, δ는 처짐량(cm)이다.

ii) **공진주파수 산출식**

$$f_n[\text{Hz}] = \frac{n}{2}\sqrt{\frac{k}{m_s}} \qquad \cdots\cdots\cdots (8\text{-}8)$$

여기서, k는 용수철 정수, m_s는 용수철 운동부분의 질량이며, 이것을 진동정지(surging) 현상이라 한다.

iii) 스프링(용수철) 정수(k) 산출식

$$k[\mathrm{N/mm}] = \frac{G \cdot d^4}{f_n \cdot D^3} \quad \cdots\cdots\cdots (8-9)$$

㉡ 금속 스프링의 특성

ⓐ 장점

i) 온도, 부식, 용해 등 환경요소에 대한 저항성이 커야 한다.

ii) 뒤틀리거나 수축되지 않아야 한다.

iii) 최대변위가 허용된다.

iv) 저주파 차진에 효과적이다.

ⓑ 단점(fault)

i) 감소가 거의 없으며 공진시에 전달률이 매우 크다.

ii) 고주파 진동시에 단락된다.

iii) rocking이 일어나지 않도록 주의해야 한다.

ⓒ 대책강구 : 스프링의 감소비가 적을 때는 스프링과 병렬로 damper를 넣고 rocking motion을 억제하기 위해서는 스프링의 정적 수축값(δ)이 일정한 것을 사용한다. 그리고 기계 중량의 1배~2배의 가대를 부착시키고 계(system)의 중심을 낮추며 하중이 평형분포가 되도록 하고 낮은 감소비를 발생되는 고주파의 진동전달은 스프링과 직렬로 고무패드(rubber ped)를 끼워 차단한다.

㉢ 방진고무(rubber)의 특성

최근에 많이 사용되는 이유는 금형을 사용해서 여러 가지 형태로 제조해 튼튼하게 철물로 부착할 수가 있다. 설계재료가 잘 설정되어 스프링 정수(k)를 광범위하게 선택할 수 있으며, 고무의 내부마찰로 적당한 저항을 가진다.

ⓐ 장점(merit)

i) 구조, 형상에 의해 1개의 스프링으로 3축방향이나 회전방향의 스프링 정수를 광범위하게 선택할 수가 있다.

ii) 금속과 용이하게 접착됨으로 부착부에 금속을 접착해 사용할 수 있다.

iii) 내부마찰이 있어 고주파진동의 차단에 양호하며 감소요소의 기능을 겸용한다.

ⓑ 단점(fault)

i) 공기중 오존(O_3)에 의해 탄성이 약화되거나 균열이 생긴다.

ii) 내부 마찰에 의한 발열 때문에 열화되고, 내열성, 내저온성에 약하다.

㉮ 사용가능온도범위 : 천연고무(-10℃에서 70℃, 합성고무 -30℃에서 120℃)

iii) 내유성, 내후성 등의 환경성에 약하다.

iv) 제조시 탄성특성을 균일하게 제조하기는 어렵다.

ⓒ 방진고무의 재료

i) 일반 가황 고무는 천연고무, 합성천연고무, 부틸렌 고무, 스틸렌 부틸렌 고무(SBR)이다.

ii) 내유성을 요구하는 가황 고무는 니트릴 고무이다.

iii) 내후성을 요구하는 가황 고무는 클로로프렌 고무이다.

iv) 큰 진동감쇠량을 요구하는 가황 고무는 이소부틸렌, 이소프렌 고무이다.

v) 내열성을 요구하는 가황 고무는 에틸렌, 프로필렌 공중합체이다.

㉣ 그 밖의 탄성재료 특성

ⓐ **폼 드라바**(Form draver) : 진동절연성도 좋고 부착성도 용이하나 수명이 짧고 비성형성이며 품질의 균일성이 어려워 널리 사용되지는 않고 있다. 방진고무는 비압축성인데 반하여 고무내부에 공기나 유해가스의 포켇(pocket)을 만들어 압축성을 준 것을 탄성지지재료로 사용한다.

ⓑ **고무 패드**(Rubber ped) : 대상기계 밑에 까는 가장 간단한 고무판으로 표면에 凹凸(요철), 폼(form)을 파서 사용된다. 부착이 용이하며 가격이 저렴해 방진보조재료로 많이 이용되나 진동절연성과 금속과의 부착성이 나쁘고 수명도 짧다.

〈표 8.4〉 **방진재료별의 특성**

항목	코일 스프링	방진고무	공기스프링	포라타	펠트	콜크
고유진동수(Hz)	2~10	5~100	0~5	2~5	25~50	20~30
감소비	0.0005 이하	0.05~0.2	0.051	-	-	-
수명	우수	양호	양호	불량	보통	양호
가격	안정	중간	고가	중간	단정	중간
무게	대	중	대	소	소	소
내온성	우수	보통	보통	보통	양호	양호
방음성	불량	양호	우수	양호	양호	양호
내유성	우수	보통	보통	불량	양호	양호
노화성	우수	보통	보통	불량	양호	양호
변형성	우수	양호	양호	보통	보통	양호
열팽창성	우수	보통	양호	양호	양호	양호
균일성	우수	보통	우수	불량	보통	불량
용이성	보통	보통	불량	우수	우수	우수
설계성	우수	양호	불량	양호	양호	양호

ⓒ 콜크(Cork) : 두께 100mm 정도에서 고유진동수가 약 20Hz 정도가 얻어지나 보통 10Hz 전이다. 고체소음의 전달방지에 유익하며 펠트(felt)보다 유연성이 좋다.

ⓓ 펠드(Felt) : 두께 25mm의 felt일지라도 고유진동수 하한이 25Hz에서 28Hz 정도이다. cork처럼 방진 재료라가보다는 고체소음의 전달을 저감하는 재료로써 유익하며, 가격이 저렴하고 가벼워 충격방지 등의 지지용으로 많이 이용되고 있다.

② 탄성지지(Spring)에 의한 방진설계

㉠ 방진스프링

가장 대표적인 방진기술로서는 기계와 기초 사이에 적정 방진재료(방진고무, 금속 코일스프링 및 중판 스프링, 공기스프링 등)를 설치하는 방식으로 소음의 차음대책에 상응된다. 상하로 진동하는 기계의 탄성지지 방진설계의 가장 중요한 절차는 방진재료의 스프링 상수이고 산출식은 다음과 같다.

ⓐ 주요 제원을 파악

강제진동수($f = \text{rpm}/60$)와 대상 기기의 무게 W(kg)에 대해 조사한다.

ⓑ 차진값(ΔV)을 산출식

$$\Delta V[\text{dB}] = \text{측정 진동도} - \text{기준값} \qquad \cdots\cdots (8-10)$$

ⓒ 진동 전달률(T) 산출식

$$T = 10^{-(\Delta V/20)} \qquad \cdots\cdots (8-11)$$

ⓓ 계(System)의 고유진동수(f_n) 산출식(감소비는 $\xi = 0$으로 가정)

$$f_n[\text{Hz}] = f \cdot \sqrt{\frac{T}{(1+T)}} \qquad \cdots\cdots (8-12)$$

ⓔ 스프링상수(k_2) 산출식

$$k_e[\text{kg/cm}] = \frac{f_n^2 \cdot W}{25} \qquad \cdots\cdots (8-13)$$

ⓕ 기계 밑에 n개의 스프링을 설치할 때의 스프링상수(k)를 산출한다. 단, 각 스프링에 작용하는 하중은 가능한 같아야 한다.

$$k = \frac{k_e}{n} \text{ [kg/cm]} \qquad \cdots\cdots (8\text{–}14)$$

ⓖ 스프링상수 k값에 상당하는 스프링을 제작회사의 카타로그(catalog)를 보고 산출한다.

ⓗ 진동전달률

진동수와 스프링의 감소비에 따른 진동전달률의 관계를 보면 [그림 8.5]와 같다. [그림 8.5]의 종축상에 이미 설정한 진동전달률을 표시하고, 그곳에서 수평선을 그어 전달률 곡선과 만나는 교점에서 밑으로 수직선을 그어 횡축과 만나는 점으로부터 진동수비(f/f_n)를 구한 후, 고유진동수(f_n)을 산출한다.

방진재의 진동 흡수능력을 나타내는 감소비는 금속코일 스프링의 경우는 0에 가깝고, 방진고무의 경우는 0.005에서 0.2정도이다. 이와 같은 대책으로 철도의 레일 밑이나 노반에 방진매트를 시공하는 사례가 증가하고 있다.

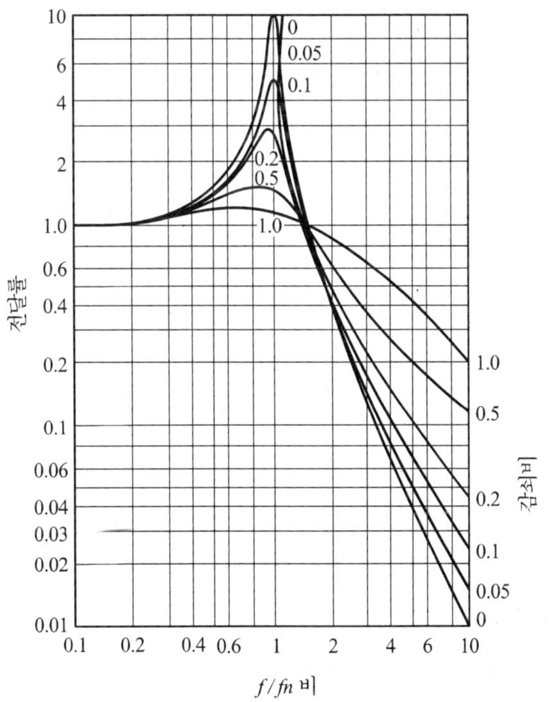

[그림 8.6] 자유도 진동계에서 진동수비(f/f_n)와 감소비에 따른 진동전달률 곡선

ⓘ 탄성지지의 설계순서

i) 목표값 설정 : 기초대 위의 기계를 탄성지지할 경우 진동을 어느 정도까지 저하시킬 필요가 있는지를 판단하거나 기초로 하여 진동전달률을 결정

한다.

ii) **진동전달률과 재료의 선택** : 설계 · 시공시 방진에 소요되는 비용, 안전성 등에 따라 탄성지지 재료를 선정해야 한다. 이때 주의할 점은 다음과 같다.

- 사용재료별 고유진동수와 방진재의 스프링 정수를 산출한다.
- 일반적으로 고유진동수는 공기스프링은 1Hz 이하, 금속 스프링은 4Hz 이하, 방진고무는 4Hz 이상이 많이 사용되고 있다.

iii) **기계재질을 파악** : 기계의 형상, 중량, 중심, 관성축의 위치나 가진력과 그 진동수, 지향성, 세기와 작용점을 파악해야 한다.

ⓙ 탄성지지 형식의 선정

i) **기계가 강하며 충분한 중량을 갖고 중심 위치가 낮은 경우** : 앵카볼트 위에 스프링을 삽입하는 소형기계, 사출성형기 등에 활용된다.

ii) **기계자체에 강성이 없이 보강이 필요한 기계일 경우** : 구조물 위에 견고하게 부착한 후 가대와 기초의 사이에 스프링를 설치한 구형선반, 대형전달기, 직기, 활판인쇄기 등에 활용된다.

iii) **기계가 분할되고 상호간에 변위가 의심되는 기계일 경우** : 고정하고 상호변위가 일어나지 않게 하여 스프링(spring)을 삽입한 고무롤러, 콤프레셔 등에 활용된다.

iv) **길이가 긴 기계일 경우** : 중심위치에 관계없이 스프링을 앵카볼트 구멍 위에 위치해서 스프링취부에 사용되는 가대에서 부착한 연삭기 등에 활용된다.

v) **기계의 중심위치가 높고 스프링설치 간격을 크게 해도 상관없을 경우** : 넓고 무거운 가대를 부착해 중심을 낮게 하고 간격이 큰 지지형식인 직접 천공기계(drilling machine) 등에 활용된다.

vi) **탄성지지 후 기계의 진동진폭을 작게 할 필요가 있는 기계일 경우** : 자체질량이 가진력에 비해 충분하지 않으면 중량부가용 가대(架台)를 부착해 지지한 단조기, 콤프레셔(compressor) 등에 활용된다.

ⓛ 기계기초에 대한 대책

ⓐ **기초대와 지반간의 고유진동수** : 상하방향으로 진동하는 기계의 중량을 W_m, 기초대의 중량을 W_t, 기초대가 지반에 접하는 면적 A(cm^2)일 때 진동수 f_n의 구하는 식은 다음과 같다.

i) 수직방향 고유진동수(f_{nv}) 산출식

$$f_{nv}[\text{Hz}] = \frac{1}{2_\pi}\sqrt{g \cdot A \cdot \times \frac{K_v}{W_m + W_f}} \qquad \cdots\cdots (8\text{–}15)$$

ii) 수평방향 고유진동수(f_{nh}) 산출식

$$f_{nh}[\text{Hz}] = \frac{1}{2_\pi}\sqrt{g \cdot A \cdot \times \frac{K_v}{W_m + W_f}} \qquad \cdots\cdots (8\text{–}16)$$

iii) 견고한 지층위에 연약한 점토층이 있을 경우의 고유진동수 산출식

$$f_n[\text{Hz}] = \frac{v}{4H} \qquad \cdots\cdots (8\text{–}17)$$

여기서, v는 횡파 전파속도이고, H는 견고한 지층두께이다.

iv) 중간에 연약한 층이 있을 경우의 고유진동수 산출식

$$f_n[\text{Hz}] = \frac{\text{v}}{\text{2H}}[\text{Hz}] \qquad \cdots\cdots (8\text{–}18)$$

v) 다수의 기계가 설치될 경우의 고유진동수 산출식

$$f_n[\text{Hz}] = \frac{\text{n} \cdot \text{v}}{\text{2D}}[\text{Hz}] \qquad \cdots\cdots (8\text{–}19)$$

여기서, D는 기계의 간격이고, n는 기계의 대수이다.

ⓑ 진동전파 : 기계는 지반위의 기초대에 설치되며, 이 기초대의 진동이 지반을 따라 전파하고 이때 지반이 스프링 설치를 해서 지반의 고유진동수와 강제진동수가 일치되면 공진이 되어 기초대의 진폭은 크게 되어 진동을 방지할 수 있다.

i) 직렬지지시 스프링정수(K_t) 산출식

$$\frac{1}{K_t} = \frac{1}{K_1} + \frac{1}{K_2} + \frac{1}{K_3} + \cdots\cdots + \frac{1}{K_n} \qquad \cdots\cdots (8\text{–}20)$$

ii) 병렬지지시 스프링정수 산출식

$$K_t = K_1 + K_2 + K_3 + \cdots\cdots + K_n \qquad \cdots\cdots (8\text{–}21)$$

ⓒ 지반을 전파하는 파동의 종류

i) 종(P)파는 진동방향이 파동의 전파방향과 일치하는 파로서 전파속도가 제일 크며 압력파라고도 한다.

ii) 횡(S)파는 진동방향이 파동의 전파방향과 직각인 파이다.

iii) 실체파는 세로파와 가로파를 전부 말하는 진동파이다.

iv) 표면파는 자유표면을 따라 전달되는 소음파이며, 이 표면파를 Rayleigh 파라고도 한다.

문제

어느 공장에서 송풍기 무게 10kg과 방진가대무게 1000kg일 때 4개 스프링방진장치의 진동감소량(R)을 구하시오. (단, δ=5cm, rpm=1200)

풀이

① 고유진동수(f_0)$=\frac{1}{2\pi}(\frac{g}{\delta})^{0.5}$ (여기서, $g=980\,\text{cm/sec}^2$)

② 스프링 1개당 착용하중(W)$=\frac{100+1000}{4}=275\,\text{kg}$

③ 스프링상수(K)$=\frac{w}{\delta}=\frac{275}{5}=55\,\text{kg/cm}$

④ $f_0=\frac{1}{2\times3.14}(\frac{980}{5})^{0.5}=2.2\,\text{Hz}$

⑤ 공진 강제진동수(f)$=\frac{1200}{60}=20\,\text{Hz}$

⑥ 진동수비($f/50$)$=20/2.2=9.1$

⑦ 진동전달률(T)$=\frac{1}{9.1^2-1}=0.01$

⑧ 진동감소량(R)$=20\log\frac{1}{0.01}=40\,\text{dB(V)}$

〈표 8.5〉 **지진과 진동가속도 상관성**

진도	0	1	2	3	4	5	6	7
진동가속도 (cm/sec^2)	0.8 이하	0.8～2.5	2.5～8	8～25	25～80	80～250	250～408	408 이상
가속도레벨 (dB)	55 이하	55～65	65～75	75～85	85～95	95～105	105～115	115 이상
관점	무감	미진	경진	약진	중진	강진	열진	격진

제9장

공장기계 방진시설설계

9.1 기계류 방진시설설계

1. 진동배출시설방진대책

(1) 압축기일 경우

사업장에서 가동되는 기계류는 일반적으로 회전운동을 하거나 왕복운동을 하고 있다. 따라서 회전수의 차이는 있으나 반드시 진동을 발생하게 되고, 이 진동이 전달됨으로서 진동공해는 물론, 진동에 의한 고유진동수를 갖고 있어 진동발생원이 되기도 한다.

① 방진계획

방진설계시 회전체의 경우는 회전속도에 따라 정해지는 고유가진진동수(f)가 있다. 그리고 그 진동물체를 지지하는 방법에 따라 고유진동수(f_0)가 정해지며, 고유진동수는 변위량(δ)만의 함수이다. 즉, 고유진동수(f_0)는 다음 [식 9-1]과 같이 산출한다.

$$f_0[\mathrm{Hz}] = \frac{1}{2\pi}\sqrt{\frac{\mathrm{k}}{\mathrm{m}}} = \frac{1}{2\pi}\sqrt{\frac{\mathrm{g}}{\delta}} = 4.98\sqrt{\frac{1}{\delta}} \quad \cdots\cdots\cdots (9-1)$$

여기서, k는 스프링정수(kg/cm), m은 질량(kg), g는 중력가속도(9.8m/sec^2)이고 δ는 스프링수축값(cm)이다.

② 진동전달률

진동전달률(T)은 가진진동수(f)와 고유진동수(f_0)의 비의 함수로서 다음 [식 9-2]로 산출한다.

$$T = \left| \frac{1}{1-(f/f_0)^2} \right| \qquad \cdots\cdots\cdots (9-2)$$

[식 9-2]에서 진동수비 (f/f_0)를 4로 하면 진동전달률(T)은 1/15이 된다. 일반적으로 방진을 한다는 것은 고유진동수(f_0)를 조정하여 진동수비를 약 4정도로 되게 설계해야 한다.

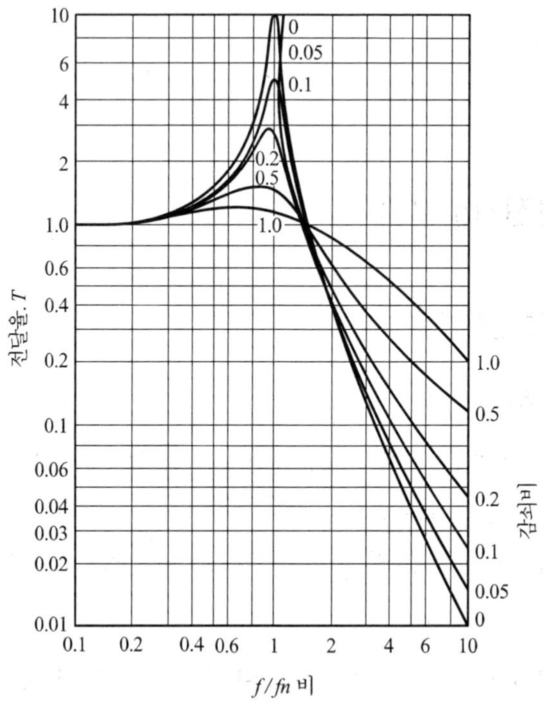

[그림 9.1] 자유도계에서 감소비를 함수로 볼 때 f/f_n 비에 다른 전달률의 변화

문제

가진진동수 80Hz, 무게 100kg의 압축기(compressor)의 방진설계시 K값을 구하시오. (단, 진동수비(f/f_0)는 4로 하고, 스프링(spring)은 4개 사용하는 것으로 한다)

풀이

① 고유진동수 $f_0 = 80/4 = 20\text{Hz}$

② 수축값(δ)는 $20 = 4.98\sqrt{\frac{1}{\delta}}$ 로부터 0.062cm

③ 스프링 1개가 지지해야 할 무게는 100/4=25kg

④ 따라서 스프링정수 K=25kg/0.062cm=403kg/cm

답 스프링정수 403kg/cm의 스프링 4개로 지지하면 진동전달률이 1/5인 방진장치임

(2) 프레스일 경우

방진대상인 30톤 프레스(모델 SC2-300)SMS 더블 크랭크(double crank) 구동방식이다. 사양은 〈표 9.1〉과 같다. 방진대책은 [그림 9.2]와 같이 프레스(press)가 설치될 바닥을 파고, 기초 콘크리트를 타설하여 양생 후 방진 rubber pad인 고무패드([그림 9.2] 참조) 상부에 부가 하중 콘크리트 베이스를 설치하도록 한다. 부가 하중 콘크리트 바닥의 하중은 약 70ton이며, 적층된 방진고무패드에 수분이 침투하지 않도록 콘크리트 타설시 거푸집을 수밀처리 한다. 방진고무패드는 두께 19mm의 USWP패드를 3겹 적층하여 콘크리트 베이스 하부에 배치한다.

〈표 9.1〉 300톤 프레스의 규격

항목		단위	사양
능력		ton	300
rpm 길이		mm	300
분당 행정수	연속	rpm	30
	단속	rpm	15
받침대 면적		mm	3000×1100
두께		mm	180
균형유지능력(공기압)		$5kgf/cm^2$	4ton
총중량	정	ton	60
	동	ton	30

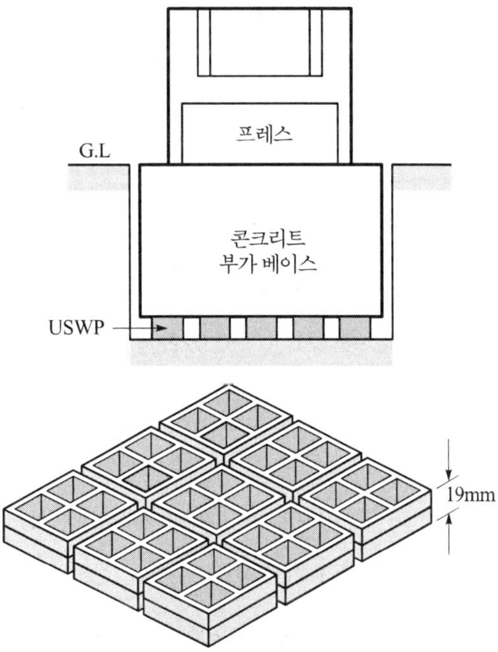

[그림 9.2] 방진기초 단면도 및 방진고무

① 방진에 의한 진동차단률 계산

60ton의 하중을 갖는 프레스와 70ton의 콘크리트 부가하중 베이스 하부에 설치한 USWP (Union Super Waffle Pad) 300×300×19mm 3층(layer) 방진시스템의 고유진동수(f_n)는 다음과 같이 산출한다.

㉠ 방진재질의 정적처짐(δ_{st} = 9mm)에 대한 하중비율로부터 산출

$$\delta_{st} = \frac{60\text{톤}(\text{프레스 자체 무게}) + 70\text{톤}(\text{부가베이스})}{(3{,}6\text{톤}/USWP\ 1\text{개소}) \times 60\text{개소}} \times 9\,\text{mm}$$

$$= \frac{130\text{톤}}{216\text{톤}} \times 9\,\text{mm} = 5.42\,\text{mm}$$

㉡ 고유진동수 f_n은 방진재료의 동배율(a =1.3)의 다음 식에 의해 산출

$$f_n[\text{Hz}] = 4.98\sqrt{\frac{\text{a}}{\delta^{\text{n}}}} = 4.98\sqrt{\frac{1.3}{0.542}} = 7.71\,\text{Hz}$$

그러므로 고유주기 T_n은 $T_n = 1/f_n$의 관계로부터 고유주기는 0.1297sec가 된다.

② 진동전달률

진동전달률(F_T/F_0)은 사인펄스(Sine Pulse)를 적용할 경우 다음과 같이 산출한다.

㉠ 충격시간(t =0.01초)의 경우에 산출

$$\frac{F_T}{F_0} = 1.27\pi\frac{t}{t_n} = 1.27\pi\frac{0.01}{0.1297} = 0.308$$

그러므로 30.8%이 진동이 기초로 전달되고, 69.2%의 진동이 방진시스템에 의하여 차단된다.

㉡ 충격시간(t =0.02초)의 경우에 산출

$$\frac{F_T}{F_0} = 1.27\pi\frac{t}{t_n} = 1.27\pi\frac{0.02}{0.1297} = 0.616$$

그러므로 61.6%의 진동이 기초로 전달되고, 38.4%의 진동이 방진시스템에 의하여 차단된다.

③ 300톤 프레스의 방진 전후 진동도 예측

진동도의 측정점은 [그림 9.3]과 같이 A, B, C, D 4개 지점을 선정하였으며, 프레스 설치전에 A, D점에서, 프레스의 방진 설치후에는 프레스 주변 A, D와 프레스의

콘크리트 바닥(concrete base) B, C 점에서 진동도를 측정하였다. 프레스의 설치 전 기초공사 완료 후 측정한 진동가속도값은 A위치에서 최대 0.12(m/sec^2), B 위치에서는 최대 0.02(m/sec^2)의 진동가속도값을 나타내며, 이 값을 dB값으로 환산하면 각각 81.6dB와 66.0dB가 된다.

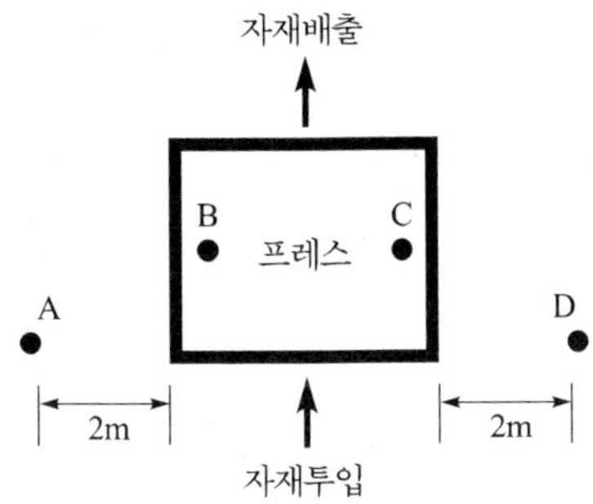

[그림 9.3] **프레스의 진동도 측정지점(평면도)**

프레스를 방진하기 위하여 설치한 후 측정한 진동 가속도값은 300톤 프레스 가동시에는 0.08m/S^2(78.1dB)정도의 진동가속도값 수준이며, 인접한 기존의 프레스 가동시에는 0.15S^2(83.5dB)으로 더 큰 진동 가속도값이 된다.

2. 지진피해

지진의 피해는 지진의 가속도에 따라 구조물의 기계자체무게와 하중량 때문에 생기는 관성력, 지진발생시에 작용하는 토압, 동수압 등이 있다. 수평방향 및 연직방향의 지진의 가속도를 중력가속도에 대한 비로 나타낸 값이 각각 수평진도 및 수직진도이다.

(1) 관성력

관성력은 구소물의 자체무게와 하중량에 설계진도를 곱한 값으로, 설계진도는 설계상 정지진동에 대한 지반 및 구조물의 피해특성 등을 고려한다. 일반적으로는 다음 [식 9-3]에 의해 산출한다. 또, 설계 수평진도의 보정계수는 콘크리트 표준설계서에 의하면 〈표 9.2〉, [그림 9.5]와 같다.

$$k_h = v_1 \cdot v_2 \cdot v_3 \cdot v_4 \cdot v_5 \cdot k_0 \quad \cdots\cdots\cdots (9-3)$$

여기서, k_h는 설계 수평진도이고, k_0는 표준 수평진도(0.2)이며, 그리고 v_1는 지역별 보정계수(0.7에서 1.0), v_2는 지반별 보정계수(0.9에서 1.2), v_3는 구조물의 고유주기에서의 보정계수(0.5에서 2.0), v_4는 설계산정 지진시에서 구조물의 한계상태에 의한 보정계수(0.4에서 1.0)와 v_5는 계산상 고려하지 않는 부재의 내력 효과에 관한 보정계수(0.7에서 1.0)이다.

(2) 지진특성

① 지진시 토질 압력

지진시 토질 압력의 산정에 사용하는 설계 수평진도는 구조물의 피해를 고려할 필요가 없기 때문에 $v_3 = v_4 = v_5 = 1.0$으로 한 값으로 한다.

② 지진시 동수압

물에 접하는 구조물은 지진시 동수압을 고려하고, 지진시 동수압의 산정에 사용하는 설계수평 진도는 구조물의 설계진도와 같은 동수압으로 사용해야 한다.

③ 지진피해사례

[그림 9.4] **콜롬비아 지진사고 현장**

1999년 1월 25일 오후 1시 20분 (한국 시각 26일 오전 3시 20분)에 리히터 지진계로 진도 6도의 강진이 50초 지속되었다. 그리고 여진 15차례가 발생한 콜롬비아 서부의 도시 아르메니아 페레이라 등은 콘크리트 건물이 무너지고, 가스송유관이 파손되어 2천여 명이 사망했다. 그리고 1500명이 부상했고 1만명이 넘는 이재민을 낸 자연재앙이 일어났다. 남미대륙에 있는 나라 중 지진피해는 1875년에 베네수엘라의 쿠쿠타 도시에서 1천여 명이 사망했고, 1885년에 톨리마주의 화산이 폭발해 2

만 5천 명이 숨진 일이 있다.

〈표 9.2〉 설계시 수평진도의 보정계수

보정계수	구분	보정값
지역별 보정계수(v_1)	지진활동도가 높은 지역 지진활동도가 중간 정도의 지역 지진활동도가 낮은 지역	1.0 0.85 0.7
지역별 보정계수(v_2)	1종 암반 2종 홍적지반 3종 연약지반을 제외한 충적지반 4종 연약지반	0.9 1.0 1.1 1.2
구조물의 고유주기에 의한 보정계수(v_3)	[그림 9.4]에 의함	0.5 ~ 2.0
설계상정 지진시에서 구조물의 한계상태에 의한 보정계수(v_4)	건전한 유지 경미한 손상 중간정도의 손상 상당한 손상	1.0 0.7 0.55 0.4
계산상 고려하지 않는 부재의 내진효과에 의한 보정계수(v_5)	주부재 외의 내진효과를 기대할 수 없는 구조 주부재 외의 내진효과를 어느 정도 기대할 수 있는 구조 구조 주부재 외의 내진효과를 기대할 수 있는 구조	1.0 0.85 0.7

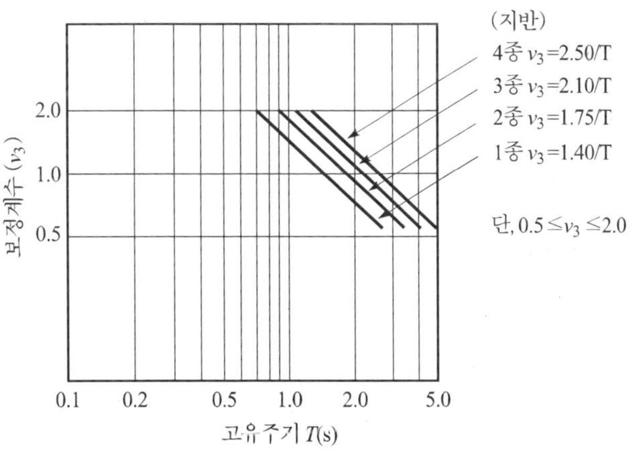

[그림 9.5] 건축구조물의 고유주기에 의한 보정계수

9.2 진동 예측

1. 진동발생예측과 대책

(1) 진동발생원

① 공장시설일 경우

진동발생시설은 액압 프레스, 기계 프레스, 절단기, 직기, 드럼파카, 회전식 압축기, 인쇄기계, 단조기, 시멘트벽돌·관 제조기, 압축기, 사출성형기, 주형조형기, 와이어 포밍머신, 고무·비닐용 롤러기, 마쇄기, 제분기 등이 있다.

② 건설작업일 경우

진동발생시설은 디젤파일해머, 진동파일드릴, 드롭해머, 강구파괴기, 포장 콘크리트 파쇄기, 제동기 이다.

(2) 진동발생 예측방법

진동발생원으로부터 발생하는 진동도가 실측점까지 얼마 정도로 감소되고 측정 될 것인가를 예측하는 방법으로서 진동도의 거리 감소예측도인 그래프(graph)로부터 각 시설과 시설의 설치반별 표준 진동도를 읽어 내고 그 감소값을 시설의 능력, 예측지점의 방향, 방진대책 등의 차이에 따라 다시 세밀하게 보정할 수 있게 한다.

① 진동도 예측순서

㉠ 건설 공장건물내의 진동발생원인 기계류의 시설명, 대수, 시설로부터의 피해 부지경계선까지 거리(m)를 측정한다.

㉡ 진동시설의 예상 진동도는 환경부, 제작사 사양, 문헌 자료 등을 통해 적용한다(〈표 9.3〉 참조).

㉢ 방진거리의 진동도 감소량($\varDelta VL$) 산출한다.

$$\varDelta VL[\text{dB}] = VL_0 - 8.7(\lambda)(r - r_0) - 20n\left\{\log\left(\frac{r}{r_0}\right)\right\} \quad \cdots\cdots\cdots (9\text{-}4)$$

여기서, VL_0은 진동발생원으로부터 r_0 떨어진 곳의 진동도(dB), λ는 지반 전파의 감소정수($\lambda = 2\pi \cdot h \cdot f/v_s$), V_s는 가로(횡)파 속도(m/sec), h는 지반의 내부감소 정수이고 f는 강제진동수(rpm/sec)이다.

〈표 9.3〉 공장시설의 진동보정가속도값

단위 : dB

시설명	진동 발생원으로부터의 거리(m)			
	5	10	20	30
액압프레스	68	64	60	57
기계프레스	68	65	62	61
절단기	64	60	57	55
단조기	81	78	75	73
와이어포밍머신	64	52	-	-
압축기	64	61	58	56
파쇄기	67	62	58	56
마쇄기	64	64	-	-
제분기	67	64	62	-
직기	71	67	63	61
시멘트벽돌제조기(관)	69	62	58	52
드럼파카	71	67	63	60
세이퍼	68	63	58	55
주형조형기	77	72	66	63
사출성형기	61	57	53	51

〈표 9.4〉 건설작업시 진동보정가속도값

단위 : dB

시설명	진동 발생원으로부터의 거리(m)			
	5	10	20	30
디제파일 해머	84	78	72	68
진동파일 드릴	80	73	66	63
드롭 해머	84	76	67	62
강구 파괴기	79	69	60	-
포장 골재 파쇄기	77	72	38	-
제동기	71	61	-	-

〈표 9.5〉 지반 종류별 진동전파속도

V_s : m/sec

지반	P파	S파	R파
점토	1,100~1,300	170~350	150~300
보래땅	1,700~1,800	300~600	260~580

〈표 9.6〉 지반 종류별 내부감소정수(h)

지반종류	h
바위	0.01
모래, 침적토	0.1
점토, 점토질토	0.5

② 강제진동수(f) 산출

㉠ 축(Axis)의 경우는 1초 동안 회전수로 강제진동수를 산출한다.

㉡ 송풍기(Fan)의 경우는 1초 동안 회전수에 날개수를 곱해 산출한다.

㉢ 기어(Gear)의 경우는 1초 동안 회전수에 톱니수를 곱해 산출한다.

㉣ 내연기관의 경우는 1초 동안 폭발회수에 실린더수를 곱해 산출한다.

㉤ 그 밖의 경우(관성력이나 회전력)는 1초 동안 주기적인 변화로 산출한다.

〈표 9.7〉 **진동감각특성별 종합주파수 응답**

단위 : dB

주파수(Hz)	수직진동 특성		수평진동 특성	
	상대응답	허용오차	상대응답	허용오차
1	-6	+2, -5	3	+2, -5
2	-3	+2, 2	3	+2, -2
4	0	+1.5, -1.5	-3	+1.5, -1.5
6.3	0	+1, -1	-7	+1, -1
8	0	0, -2	-9	+1, -1
16	-6	+1, -1	-15	+1, -1
31.5	-12	+1, -1	-21	+1, -1
63	-18	+1, -2	-27	+1, -2
90	-21	+1, -3	-30	+1, -3

(3) 방진시설의 설계

① 진동전달률(T)을 5% 이내로 한 설계목표를 수립한다.

② 진동수비(f/f_n)와 진동전달률의 관계성에 따라 전달률을 1보다 적게 하기 위해 진동수비를 $\sqrt{2}$ 보다 크게 한다.

〈표 9.8〉 **평탄 특성에서 종합주파수 응답**

단위 : dB

주파수(Hz)	상대응답	허용오차
1	0	+2, -5
2	0	+2, 2
4	0	+1.5, -1.5
6.3	0	+1, -1
8	0	+1, -1
16	0	+1, -1
31.5	0	+1, -1
63	0	+1, -2
90	0	+1, -3

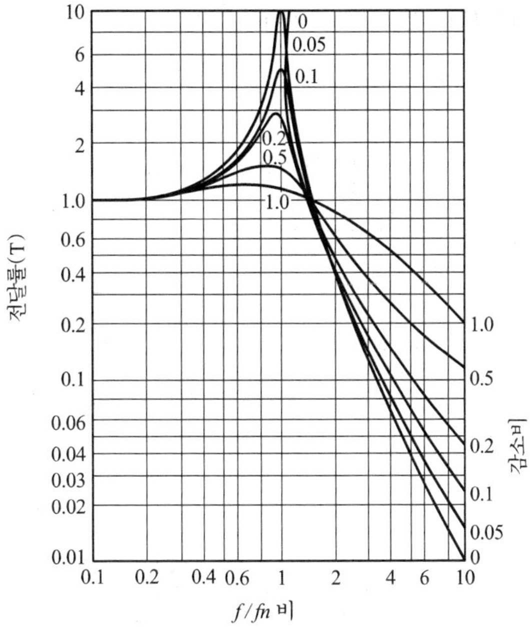

[그림 9.6] **진동수비별 전달률과 감소비**

③ 방진고무를 선정한다.

㉮ 공동 가대의 4개 지점을 지지한다면 계(system)의 전체 중량이 1116 Newton이기 때문에 1개 지점당 하중은 279Newton이 된다.

④ 선정 방진고무사용시 압축에 의한 정적 수축량(δ_s)을 산출한다.

⑤ 선정 방진고무를 결정한다.

(4) 진동방지기술 검토

① 진동방지계획 조사

조사별[그림 9.6] 각 지점에서의 예측판단을 한다.

㉠ 높은 진동발생원은 진동원이 적은 기계를 사용하게 한다.

㉡ 진동발생원에 의해 발생한 진동이 발생 가진력에 의해 기계의 기초가 진동시는 발생 가진력에 의해 기계의 기초가 진동하지 않게 한다.

㉢ 기초의 진동으로 직결된 지반이나 구조물의 부분이 진동할 때는 기초의 진동이 지반에 전파하지 않게 한다.

㉣ 진동의 전파 시 지반에 전달되는 진동이 전파되지 않도록 방지해야 한다.

㉤ 어떤 장소가 진동시는 문제점이 발생하지 않게 한다.

㉥ 인간이 진동을 느끼지 않게 한다.

② 기계기초바닥의 진동방지를 조사

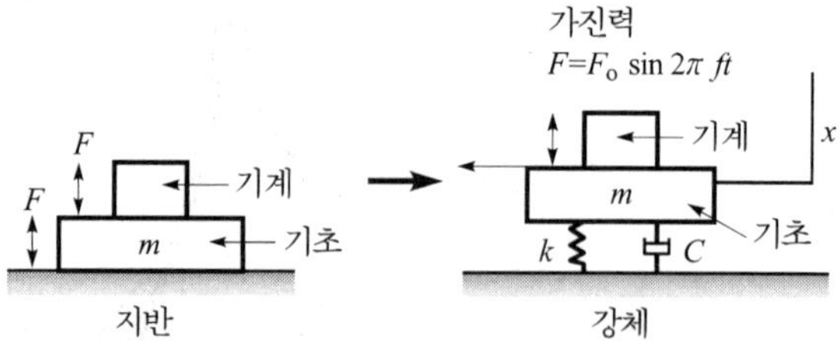

발생가진력에 따라 기계의 기초가 크게 진동하지 않게 한다. 기계와 기계기초중량(m) 및 지반의 스프링 정수(k)로 된 진동계에서 가진력의 진동수 f와 공진하지 않는 기초중량을 정한다.

③ 기계를 차진하는 경우

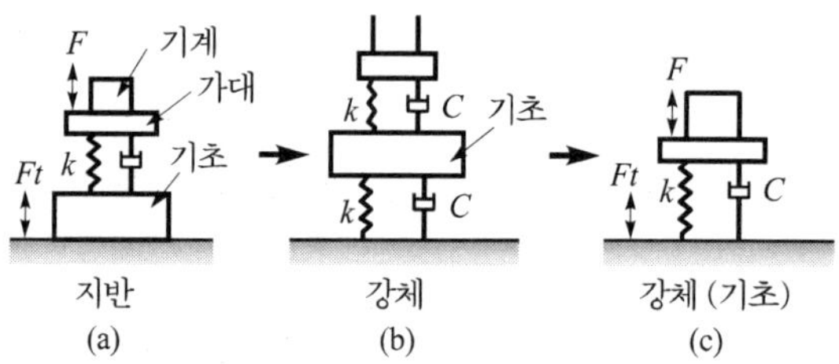

기초의 진동이 지반을 따라 전파하지 않게 한다. 상기 그림 (a)에 나타난 것처럼 기계를 유연한 스프링 정수의 k(차진장치)와 강한 가대의 기초위에 놓을 때 가진력의 진동수(f)와 이 진동계의 고유진동수의 비($\frac{f}{f_n}$)가 $\sqrt{2}$ 보다 큰 범위에서는 기초의 진동이 작게 되며, 따라서 지반의 진동도 적어진다. 차진재로는 방진고무 · 코일스프링 · 공기스프링 · 고무패드 등이 사용된다.

④ 진동의 거리감소값 산출

거리감소도 지반에 전파되는 진동방지의 한 방법이며, 진동발생원으로부터 멀어질

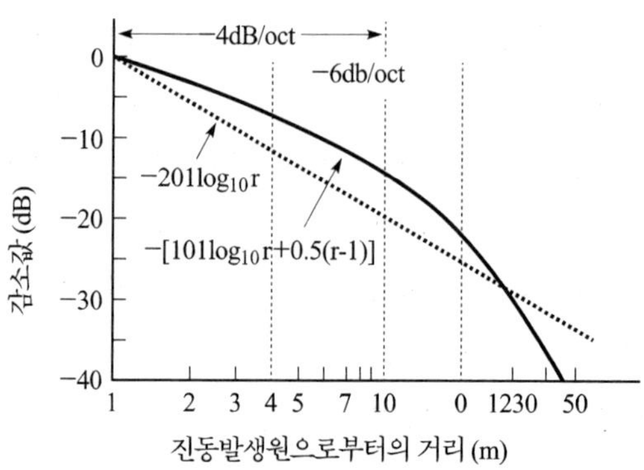

수록 진동도는 감소한다. 따라서 진동발생원을 멀리 설치하면 진동을 저감시킬 수 있다.

진동발생원으로부터 1m 지점의 진동가속도값을 기준으로 할 때 그 진동의 감소량은 그림과 같은며 1m에서 10m 범위에서는 거리가 2배로 될 때마다 4dB씩, 4m에서 20m 범위에서는 6dB씩 감소한다.

⑤ 방진구(Hole)의 도장효과

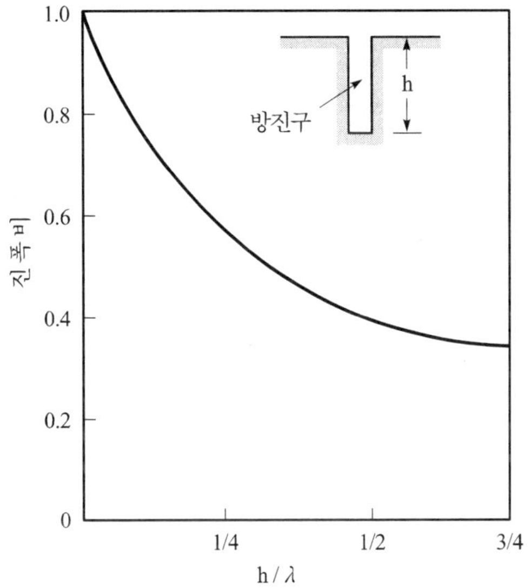

진동발생원과 피해지점 사이에 도량을 파서 진동의 전파를 방지하는 정체(serging) 방법이다. 그림에서 처럼 진폭을 50%로 줄이기 위해서는 방진구의 도량 깊이를 파장의 1/4 이상으로 하지 않으면 안 된다. 도랑의 깊이를 h, 표면파의 파장을 λ라 할 때 $h/\lambda = 0.3$이면 6dB, $h/\lambda = 0.6$이면 12dB 정도 감소한다. 예를 들면 표면파의 전파속도를 15m/s (보통 100m/s에서 200m/s)라 하면 10Hz 진동파의 피장은 15m, 따라서 깊이 $h = 15 \times 0.3 = 4.5$m의 도랑에서 6dB, 9m의 도랑에서 12dB 감소한다. 깊이에 따른 감소값은 크지 않다. 그래서 실제로 방진 효과는 우수하지 않으므로 방진구시설에 의한 지속적인 방진기술개발이 필요하다.

제3부

소음 · 진동 관리정책

제10장 소음 · 진동 행정관리

제10장

소음 · 진동 행정관리

10.1 소음 · 진동관리

1. 환경정책기본법 태동

(1) 국제 분위기

인간은 삶을 영위하면서 반드시 자연계에 오염물질을 배출하면서 환경오염이 인류의 생존과 함께 시작되었다고 할 수 있다. 특히 1900년에는 농경중심 사회여서 인간의 생활이 소박 · 단순하고 인구수도 16억명으로 많지 않았기 때문에 인간이 배출하는 오염물질들이 자연의 자기정화용량(self purification)에 미치지 못하였다. 하지만 현재 인구수는 73억명과 공업사회가 되면서 발생된 환경공해는 해결해야 할 문제로서 인식되었다. 특히 1835년부터 산업혁명과 그 후 계속된 과학기술의 발달에 따른 공업화의 진전, 도시화, 기하급수적인 인구증가 등은 자연의 환경용량(environmental capacity)을 초과하는 오염물질이 배출되었다.

시간이 지날수록 환경오염과 자연파괴를 가속화시킴으로써 2082년 되면 인구수는 100억명되어 생존자체를 위협하는 식량문제에 이르게 되었다.

지금까지 축적된 환경부하 증대에 의한 지구온난화 · 산성비 · 오존층파괴, 소음공해의 지구 환경오염과 자연파괴로 인하여 야기된 생존의 위기는 지금까지의 개발지상주의적 사고방식과 더 정온함만을 추구하려는 인간의 욕구에 일대 경종이 되었다. 그

결과 인류 전체적 지구촌 차원에서의 친환경대응정책을 마련하는 계기를 촉발시켰다. 그것이 바로 1972년 6월 5일부터 16일까지 스웨덴의 수도 스톡홀름에서 개최된 유엔 인간환경회의(The U.N Conference on Human Environment)였다.

113개국가에서 대표를 파견한 유엔 인간환경 회의였으며 약 10일동안 토의결과 인간환경의 보호와 개선의 중요성뿐만 아니라 모든 국가는 환경보전을 위한 노력을 경주하여 '하나뿐인 지구를 살려야 한다'는 메시지가 담긴 '유엔인간환경선언(Declaration on the Environment)'과 행동계획(Action Plan)이라고 할 수 있는 109개의 권고사항을 채택했다. 그래서 우리는 개발과 환경을 조화시킬 수 있는 환경학적으로 건전하고 지속가능한 개발(ESSD)을 해야하고, 사업자는 환경에 악영향을 최소화하는 환경경영 실천이행(Agenda)을 꼭 해야하겠다.

[그림 10.1] **작은 화물트럭의 인구수**

① 한국의 소음 · 진동의 공해문제

지구차원에서 환경문제는 산업혁명 이후 공업과정에서 발생되었다. 한국도 환경문제가 제3공화국 정부부터 역사상 처음으로 경제개발 5개년 계획을 수립하여 공업화를 추진하기 시작한 1960년대에 들어와서 시작되었다. 1963년에 우리나라 최초의 환경법이라 할 수 있는 공해방지법이 제정되었다. 하지만 우리보다 훨씬 먼저 공업화를 이룩한 영국 · 미국 · 일본 등 선진국들은 심각한 환경오염의 피해를 예방하기 위한 조치를 크게 환경정책에 반영하고 있었다. 한국의 공해방지법은 전문 21개 조에 불과한 소규모 입법이었고 규제내용도 크게 미흡했다. 그리고 동법의 시행규칙이 6년 뒤인 1969년 7월에 제정되었지만 실효성도 크게 확보하지 못하였다.

그 후 제2차 경제개발 5개년 계획이 한창 추진되던 60년대 후반에 이르러 한국에서도 급속한 산업화, 도시화에 따른 공해현상이 국부적이긴 하나 공업단지 등을 중심으로 가시화 되기 시작하였다. 이와 같은 여건을 배경으로 1971년 1월 정부는 그때까지 사문화되었던 공해방지법을 대폭 수정하고 강화하여 배출허용기준, 배출시설설치허가제도, 이전명령 등을 도입시켰다. 또한 1970년대에 들어와서도 한국은 고도성장을 지속하고 중화학공업 등 공해 문제가 대두되면서도 경제성장 때문에 뒷전으로 밀려서 환경에 소극적인 자세였다.

② 환경법

환경보전법이 1977년 제정되어 이 법을 모태로 하여 현재는 52여 개에 달하는 환경관계법이 만들어져 시행되고 있다. 그동안 국내적으로나 국제적으로 많은 환경사건과 문제점들이 있었고 이럴 때마다 환경보전법이 개정 · 보강되거나 새로운 법

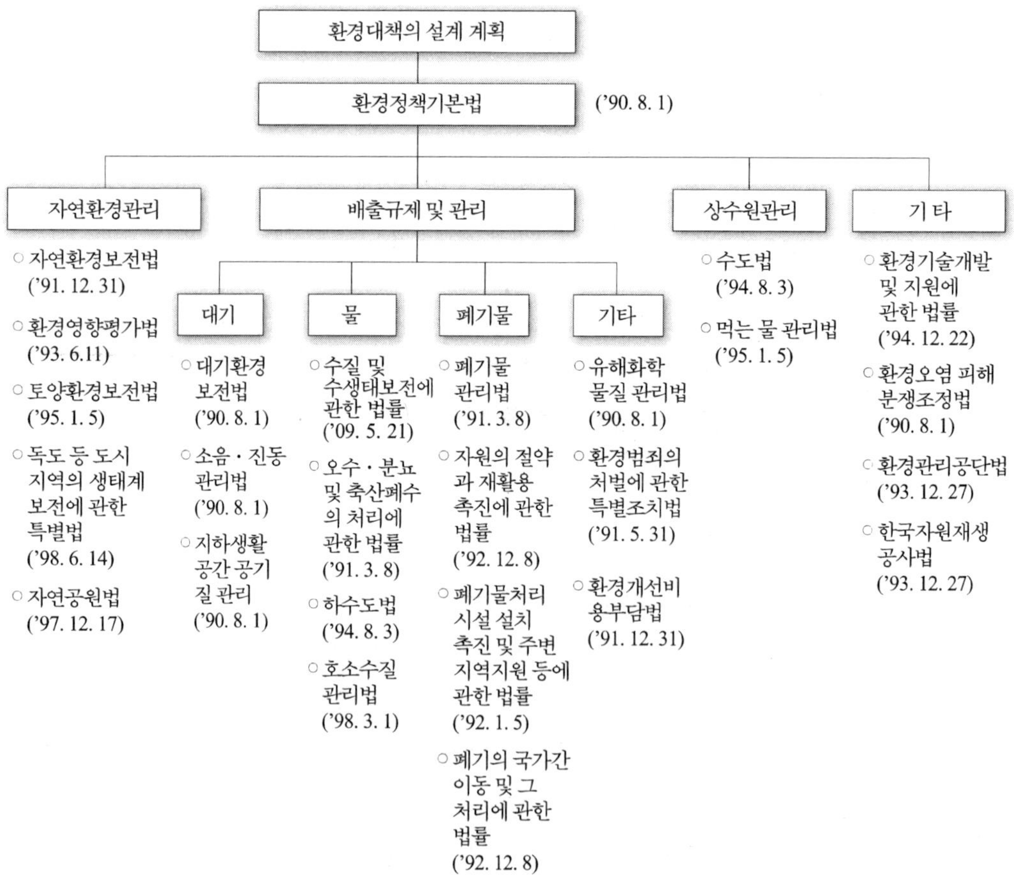

[그림 10.2] **환경의 소음 · 진동관리법 외의체계**

이 제정되었던 것이다. 선진 외국의 환경법이 1960년대 말부터 쏟아져 나오기 시작하

였다. 한국의 환경법도 시기적으로나 그 내용으로 보아 선진국의 환경법 체제에 뒤지지 않고 발전하여 왔다.

선진국도 환경법이 발전하여 나가는 흐름을 보면 일반적으로 단일법에서 복수법 단계로 이행되고 있다. 공업화 초기단계에서는 환경오염이 그다지 큰 문제가 되지 않아서 하나의 환경법으로도 오염문제를 충분히 관리할 수 있었다. 하지만 공업화가 진전되어 경제가 고도화됨에 따라 환경문제가 복잡, 다양하게 되면서 단일법으로 대처하는 것은 한계가 있기에 오염분야별 대책법규의 제정이 불가피하게 되었다. 이러한 환경법의 제정 근거는 헌법에서 나오게 된다. 헌법 제35조(환경권)에 규정된 내용을 보면 다음과 같다.

헌법 제35조

제1항 모든 국민은 건강하고 쾌적한 환경에서 생활할 권리를 가지며, 국가와 국민은 환경보전을 위하여 노력하여야 한다.
제2항 환경권의 내용과 행사에 관하여는 법률로 정한다.
제3항 국가는 주택개발정책 등을 통하여 모든 국민이 쾌적한 주거생활을 할 수 있도록 노력하여야 한다.

환경권은 국민의 권리로서 그 구체적인 내용을 모두 헌법에 규정하는 것은 무리이므로 법률에 유보하게 되었다. 그리고 헌법의 유보조항에 의거한 환경권의 내용과 행사에 관하여 규정한 법규범의 총체가 환경법이다. 환경권은 법적 성격으로 보면 효과적인 지구환경보전의 포괄적인 조치를 하도록 의무화한 입법방침 규정설과 생존권이나 법적으로 생명 · 신체 · 건강 등의 자유권 침해시 위헌 확인을 법원에 청구할 수 있는 법적 권리설로 분류된다.

(2) 환경정책기본법

환경보전법 체계로는 날로 심각해 가는 공해문제를 능동적이고 신축성있게 대응하기가 곤란하게 되었다. 그래서 1990년 초반에 환경을 대기, 물, 소음 · 진동, 토양 등의 여러 공해현상을 동일한 법으로 규제함으로써 법 운용시 경직성을 초래하고 환경공해 대상별 구체적이며 신뢰성 있는 대책을 수립하는 데는 다소 미흡하다는 지적도 있었다.

환경정책기본법은 헌법 제35조의 환경권인 국민의 건강과 쾌적한 생활환경유지를 위한 환경정책의 기본방향과 이념을 제시하고 환경에 대한 기본정책을 정립한 환경법이며, 모든 환경법의 기본이 되는 법이다.

환경정책기본법은 법적 성격으로 볼 때 관리법이나 집행법이 아닌 정책법이어서 환

[그림 10.3] **서울전경**

경관계개별대책법은 그 제정목적에 따라 특정한 분야를 규율하고 있다. 하지만 소음 · 진동관리법은 공장 · 건설공사장 등에서 발생한 소음 · 진동의 피해를 방지하고, 소음 · 진동을 적정하게 관리해 국민의 정온한 생활환경을 유지하는 데 있다.

소음 · 진동관리법은 최근 2013년 8월 13일에 개정되었는데 주요내용은 종전에는 소음 · 진동관리지역이나 지역의 생활소음 · 진동을 관리할 수가 없었지만 앞으로는 산업단지 등 일부지역을 제외하고는 모든 지역에 대해서 관리할 수 있게 되었다. 그리고 사업자의 부담완화를 위하여 자가측정 의무제도를 폐지했다. 또한 기업활동 관리완화에 관한 특별조치법(제53조)상의 소음 · 진동 배출시설의 설치신고 제도를 소음 · 진동관리법에 흡수해 규정하고 있다.

① 소음환경기준(환경정책기본법 제10조)

정부는 국민의 건강을 보호하고, 쾌적한 환경을 조성하기 위하여 소음환경기준을 설정하였다. 그리고 환경여건의 변화에 따라 그 적정성이 유지되도록 했다.

소음환경기준은 대통령령으로 규정하며, 서울특별시장, 광역시장 또는 도지사는 지역환경의 특수성을 고려하여 필요하다고 인정하는 때에는 환경부장관의 승인을 얻어 지방자치 단체의 조례로 별도의 환경기준을 설정할 수 있다.

〈표 10.1〉에서 도로의 정의는 1종의 자동차(2륜자동차를 제외한다)가 안전하고 원활하게 주행하기 위하여 필요한 일정한 폭의 차선을 가진 2차선 이상의 도로이다.

〈표 10.1〉 **소음환경기준**

단위 : Leq dB(A)

지역구분	적용대상지역	낮(06:00~22:00)	밤(22:00~06:00)
일반지역	녹지지역, 보전관리지역, 농림지역, 자연보전지역, 전용주거지역, 종합병원, 초·중등학교 공공도서관의 부지 경계선으로부터 5cm 이내의 지역	50 이하	40 이하
	생산관리지역, 일반 준주거지역	55	45
	상업지역, 계획관리지역, 준공업지역	65	55
	전농공업지역, 일반공업지역	70	65
도로변지역	녹지지역, 보전관리지역, 농림지역, 자연보전지역, 전농주거지역, 종합병원, 초·중등학교, 공공도서관, 부지경계선으로부터 50m 이내 지역, 생산관리지역, 일반주거지역, 계획관리지역	65	55
	상업지역, 계획관리지역, 준공업지역	70	60
	전용공업지역, 일반공업지역	75	70

주 : 본 소음환경기준은 항공기, 철도, 건설의 소음에는 적용되지 않음

그리고 이 소음환경 기준은 철도소음·항공기소음 및 건설작업 소음에는 적용하지 않는다.

일반적인 소음 크기별 인체에 미치는 악영향(피해)는 〈표 10.2〉와 같다.

〈표 10.2〉 **소음도별 인체 악영향**

소음의 정도 dB(A)	소음발생원의 예	소음의 영향	비고
20	• 나뭇잎 부딪히는 소리		
30	• 농촌, 심야의 교외		
40	• 주택의 거실		
50	• 사무실	• 영향 시작	• 환경기준 설정선
60	• 보통의 대화소리, 백화점내 소음	• 수면장애시작 • 말초혈관수축 • 정신력집중저하	
70	• 진화벨 소리, 시끄러운 사무실, 거리		• 공사장 규제기준
80	• 철도변 및 지하철내 소음	• 난청증상시작 • 소변량 증가	
90	• 소음이 심한 공장안	• 단시간노출시 일시적 난청	• 작업장내 소음기준
100	• 착암기, 경적소리		

2. 소음 · 진동관리법 태동

(1) 입법 취지

소음 · 진동은 대기오염이나 물오염 물질처럼 오염물질의 축적성이 없는 것이 특징이다. 하지만 피해 영향면에서 느끼는 정도는 보다 직접적이고, 그로 인한 정신적 피해는 심각한 편이다. 우리가 일상생활에서 흔히 접할 수 있는 소음발생원으로는 공장 등 소음 및 진동배출 시설이 설치된 사업장, 자동차, 항공기, 기차 등의 교통기관, 선거홍보 · 이동행상 등의 생활소음발생원, 건설현장의 건설소음 등이 있으며 소음 · 진동관리법의 관리도 이들 소음발생원을 대상으로 한다.

[그림 10.4] **대중집회**

소음 · 진동배출 시설이 설치된 사업장에 대한 관리는 대기 환경, 그리고 수질 및 수생태계 보전법상의 배출규제와 비슷하다, 하지만 소음 · 진동관리법 제3차 개정(2013. 8. 13)으로 공단 등 공장이 밀집된 지역 안에 위치한 사업장에 대하여는 배출시설 설치허가가 면제되었다. 또한 공장, 건설공사장, 교통기관 등으로부터 발생하는 소음이나 진동으로 인한 피해를 방지하고 소음과 진동을 적정하게 관리함으로써 모든 국민이 정온한 환경에서 생활할 수 있도록 하였다.

① 주요내용

㉠ 소음 · 진동배출시설을 설치하고자 하는 사업자는 사전에 시 · 도지사의 허가를 받도록 하고 배출허용 기준을 준수하도록 한다. 다만, 공업단지 등 공장이 밀집한 지역에 위치한 사업장에 설치하는 시설은 허가대상에서 제외하되, 배출허용 기준 등 운영상의 관리는 준수하도록 하였다.

㉡ 정온을 필요하는 주요시설, 주거형태, 교통량, 도로여건 등을 감안해서 시 · 도

지사로 하여금 관할구역 내에 교통소음·진동, 건설소음·진동, 생활소음 등 관리지역을 지정, 특정공사소음, 교통소음과 생활소음을 규제할 수 있도록 하였다.

㉢ 제작차 소음배출허용기준을 설정하고 자동차의 제작시에는 환경부장관으로부터 배출기준에 적합하다는 인증을 받아 제작하도록 하였다.

㉣ 운행차에 대한 수시점검결과 운행차소음 허용기준을 초과시에는 개선명령과 함께 10일 이내의 사용정지를 명할 수 있도록 하였다.

㉤ 기업활동관리 완화에 관한 특별조치법상의 특례규정의 수용 및 건설소음·진동과 생활소음·진동의 관리 일원화 등 현행법상의 미비점을 개선·보완하도록 한다.

ⓐ 행정쇄신과제 관련사항이다.

ⓑ 건설소음·진동의 원인이 되는 특정공사도 생활주변의 불특정다수지역에서 이루어지고 있으므로 「생활소음·진동」과 「건설소음·진동」을 구분하여 관리할 필요가 없기 때문에 생활소음·진동으로 일원화하여 관리하게 되었다.

> **특정공사 장비 등** : 특정공사 대상 기계와 장비는 항타기, 항발기, 항타·항발기, 천공기, 공기 압축기, 브레이커, 굴삭기, 발전기, 로더, 업쇄기, 다짐기계, 콘크리트 절단기와 콘크리트 펌프이며, 이 장비의 5일 이상 사용자는 관할 시장, 군수, 구청장에게 신고해야 한다.

㉥ 운행차의 소음피해를 방지하기 위하여 자동차의 소유자는 자동차관리법 등에 의한 정기검사시 소음허용기준에의 적합여부 및 소음관계부품의 탈법여부 등에 대하여 이 법에서 정하는 방법에 따라 검사 받도록 했다(제37조의 2).

② 외국의 소음·진동관리법의 체계

소음·진동관리법은 환경기준의 유지와 달성을 위해서 배출시설의 관리, 교통문제 등의 관련된 여러 시책을 함께 규정하고 있다. 그리고 생활환경은 공장소음, 생활소음, 교통소음 등으로 인하여 그 정온상태를 상실하고 있다. 그래서 소음을 전체적으로 관리하기 위해서 환경부와 지방자치단체가 소음과 진동의 상태를 상시 측정해서 각종 발생원에 대한 배출허용기준을 규정하고 그 기준 이하로 유지하도록 관리하고 있다. 환경부의 배출시설 관리는 공장소음과 진동으로 구분한 배출허용기준을 통해 환경기준유지와 행정목표 달성을 위한 관리수단이다.

㉠ 독일은 교통과 산업공장의 소음배출보호에 관한 법(1994년), 항공교통 소음저감법(1974년)과 도로교통법(1984년)이 있다.

㉡ 네덜란드는 소음피해법(1979년) 외에 항공법, 작업환경법이 있다.

㉢ 스위스는 소음보호에 관한 연방법(1986년)이 있다.

㉣ 일본은 소음관리법(1968년), 항공기 소음예방에 관한 법률(1973년), 민간법 철도소음대책계획(1976년)이 있다.

[그림 10.5] **외국 정온시설**

(2) 규제완화 특조법

특히 정부의 기업활동 규제완화에 관한 특별조치법(이하 '규제완화 특조법'이라 한다) 제53조의 규정을 소음·진동관리법 제 9조(배출시설허가)와 제 13조에 흡수·정비해 규제완화 특조법을 수용함으로써 학교 등 정온대상 지역은 설치허가를 받아야 하며 허가대상 이외의 지역에서는 전부 설치신고를 하기로 하였다.

그리고 변경 허가·신고는 전부 변경신고로 일원화했으며, 배출시설 및 방지시설 가동개시 신고는 실시하되 사업자가 배출시설 사항을 확인해 해당 시·도지사에게 제출하면 시·도지사는 필요한 경우에만 확인을 실시한다. 또한 위법한 신고대상 배출시설에 대한 벌칙이 신설되었으며, 자가 측정제도는 폐지되었고, 산업단지 등 일부 지역을 제외한 모든 지역에서 생활소음과 생활진동이 규제 대상이 되었다.

10.2 소음 · 진동관리법

1. 소음 · 진동관리법의 주요내용

(1) 상시측정(제3조)

① 환경부 장관은 전국적으로 소음과 진동의 실태파악을 위해 소음 · 진동 측정망의 설치와 상시측정을 해야 한다(의무규정).

② 시 · 도지사는 관할구역의 소음과 진동의 실태파악 위해 측정망의 설치 및 측정하도록 한다(임의규정).

③ 환경부 장관, 시 · 도지사는 소음 · 진동 측정망 설치시 사전에 관계기관의 장과 협의해야 한다.

(2) 측정망 설치계획의 결정 및 고시(제4조)

① 측정망 위치, 범위 및 구역 등은 환경부 장관이 명시한 설치계획을 결정해 고시한다.

② 시 · 도시자가 측정망을 설치하는 경우에는 제1항을 준용하고 국가는 시 · 도지사가 측정망 설치 계획이 목표기간 안에 달성할 수 있게 제정 지원한다.

(3) 토지 등의 수용 및 사용(제4조의 2)

① 환경부 장관 또는 시 · 도지사는 교통기관 등으로부터 발생하는 소음을 적정하게 관리하기 위해 필요한 경우에는 환경부령으로 정하는 바에 따라 일정지역의 소음 분포를 표시한 소음지도를 작성할 수 있다.

② 환경부 장관은 소음지도 작성한 시 · 도지사에게 소음지도 작성과 운영에 필요한 기술적이고 재정적인 지원 등을 할 수 있다.

(4) 다른 법률과의 관계(제5조)

① 환경부 장관, 시 · 도지사는 측정망 설치계획을 결정 및 고시한 때에는 하천공사 시행의 허가, 하천점용 허가와 도로점용 허가, 공유수면의 점용과 사용허가를 받은 것으로 한다.

② 환경부 장관, 시 · 도지사는 축정망 설치계획의 허가사항이 포함된 경우에는 결정과 고시전에 해당 관계기관의 장과 협의하여야 한다.

(6) 공장소음 · 진동배출 허용기준(제8조)

① 공장소음 · 진동의 배출시설을 설치한 공장에서 나오는 등가소음 · 진동의 배출허용 기준은 환경부령으로 정한다.

② 환경부 장관은 환경부령을 정하려면 관계 중앙행정기관의 장과 협의하여야 한다.

③ 배출시설 설치신고 대상시설은 부지경계선으로부터 50m이내에 있는 종합병원, 학교, 공동주택, 주거지역, 주거형지구, 100명 이상의 노인전문병원, 어린이집 등이다.

〈표 10.3〉 **공장소음관리 배출허용기준**

단위 : Leq dB(A)

대상지역 \ 시간별	조석 (05:00~08:00, 18:00~22:00)	주간 (08:00~18:00)	심야 (22:00~05:00)
1. 도시지역 중 전용주거지역, 녹지지역, 관리 지역 중 취락지구, 주거개발진흥지구와 관광, 휴양개발진흥지구, 자연환경보전지역 중 수산자원 보호구역 외의 지역	50 이하	45 이하	40 이하
2. 도시지역 중 일반주거지역과 준주거지역	55 이하	50 이하	45 이하
3. 농림지역, 자연환경보전 지역 중 수산자원 보호구역, 관리지역 중 수산자원 보호구역 외의 지역	60 이하	55 이하	50 이하
4. 도시지역 중 상업지역, 준공업지역, 관리 지역 중 산업개발진흥지구	65 이하	60 이하	55 이하
5. 도시지역 중 일반공업지역과 전용공업지역	70 이하	65 이하	60 이하

비고 : 1. 대상지역의 구분은 국토의 계획 및 이용에 관한 법률에 따른다.
2. 충격음 성분있으면 허용기준치에 -5dB 보정한다.
3. 관련시간대 낮 8시간, 저녁 4시간, 밤 2시간에 대한 측정소음 발생시간의 백분율이 12.5%미만이면 +15dB, 12.5~25%이면 +10dB, 25~50이면 +5dB를 허용기준값에 보정한다.

〈표 10.4〉 **생활소음 관리기준**

단위 : Leq dB(A)

대상지역	대상소음 \ 시간별		조석 (05:00~08:00, 18:00~22:00)	주간 (08:00~18:00)	심야 (22:00~05:00)
1. 주거지역, 녹지지역 관리 지역 중 취락지구, 주거개발진흥지구 및 관광 · 휴양개발진흥지구, 자연환경보전지역 학교 · 병원 · 공공도서관	확성기에 의한 소음	옥외설치	60 이하	65 이하	60 이하
		옥내에서 옥외로 방사되는 경우	50 이하	55 이하	45 이하
	공장		50 이하	55 이하	45 이하
	동일건물사업장		45 이하	50 이하	40 이하
	기타사업장		50 이하	55 이하	45 이하
	공사장의 소음		60 이하	65 이하	55 이하

2. 그 밖의 지역	확성기에 의한 소음	옥외설치	65 이하	70 이하	60 이하
		옥내에서 옥외로 방사되는 경우	60 이하	65 이하	55 이하
	공장		60 이하	65 이하	55 이하
	동일건물사업장		50 이하	55 이하	45 이하
	기타사업장		60 이하	65 이하	55 이하
	공사장의 소음		65 이하	70 이하	50 이하

비고 : 1. 대상지역의 구분은 국토의 계획 및 이용에 관한 법률에 따른다.
2. 공사장 소음의 규제기준은 주간의 경우 소음발생시간(작업시간)이 1일 3시간 미만일 때는 +10dB, 6시간 이상 4시간 이하일 때는 +5dB을 보정한다.
3. 발파소음은 주간에만 규제기준치는 광산사업장 규제기준에 +10dB 보정한다.

〈표 10.5〉 생활진동기준

단위 : dB(V)

대상지역 \ 시간별	주간 06:00~22:00	심야 22:00~익일 06:00
1. • 주거 · 녹지 · 관리지역 중 취락지구 및 관광 · 휴양개발진흥지구 • 자연환경보전지역 • 학교 · 병원 · 공공도서관	65이하	60이하
2. 그 밖의 지역	70이하	65이하

비고 : 1. 대상지역 구분은 국토의 계획 및 이용에 관한 법률에 따른다.
2. 공사장 진동규제 기준은 주간의 특정공사 사전신고대상 기계와 장비사용 작업시간이 1일 2시간 이하면 +10dB, 2시간~4시간이면 +5dB을 규제기준값에 보정한다.
3. 발파진동의 경우에 주간에만 규제기준치에 +10dB을 보정한다.

2. 배출시설과 방지시설

(1) 배출시설의 설치신고 및 허가 등(제8조)

① 배출시설의 신고는 특별자치시장, 특별자치도지사, 시장, 군수, 구청장에게 받아야 한다. 다만, 학교 · 공공도서관과 종합병원의 정온지역은 허가를 받아야 한다.

② 배출시설의 허가제도

배출시설 설치허가제도는 배출시설을 설치하고자 하는 자가 시설을 설치하기 전에 제출한 허가신청 서류의 내용심사를 통하여 일정요건 충족을 전제로 배출시설의 설치를 허가하는 사전허가이다. 배출시설을 설치하고자 하는 자의 능력지식 등 주관적 요소를 대상으로 하는 대인적 허가가 아니고 배출시설의 내용, 상태 등 객관적 요소를 대상으로 법상 선정된 소정의 물적 요건만 충족하고 있으면 허가가 가능한 대물적 허가이다.

또한 허가 유효기간이 한정되어 있지 않을 뿐만 아니라 허가갱신 제도도 없기 때문에 최초 허가를 얻어 설치한 배출시설이 존재하는 한 허가의 효력은 지속되는 무기한 허가로 볼 수 있다. 그러나 최초로 허가받은 사항 중 중요사항을 변경할 때는 특별자치시장, 특별자치도지사, 시장, 군수, 구청장에게 신고하여야 한다.

배출시설 설치허가 제도는 국민건강과 생활환경에 피해를 주거나 줄 우려가 있는 소음과 진동을 배출하는 시설의 무분별한 설치·운영으로 국가의 환경자원이 파괴되는 것을 예방하기 위하여, 국가가 배출시설의 자유로운 설치를 법으로 제한하고, 배출시설을 설치하고자 하는 자가 법이 정하는 요건을 갖추어 소음과 진동의 피해를 최소화한 경우(오염물질 배출허용기준 이하로 배출하는 등)에 한하여 국가가 일반적 제한을 해제하여 배출시설의 설치·운영을 개별적으로 허용하는 제도를 말한다.

㉠ 배출시설 허가제한지역

ⓐ 허가를 받고자 하는 배출시설로부터 배출되는 소음과 진동으로 인하여 환경기준의 유지가 곤란하거나 주민의 건강, 재산이나 동·식물의 생육에 중대한 피해를 가져올 우려가 있는 지역이다.

ⓑ 허가요건을 갖추어 신청한다고 할지라도 국토 계획 및 이용에 관한 법률 등의 관계법령 등에 의해 배출시설 설치가 불가능한 지역이다.

ⓒ 배출시설의 설치허가를 위해서 건축물의 신축·증축·용도변경을 하여야 하는 경우는 건축법 등의 관계규정에 의해 소음·진동 공해공장의 신축·증축·용도변경이 불가능한 경우이다.

㉡ 소음·진동 배출시설 유의사항

배출시설은 기계·기구의 마력 기준으로 1개나 1대를 대수기준으로 산정하여야 하며, 마력은 kw에 3분의 4배를 곱해 산출하되 소수점 이하는 버린다.

③ 배출시설 허가절차

㉠ 허가대상시설(시행령 제2조의 제1항)

ⓐ 학교, 종합병원, 공동주택, 주거지역, 노인전문병원, 어린이집, 공공도서관과 공동주택 부지경계선으로부터 50m 이내의 지역에 공장의 소음·진동배출시설 설치

[그림 10.6] **소음 · 진동배출시설**

ⓑ 주거지역 및 취락지역에 공장의 소음 · 진동배출시설 설치

i) 배출시설 설치허가를 받고자 하는 자는 배출시설설치 허가신청서에 관한 서류를 첨부하여 특별자치시장, 특별자치도지사, 시장, 군수, 구청장에게 제출하여야 한다.

ii) 허가신청시 제출구비서류는 다음과 같다.

- 배출시설의 설치명세서 및 배치도
- 소음 · 진동의 방지시설 면제자 필요서류
- 방지시설의 설치명세서와 그 도면

iii) 시 · 도지사(시장 · 군수 · 구청장)는 배출시설설치허가 신청서를 접수한 때에는 배출시설설치허가와 관련된 타법 저촉여부를 건축과 등 다른 법령의 운영부서에 검토 · 의뢰하고, 검토결과 하자가 없으면 신청인에게 허가증 교부, 검토결과 보완이 필요한 사항은 빠른 시일 내 신청인에게 보완요구, 검토결과, 다른 법에 저촉되어 입지가 불가능한 경우 그 사유를 명시해서 회신하여야 한다.

㉡ 배출시설 설치는 특별자치시장, 특별자치도지사, 시장, 군수, 구청장이 허가하여야 한다(무허가시 1년 이하의 징역과 500만원 이하 벌금에 처함).

④ 배출시설설치신고 절차

㉠ 신고대상(소음 · 진동관리법 제8조)

ⓐ 동법규정에 따라 대통령령이 정하는 허가지역 이외의 나머지 지역이다.

ⓑ 소음 · 진동관리법 제9조 제3항에 따른 산업단지, 그 밖의 대통령령이 정하는 지역은 허가 및 신고대상이 아니다.

㉡ 배출시설 설치신고를 하고자 하는 자는 배출시설설치 신고서를 특별자치시장, 특별자치도지사, 시장, 군수, 구청장에게 제출하여야 할 구비서류는 다음과 같다.

ⓐ 소음 · 진동배출량을 예측한 내역서이다.

㉢ 특별자치시장, 특별자치도지사, 시장, 군수, 구청장은 배출시설의 변경신고서를 접수한 때에는 소음 · 진동배출량을 예측한 내역서에 배출시설별 원단위 배출량, 방지시설별 저감량, 공장부지 경계선 중에서 피해가 우려되는 장소의 예측 소음도와 진동도 등의 산출근거가 명확하게 제시되었는지의 여부를 확인하고, 변경신고 사항은 허가증이나 신고증 뒷면의 변경사항란에 기재해서 교부한다.

㉣ 신고 및 허가사항의 변경신고서는 모두 신고사항으로 일원화하였다.

(2) 방지시설의 설치(제9조)

① 배출시설의 설치나 변경허가를 받은 자는 소음 · 진동 방지시설을 설치하여야 한다.

② 방지시설의 설치가 면제된 경우는 다음과 같다.

㉠ 공장의 부지경계선으로부터 직선거리 20m이내에 주택, 상가, 학교, 병원, 종교시설, 공장, 사업장, 관광지, 관광단지 등 배출허용기준 이하로 배출된다고 특별자치시장, 특별자치도지사, 시장, 군수, 구청장이 고시하는 지역과 시설이다.

㉡ 허가기준을 초과하여 배출하더라도 생활환경에 피해를 줄 우려가 없다고 환경부령으로 정하는 경우이다.

[그림 10.7] **종교시설**

(3) 권리 · 의무의 승계(제10조)

① 사업자가 배출시설 및 방지시설을 양도 · 사망 · 합병이 있는 경우 양수인, 상속인,

합병에 의해 설립되는 법인은 권리와 의무를 승계한다.

② 임대차일 경우

사업자로 보고 허가기준의 준수의무, 개선명령, 허가취소를 제외한 조업정지명령을 내린다.

(4) 방지시설의 설계 · 시공(제11조)

① 방지시설의 설치나 변경은 사업자 스스로가 설계 · 시공하거나 환경전문공사업체로 하여금 설계 · 시공하도록 한다.

② 환경전문공사업자가 방지시설을 시공할 때는 건설공사에 해당시 건설업 면허를 갖고 규정에 의해 시공하여야 한다.

(5) 공동방지시설의 설치 등(제12조)

① 지식산업센터의 사업자나 밀집된 지역의 사업자는 공장에서 배출되는 소음과 진동을 공동으로 방지하기 위해 공동방지시설을 설치할 수가 있다. 이때 사업자는 공장별로 당해 방지시설을 설치한 것으로 본다.

② 공동방지시설의 배출허용기준은 개별 공장의 배출허용기준과 다른 기준을 규정할 수도 있다. 다만, 배출허용기준 및 설치, 운영은 환경부령으로 규정한다.

③ 방지시설의 운영중단이나 폐쇄하고자 할 때는 시 · 도지사에게 즉시 신고하여야 한다.

(6) 배출허용기준 준수의무(제14조)

① 사업자는 배출시설이나 방지시설의 설치나 변경을 끝내고 배출시설을 가동한 때에는 환경부령으로 정하는 30일 이내에 공장에서 배출되는 소음 · 진동이 배출허용기준 이하로 처리할 수 있도록 하여야 한다.

② 특별자치시장, 특별자치도지사, 시장, 군수, 구청장은 연간 조업일수가 90일 이내의 사업장은 가동개시일부터 30일 이내에 조업이 끝나 소음도와 진동도 검사가 불가능하다고 인정되는 사업장일 경우에는 기간단축할 수 있다.

③ 소음 · 진동검사기관은 국립환경과학원, 특별시, 광역시, 도, 특별자치도의 보건환경연구원, 유역환경청과 지방환경청, 환경관리공단이다.

④ 검사기관은 특별자치시장, 특별자치도지사, 시장, 군수, 구청장으로부터 검사의뢰 받은 날부터 20일 이내에 소음도와 진동도의 검사완료후 그 결과를 통보해 주어야 한다.

(7) 개선명령(제15조)

① 배출허용 초과시에 특별자치도지사, 시장, 군수, 구청장은 조업중인 공장에서 배출되는 소음과 진동을 사업자가 배출허용기준 이하로 낮추는 조치를 강구하는 개선명령을 할 수 있다.

㉠ 환경부령이 정하는 바에 따라 1년의 시간을 정해 특별자치도지사, 시장, 군수, 구청장이 개선명령을 내린다.

㉡ 1년 범위 내에서 그 기간을 정하도록 한다(다만, 천재지변 등 부득이한 경우는 6월의 범위내에서 기간의 연장이 가능하다).

[그림 10.8] **자연경관 살린 목재방음벽(올림픽 고속도로)**

㉢ 특별자치도지사, 시장, 군수, 구청장이 개선명령을 하려면 소음과 진동의 배출로 인해 예상되는 위해와 피해의 정도에 따라 조업시간의 제한이나 변경, 조업의 일부나 전부를 정지시키고, 가장 큰 위해와 피해를 주는 배출시설부터 조치한다.

(8) 조업정지명령 등(제16조)

① 개선명을 받고 이행하지 않거나 이행했어도 검사결과가 배출허용기준 초과할 경우

㉠ 배출시설의 전부나 일부에 조업정지 명령을 내린다.

㉡ 위반시 1년 이하의 징역이나 500만원 이하의 벌금에 처한다.

② 건강상 위해와 생활환경에 피해가 급박하다고 인정할 경우

즉시 당해 배출시설에 대해 조업시간의 제한이나 변경, 조업의 일부나 전부를 조업정지 등의 필요조치를 특별자치도지사, 시장, 군수, 구청장이 명령할 수가 있다.

(9) 허가의 취소(제17조)

① 폐쇄명령이나 허가취소일 경우

㉠ 속임수 · 그 밖의 부정한 방법으로 허가를 받았거나 신고 · 변경신고를 한 때이다.

㉡ 소음 · 진동관리법에 의한 배출시설 변경 신고를 하지 않거나 방지시설 설치를 하지 않고서 배출시설을 가동하는 경우이다.

㉢ 공장에서 배출되는 소음과 진동이 배출허용기준 이하로 처리하지 아니한 경우나 조업정지 명령위반, 환경기술인을 임명하지 아니한 경우이다.

② 조업정지명령을 위반한 경우

1년 이하의 징역이나 500만원 이하의 벌금에 처한다.

(10) 위법시설에 대한 폐쇄조치 등(제18조)

① 허가나 신고를 받지 않은 배출시설을 설치하거나 운영하는 자에게 배출시설 사용중지를 명한다.

② 사용중지나 개선명령을 이행했을지라도 그 공장에서 나오는 소음 · 진동의 정도가 배출허용기준 이하로 내려갈 가능성이 없거나 설치금지 지역에 있는 배출시설은 폐쇄명령한다.

〈표 10.6〉 소음 · 진동분야 환경기술인 자격기준

대상사업자구분	환경기술인 자격기준
1. 총동력합계 5,000마력 미만인 사업장	• 사업자가 당해사업장의 배출시설 및 방지시설 업무에 종사하는 피고용인 중에서 임명하는 자
2. 총동력합계 5,000마력 이상인 사업장	• 소음 · 진동산업기사 이상의 기술자격 소지자 1인이상

비고 : 1. 총동력합계는 소음배출시설 중 기계 · 기구의 마력의 총합계를 말하며, 대수기준시설 및 기계 · 기구와 기타 시설 및 기계 · 기구는 제외한다.
2. 환경기술인 자격기준 중 소음 · 진동산업기사는 기계분야기사 · 전기분야기사 · 대기환경산업기사 · 수질환경산업기사 이상의 자격소지자로서 환경분야에서 2년 이상 종사한 자로 대체할 수 있다.
3. 방지시설면제 사업상는 대상사업장의 소재지역 및 동력규모에 불구하고 위 표 중 1.의 대상사업장의 환경기술인 자격기준에 해당하는 환경기술인을 둘 수 있다.

(11) 환경기술인(제19조)

① 사업자는 환경기술인을 임명하며, 해당사업장에 상시 근무해야 한다.

② 환경기술인은 배출시설과 방지시설이 배출허용기준에 적합하게 정상적으로 운영하고, 개선 시키고, 관리되게, 지도하고 감독한다.

(12) 생활소음과 진동규제(제21조)

① 특별자치시장, 특별자치도지사, 시장, 군수, 구청장은 주민의 정온한 생활환경 유지를 위해서 사업장과 공사자 등에서 발생하는 생활소음과 생활진동을 규제해야 한다.

② 생활소음과 진동의 규제지역은 산업단지(단, 산업단지의 주거・상업지역 제외)이다.

③ 전공공업지역, 자유지무역지역과 공장, 사업장, 공사장의 부지경계선으로부터 직선거리 300m 이내의 주택, 운동시설과 휴양시설 등이 없는 지역이다.

(13) 층간소음기준(제21조의 2) : 50dB(A) 이하

① 환경부 장관과 국토교통부장관은 공동으로 주택에서 발생되는 층간소음으로 인한 입주자와 사용자의 피해를 최소화하고 발생된 피해에 관한 분쟁해결위해 층간소음 기준을 정한다.

[그림 10.9] **공동주택 층간소음**

[그림 10.10] **정온한 주거지역**

② 환경부장관은 환경관리공단, 층간소음 피해예방과 분쟁해결 전문기관에게 층간소음의 측정, 피해사례의 조사, 상담과 피해조정지원을 실시해야 한다.

(14) 특정공사 사전신고 등(제22조)

① 생활소음·진동이 발생하는 공사로서 특정공사 시행자는 관할특별자치시장, 특별자치도지사, 시장, 군수, 구청장에게 신고와 변경신고를 해야 한다.

② 기계와 장비를 5일 이상 사용하는 다음의 특정공사는 사전신고해야 한다.

㉠ 연면적 1,000m^2 이상의 건축물공사와 연면적 3,000m^2 이상의 건물해체공사.

㉡ 구조물 용적합계 1,000m^2 이상이나 면적합계 1,000m^2 이상의 토목건설공사.

㉢ 면적합계가 1,000m^2 이상의 토공사와 정지공사.

㉣ 총연장 길이가 200m 이상이거나 굴착 토사량 합계 200m^2 이상의 굴정공사.

㉤ 정온지역에서 시행되는 공사.

③ 특정공사 시행자는 공사시행시 발주자로부터 최초 도급받아 해당공사 시행전에 특정공사 사전신고제를 해당 특별자치시장, 특별자치도지사, 시장, 군수, 구청장에게 제출해야 한다.

④ 특정공사시행자는 반드시 기준에 접합한 방음시설 설치 후 공사를 시작하고 공사시 발생된 소음과 진동의 저감대책을 수립해야 한다.

(15) 특정공사 변경신고시 환경부령으로 정하는 중요사항(규칙 제21조 제4항)

① 특정공사 사전신고대상은 기계, 장비의 30% 이상이 증가할 경우이다.

② 특정공사 기간을 연장할 경우이다.

③ 방음·방진시설의 설계명세를 변경할 경우이다.

④ 소음·진동 저감대책을 변경할 경우이다.

⑤ 공사규모의 10%이상을 확대할 경우이다.

※ 특정신고 자진신고 대상 기계류와 장비는 항타기, 항발기, 항타항발기(압입식 제외), 천공기, 2.83m^3/분 이상의 공기압축기, 브레이커, 굴삭기, 발전기, 로더, 압쇄기, 다짐기계, 콘크리트용 절단기와 펌프이다.

(16) 방음시설의 설치가 곤란한 상태(규칙 제21조 제5항)

① 공사지역이 협소해 방음벽시설을 사전 설치하기 곤란한 경우이다.

② 도로공사 등 공사구역이 광범위한 선형공사일 경우이다.

③ 공사지역이 일반으로 되어있어 방음벽 시설 시 사전 설치에 따른 소음피해가 우려되는 경우이다.

④ 건축물 해체 등으로 방음벽 시설을 사전 설치하기가 곤란한 경우이다.

⑤ 천재지변 등 사고로 긴급히 처리할 필요가 있는 복구공사의 경우이다.

※ 방음벽 차음성능은 최소 70dB 이상이고, 높이가 3m 이상의 흡음형방음벽 시설일 것

(17) 소음 · 진동의 저감대책(법 제22조 제4항)

① 소음이 적게 발생하는 공법과 건설기계를 사용할 경우이다.

② 이동식 방음벽 시설이나 부분 방음시설을 사용할 경우이다.

③ 소음발생 행위의 분산과 건설기계 사용의 최소화를 통해서 소음을 저감해야 한다.

④ 추일 작업중지와 작업시간을 조정할 경우이다.

※ 공사시행자는 공사장 발생소음을 적정하게 관리하기 위해서 소음측정 기기설치와 저소음 건설기계를 투입한다.

3. 생활과 교통소음·진동관리

(1) 생활소음 · 진동 규제기준 초과시 조치명령(제23조)

① 특별자치시장, 특별자치도지사, 시장, 군수, 구청장은 생활소음 · 진동이 규제기준을 초과하면 소음 · 진동을 발생시킨 자에게 작업시간 조정, 소음 · 진동 발생시간 분산과 중지, 방음 · 방진시설의 설치, 환경부령으로 정한 소음적게 발생시키는 환경표지인증 받은 건설기계나 소음도 표지부착한 건설기계를 사용하도록 필요한 조치명령 할 수 있다.

② 사업자가 조치명령 이행할 경우는 지체없이 이행결과를 보고서식에 따라 해당 행정관서장에게 보고하고 이행상태를 반드시 확인받아야 한다.

③ 조치명령에 따라 조치이행 했어도 규제기준 초과하면 해당 규제대상의 사용금지, 해당공사의 중지나 폐쇄 명령을 할 수 있다.

(2) 이동소음규제(제24조)

① 특별자치시장, 특별자치도지사, 시장, 군수, 구청장은 이동소음발생원을 일으키는 기계 · 기구로 인한 소음을 규제할 필요가 있는 지역을 이동소음규제 지역으로 정

하여 이동소음발생원 사용을 금지시키거나 사용시간을 제한할 수 있다.

② 이동소음발생원 종류는 확성기, 행락객이 사용하는 음향기계와 기구, 이륜자동차, 그 밖의 기계와 기구이다.

③ 이동소음발생원 규제지역이 지정되면 표지판 설치, 지정사실 고시 등의 필요한 조치를 할 수가 있으며, 이동소음발생원의 사용금지지역, 대상, 시간 등을 정해서 규제할 수가 있다.

[그림 10.11] **대도시 소음규정**

(3) 폭약 사용으로 인한 소음 · 진동 방지(제25조)

① 특별자치시장, 특별자치도지사, 시장, 군수, 구청장은 폭약 사용에 따른 소음 · 진동 피해를 방지할 필요가 있다고 인정하면 지방경찰청에 총포, 도검, 화약류 등 단속법에 의거해 필요한 조치(폭약사용량, 사용시간, 사용횟수제한이나 발파공법 등)를 요청할 수 있다.

② 지방경찰청장은 특별한 사유가 없으면 그 요청에 따라야 한다.

(4) 자동차 운행규제(제28조와 제35조)

① 자동차운행자는 특별자치시장, 특별자치도지사, 시장, 군수, 구청장이 지정한 교통소음 · 진동관리지역을 통해 자동차 운전자에게 운행속도의 제한, 우회운전 등의 필요한 조치해 줄 것을 지방경찰청장에게 요청할 수 있다.

② 소음 · 진동 규제지역 범위는 주거지역, 상업지역, 녹지지역, 준공업지역, 취락지구와 관광 · 휴양개발진흥지구, 학교주변지역과 고요하고 편안한 생활환경 조성지역이다.

〈표 10.7〉 제작운행 자동차 소음허용기준(괄호안 숫자가 운행자동차 해당)

구분			가속주행소음[dB(A)]		배기소음 [dB(A)]	경적소음 [dB(C)]
			디젤자동차	기타자동차		
경 자동차	사람운송자동차		75	74	100(100)	110(110)
	그 밖의 자동차		77	76	-	-
승용 자동차	소형		75	74	100(100)	110(110)
	중형		77	76	-(100)	-(110)
	중대형		78	77	100(100)	112(112)
	대형	원동기출력 195마력 이하	78	78	103(105)	-(112)
		원동기출력 195마력 초과	80	80	103(105)	-(112)
화물 자동차	소형		77	76	100(100)	110(110)
	중형		78	77	-(100)	-(110)
	대형	원동기출력 97.5마력 이하	78	77	103(105)	-(112)
		원동기출력 97.5마력 초과	78	77	105(105)	-(112)
이륜 자동차	총배기량 80cc 이하		75	74	102(105)	-(110)
	총배기량 80~175cc		77	77	-(105)	-(110)
	총배기량 175cc 초과		80	80	105(105)	110(110)

(5) 인증대행시험기관 지정(제31조의 2)

① 환경부장관은 제작자동차 소음허용기준적합 인증시험을 위해 전문기관을 지정해 업무를 대행할 수 있다.

② 인증시험 대행기관의 업무대행 종사자가 할 수 없는 행위는 다음과 같다.

㉠ 다른 사람에게 자신의 명의로 인증시험을 하게 하는 행위이다.

㉡ 속임수나 그 밖의 부정한 방법으로 인증시험을 한 행위이다.

㉢ 그 밖에 인증시험과 관련해서 가속주행소음시험, 배기소음, 경적소음, 제작차 소음허용기준적합 인증시험 등이다.

(6) 인증생략 자동차 종류(규칙 제5조 제2항)

① 국가대표 선수용이나 훈련용으로 사용하기 위해 반입하는 자동차로서 문화체육부장관의 확인을 받은 자동차이다.

② 외국에서 국내의 공공기관이나 비영리단체에 무상으로 기증해 반입하는 자동차이다.

③ 외교관, 주한외국군인, 그 가족이 사용하기 위해 반입하는 자동차이다.

④ 인증받지 아니한 자가 인증받은 차량과 동일한 차종의 원동기와 차대를 구입해 제

작한 자동차이다.

⑤ 항공기 지상조업용으로 반입한 자동차이다.

⑥ 국제협약 등으로 인증 생략한 자동차이다.

⑦ 제철소, 조선소 등의 한정장소 운행자동차, 제설용 · 방송용의 특수자동차, 관세법에 따라 공매되는 자동차이다.

(7) 운행차소음 허용기준(제28조, 제35조)

① 자동차의 종류별 소음배출 특성(배기소음, 가속주행소음, 경적소음)을 참작해 교통소음 · 진동관리기준으로 규정하며, 관계 중앙행정기관의 장 의견 등을 환경부령으로 정한다.

② 운행차 소음허용기준값 초과시 50만원 이하의 과태료가 부과된다.

③ 운행차는 도로나 주차장 등에서 특별자치시장, 특별자치도지사, 시장, 군수, 구청장이 수시로 배출가스를 점검할 수 있다(점검불응, 방해한 자는 6월 이하의 징역이나 200만원 이하의 벌금에 처한다).

④ 자동차 소유자는 운행차의 정기검사를 받아야 한다.

⑤ 소음 · 진동관리지역에서 소음진동 · 진동규제기준 초과시 도로변에 방음 · 방진시설을 설치해야 한다.

(8) 운행차 개선명령(제38조)

① 운행차가 소음허용기준을 초과한 경우

㉠ 특별자치시장, 특별자치도지사, 시장, 군수, 구청장이 소유자에게 개선에 필요한 10일 동안 사용정지 명령을 내릴 수 있고 개선기간은 7일이다.

㉡ 개선명령, 사용정지 명령 위반시는 6월 이하의 징역이나 200만원 이하의 벌금에 처한다.

㉢ 보고 미이행시 50만원 이하의 과태료를 부과한다.

[그림 10.12] 제작자 소음기준

(9) 항공기소음 · 진동의 관리(제39조)

① 환경부장관은 항공기소음 한도인 공항인근 지역일 경우 항공기 소음영향도(WECPNL)를 90으로 하고, 그 밖의 지역은 항공기 소음 피해지역이나 소음피해 예상지역일 경우에 75 WECPNL로 한다.

② 항공기 소음영향도 값을 초과하면 공항주변 생활환경이 크게 영향받아 항공기 소음방지나 방음시설 설치를 요청할 수 있다.

③ 관계기관의 장에게 방음시설을 설치하는 등 필요한 조치를 환경부 장관이 내릴 수 있다(다만, 정기국제공항 노선이 개설된 공항에 한하여 조치 요청할 수 있다).

(10) 방음시설의 성능 및 설치기준(제40조)

① 소음방지용 방음벽, 방음림, 방음둑 등의 방음시설을 설치한 자는 충분한 차음효과를 얻을 수 있도록 설계와 시공하여야 한다.

② 방지시설의 성능 및 설치기준은 환경부 장관이 고시한다.

(11) 운행자동차 확인검사 대행자 등록(제41조)

① 운행차 개선결과의 확인업무 수행자는 기술능력, 장비 등을 갖추어서 해당 특별자치시장, 특별자치도지사, 시장, 군수, 구청장에게 등록해야 한다.

② 확인검사 대행자로 부적합자는 피성년 후견인, 피한정 후견인, 파산선고 받고 복권안된자, 확인검사 대행자 등록취소된 후 2년이 지나지 않은 자, 다른 법 위반해 집행종료된 후 2년이 지나지 않은 자 등이다.

③ 운행차 정기검사 대행자의 기준일 경우

㉠ 시설과 장비는 보통소음계나 이와 동등한 성능가진 소음계, 그 부속기기 1조 이상이다.

㉡ 기술요원 능력은 자동차정비 산업기사, 건설기계 정비산업기사, 대기산업기사 중 1명 이상과 자동차 정비기능사, 건설기계 정비기능사 중 1명 이상이다.

④ 확인검사 대행자의 기준일 경우

㉠ 시설과 장비는 보통소음계나 이와 동등한 성능가진 소음계, 그 부속기기 1조 이상이다.

㉡ 기술능력은 자동차정비 산업기사, 건설계 정비산업기사, 대기산업기사, 소음 · 진동산업기사 중 1명 이상과 자동차 정비기능사, 건설기계 정비기능사, 소음 · 진동기능사 중 1명 이상이다.

㉢ 산업기사는 기능사 자격취득후 해당기술분야에서 5년 이상 근무한 경력있는 자로 대체할 수가 있다.

⑤ 확인검사 대행자는 반드시 기술요원이 거짓없이 검사를 실시해야 하며, 형식승인과 정도검사를 받은 시험장비를 사용해야 한다.

4. 소음도 검사, 교육, 벌칙 등의 행정

(1) 소음도 검사(제44조)

① 소음발생 건설기계 제작자는 소음발생 건설기계를 제작하거나 수입하려는 자로서 판매나 사용하기 전에 환경부 장관이 실시하는 소음도 검사를 받아야 한다. 소음발생 건설기계의 불합격시 제작, 수입, 판매 사용의 금지명령을 내릴 수 있다.

② 소음도 검사기관의 준수사항

㉠ 소음도검사는 직접검사를 원칙으로 하며, 기술직 1명이상을 참여시켜서 검사실시한다.

㉡ 현장검사 요구시는 검사장과 검사시설, 장비 등이 적합한 지를 확인 후 현장검사를 실시할 수 있으며, 소음도검사 방법에 따라 검사실시한다.

㉢ 소음도검사 대상의 기계, 장비는 정도검사, 형식승인 받아야 하며, 소음도검사 기록부등의 관련 서류는 5년간 보존해야 한다.

〈표 10.8〉 가전제품(세탁기와 진공청소기) 저소음기준(단위 : dB(A))

구분		A등급	AA등급	AAA등급
세탁기	세탁	55~58	52~55	52 이하
	탈수	60~63	57~60	57 이하
진공청소기		73~76	70~73	70 이하

비고 : 세탁기는 세탁용량 5kg 이상의 가정용이고, 진공청소기는 0.5kW 이싱임.

③ 소음도검사 방법

㉠ 측정장소는 소음도검사 기관장이 지정한 배경소음이 20dB(A) 이하의 무향실, 반무향실과 잔향실로 하고 측정대상기계에 따라 측정장소외 지표면 종류에 따라 정확한 소음측정 보장된 환경이어야 한다.

㉡ 소음측정시 풍속과 기후변화 영향 받지 않아야 하며, 측정대상 기계가 가동상태에서 실시해야 한다.

※ 휴대용 음향기기의 최대음량 기준은 소음성 난청 등을 방지하기 위해서 100dB로 한다.

(2) 소음도검사기관 지정과 취소 등(제45조)

① 환경부 장관은 소음도검사에 필요한 시설과 기술능력을 갖춘 기관을 소음도검사기관으로 지정해 소음도검사대행 검사기관으로 할 수 있다.

② 환경부 장관은 소음도검사 결과가 저소음기준 이하의 가전제품을 제작하거나 수입하려는 자에게 저소음확인서를 발급할 수 있다.
③ 소음도검사기관 지정위한 신청서류는 법인등기부등본, 기술인력 보유현황과 그 증명서류, 검사장, 시설장비 보유현황과 증명서류이다.

(3) 소음도 표지부착(규제 제59조)

① 환경부 장관은 소비자에게 저소음 가전제품의 선택이나 구매할 수 있는 정보제공을 위해 필요시 저소음발생의 기계·기구 등을 제조하거나 수입한 자에게도 당해 기계 등에 소음정도를 표시하는 표지를 부착 및 판매할 것을 실시할 수가 있다.

(4) 환경기술인 교육(제46조)

① 방지시설 소음도검사 대행업무 기술요원이나 환경기술인을 고용하는 자는 지방환경관서의 장이나 환경보전협회가 실시하는 3년마다 1회 이상 법정교육을 받아야 한다.
② 법정교육 미참시는 50만원 이하의 과태료를 부과한다.

(5) 보고·검사(제47조)

① 시·도지사와 지방환경관서의 장은 관계 공무원으로 하여금 당해 배출시설에 대해 사업자나 제작자 등에게 검사하도록 하고, 사업자나 제작자는 이에 대해 보고와 자료제출을 하도록 할 수가 있다.
② 보고자료 미제출시나 허위제출시는 500만원 이하의 과태료를 부과한다.
③ 관계공무원의 출입·검사를 거부·방해·기피한 자는 6월 이하의 징역이나 200만원 이하의 벌금에 처한다.
④ 환경부 장관의 조치요청시 관계기관은 도시개발사업변경, 주택단지조성 변경, 도로·철도·공항의 주변 공동주택 건축허가제한 등을 협조해야 한다.

(6) 그 밖의 사항(제51~54조)

① 청문은 당해 행정처분의 상대방이나 그 대리인의 의견진술 기회를 부여하는 제도이다.
② 주요 소음·진동관리시책의 추진상황을 시·도지사가 환경부 장관에게 매년 보고서를 제출한다.
③ 수수료는 허가·신고등록은 1만원, 허가·등록사항 변경은 5000원이다.

〈표 10.9〉 인증수수료(규칙 제75조)

구분	자동차 제작자	이륜 제작자	개별자동차 수입자	인증생략
금액	30만원(변경 3만원)	10만원(변경 1만원)	1만원	5천원

④ 환경부 장관의 권한이 지방환경관서의 장(유역환경청장이나 지방환경청장)에 2가지, 국립환경과학원장에게 3가지가 위임되었다.

㉠ 국립환경과학원장에게 권한위임 업무일 경우

ⓐ 제작차의 인증, 변경인증과 인증취소이다.

ⓑ 자동차 제작자의 보고명령 등과 검사이다.

ⓒ 청문, 과태료의 부과와 징수이다.

㉡ 유역환경청장이나 지방환경청장에게 권한위임 업무일 경우

ⓐ 보고명령, 자료제출명령과 검사이다.

ⓑ 배출시설의 설치신고와 설치허가대상 제외지역 승인이다.

㉢ 환경관리공단 위탁업무일 경우

ⓐ 소음 · 진동 측정망 설치와 상시측정이다.

ⓑ 군용, 소방용, 연구 전시목적용, 외국 반입한 자동차인증 생략이다.

(7) 벌칙(제56조~제58조)

3년 이하 징역 또는 1500만원 이하 벌금	1년 이하 징역 또는 1000만원 이하 벌금	6개월 이하 징역 또는 500만원 이하 벌금
1. 폐쇄명령 위반자 2. 제작차 소음허용기준 불합격의 자동차 제작한 자 3. 인증받지 않고 자동차 제작한 자 4. 소음도검사 받지 않거나 거짓으로 소음도검사 받은 자	1. 허가없이 배출시설 설치하거나 배출시설 이용해 조업한 자 2. 거짓 등의 부정방법으로 허가받은 자 3. 조업정지명령 등을 위반한 자 4. 사용금지, 공사중지와 폐쇄명령을 위빈한 자 5. 변경인증 없이 자동차 제작자 6. 인증시험 타인금지 행위한 자 7. 제작, 수입, 판매, 사용의금지 명령 위반한 자 8. 소음도표지 미부착이나 거짓으로 소음도표지 붙인 자	1. 미신고나 거짓 등의 부정한 방법으로 신고하고 배출시설 설치나 그 배출시설 이용해 조업한 자 2. 작업시간 조정 등의 명령 위반한 자 3. 운행차 소음점검에 응하지 않거나 지장주는 행위자 4. 개선명령과 사용정지 명령을 위반한 자

부 록

부록 1. 대기의 흡수에 의한 소음감소값(단위 dB/100m)

주파수(Hz)	기온(℃)	상대습도								
		20	30	40	50	60	70	80	90	100
500	-10	0.75	0.56	0.41	0.32	0.26	0.22	0.20	0.18	0.17
	-5	0.62	0.40	0.29	0.23	0.20	0.18	0.17	0.16	0.16
	0	0.44	0.28	0.22	0.19	0.18	0.17	0.16	0.16	0.15
	5	0.34	0.24	0.21	0.19	0.18	0.17	0.16	0.15	0.15
	10	0.27	0.22	0.20	0.18	0.17	0.16	0.15	0.15	0.14
	15	0.25	0.21	0.19	0.18	0.17	0.16	0.15	0.14	0.14
	20	0.25	0.21	0.19	0.18	0.16	0.16	0.15	0.14	0.14
	25	0.24	0.20	0.18	0.17	0.16	0.15	0.14	0.14	0.13
	30	0.23		0.18	0.18	0.16	0.13	0.14	0.13	0.13
1000	-10	1.38	1.58	1.35	1.07	0.88	0.75	0.65	0.57	0.51
	-5	1.70	0.34	0.97	0.77	0.63	0.53	0.47	0.42	0.39
	0	1.48	0.96	0.69	0.55	0.47	0.42	0.39	0.38	0.36
	5	1.14	0.73	0.55	0.47	0.43	0.40	0.39	0.37	0.36
	10	0.88	0.59	0.48	0.45	0.42	0.40	0.38	0.36	0.35
	15	0.70	0.52	0.47	0.44	0.41	0.38	0.37	0.35	0.34
	20	0.61	0.51	0.46	0.42	0.40	0.38	0.36	0.34	0.33
	25	0.58	0.50	0.45	0.41	0.39	0.37	0.35	0.34	0.32
	30	0.57	0.49	0.44	0.41	0.38	0.36	0.35	0.33	0.32

2000	-10	1.73	2.61	3.05	3.07	2.88	2.55	2.22	1.95	1.75
	-5	2.92	3.44	3.20	2.65	2.16	1.85	1.60	1.40	1.26
	0	3.81	3.23	2.38	1.89	1.55	1.32	1.15	1.03	0.94
	5	3.80	2.52	1.86	1.47	1.22	1.06	0.97	0.91	0.88
	10	3.02	1.96	1.45	1.17	1.04	0.97	0.93	0.89	0.86
	15	2.41	1.55	1.21	1.07	1.00	0.95	0.91	0.87	0.84
	20	1.86	1.29	1.13	1.04	0.98	0.92	0.88	0.84	0.81
	25	1.56	1.23	1.12	1.03	0.96	0.91	0.87	0.84	0.81
	30	1.39	1.21	1.09	1.00	0.94	0.89	0.85	0.82	0.79
4000	-10	2.31	3.36	4.47	5.53	6.10	6.28	6.25	6.05	5.71
	-5	3.75	5.63	6.80	6.98	6.70	6.08	5.37	4.72	4.22
	0	6.20	7.70	7.41	6.34	5.22	4.45	3.90	3.43	3.08
	5	8.35	8.00	6.25	4.93	4.10	3.47	3.04	2.70	2.45
	10	9.10	6.58	4.90	3.85	3.21	2.76	2.46	2.28	2.16
	15	8.07	5.28	3.88	3.11	2.65	2.42	2.27	2.18	2.11
	20	6.30	4.12	3.12	2.65	2.44	2.31	2.22	2.14	2.06
	25	5.09	3.40	2.79	2.56	2.41	2.29	2.19	2.10	2.02
	30	4.19	3.06	2.72	2.53	2.38	2.25	2.15	2.07	2.01
5940	-10	2.90	4.11	5.32	6.60	7.89	8.82	9.32	9.48	9.46
	-5	4.51	6.54	8.71	10.09	10.53	10.44	10.01	9.29	6.48
	0	7.21	10.54	11.62	11.34	10.24	8.90	7.71	6.84	6.19
	5	10.88	12.79	11.85	9.81	8.07	6.95	6.05	5.35	4.84
	10	13.94	12.71	9.55	7.79	6.38	5.47	4.80	4.30	3.95
	15	14.72	10.44	7.81	6.18	5.18	4.50	4.05	3.79	3.60
	20	12.58	8.27	6.15	4.97	4.31	3.97	3.77	3.63	3.52
	25	10.26	6.76	5.17	4.44	4.09	3.90	3.74	3.61	3.49
	30	8.26	5.60	4.64	4.28	4.04	3.85	3.69	3.54	3.42

부록 2. 청감교정 특성회로별 설계기준

주파수(Hz)	A특성(dB)	B특성(dB)	C특성(dB)	허용편차(dB)
16	-56.7	-28.7	-8.8	±5.0~
20	-50.4	-24.4	-6.3	±5.0~
25	-44.6	-20.5	-4.5	±5.0~
31.5	-39.4	-17.2	-3.0	±5.0~
40	-34.5	-14.2	-2.0	±4.5
50	-30.2	-11.7	-1.3	±4.0
63	-26.1	-8.4	-0.8	±3.5
80	-22.3	-7.4	-0.5	±3.0
100	-19.1	-5.7	-0.3	±2.5
125	-16.1	-4.3	-0.2	±2.0
160	-13.2	-3.0	-0.1	±2.0
200	-10.8	-2.1	0	±2.0
250	-8.6	-1.4	0	±2.0
315	-6.5	-0.9	0	±2.0
400	-4.8	-0.5	0	
500	-3.2	-0.3	0	±1.0
630	-1.9	-0.1	0	±2
800	-0.8	0	0	±2
1000	0	0	0	±2
1250	+6	0	0	±2
1600	+1.0	-0.1	-0.1	+2.5~-2.0
2000	+1.2	-0.2	-0.2	+3.0~-2.5
2500	+1.2	-0.3	-0.3	+3.5~-3.0
3150	+1.2	-0.5	-0.5	+4.0~-4.5
4000	+1.0	-0.8	-0.8	+4.5~-4.0
5000	+0.5	-1.2	-1.3	+5.0~-4.5
6300	-0.1	-2.0	-2.0	+5.5~-5.0
8000	-1.1	-3.0	-3.0	+6.0~-5.5
10000	-2.4	-4.2	-4.3	+6.0~00
12500	-4.2	-6.0	-6.0	+6.0~00
16000	-6.5	-8.3	-8.4	+6.0~00
20000	-9.2	-11.0	-11.1	+6.0~00

부록 3. 발파시 지발당 장약량별 예측 소음도(단위 : dB(A))

발생원에서 이격거리(m)	1kg	2kg	3kg	4kg	5kg	6kg	8kg	10kg
65	76	78	80	81	81	82	83	84
265	61	64	65	66	67	67	68	69
310	60	62	63	64	65	66	67	68
320	59	62	63	64	65	65	66	67
425	56	59	60	61	62	63	64	64
490	55	57	59	60	60	61	62	63
513	54	57	58	59	60	61	62	62
540	54	56	58	59	59	60	61	62
560	53	56	57	58	59	60	61	61
575	53	56	57	58	59	59	60	61
680	51	54	55	56	57	58	59	59
715	51	53	55	56	56	57	58	59
730	51	53	54	55	56	57	58	59
880	49	52	53	54	55	56	57	57
945	49	51	53	54	54	55	56	57
1070	48	50	52	53	54	54	55	55
1130	46	49	50	51	52	52	53	54
1283	45	47	49	50	50	51	52	53
1425	44	46	48	49	49	50	51	52
1550	43	45	47	48	48	49	50	51
1890	46	48	49	50	51	52	53	54

부록 4. 발파시 지발당 장약량별 예측 진동속도(단위 : cm/sec)

발생원에서 이격거리(m)	1kg	2kg	3kg	4kg	5kg	6kg	8kg	10kg
65	0.20	0.35	0.48	0.61	0.73	0.84	1.06	1.27
265	0.02	0.04	0.05	0.07	0.08	0.09	0.12	0.14
310	0.02	0.03	0.04	0.05	0.06	0.07	0.09	0.10
320	0.02	0.03	0.04	0.05	0.06	0.07	0.08	0.10
425	0.01	0.02	0.02	0.03	0.04	0.04	0.05	0.06
490	0.01	0.01	0.02	0.02	0.03	0.03	0.04	0.05
513	0.01	0.01	0.02	0.02	0.03	0.03	0.04	0.05
540	0.01	0.01	0.02	0.02	0.02	0.03	0.04	0.04
560	0.01	0.01	0.02	0.02	0.02	0.03	0.03	0.04
575	0.01	0.01	0.01	0.02	0.02	0.03	0.03	0.04
680	0.01	0.01	0.01	0.01	0.02	0.02	0.02	0.03
715	0.01	0.01	0.01	0.01	0.02	0.02	0.02	0.03
730	0.01	0.01	0.01	0.01	0.02	0.02	0.02	0.03
830	0.01	0.01	0.01	0.01	0.01	0.01	0.02	0.02
880	0.01	0.01	0.01	0.01	0.01	0.01	0.02	0.02
945	0.00	0.00	0.01	0.01	0.01	0.01	0.01	0.02
1070	0.00	0.00	0.01	0.01	0.01	0.01	0.01	0.01
1130	0.00	0.00	0.01	0.01	0.01	0.01	0.01	0.01
1283	0.00	0.00	0.00	0.01	0.01	0.01	0.01	0.01
1425	0.00	0.00	0.00	0.00	0.01	0.01	0.01	0.01
1550	0.00	0.00	0.00	0.00	0.00	0.01	0.01	0.01
1880	0.00	0.00	0.00	0.01	0.01	0.01	0.01	0.01

부록 5. 환경부 진동도와 일반 적용기준

진동도 (dB(V))	진동속도 (cm/sec)	환경부	생활진동수준	서울시 지하철	건교부 터널설계
57	0.02	심야기준(정온지역)			
65	0.05	주간기준(정온지역)			
70	0.09	주간기준(기타지역)	걷기운동(0.08)		
75	0.16	발파기준		문화재 진단(0.02)	
80	0.3				문화재 진단(0.3)
85	0.5			APT 진단(0.5)	
90	0.9		뜀뛰기운동(0.71)	공공건물 진단(1.0)	한옥 진단(1.0)
95	1.6		문닫기 충격(1.27)		연립주택 진단(2)
100	2.8		벽 못박기(2.24)		철근건축 진단(3)
105	5.0			철골공장 진단(4.0)	철근건축물(5)

(비고) 환경부 중앙환경분쟁조정위원회 가축피해 진동속도 기준은 0.02cm/sec, 그리고 주택피해 진동속도 기준은 0.3cm/sec이다.

부록 6. 건축재료 특성 계수표

재료	밀도(t/m^3 : P)	영률계수(N/m^3 : E)	손실계수(Y)
연철	7.9	2.1×10^11	0.0001~0.0004
주철	7.9	1.5×10^11	0.0001~0.0004
강철	7.9	2.1×10^11	0.00002~0.0003
구리	9.0	1.3×10^11	0.002
알루미늄	2.5	7.0×10^10	0.0003~0.01
납	11.2	1.6×10^10	0.05~0.3
유리	2.5	7.0×10^10	0.0006~0.002
벽돌	1.9~2.2	1.6×10^10	0.01~0.02
보통 콘크리트	2.3	2.4×10^10	0.004~0.008
경량 콘크리트	1.3	4.5×10^10	0.015
기포 콘크리트	0.6	2×10^8	0.01
화강암	2.7	5.2×10^9	-
대리석	2.6	7.7×10^9	-
떡갈나무	0.7~1.0	1×10^8	0.01
합판	0.6	6×10^9	0.013
연질 섬유판	0.4~0.5	1.2×10^9	-
다공질 흡음매트	0.08~0.3	3×10^9	0.1
석고보드	0.8~1.2	7×10^9	0.04
시멘트보드	2.0	2.8×10^10	0.06
FRP판	1.5	1×10^10	-
염화비닐판	1.4	3×10^9	0.01~2
탄성고무	0.9~1.0	5×10^6	0.2~1
콜크	0.12~0.25	2.5×10^7	0.15~0.17
펠트	0.4~0.7	3×10^7	0.06
비닐텍스	0.043	1.7×10^7	-
우레탄폼	0.045	4×10^6	-
스티로폼	0.015	2.5×10^6	-
유리어폼	0.015	7.1×10^5	-

(주) 1N/m^2=0.00001kg/m^2=10dyne/cm^2

부록 7. 음압과 음압도의 상관성

음압(bar)	0.0002ubar	0.001ubar	0.01ubar	0.1ubar	1ubar	10ubar	100ubar	1mbar
음압도(dB)	1.4	14	34	54	74	94	114	134
환경조건	방송실	야간 침실	도서관	대화음	버스 내	지하철 내	경적음	고통

부록 8. 옥타브 대역별 음압도 특성

주파수	62.5	125	250	500	1000	2000	4000	8000
음압도(dB)	55	57	59	56	53	49	45	41
sone수	0.4	1.4	3.3	3.2	2.6	2.3	2.5	1.9

부록 9. 공사별 정온지역 소음도 예측(단위 : dB(A))

공종	소음원	65m교회	320mm공장	500m사찰	730m농공단지	1130m학교
토목공사	88	75	61	58	54	50
건축공사	80	67	53	50	46	42
포장공사	74	61	47	44	40	36

(비고) 주간(07:00～18:00)시간대의 공사장 생활소음규제 기준은 65dB(A)이다.

부록 10. 소음 · 진동 관리법의 생활진동규제 기준값(Leq dB(V))

대상지역	주간(06:00～22:00)	심야(22:00～06:00)
주거지역, 녹지지역, 자연환경보전지역과 관리지역 중 취락지구 관광휴양 개발진흥지구, 그 밖의 지역에 소재한 학교, 병원, 공공도서관	65이하	60이하
그 밖의 지역	70이하	65이하

(비고) 발파진동은 주간에만 규제 기준치에 +10dB(V)와 공사장 진동도 사전신고 대상 기계와 장비의 작업시간이 주간에만 1일 2시간 이하면 +10dB(V), 2～4시간이면 +5dB(V)를 규제 기준값에 보정한다.

부록 11. 현장진동도 측정값(단위 : Leq dB(V))

구분	주간측정					야간측정			
	기준	1회	2회	평균	적합	기준	1회	평균	적합
일반지역	65	12	12	12	○	60	12	12	○
도로변지역	70	40	38	39	○	65	38	38	○

부록 12. 소음 허용 옥타브 대역별 값(단위 : dB)

중심주파수(Hz)	공장 내 작업자 허용시간(소음 기계에서 2m위치)					
	8시간	4시간	2시간	1시간	40분	30분
250	98	102	108	117	120	120
500	92	95	99	105	112	117
1000	86	88	91	95	99	103
2000	83	84	85	88	90	92
3000	82	83	84	86	88	90
4000	82	83	85	87	89	91
8000	87	89	92	97	101	105

부록 13. 소음도 dB(A)와 N값의 옥타브 대역별 값

dB(A)	N값	63	125	250	500	1000	2000	4000	8000
40	30.8	59.9	48.9	40.7	34.8	30.8	27.8	25.5	23.7
45	36.3	64.2	53.6	45.8	40.2	36.3	33.4	31.1	29.4
50	41.7	68.5	58.3	50.8	45.4	41.7	38.8	36.6	34.9
55	47.1	72.6	62.9	55.8	50.7	47.1	44.3	42.2	40.5
60	52.4	76.9	67.6	60.7	55.8	52.4	49.7	47.6	46.0
65	57.7	81.8	72.2	65.6	60.9	57.7	55.0	53.0	51.4
70	62.9	85.3	76.8	70.5	66.1	62.9	60.3	58.3	56.8

부록 14. 소음피해 보상액

구분	도로소음	공사장소음	공장소음	자하철소음	전투기소음	층간소음
피해자	• 중부고속도로 • 아파트주민	• APT재건축 • 지역주민	• 공장주변 • 건축허가 • 아파트주민	• 지상구간 • 아파트주민	• 군용 비행장 • 토끼 40%폐사 • 전투기	• APT • 주민
가해자	• 한국도로공사 • 통행차량증가	• 두산건설 • 발파소음	• 신명산업 • 화성시 배상	지하철 공사	• 국방부 • 공군	• 주민 • 시공자
보상액	8.55억원	1.1억원	1.87억원	2.25억원	743만원	10만원
대책	• 터널식 방음벽 • 차량속도제한	• 개선명령 • 사전신고	• 소음대책 • 허가제도	야간 65dB이하 유지	저소음화	경범죄

부록 15. 공동주택층간소음문제 해결

참고문헌

1. 환경부, 환경백서, 2014
2. 환경부, 소음 · 진동관리법, 2013
3. 이규성, 소음 · 진동공학, 형설출판사, 1999
4. 환경부, 소음 · 진동 교육교재, 환경보전협회, 2014
5. 이규성, 소음진동 환경장치설계, 동화기술, 2006
6. 이규성, 환경(소음 · 진동)관리, 민중서적, 1987
7. 한국토지공사, 빛그린환경영향평가서, ㈜유신, 2009
8. 이규성, 환경영향평가, 도서출판 화수목, 2015
9. 최종실, FUTURE ECO, 미래환경, 2014
10. 이규성, 인간과환경, 형설출판사, 2013
11. 이규성, 환경공학, 도서출판 화수목, 2014
12. 정일록, 소음 · 진동이론과 실무, 녹원출판사, 1986
13. 환경부, 소음 · 진동공정시험방법, 국립환경과학원, 2014
14. 이규성, 환경영향평가사, 홍문관, 2014
15. 이규성, 환경학개론, 형설출판사, 1998
16. 동진ENG㈜, 환경영향평가서, 2012

찾아보기

(ㅊ)

저자 소개

김재용 충북대학교
이병찬 한국교통대학교
이출재 상지대학교
이규성 청운대학교

소음진동학 정가 14,000원

저자 : 김재용 · 이병찬 · 이출재 · 이규성

발행인 : 임정대
발행처 : 도서출판 화수목

인쇄 : 2015년 3월 2일 초판 1쇄
발행 : 2015년 3월 6일 초판 1쇄

등록 : 제2014-000166호

주소 : 서울시 마포구 신촌로 2길 5-15
전화 : 02-338-9119
팩스 : 02-335-2201

ISBN : 979-11-86290-14-9 (93530)

파본이나 잘못된 책은 교환하여 드립니다.